中国旱涝的机理分析和长期预报技术研究

陈菊英 著

气象出版社
China Meteorological Press

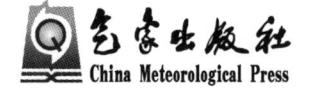

内容简介

本书介绍了中国汛期八大雨型的客观划分方法及其各类雨型的空间分布特征和年际变化规律,揭示了八类雨型的大尺度环流背景、气温背景、天文背景和八大雨型对 El Nino 年和 La Nina 年的响应关系与各种交叉学科前兆预报物理因子;同时也研究并揭示了长江流域梅雨的气候特征,特别是研究和揭示了1980年代—1990年代的乌拉尔山阻塞高压及西太平洋副热带高压逐日变化对长江七个大洪水年强降水过程的影响机理和陆地区域与区域之间的热力差异对中国汛期雨型和区域夏季风雨的影响机理。书中不但分析和阐述了中国华南、江南、台湾等25个分区的1951—2009年期间的年降水量、汛期(5—9月)降水量和主汛期(6—8月)降水量的年际变化特征,而且通过十多个预报物理模型实际案例详细介绍了中国汛期雨型、区域性降水和旱涝及其雨季早晚的预报物理模型的研制技术。

图书在版编目(CIP)数据

中国旱涝的机理分析和长期预报技术研究/陈菊英著.—北京:气象出版社,2010.11
　ISBN 978-7-5029-5075-0

Ⅰ.①中…　Ⅱ.①陈…　Ⅲ.①干旱-天气分析-研究-中国②水灾-天气分析-研究-中国③干旱-长期预报-研究-中国④水灾-长期预报-研究-中国　Ⅳ.①P426.616

中国版本图书馆 CIP 数据核字(2010)第 213517 号

Zhongguo Hanlao de Jili Fenxi he Changqi Yubao Jishu Yanjiu
中国旱涝的机理分析和长期预报技术研究
陈菊英　著

出版发行:气象出版社	
地　　址:北京市海淀区中关村南大街46号	邮政编码:100081
总 编 室:010-68407112	发 行 部:010-68406961
网　　址:http://www.cmp.cma.gov.cn	E-mail:　qxcbs@cma.gov.cn
责任编辑:李太宇	终　　审:周诗健
封面设计:王　伟	责任技编:吴庭芳
责任校对:永　通	
印　　刷:北京中新伟业印刷有限公司	彩　　页:1
开　　本:787 mm×1092 mm　1/16	印　　张:16
字　　数:410 千字	
版　　次:2010 年 11 月第 1 版	印　　次:2010 年 11 月第 1 次印刷
印　　数:1~2000	定　　价:46.00 元

本书如存在文字不清、漏印以及缺页、倒页、脱页等,请与本社发行部联系调换。

序 言

《中国旱涝的机理分析和长期预报技术研究》是陈菊英研究员继《中国旱涝的分析与长期预报研究》之后又一重要专著。它不但对前一专著做了意义重大的补充,而且把资料序列延长达 59 年之久,可以看作自长期预报业务在全国兴起后直到现在的 50 年来的最全面的技术总结,说明了我国现在长期预报业务技术研究已经能在业务预报中发挥重要作用,这是十分难得的,对今后的研究无疑具有里程碑的意义。

应当说,中国的长期天气预报是在 20 世纪 50 年代兴起的一项重要业务工作。当时群众热情很高,但却没有足够的知识准备。那时的沃克尔、鲍尔与牟尔坦诺夫斯基等的启蒙性工作尚停留在方法与原理的水平,没有取得应有的业务成绩,更未在中国传播。人们甚至还不熟悉普通的统计学原理,各行其是,技术十分混乱,甚至谈不上技术。虽然经过长期预报工作者的努力,杨鉴初的历史演变法等一些简易方法得到推广,人们也开始关注大气环流的演变,但长期预报的基本业务情况还难以改观。

1979 年第一次世界气候大会提出气候系统的概念,人们的视野有所扩大,几乎气候系统的每个成员的变化都有可能成为长期天气变化的原因,世界上有关天文,海洋与前期大气现象的指标,模式,周期纷纷问世并传入中国,但每次长期预报会商"争鸣"有余,总结不足,很难形成成熟的业务体系。

因此,长期预报的发展面临着一项艰辛的工作,这就是融各种观点于一体,形成具有自己的特色业务方法体系。而要达到这个目的需要有影响力的研究成果问世,其中含有系统性的严谨的与广泛的试验比较,通过长期的优胜劣汰,从而整理出头绪分明,方法确切,易于业务体系接受的各种因子。陈菊英研究员为此做出了十分可喜的成绩,突出地表现在上述两本专著上。

这两本专著是陈菊英几十年坚持不懈与呕心沥血的结晶。书中归纳了她每年预报成败的技术经验和教训以及系统的研究成果,汇集了她学习当代与前人的学术成就。她几十年如一日,坚持不懈,终于形成了一整套长期预报的业务观点与方法体系,这在当代长期预报书籍中是极其难得可贵的贡献!她的第一本专著问世不久即销售一空,表达了其受人们欢迎之情。

国家科学技术委员会(SSTCC)对陈菊英的第一本专著作出了中肯的评价:"……创造了一整套各区域旱涝,夏季雨带类型,厄尔尼诺事件等的综合各种高相关物理因子的预测模型,使旱涝分级预报准确率达到 70%～80%,为我国防灾减灾作出了重大贡献!"SSTCC 认为她的第一本专著及有关论文具有"广泛性,科学性,成熟性"三个特点,所以才被确认为"国家科学技术研究成果"和正式被国家科技部注册登记。这是很高的评价。SSTCC 的短短总结不可能全面介绍这项工作的具体内容,但却代表了这些具体工作的总体特点。作为 1960 年至"文革"前的中央气象台长期预报组长的我(序言作者),经过创业期的艰辛,更深感这样的评价来之不易。这项工作涉及面极广,而现在的定量描述的方法又五花八门。一项工作能做到多数人支持已属不易,而达到系统化和在业务上扎根更加难能可贵。特别是,陈菊英研究员的工作可谓精耕细作,在理论与方法上都难以非议,因而受到欢迎。何况她的工作已经产生自我完善的机制,即使其中有所不足,也完全可以按其操作的程序自行修复与完善。可以说,在她的研究工作里,长期预报的业务技术已经形成自行成长的生命活力,它标志了这个研究课题为促进长期预报的业务工作逐步走向成熟发挥了重要的作用。

从这两本专著我看到了长期预报业务的未来。这两本专著作为新一代长期预报的标志,将不是过去那样为预报意见不同而争论不休,而是就各种预报依据的严密性与科学性进行建设性的讨论,让客观事实作出最后的裁决,从而迈上精益求精的发展道路,而这正是她的专著的一种特有的风格。

在肯定上述两本专著科学价值的同时,人们还必须注意到,这项工作的核心精神在于紧跟时代的步伐,及时吸收其中的营养而剔除其中的糟粕,让资料与事实说话,这就需要勇气与坚定不移的精神,在这一点上陈菊英研究员堪称范例。

她的工作是很艰苦的,甚至说,她几乎奉献了她的一切,包括她的健康。然而丰硕成果说明了她不但取得了业务技术的进步,也是敬业爱业不断努力的榜样。她的工作成果指出了奉献产生于敬业,而敬业最突出地表现在自己与时代精神碰撞的火花里,她的专著有这样的火花,也是被这种火花照亮的。因此,她的专著不只留下了科学技术成果,也含有科学技术与时俱进的生命活力,而这个生命活力甚至比成果更有益于后人!

张家诚[*]
2010 年 5 月 21 日

---

[*] 张家诚,原中国气象科学研究院第一副院长,研究员,1951 年毕业于清华大学气象系,获原苏联列宁格勒水文气象学院副博士学位,历任中央气象台短、中、长期天气预报组长和中国气象科学研究院第一副院长和所长,曾兼任中国气象学会气候专业委员会主任委员、世界气象组织气候专业委员会委员,著有《长期天气预报方法论纲要》、《气候变迁及其原因》、《中国历史气候之重建(英文)》、《1991—2000 年中国国家气候计划纲要》等 30 余部,大多属国内首创,发表各种专业论文与科普文章共 50 多篇。

Preface

The book entitled "Analysis on Flood-Drought Mechanism in China and Study on Long-range Forecast Techniques" is an important monograph by Prof. Chen Juying, followed by her book "China's Flood-Drought Analysis and Long-range Forecast Research". The author not only made a considerable supplement to the former book, but also extended the data series to as long as 59 years(1951—2009), thus can be regarded as the most comprehensively technical summary of the long-range operational weather forecasts during recent 50 years since its start in the 1950s. Achievements in the book show that the study on the long-range weather forecast techniques has already played an important role in the long-range operational weather forecasts, which is valuable and a milestone in the long-range weather forecast (short-range climate prediction)researches.

Long-range weather forecast in China, beginning in the 1950s, is an important issue in meteorological operations. Although people's requirements are high, we have not enough knowledge of it and useful tools at that time. Even some foreign studies e.g. Walker, Baur, Mul'tanovskii etc., were at enlightenment stage, have not obtained operational results, and have not been applied in China either. Through a long period of great efforts made by long-range weather forecasters, some simple methods such as analysis method on historical precipitation and temperature evolution regularities by Prof. Yang Jianchu, were widely used, and the evolutions of atmospheric general circulation were concerned. However, the basic situation of long-range weather forecasts is still difficult to change.

The first conference on world climate was held in 1979, and the concept of climate system was proposed which widened people's vision. At that time, almost every component of the climate system could possibly be the causes for the long-range weather variations. Afterwards, all the indicies, models and periods concerning astronomics, oceanography, and prior atmospheric phenomena were put forward one after another, and propagated into China. Nevertheless, a mature operational system of long-range weather forecasts is hardly formed until now.

These two monographs are the quintessence of her achievements obtained by tackling difficulties head on and working tenaciously during severe tens of years. In the books, many experiences and lessons in short-range climate prediction are summarized and author's systematical research achievements are collected. The main characteristics of her research work are as follows. Taking advantages of various methods and integrating them into her composite operational system, thus a set of operational views of long-range weather forecast and technical framework are formed, which is a new and important contribution to the modern long-range weather forecasts(short-range climate prediction).

The expert group from the China's Ministry of Science and Technology gave a pertinent evaluation to her first monograph: "she created a set of prediction models integrating various highly-correlated physical factors of regional drought-flood cases, precipitation patterns, El Nino events, etc. and made the accuracy of flood-drought graded forecast reaching 70%—80% by the prediction models, which is a great contribution to the disaster prevention and reduction in China." Meanwhile, the expert group considered that the monograph and relevant papers have characteristics of extensive, scientific and mature, and should be registered as national scientific and technologic achievements by China's Ministry of Science and Technology.

I see the future of long-range weather forecasts from the two monographs by Prof. CHEN. and this is the signature of new generation long-range weather forecasts: decision-making is dependent on objective highly correlation physical factors rather than redundant controversies. When we confirm the scientific significance of the two monographs, we must pay attention to the core spirit of this research work: keeping pace with the time, getting rid of the coarse to obtain the refined, and relying on the data and objective facts. This work also reflects her spirit of being scrupulous about every detail and keeping on improving in her academic pursuit. Here I have heartily congratulated the publication of the monograph as well as the scientific achievements and spirit Prof. CHEN brought to us.

ZHANG Jiacheng[*]
21 May 2010

---

[*] Prof. ZHANG Jiancheng is the first Deputy President of the former CAMS, graduated from the Department of Meteorology, Qinghua University in 1951, and received the vice-doctorate from the Leningrad Hydrometeorological Institute of the former USSR. He is a leading scientist in the subject on climate change and prediction research during 1960s—1980s.

前 言

　　本书共分七章，第1章阐述了中国汛期八大雨型的客观划分方法与各类雨型的空间分布特征和年际变化规律；第2章揭示了各类雨型的大尺度环流背景和影响因子，揭示了长江流域梅雨的气候特征，特别是研究和揭示了20世纪80年代和90年代的长江七个大洪水年的强降水过程对乌拉尔山阻塞高压（以下简称乌高）及西太平洋副热带高压（以下简称副高）逐日变化的响应关系；第3章分析和研究了 El Nino 事件和 La Nina 事件与 El Nino 年和 La Nina 年的定义，重点分析研究了八类雨型对 El Nino 年和 La Nina 年的响应关系；第4章分析和研究了八类雨型的气温背景，重点分析和揭示了陆地区域和区域之间的热力差异对中国汛期雨型和区域夏季风雨的影响机理；第5章分析和研究了中国汛期雨型的天文背景，重点揭示了各类雨型对太阳活动和月亮运动规律的响应关系；第6章分析和阐述了中国华南、江南、湘南、贵州、长江上游、长江中游、长江下游、淮河流域、长江汉水、海河流域、黄河河套、黄河渭河、山东、辽河流域、松花江嫩江流域、内蒙古东北、内蒙古中部、甘北、黄河上游、长江金沙江、云南、西藏、南疆、北疆、台湾等25个分区的1951—2009年期间的年降水量、汛期（5—9月）降水量和主汛期（6—8月）降水量的年际变化特征。

　　由于在撰写第一部专著《中国旱涝的分析和长期预报研究》的时候，没有能够收集到台湾地区完整的序列降水量观测资料，对台湾旱涝变化特征就没有做分析研究。在撰写本专著之前，作者终于得到了台湾有关朋友们的大力支持和友好帮助，收集到了台湾地区的高雄、花莲、台中和台北四个观测站的长序列降水量资料，其中仔细分析和揭示了近百来台湾地区（选择了台北、花莲、高雄、台中四个代表站）降水量的年际和年代际变化规律特征，为了使读者们能够对台湾宝岛的降水和旱涝的气候变化特征和规律有一个较细了解，作者在书中花了较大篇幅对台湾地区近百年来的降水和旱涝的年际和年代际变化特征进行了统计分析和研究。同时也花了较多的时间对台湾地区（4站平均）汛期（5—9月）降水量的各种影响因子进行了相关普查和诊断分析，对台湾汛期旱涝高分辨（分4~6级）预报物理模型进行了研制；第7章通过对华南前汛期、长江中下游主汛期、海河流域汛期和主汛期、滦河流域汛期、台湾地区汛期的旱涝和三峡水库、密云水库主汛期来水量以及云南玉溪雨季开始早晚等预报物理模型研制技术的具体解析，并通过对具体预测物理模型的解析向读者介绍了作者对长期天气预报即短期气候预测物理模型的创新性研制技术。

　　本专著中的大量普查和统计计算工作和预报物理模型图、曲线图和直方图的制作都是由王威在作者指导下在计算机上完成和制作的。北半球环流图、太平洋海温距平图由程华琼在作者指导下在计算机上制作的，中国降水量距平百分率分布图是由程华琼、王威在作者指导下在计算机上制作的，书中所有插图和排版工作是由王威在计算机上独立完成的，逐日西太平洋副高西伸脊点位置是由冷春香在作者指导下编程计算的。本专著中的有关台湾降水序列资料来自台湾，其他高空至地面的各种观测资料都是来自国家气候中心、国家气象中心和北京市气象局。书中有关副高和西风环流指数等73项大气环流特征量是采用原中央气象台长期预报科建立的后来由国家气候中心续补的成果性资料,有关中高纬度阻塞高压强度指数和印度低压强度指数是作者研究成果中的序列指数。书中英文翻译由周诗健编审完成,录入工作由作者和班浩然完成。

在本专著出版之际,对给作者提供科研工作条件的中国气象科学研究院灾害天气国家重点实验室和曾经给作者提供过有关气象资料的国家气候中心、国家气象中心、北京市气象局和台湾朋友深表感谢!本专著的出版也得到了中国气象科学研究院灾害天气国家重点实验室主任刘黎平和副主任林永辉的部分资助,在2006—2007年也曾经得到过原灾害天气国家重点实验室主任、中国气象科学研究院院长张人禾的院长基金课题的支持,在此一并谨表衷心感谢!作者特别感谢母校南京大学陆渝蓉导师对作者工作的支持与鼓励。同时也感谢气象出版社的李太宇编审和吴庭芳编辑对本书编辑出版所作的贡献!也感谢班浩然协助作者完成了本书英文图注的录入工作。

由于本专著涉及资料量很大,难免有错误之处,欢迎读者批评指正!同时也欢迎读者与作者展开学术讨论,共同促进长期天气预报的发展和提高!

作者　陈菊英

2010年9月15日

Foreword

Monograph entitled "Analysis of Flood-Drought Mechanism in China and Study on Long-range Forecast Techniques" contains seven chapters. Chapter One describes the objective classification of eight precipitation patterns during major flood seasons(JJA) in China as well as their spatial distribution characteristics and interannual variation rules; Chapter Two reveals the large-scale circulation background and influence factors of various precipitation patterns, and the response relationships of the Meiyu in Middle-Lower Reaches of the Yangtze River Basin. Especially describes mechanism of the severe precipitation processes in seven great flooding years during the 1980s and 1990s, with daily variations of Ural blocking high(UBH for short hereinafter) and West Pacific subtropical high(WPSH for short hereinafter); Chapter Three analyzes and studies the El Nino and La Nina events and the definitions of event years, with the emphasis on the response relationship of eight precipitation patterns to these events; Chapter Four analyzes and studies the air temperature background for eight precipitation patterns, with the emphasis on revealing the influence mechanism of thermal contrast in land region and between different regions on the precipitation patterns during flood seasons in China and regional summer(JJA) monsoon precipitation; Chapter Five analyzes and studies the astronomical background of precipitation patterns during major flood seasons in China, with the emphasis on revealing the response relationships of various precipitation patterns to the solar activities and lunar movement rules; Chapter Six analyzes and explores the interannual variation characteristics of precipitation amounts during the annual and flood seasons(May—September) and major flood seasons(JJA) in the following 25 sub-regions during 1951—2009, and the 25 sub-regions include (1) South China((Huanan), (2)South of the Yangtze Rver(Jiangnan),(3)South Hunan Province, (4)Guizhou Province, (5)—(7)the Upper-,Middle-,and Lower-Reaches of the Yangtze River, (8)the Huaihe River Basin,(9)the Yangtze-Hanshui River Basin,(10)the Haihe River Basin,(11)the Great Bend of the Yellow River(Hetao), (12) the Yellow-Weihe River Basin, (13)Shandong Province, (14) the Liaohe River Basin, (15) the Songhua-Nengjiang River Basin, (16) Northeast Inner Mongolia,(17) Mid Inner Mongolia, (18) North Gansu Province, (19) the Upper Reaches of the Yellow River, (20) the Yangtze-Jinsha River Basin, (21)Yunnan Province, (22) Tibet, (23) South Xinjiang,(24)North Xinjiang, and (25)Taiwan. In the last chapter of this monograph—Chapter Seven, our innovational research work on physical models for long-range weather forecast, i.e, the short-range climate prediction is introduced to readers through illustration of many examples such as physical forecast models for drought-flood cases during the earlier flood season(AMJ) of South China, major flood season(JJA) of the Middle and Lower Reaches of the Yangtze River, flood season(June—September) and major flood season(JJA) of the Haihe River Basin, flood season(June—September) of the Luanhe River Basin, and flood season (May—September) of Taiwan area, as well as the physical forecast models for the incoming water volume of the Yangtze Three-Gorges Reservoir, and precipitation amount of Miyun Reservoir in Beijing during flood seasons, beginning date of rainy seasons in Yuxi of Yunnan Province, etc.

Because we have not obtained a complete set of precipitation observation data in Taiwan area when the first monograph entitled "China's Flood-Drought Analysis and Long-range Forecast Research" was writing, the flood-drought characteristics in Taiwan area cannot be analyzed in the book. However, before writing this monograph, we have fortunately yielded the long-time series of precipitation observation data at Stations Taipei, Taichung, Hualien and Kaohsiung in Taiwan area due to the great support and help by Taiwan friends. Therefore, the interannual and interdecadal precipitation change characteristics and rules in Taiwan area(taking stations Taipei, Taichung, Hualien and Kaohsiung as representative stations) in the recent hundred years are carefully analyzed and revealed. In order to give readers a detailed understanding of the climate change characteristics in precipitation and drought-flood cases over Taiwan area, we spent a lot of time to do statistical analyses and studies on the above issues, and also a lot of time to do survey and diagnosis analysis on the influence factors of precipitation amounts during flood seasons(May—September) over Taiwan area(averaged over the above 4 stations), and together with studies on the high-resolution(divided to 4—6 grades) drought-flood physical models for Taiwan area during flood seasons. All mentioned above will be described in some paragraphs of the monograph.

The book has benefited from many institutions, colleagues and students. First, many thanks must be extended to State Key Laboratory of Severe Weather (LaSW), Chinese Academy of Meteorological Science(CAMS) for the great support at working facilities and conditions, then many thanks also must be extended to National Climate Center(NCC) and National Meteorological Center(NMC) for their great support at data sources, A great deal of survey, statistical calculations, and various diagram drawing are conducted with computer by Engineer WANG Wei, the charts for the atmospheric general circulation in the Northern Hemisphere and for the Pacific SST distribution are performed with computer by Post-Doctor CHENG Huachong, the charts for precipitation anomaly percentage distribution in China are performed with computer by CHENG Huachong, WANG Wei and CHEN Juying, and the daily west-extended-point positions of the WPSH are programmatically computed by Master LENG Chunxiang, and all the above work they finished is under the guidance of the author. I also appreciate Master BAN Haoran for his part English typing work. The data of Taiwan precipitation series used in the book are from Taiwan friends, and other data from the surface observation to the upper-air sounding are from the National Climate Center of China. Besides, the 73 characteristical quantities of atmospheric general circulation used in the book, including the subtropical high, westerly circulation index, etc are adopted from the long-range forecast division in the former Central Meteorological Office which set up these quantities and followed by the National Climate Center, both made these becoming the achievement data. Finally, the intensity indices of the middle and high latitude blocking high and the Indian low are cited from the serial indices of author's research achievements.

Thanks must be extended to the friends of Taiwan who provided the valuable precipitation data. Meanwhile, thanks must be also extended to Dr. LIU Liping and Dr LIN Yonghui, the Director and Vice Director of LaSW in CAMS for their partial financial support to the publication of the book. On the other hand, I am greatly indebted to Prof. ZHANG Renhe, the President of CAMS and preceding Director of LaSW, for his partial fund support to my research during 2006—2007. And speeial thanks must be extended to Prof. LU Yurong of Nanjing University for her support and encouragement to my work and studies Last, but surely not least, the author is grateful to Senior Editors ZHOU Shijian, LI Taiyu and Editor WU Tingfang at China Meteorological Press for their hard work in English translation and careful editing.

Because of our professional standard and operational experience limited as well as a large amount of data concerned in the monograph, shortcomings or even mistakes must be hard to avoid. Comments, suggestions and corrections are warmly welcome which are beneficial for improving the long-range weather forecasts.

CHEN Juying
15 September 2010

作者简介：陈菊英，研究员，江苏省常州市新北区（原武进县）新桥镇陈家塘人，1949 年进入修善寺中心小学学习，1954 年考入马鞍桥初级中学，1957 年初中毕业考入常州市方辉女高中，1958 年转到常州市四中高中部走读，1960 年高中毕业考入南京大学气象系高层大气物理专业（1964 年该专业全部改为气候专业），1965 年 7 月大学本科毕业，同年 8 月被分配到原中央气象局中央气象台长期预报组工作了 23 年，曾任长期预报组副组长，负责预报服务和科研。1989 年到中国气象科学研究院工作至今，一直从事异常气候（特别是旱涝）的变化特征、成因和预测预报技术方法及强暴雨过程的机理研究。曾兼中国气象科学研究院汛期服务专家组负责人和中国气象局'重大天气气候过程联合服务专家组'专家和副组长、中国科协第一届和第二届《减轻自然灾害白皮书专家组》专家、山西省和吉林省水文总站的'洪水预报方法研究'课题和湖北省气象局'短期气候预测方法研究'9.5 重中之重课题的技术顾问。现兼中国地球物理学会会员、中国科学家论坛会会员和副理事长、防灾科技学院学报编委委员、中国科技成果管理和研究杂志编委委员等。

由作者独自撰写的第一部创新性成果专著：《中国旱涝的分析和长期预报研究》（48.9 万字），该专著出版后获得了中国气象科学研究院的科技进步二等奖和中国气象局科技进步三等奖，在 1994 年被国家科技委员会（SSTCC）确认为国家科学技术研究成果和注册登记，国家登记号：940604；1995 年国家科学技术委员会给作者颁发了《国家科技成果完成者证书，证书编号：045963》。由作者独自撰写的第二部创新性研究成果专著《中国旱涝的机理分析和长期预报技术研究》约 41 万字，是对专著《中国旱涝的分析和长期预报研究》的进一步补充和深化篇。由作者主持的横向课题研究成果和主写专著《海滦河流域汛期旱涝变化特征成因和预测方法研究》（22.6 万字）。由作者主编（也是主要撰写者）的著作有《短期气候变化特征成因和预测物理方法研究》（15.4 万字）。由作者和同事合作在全国广大地区调研、收集和考核编著的成果性应用科普书《天气谚语在长期天气预报中的应用》（约 10 万字，作者在其中重点考核和撰写了 3 万多字有关旱涝预报方面的天气谚语）。在国内外杂志和刊物发表学术论文 100 多篇。撰写课题（项目）研究成果技术报告 11 个，共计 60 多万字。作者的科技成果曾获中国气象科学研究院、中国气象局、水利部海河水利委员会、华东电网、浙江省电力公司、吉林省、天津市等司局级以上单位颁发的科技进步奖十项，其中获省部级四项。

作者用自己研究的技术方法首次成功地报准了 1978 年江淮流域的汛期大旱后，又成功地报准了 1991 年江淮地区汛期洪涝、1996 年汛期长江流域和海河流域大水、1998 年长江流域特大洪水等十多次灾害性气候事件，在最近几年中，对 2007

年淮河流域汛期大水、2010年春夏季南方大部地区的多雨洪涝和海河流域、辽河流域、黄河中上游、内蒙古大部地区的少雨干旱趋势的预测也取得了成功。作者的预测预报实绩和服务工作曾获中国气象局和中央国家机关工委与妇联授予的'巾帼建功标兵'、中国气象局授予的'汛期服务先进个人'、国家科技部授予的"98'全国科技界抗洪救灾先进个人"等十次荣誉称号。并获得国际减灾十年委员会办公室、华东电力管理局、浙江省电力局、长江水利委员会水文局、海河水利委员会水文局、淮河水利委员会水文局等单位的书面肯定和好评。

Brief Introduction to the Author

Prof. CHEN Juying was graduated from Nanjing University in 1965, majoring climatology in the Department of Meteorology. Then she worked in the Central Meteorological Office (now the National Meteorological Center) until late 1988. During this time period she'd ever held a position of deputy head of the Long-Range Weather Forecast Group, and was responsible for the operational and scientific research subjects concerned with long-range weather forecasts. Since 1989 until now she has been working at Chinese Academy of Meteorological Science (CAMS), as a team leader, she has mainly dedicated to the analysis of rules, characteristics and causes of flood-drought cases and severe precipitation processes, as well as, studies on their forecast techniques. She'd ever held posts concurrently as an experts and vice-group leader of the Joint Expert Group on Significant Weather and Climate Services progressively under the leadership of CMA, and one of the experts in the expert group for the first and the second White Book on Mitigation of Nature Disasters issued by China Association for Science and Technology(CAST)

Until now Prof. CHEN has individually or mainly written more than 100 scientific papers published in domestic or international journals, there are 4 books and monographs, such as monographs,(1) "China's Flood-Drought Analysis and Long-range Forecast Research" (1991,China Agriculture Press 341pp) which is individually finished and registered as national scientific and technologic achievements by the State Scientific and Technologica Commission of China (SSTCC); (2) "Analysis of Flood-Drought Mechanism in China and Study on Long-range Forecast Techniques" (2010, China Meteorological Press, 250pp); (3) "Flood-Drought Variation Characteristics and Causes in Haihe – Luanhe River Basin during Flood Seasons and Their Forecast Method Research" (1991, China Meteorological Press, 145pp); (4) "Studies on Short-range Climate Change Characteristics, Causes and Physical Prediction Method "(1996, China Meteorological Press, 87pp) etc.

Using her scientific achievements and forecast techniques, Prof. CHEN successfully and accurately predicted dozens of disastrous weather and climate events, especially for the serious droughts in the Yangtze-Huaihe River Basin during the flood season of 1978, and the extraordinary heavy floods in the Yangtze River Basin during the flood season of 1998. Recently, Prof CHEN successfully made weather predictions for the two specified dates, the opening ceremony (8 August 2008) and the closing ceremony (24 August 2008) of the 2008

Beijing Olympic Games by use of her creative integrated techniques of long-, medium-, and short-range forecast. Due to her contribution and achievements, Prof. CHEN has received many awards, including 10 Scientific and Technological Progress Prizes, four of which are provincial or ministry levels.

目 录

序言

前言

第1章 中国汛期八类雨型的客观划分和变化特征 …………………………………（1）
  1.1 中国汛期八类雨型的客观划分 ……………………………………………（1）
  1.2 中国主汛期八类雨型的空间分布特征 ……………………………………（3）
  1.3 中国汛期八类雨型的代表性检验 …………………………………………（7）
  1.4 中国汛期八类雨型的年际变化特征 ………………………………………（8）
  1.5 中国汛期雨型的年代际变化特征 …………………………………………（10）

第2章 各类雨型的大尺度环流背景和机理分析 …………………………………（15）
  2.1 汛期八类雨型的大尺度环流背景 …………………………………………（15）
  2.2 西太平洋副高对中国汛期降水和雨型的影响关系和前兆特征 …………（21）
  2.3 南海副高对中国主汛期降水和雨型的影响和前兆特征 …………………（22）
  2.4 中高纬阻高对中国汛期降水的影响和前兆特征 …………………………（23）
  2.5 长江流域强降水过程对乌高及副高逐日变化的响应关系 ………………（24）
  2.6 亚洲极涡面积对中国汛期降水和雨型的影响及其前兆特征 ……………（42）

第3章 中国汛期雨型对ENSO的响应关系 ………………………………………（44）
  3.1 El Nino事件和La Nina事件的年变化特征 ……………………………（44）
  3.2 El Nino年和La Nina年的定义和划分 …………………………………（46）
  3.3 中国汛期雨型对El Nino年和La Nina年的响应关系 …………………（47）

第4章 区域间热力差异对主汛期雨型和旱涝的影响 ……………………………（50）
  4.1 中国主汛期八类雨型的气温背景 …………………………………………（50）
  4.2 海陆热力差异和季风定义 …………………………………………………（56）
  4.3 陆地热力差异对中国主汛期雨型和区域夏季风雨的影响 ………………（57）

第5章 中国主汛期雨型的天文背景 ………………………………………………（68）
  5.1 主汛期各类雨型对太阳活动的响应关系 …………………………………（68）
  5.2 主汛期各类雨型对月亮运动的响应关系 …………………………………（72）

5.3 主汛期各类雨型对太阳活动和月亮运动的综合响应 ······················（ 75 ）

第6章 中国降水和各区域降水的变化特征分析 ··························（ 78 ）
6.1 1951—2009年中国降水和旱涝变化特征的统计分析 ··················（ 78 ）
6.2 中国降水分区 ··（ 81 ）
6.3 1951—2009年25个分区年降水量和汛期降水量年际变化特征的
统计分析 ··（ 83 ）
6.4 近百年台湾地区年降水量年代际和年际变化特征的统计分析 ·········（133）
6.5 中国25个分区降水的自相关性统计和各区域降水年际变化特征的
对比分析 ··（149）
6.6 主汛期各个区域性极端降水事件与全国雨型的对应关系 ···············（151）

第7章 中国主汛期雨型和区域旱涝的长期预报技术研究 ···············（154）
7.1 全球和中国气温的变化特征及其主因简析 ································（155）
7.2 中国主汛期雨型对前期太平洋海温和中国陆地气温的综合响应关系 ·····（158）
7.3 中国主汛期雨型对前期陆地气温和副高异常特征的综合响应关系 ·····（162）
7.4 区域性极端降水事件的可预报技术途径 ···································（165）
7.5 区域性旱涝的高分辨预报物理模型的十个案例解析 ·····················（166）
7.6 区域性降水异常和旱涝的国内外预报水平 ································（188）
7.7 2008年北京奥运会天气的长中短期预测成功及其依据的剖析
——验证了物理统计方法对特定地区特定日期天气的可预报性 ··········（212）

参考文献 ··（231）

CONTENTS

Preface

Foreword

Chapter 1 Objective Classification and Variation Characteristics of Eight Precipitation Patterns during Flood Seasons in China ·················· (1)
  1.1　Objective classification of eight precipitation patterns during major flood seasons in China ·················· (1)
  1.2　Spatial distribution characteristics of eight precipitation patterns during major flood seasons in China ·················· (3)
  1.3　Examination of the representativeness of eight precipitation patterns during major flood seasons in China ·················· (7)
  1.4　Interannual variation characteristics of eight precipitation patterns during major flood reasons in China ·················· (8)
  1.5　Interdecadal variation Characteristics of precipitation patterns during flood seasons in China ·················· (10)

Chapter 2 Large-scale Circulation Background and Mechanism Analyses of Various Precipitation Patterns ·················· (15)
  2.1　Large-scale circulation background for eight precipitation patterns during major flood seasons ·················· (15)
  2.2　Influences of the West Pacific subtropical high on the precipitation and its patterns during major flood seasons in China as well as precursor characteristics ·················· (21)
  2.3　Influences of the South China Sea subtropical high on the precipitation and its patterns during major flood seasons in China as well as precursor characteristics ·················· (22)
  2.4　Influences of the blocking high at middle and high latitudes on the precipitation during major flood seasons in China and its precursor characteristics ·················· (23)
  2.5　Response relationship of severe precipitation processes in the Yangtze River Basin to the daily variations of the Ural high and subtropical high ·················· (24)
  2.6　Influences of the Asia Polar Vortex area on the precipitation and its patterns during flood seasons in China as well as precursor characteristics ·················· (42)

Chapter 3 The Response Relationship of Precipitation Patterns during Flood Seasons in China to ENSO ……………………………………………………… (44)

3.1 Annual Variation characteristics of El Nino and La Nina events ………… (44)

3.2 Definition and classification of El Nino year and La Nina year …………… (46)

3.3 Response relationship of precipitation patterns during major flood seasons in China to El Nino and La Nina years ……………………………………………… (47)

Chapter 4 Influences of Thermal contrast in Different Regions on the Precipitation Patterns during Major Flood Seasons and Drought-Flood Cases ………… (50)

4.1 Temperature background for eight precipitation patterns during major flood seasons in China ……………………………………………………………… (50)

4.2 Sea-land thermal contrast and monsoon definition ……………………………… (56)

4.3 Influences of land thermal contrast on the precipitation patterns during major flood seasons in China and regional summer monsoon precipitation ……………… (57)

Chapter 5 Astronomical Background for Precipitation Patterns during Major Flood Seasons in China ……………………………………………………………… (68)

5.1 Response relationship of various precipitation patterns during major flood seasons to solar activities ……………………………………………………………… (68)

5.2 Response relationship of various precipitation patterns during major flood seasons to lunar movements ……………………………………………………………… (72)

5.3 Combined responses of various precipitation patterns during major flood seasons to solar activities and lunar movements ……………………………………… (75)

Chapter 6 Analyses of Variation Characteristics of Precipitation in China and Different Regions ……………………………………………………………………… (78)

6.1 Statistical analyses of variation characteristics in precipitation and drought-flood situations in China during 1951—2009 ……………………………………… (78)

6.2 Precipitation regionalization in China ……………………………………… (81)

6.3 Statistical analyses of interannual variations in annual precipitation amounts and flood seasons of precipitation amounts of 25 sub-regions during 1951—2009 ……… (83)

6.4 Statistical analyses of interdecadal and interannual variations of annual precipitation amounts in Taiwan area in recent hundred years …………………………… (133)

6.5 Autocorrelation statistics of precipitation in the 25 sub-regions of China and comparative analyses of interannual variations of precipitation in sub-regions ……………… (149)

6.6 Corresponding relationship of extreme precipitation events during major flood seasons in each sub-region with precipitation patterns in China ……………… (151)

Chapter 7 Long-range Forecast Techniques for Precipitation Patterns during Major Flood Seasons in China and Regional Drought-Flood Cases ……(154)

7.1 The characteristics of temperature variations in China and the world and their causation analyses ……(155)

7.2 Integrated response relationships of the precipitation patterns during major flood seasons in China to the precedent Pacific SST and the precedent surface air temperature over mainland China ……(158)

7.3 Integrated response relationships of the precipitation patterns during major flood seasons in China to the precedent surface air temperature over mainland China and anomalies of the subtropical high ……(162)

7.4 Technical approach of predictability for regional extreme precipitation events ……(165)

7.5 Illustrations of development technology of regional high-resolution drought-flood physical prediction models (10 cases) ……(166)

7.6 Prediction levels for regional precipitation anomalies tendency and drought-flood cases in China and abroad ……(188)

7.7 Success in long-, medium-, and short-range forecasts for the weather at both opening and closing ceremontes of 2008 Beijing Olympic Games, and its bases
——Validation of weather predictability to specified area and time period using physical statistical methods ……(212)

References ……(231)

第1章 中国汛期八类雨型的客观划分和变化特征

在专著《中国旱涝的分析和长期预报研究》的最后一章介绍了原中央气象台长期预报科(廖荃荪等)在20世纪70年代到80年代对中国东部地区主汛期(6—8月)主要多雨带类型的划分,根据中国东部地区主汛期主要多雨带(正距平中心区)位置偏北(在黄河以北)、居中(在长江与黄河之间)、偏南(在长江及其以南)将主汛期雨型划分成3个类型。每年3月底至4月初召开的全国汛期预报会商会,重点预报和会商主汛期主要多雨带的类型,这3个主汛期雨带的类型划分在汛期旱涝预报中曾经发挥了重要作用,因为只有3个类型,容易记忆,便于分析。但由于其分类较粗,较典型,对照每年的实际主汛期雨型来说,2类的代表性较好,1类和3类雨型较复杂。1类雨型包括了北方与华南两支多雨型、东北多雨型和西北多雨型等3种以上雨型。3类雨型包括了长江流域和北方两支多雨型、长江流域多雨型和江南南部至华南多雨型等3种以上雨型。特别是在大气候有了较大的变化背景下,主汛期雨型也呈现多样化,如果仍然根据这3个雨型来做全国汛期预报,在一定程度上会影响到汛期预报的精度和质量。为了检验3类雨型的代表性,在2003年作者指导研究生冷春香计算了每年160个站点的6—8月降水量距平百分率与1、2、3类雨型分别计算了两个空间场之间的同点相关系数和相关概率。从统计结果可知,在近50年(1951—2000年)中,有18%(9/50)的年份与这3个类雨型的相关系数都在0.30以下,相关概率在60%以下,有62%的年份的相关概率在64%以下。即原来划分的3个类型的雨型中,2类雨型的代表性较好,1、3类对相当多的年份的代表性不是很好。这是因为原中央气象台长期组划分的3个类型的雨型主要是根据中国东部地区主汛期降水量距平百分率的正距平中心区的位置划定的,对中国中西部地区和东北地区的旱涝情况和双雨带或多雨带年基本上也靠预报员的主观判断将其归属到这3类雨型的某一类,所以对有些年份的代表性较差。

1.1 中国汛期八类雨型的客观划分

如何客观地划分雨型才能使其对绝大多数年份汛期旱涝有较好的代表性呢?在做EOF展开时,代表站少易收敛。但对降水来说因为要受地形影响而局地性较大,代表站取少了也会影响到代表性。而取的代表站(160站)太多,在做EOF展开时就不容易收敛。1987年黄嘉佑首先使用主分量分析方法客观地对中国月降水日数进行了分型,1990年本书作者和罗勇采用了主分量分析和聚类分析相结合的方法,选择大家常用的160个代表站,对1951—1989年中国主汛期雨型作了客观划分,将中国主汛期雨型划分为8个类型,绝大多数年份的主汛期雨型都与这8个雨型中的某一类雨型比较相似。由于气候在不断地变化,大气候的变化也影响到了中国主汛期雨型的时间和空间分布特征,雨型的年代际变化也很明显,例如在1993年以来中国主汛期没有出现过典型的北方类雨型。2003年本书作者与冷春香结合中国汛期暴雨的分布特征,再次采用EOF分析和聚类分析相结合的方法,仍然选用大家熟悉的160个代表站,对 1953—2002 年的中国主汛期(6—8月)主要多雨带的类型进行了客观划分。首先把 160 个站点的降水量进行标准化：

$$P_{ij} = (R_{ij} - \bar{R}_{ij})/\bar{R}_{ij} \times 100\% \quad \begin{matrix} i=1,2,\cdots,50 \\ j=1,2,\cdots,160 \end{matrix} \tag{1.1}$$

P_{ij} 是某个站点的降水量相对于本站点 50 年(1953—2002年)平均值的距平百分率，式中

$$\bar{R}_{ij} = \frac{1}{50}\sum_{i=1}^{50} R_{ij} \tag{1.2}$$

再用 EOF 展开，将 160 站点降水量的距平百分率以矩阵(F)形式展开和分解成正交的空间函数(X)和时间函数(T)的乘积之和。

$$F = TX$$

$$F_{ij} = \sum_{p=1}^{n} T_{ip} X_{pj} \quad i=1,2,\cdots,50; j=1,2,\cdots,160 \tag{1.3}$$

由 F 的协方差矩阵求出特征值对应若干个特征向量场，由于我们是对 160 点 6—8 月降水量展开，因其空间分布变率特别大而收敛得很慢，直到第 10 个特征向量场的累积解释方差才达到 61.3%，前 4 个特征向量场的累积解释方差为 36.7%。再结合聚类分析方法，将前 4 个特征向量场的正负两个向量场共 8 个特征向量场作为典型场，再分别计算近 52 年(1951—2002年)中每年 160 点 6—8 月降水量距平百分率的空间分布场与这 8 个典型特征场的相关系数，每年得到一个最相似的典型特征场(即在 8 个特征向量场中选取相关系数最大的一个典型场)。然后分别将与每个典型场最相似的年份 6—8 月降水量距平百分率进行合成，就得到中国主汛期(6—8月)降水量距平百分率的 8 个典型雨型分布图。现在再将近 57 年(1951—2007年)的每年主汛期(6—8月)降水量距平百分率分别归到这 8 个典型雨型的相似年中去，再将每组相似年合成为 8 个典型雨型分布图(如图 1.1—1.8 所示)。

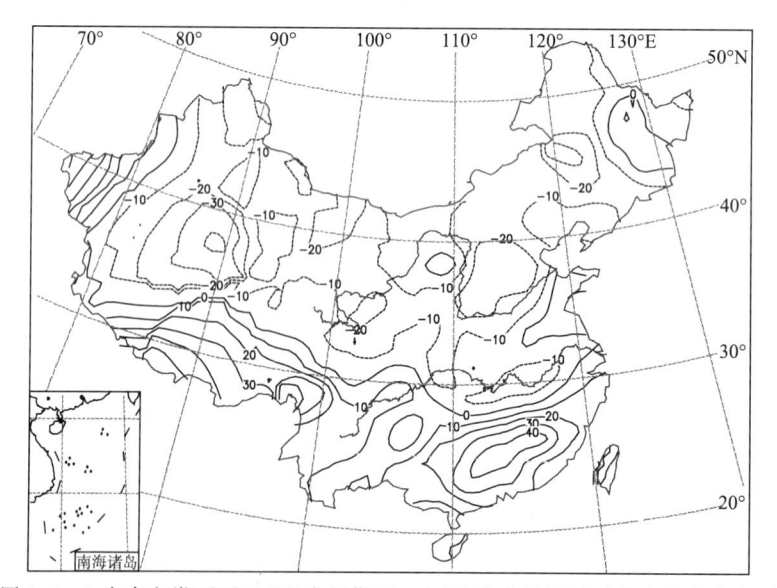

图 1.1 8 个南方类雨型(1 型)主汛期(6—8月)降水量距平百分率合成分布图

Fig. 1.1 The 8-case composite distribution chart for the precipitation anomaly percentage during major flood seasons(JJA) for the Southern China type precipitation pattern(Pattern Ⅰ)

1.2 中国主汛期八类雨型的空间分布特征

由图 1.1 可见,8 个(1952,1955,1962,1968,1974,1997,2001,2002 年)南方类雨型(1 型)年平均主汛期(6—8 月)的主要多雨带位置在江南南部至华南、西至西藏高原及新疆西部地区。多雨中心和主要洪涝区域在湖南南部、江西南部、福建西南部和广东大部及广西东部等地区;长江流域及其以北的大部地区则以少雨干旱为主。但在该雨型的不少相似年中,在汉水渭河或淮河或山东仍有一个小范围多雨洪涝区域。南方类雨型(1 型)属于原中央气象台长期科划分的南方类雨型(即原三类雨型)的一部分。

由图 1.2 可见,6 个(1951,1980,1983,1987,1991,1999 年)长江类雨型(2 型)年平均主汛期(6—8 月)的主要多雨带位置在长江流域及西藏和新疆西部地区。多雨中心和主要洪涝区域在长江中下游地区(包括江淮地区)。湖北大部、河南南部、安徽大部、湖南北部、江西北部、江苏大部、浙江北部、上海等省市;黄河流域、海河流域、辽河流域、内蒙大部及新疆中东部和广东、福建及台湾、海南大部地区则以少雨干旱为主。长江类雨型也属于原中央气象台长期科划分的南方类(3 类)雨型的一部分。

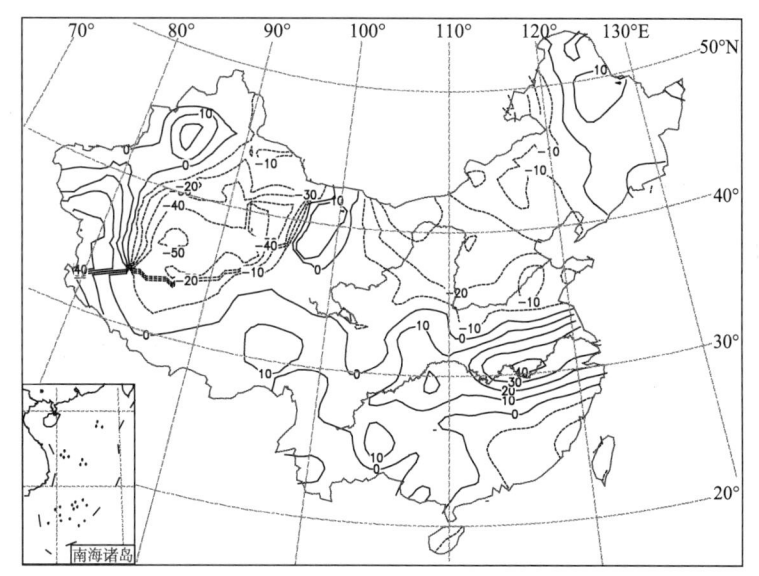

图 1.2　6 个长江类雨型(2 型)主汛期(6—8 月)降水量距平百分率合成分布图

Fig. 1.2　The 6-case composite distribution chart for the precipitation anomaly percentage during major flood seasons(JJA) for the Yangtze River type precipitation pattern(Pattern Ⅱ)

由图 1.3 可见 8 个(1954,1969,1977,1993,1995,1996,1998,2004 年)长江与北方两支类雨型(3 型)年平均主汛期(6—8 月)的主要多雨带有两支,南支主要多雨带在长江流域至西藏及新疆西部和北部地区,北支主要多雨带在辽河流域、海河流域、黄河流域和内蒙大部地区。多雨中心和主要洪涝区域在长江流域的湖北大部、河南南部、安徽南部、湖南北部、江西北部、浙江大部、贵州大部和辽宁、河北、内蒙中西部及新疆西部和北部等省区;黑龙江大部、东南沿海地区、台湾、汉水渭河流域、青海至新疆中东部地区则以少雨为主。该两支雨型大多属于原中央气象台划分的南方类(原 3 类)雨型,少数属于原中央气象台长期科划分的北方类(原 1 类)雨型(如 1977 年)。

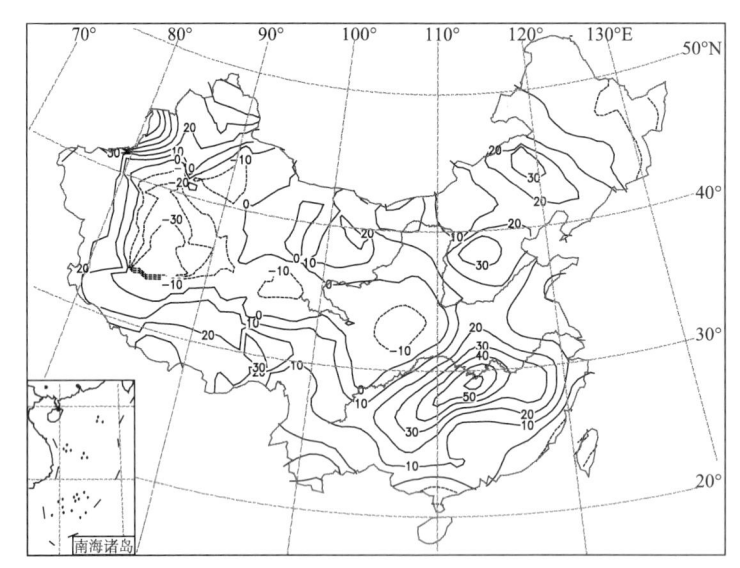

图 1.3　8 个长江与北方两支类雨型(3 型)主汛期(6—8 月)降水量距平百分率合成分布图

Fig. 1.3　The 8-case composite distribution chart for the precipitation anomaly percentage during major flood seasons(JJA) for the Yangtze River with northern China two branches type precipitation pattern(Pattern Ⅲ)

由图 1.4 可见,11 个(1965,1972,1975,1982,1984,1989,2000,2003,2005,2007,2008 年)中部类雨型(4 型)年平均主汛期(6—8 月)的主要多雨带位置在长江干流以北至黄河中下游和渭河流域及新疆中东部,多雨中心和主要洪涝区域在江苏大部、安徽中北部、河南中南部、湖北北部、陕西南部、四川东部及新疆中东部等省区;长江以南大部地区和东北大部、华北大部、西北大部及新疆南部等地区接近常年或偏少。但在 1972,2000,2005,2007,2008 年的华南地区还有一个次多雨带,在广东或福建发生了洪涝。中部类雨型(4 型)基本上都属于原中央气象台长期科划分的淮河类(原 2 类)雨型。

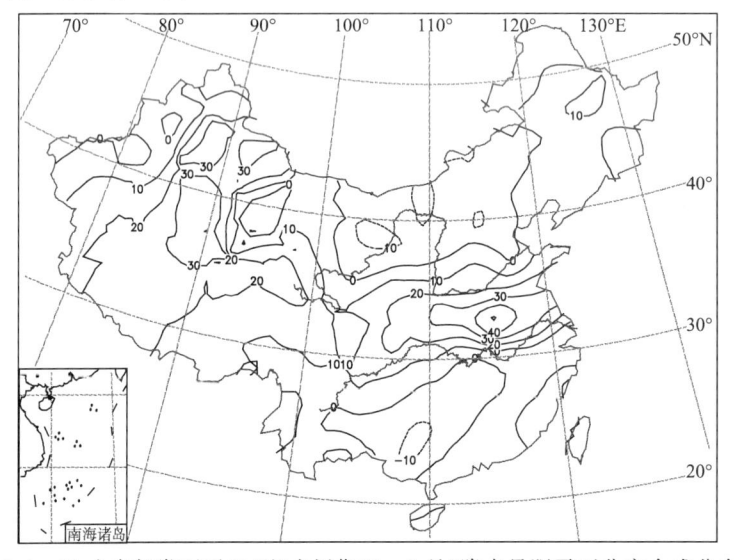

图 1.4　11 个中部类雨型(4 型)主汛期(6—8 月)降水量距平百分率合成分布图

Fig. 1.4　The 11-case composite distribution chart for the precipitation anomaly percentage during major flood seasons(JJA) for the middle China type precipitation pattern(Pattern Ⅳ)

由图 1.5 可见,3 个(1956,1963,1971 年)淮海河类雨型(5 型)年平均主汛期(6—8 月)的主要多雨带位置在长江以北的四川中东部、河南、江淮、黄淮、黄河中下游、海河流域、辽河和松花江南部等地区,多雨中心和主要洪涝区域在河北、河南、安徽中北部、江苏大部、山东大部、湖北东北部、四川中东部和辽宁、吉林等省区;长江以南大部地区和西北大部地区及内蒙中西部和北部地区则以少雨干旱为主。淮海河类雨型(5 型)属于原中央气象台长期科划分的淮河类(原 2 类)和北方类(原 1 类)雨型。

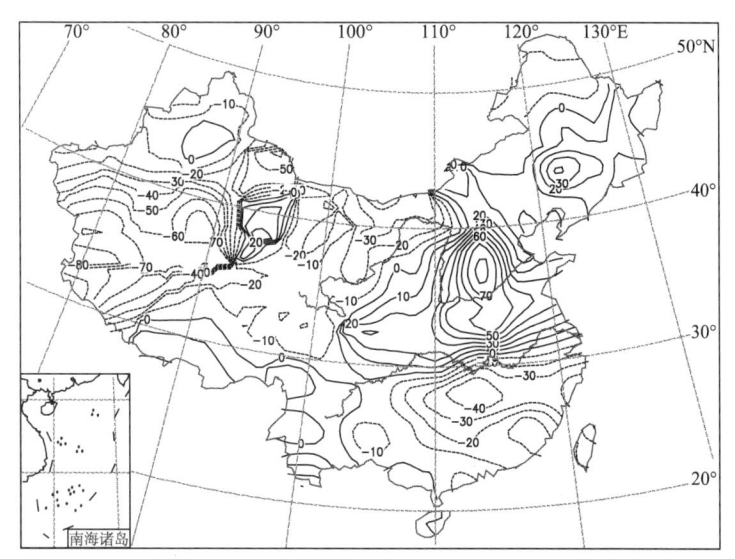

图 1.5 3 个淮海河类雨型(5 型)主汛期(6—8 月)降水量距平百分率合成分布图

Fig. 1.5 The 3-case composite distribution chart for the precipitation anomaly percentage during major flood seasons(JJA) for the Huaihe—Haihe River type precipitation pattern(Pattern Ⅴ)

由图 1.6 可见,6 个(1953,1957,1960,1985,1986,1990 年)东北类雨型(6 型)年平均主汛期(6—8 月)的主要多雨带位置在东北的辽河流域、松花江流域和嫩江流域、河北东部和山东大部、江苏大部及北疆北部等地,多雨中心和主要洪涝区域在东北的辽宁、吉林、黑龙江和山东 4 省;淮河以南大部地区、山西以西的西北大部地区和内蒙中西部地区则以少雨干旱为主;西南大部地区接近常年。东北类雨型(6 型)属于原中央气象台长期科划分的北方类(原 1 类)雨型的一部分。

由图 1.7 可见,6 个(1958,1978,1979,1981,1988,1992 年)西北类雨型(7 型)年平均主汛期(6—8 月)的主要多雨带位置在四川中东部至黄河流域、海河流域、内蒙中西部、新疆全区至西藏中西部等省区,多雨中心和主要洪涝区域在内蒙中部、河北中西部、山西、陕西、四川中东部、甘肃、新疆等省区;江淮流域及其以南大部地区和山东、辽吉两省大部则以少雨干旱为主。西北类雨型(7 型)也属于原中央气象台长期科划分的北方类(原 1 类)雨型。

由图 1.8 可见,10 个(1959,1961,1964,1966,1967,1970,1973,1976,1994,2006 年)北方和华南两支类雨型(8 型)年平均主汛期(6—8 月)的北支主要多雨带位置在内蒙中部至整个黄河流域、海河流域和川西地区及东北大部;南支主要多雨带在珠江流域至江南南部地区。多雨中心和主要洪涝区域在陕西中北部、内蒙中部、山西大部、河北大部、甘肃南部、四川西部和广东、广西、福建南部及台湾等省区;江淮流域大部和汉渭流域及新疆大部至西藏中西部等省区则以少雨干旱为主。北方和华南两支类雨型(8 型)也属于原中央气象台长期科划分的北方类(原 1 类)雨型。

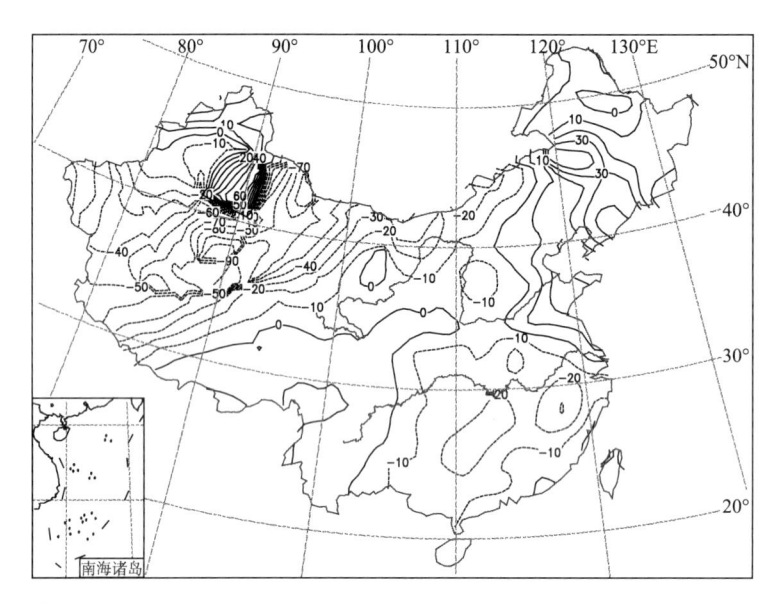

图 1.6 6个东北类雨型(6型)主汛期(6—8月)降水量距平百分率合成分布图

Fig. 1.6 The 6-case composite distribution chart for the precipitation anomaly percentage during major flood seasons(JJA) for the Northeast China type precipitation pattern(Pattern Ⅵ)

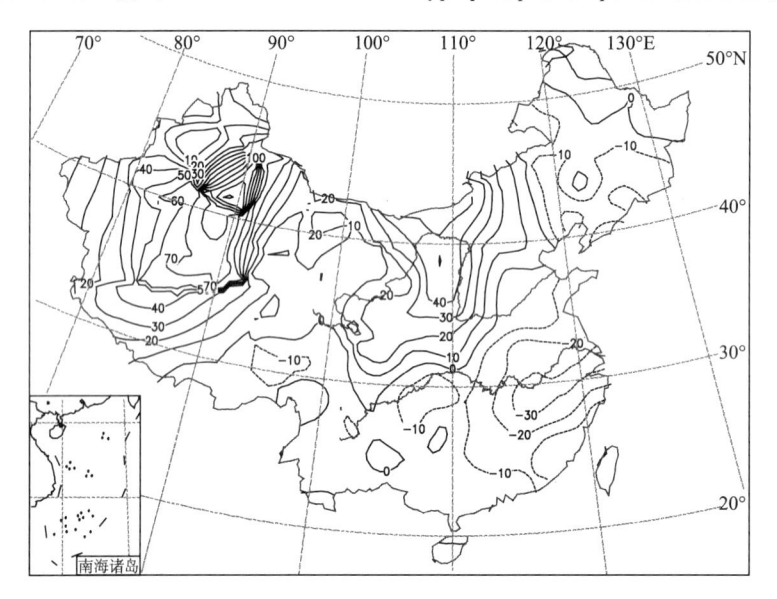

图 1.7 6个西北类雨型(7型)主汛期(6—8月)降水量距平百分率合成分布图

Fig. 1.7 The 6-case composite distribution chart for the precipitation anomaly percentage during major flood seasons(JJA) for the Northwest China type precipitation pattern(Pattern Ⅶ)

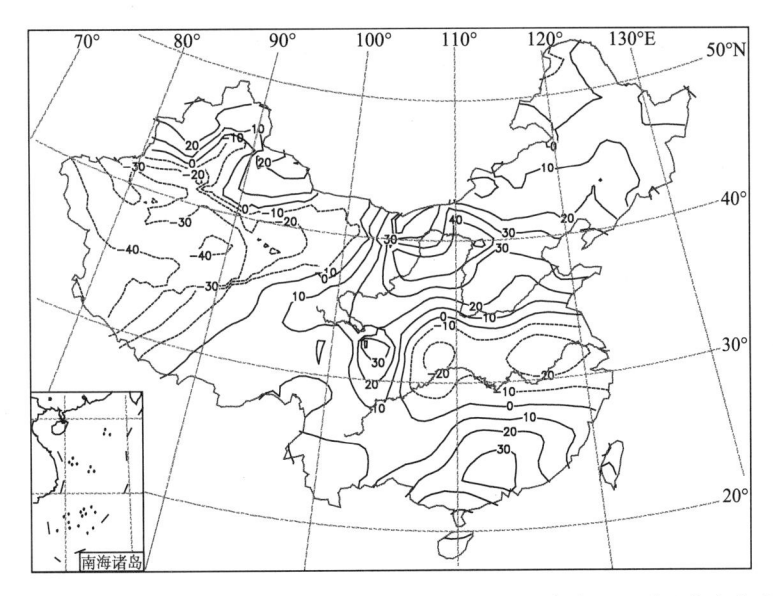

图 1.8　10 个北方和华南两支类雨型(8 型)主汛期(6—8 月)降水量距平百分率合成分布图

Fig. 1.8　The 10-case composite distribution chart for the precipitation anomaly percentage during major flood seasons(JJA) for the northern China with South China two branches type precipitation pattern(Pattern Ⅷ)

1.3　中国汛期八类雨型的代表性检验

为了检验 8 类代表性雨型对它们各自的相似年雨型的代表性,我们计算了每个代表性雨型与它所代表的相似年雨型的两个空间场(160 点)的主汛期(6—8 月)降水量距平百分率之间的相关系数,统计结果如表 1.1 所示。

由表 1.1 可见,南方类雨型(1 型)的 8 个相似年的相关系数有 0.38~0.63,其中有 7 年(88%)的相关系数达到 0.42~0.63,最佳相似年是 1997 年;长江类雨型(2 型)与 6 个相似年的相关系数有 0.31~0.60,其中有 5 年(83%)的相关系数达到 0.45~0.60,最佳相似年是 1980 年;长江与北方两支类雨型(3 型)与 8 个相似年的相关系数有 0.27~0.74,其中有 6 年(75%)的相关系数达到 0.41~0.74,最佳相似年是 1954 年;中部类雨型(4 型)与 10 个相似年的相关系数有 0.26~0.65,其中有 6 年(60%)的相关系数达到 0.41~0.65,最佳相似年是 2007 年;淮海河类雨型(5 型)与 3 个相似年的相关系数有 0.61~0.80,最佳相似年是 1963 年;东北类雨型(6 型)与 6 个相似年的相关系数有 0.45~0.77,其中有 5 年(83%)的相关系数达到 0.56~0.77,最佳相似年是 1960 年;西北类雨型(7 型)与 6 个相似年的相关系数有 0.22~0.65,其中有 5 年(83%)的相关系数达到 0.43~0.65,最佳相似年是 1958 年;北方与华南两支类雨型(8 型)与 10 个相似年的相关系数有 0.35~0.71,其中有 9 年(90%)的相关系数达到 0.45~0.71,最佳相似年是 1961 年。

以上划分的中国主汛期 8 个类型的雨型,对近 57 年(1951—2007 年)中 82%的年份 160 点夏季降水量距平百分率的相关系数在 0.40 以上,对主汛期旱涝趋势和多雨洪涝中心区域都有较好的代表性;只有 18%的相关系数不足 0.40 以下,其中只有 7%的年份相关系数小于

0.30,这少数年份的主要多雨带中心位置与其代表性雨型是一致的,但就全国范围的距平趋势来说与其代表性雨型有较大差异。

表 1.1 1951—2007 年中国主汛期(6—8 月)八类雨型的相似年及其相似程度(相关系数)

Table 1.1 Similarity years and their correlation coefficients of eight precipitation patterns during major flood seasons(JJA) in China during 1951—2007

1 型:南方类雨型与 8 个相似年的相关系数:										
年份	1952	1955	1962	1968	1974	1997	2001	2002	—	—
相关系数	0.44	0.45	0.38	0.58	0.42	0.63	0.53	0.58	—	—
2 型:长江类雨型与 6 个相似年的相关系数:										
年份	1951	1980	1983	1987	1991	1999	—	—	—	—
相关系数	0.31	0.60	0.56	0.56	0.54	0.45	—	—	—	—
3 型:长江与北方两支类雨型与 8 个相似年的相关系数:										
年份	1954	1969	1977	1993	1995	1996	1998	2004	—	—
相关系数	0.74	0.52	0.46	0.34	0.27	0.44	0.41	0.50	—	—
4 型:中部类雨型与 10 个相似年的相关系数:										
年份	1965	1972	1975	1982	1984	1989	2000	2003	2005	2007
相关系数	0.49	0.35	0.26	0.29	0.34	0.41	0.59	0.48	0.57	0.65
5 型:淮海河类雨型与 3 个相似年的相关系数:										
年份	1956	1963	1971	—	—	—	—	—	—	—
相关系数	0.75	0.80	0.61	—	—	—	—	—	—	—
6 型:东北类雨型与 6 个相似年的相关系数:										
年份	1953	1957	1960	1985	1986	1990	—	—	—	—
相关系数	0.62	0.56	0.77	0.63	0.45	0.57	—	—	—	—
7 型:西北类雨型与 6 个相似年的相关系数:										
年份	1958	1978	1979	1981	1988	1992	—	—	—	—
相关系数	0.65	0.22	0.43	0.56	0.52	0.55	—	—	—	—
8 型:北方与华南两支类雨型与 10 个相似年的相关系数:										
年份	1959	1961	1964	1966	1967	1970	1973	1976	1994	2006
相关系数	0.69	0.71	0.56	0.51	0.48	0.45	0.46	0.54	0.59	0.35

1.4 中国汛期八类雨型的年际变化特征

在 1951—2008 年期间,主汛期(6—8 月)8 类雨型的气候概率变化范围是 5.2%～19.0%。中部类雨型(4 型)的气候概率最大,有 19.0%(11/58);北方与华南两支类雨型(8 型)的气候概率为次大,是 17.2%(10/58);南方类雨型(1 型)、长江与北方两支类雨型(3 型)的气候概率都是 13.8%(8/58);长江类雨型(2 型)、东北类雨型(6 型)、西北类雨型(7 型)的气候概率都是 1.3%(6/58);淮海河类雨型(5 型)的气候概率最小,为 5.2%(3/58)。

南方类雨型(1 型)发生在 1952—1974 年(23 年)和 1997—2002 年(6 年)两个时段中,发生在前一个时段中的有 5 个,平均 4~5 年发生 1 个,发生频率为 22%(5/23),比其气候概率偏高 8%;发生在后一个时段中的有 3 个,平均 2 年就发生 1 个,发生频率为 50%(3/6),比其气候概率偏高 36%。在 1975—1996 年的 22 年中没有发生过南方类(1 型)雨型,8 个南方类雨型中只有 2001—2002 年两年是持续的,其余 6 个都不持续。

长江类雨型(2 型)在 1980—1991 年的 12 年期间发生频率比较高,平均 3 年发生 1 个,发生频率为 33%(4/12),比气候概率偏高 23%。6 个长江类雨型都不持续。在 1952—1979 年的 28 年中和 2000—2008 年的 9 年中没有发生过此类雨型。

长江与北方两支类雨型(3 型),有一半发生在 20 世纪 90 年代(1993—1998 年)的 6 年期间,平均 1~2 年就发生 1 个,发生频率为 67%(4/6),比其气候概率偏高 53%。另外在 20 世纪 50 年代、60 年代、70 年代和 21 世纪元年代各发生 1 个,该雨型在 1995—1996 年持续,其余 6 个都不持续。在 1978—1992 年的 15 年期间没有发生过此类雨型。

中部类雨型(4 型)的 55% 发生在 1965—1989 年的 25 年期间,平均 4 年多就发生 1 个,发生频率为 24%(6/25),比其气候概率偏高 5%;其余的 45% 发生在 2000—2008 年的 9 年中,平均不到 2 年就发生 1 个,发生频率为 55%(5/9),比其气候概率偏高 36%。11 个中部类雨型中只有 2007—2008 年持续,其余 9 个都不持续。在 1951—1964 年的 14 年中和 1990—1999 年的 10 年中没有发生过此类雨型。

淮海河类雨型(5 型)比较罕见,只有 3 个,都发生在 1956—1971 年期间的 16 年内,相间 7~8 年发生 1 个。在 1972 年以来的 37 年中没有发生过此类雨型。

东北类雨型(6 型)的一半发生在 1953—1960 年的 8 年期间,不到 3 年就发生 1 个,发生频率为 38%(3/8),比气候概率偏高 27%;还有一半发生在 1985—1990 年的 6 年里,平均 2 年就发生 1 个,发生频率为 50%(3/6),比气候概率偏高 40%。6 个东北类雨型中只有 1985—1986 年持续,其余 4 个都不持续。在 1961—1984 年的 24 年中和 1991—2008 年的 18 年中没有发生过此类雨型。

西北类雨型(7 型)的 83%(5/6)发生在 1978—1992 年的 15 年里,平均 3 年发生 1 个,发生频率为 33%(5/15),比气候概率偏高 23%。6 个西北类雨型中只有 1978—1979 年持续,其余 4 个都不持续。在 1959—1977 年的 19 年里没有发生过此类雨型。

北方与华南两支类雨型(8 型)的 80%(8/10)发生在 1959—1976 年的 18 年里,在此期间平均 2 年多就发生 1 个,发生频率为 44%(8/18),比气候概率偏高 27%。10 个北方与华南两支类雨型中只有 1966—1967 年持续,其余 8 个都不持续。在 1977—1993 年的 17 年里和 1995—2005 年的 11 年里没有发生过此类雨型。

由上统计分析可知,8 个主汛期雨型的时序分布有如下几个显著特征:

(1)在 1951—2008 年中,长江类雨型(2 型)和淮海类雨型(5 型)没有出现过持续现象,其余 6 类雨型在年际变化中最多持续 1 年。没有出现过连续 3 年为同一类雨型的现象,即任何 3 年中至少有 2 个不相似的雨型。79%(46/58)的年份主汛期雨型都不持续,即 79% 的相邻年份的主汛期雨型是不相似的。

(2)多数主汛期雨型的次年主汛期雨型也有一定倾向性:1 型的次年没有出现过 2 型、7 型和 8 型;2 型的次年没有出现过 2 型、3 型、5 型、6 型和 8 型,2 型的次年一半是 7 型、另一半是 4 型和 1 型;3 型的次年没有出现 5 型和 6 型;4 型的次年没有出现过 5 型和 7 型,4 型的次年有一半是 8 型;5 型的次年没有出现过 1 型、2 型、3 型和 7 型;6 型的次年没有出现过 1

型、4型、5型；7型的次年没有出现过1型、2型、5型、6型；8型的次年没有出现过2型和7型。

(3)持续性雨型的第3年雨型特征较有意思,南方类多雨型(1型)持续后的第3年是中部类多雨型(4型),如2001(1型)—2002(1型)—2003年(4型);两支多雨型(3型和8型)持续后的第3年是南方类多雨型(1型),如1995(3型)—1996(3型)—1997年(1型)和1966(8型)—1967(8型)—1968年(1型);东北类多雨型(6型)和西北类多雨型(7型)持续后的第3年都是长江类多雨型(2型),如1985(6型)—1986(6型)—1987年(2型)和1978(7型)—1979(7型)—1980年(2型);中部多雨型(4型)持续后的第3年会是什么雨型？如2007(4型)—2008(4型)—2009年(?),值得我们来关注,根据历史上出现的5个持续性雨型年的次年雨型特点,可以预测2009年继续出现中部类雨型或偏北类雨型的可能性不大。

(4)各个雨型都有各自的活跃期:南方类雨型(1型)的活跃期是1997—2002年(6年),长江类雨型(2型)是1980—1991年(12年),长江与北方两支类雨型(3型)的活跃期是1993—1998年(6年),中部类雨型(4型)的活跃期是2000—2008年(9年),淮海河类雨型(5型)的活跃期是1956—1971年(16年),东北类雨型(6型)的活跃期是1953—1960年(8年)和1985—1990年(6年),西北类雨型(7型)的活跃期是1978—1992年(15年),北方与华南两支类雨型(8型)的活跃期是1959—1976年(18年)。

(5)各个雨型都有各自的最长休眠期:南方类多雨型(1型)的最长休眠期是1975—1996年(22年);长江类多雨型(2型)的最长休眠期是1952—1979年(28年);长江与北方两支类多雨型(3型)的最长休眠期是1955—1968年(14年)和1978—1992年(15年);中间类多雨型(4型)的最长休眠期是1951—1971年(21年);淮海河类多雨型(5型)的最长休眠期是1972—2008年(37年);东北类多雨型(6型)的最长休眠期是1961—1984年(24年);西北类多雨型(7型)的最长休眠期分别是1959—1977年(19年)和1993—2008年(16年);北方与华南两支类多雨型(8型)的最长休眠期是1977—2005年(29年),29年中只出现了1个。

(6)各个雨型的最长休眠期都比活跃期长:淮海河类多雨型(5型)最长休眠期比活跃期长21年;南方类多雨型(1型)、长江类多雨型(2型)、东北类多雨型(6型)的最长休眠期都比活跃期长16年;中间类多雨型(4型)的最长休眠期比活跃期长12年;北方与华南两支类雨型(8型)的最长休眠期比活跃期长11年;长江与北方两支类多雨型(3型)的最长休眠期比活跃期长9年;西北类多雨型(7型)的最长休眠期比活跃期长4年。

1.5 中国汛期雨型的年代际变化特征

在上面揭示了1951—2008年期间中国汛期八类雨型的年际变化特征和规律。那么八类雨型的年代际变化特征是否显著呢？

在20世纪50年代(1951—1959年)期间,主汛期(6—8月)没有出现过中部类多雨型(4型),出现南方类(1型)和东北类(6型)各2个,其他雨型各1个。在1955年以前,主要多雨带在长江流域及其以南地区(4/5);在后4年中,主要多雨带比较偏北,在淮海河流域及其以北地区(4/4)。由50年代的9个汛期降水量距平百分率合成分布图(如图1.9)可见,长江以北大范围地区和西藏中东部及北疆地区为正距平,在河北、河南、晋南、陕南、川东和北疆地区是正距平中心区域。长江以南大部地区正常偏少,南疆至西藏西部大部地区异常偏少。特别要指出的是在 50 年代出现了 1954 年长江流域为多雨中心的百年一遇的全国性特大洪水年和 1958 年、1959 年分别以黄河流域、海河流域为多雨中心的北方特大洪水年。

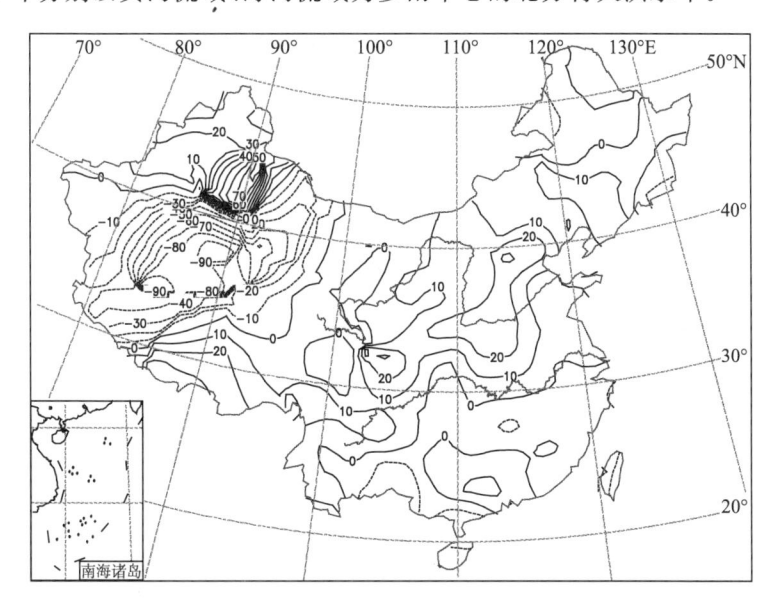

图 1.9　20 世纪 50 年代(1951—1959 年)9 年主汛期(6—8 月)降水量距平百分率合成分布图
Fig.1.9　Composite distribution chart for the precipitation anomaly percentage during 9-year major flood seasons(JJA) of the 1950s(1950—1959)

在 20 世纪 60 年代(1960—1969 年),主汛期(6—8 月)没有出现长江类多雨型(2 型)和西北类多雨型(7 型),却出现了有 4 个北方与华南两支多雨型(8 型)和 2 个南方类(1 型)多雨型,即有 60%(6/10)的年份珠江流域夏季多雨洪涝,有 40%(4/10)的年份海河和黄河流域多雨洪涝,其中 1963 年在淮河和海河流域异常多雨而在海河流域发生了特大洪水,1969 年在长江流域和海河流域都异常多雨而在长江中下游地区发生了大洪水。由 60 年代(1960—1969 年)降水量距平百分率合成分布图(图 1.10)可见,华南大部、西南大部、华北大部至东北中南部是正距平,其余大部地区是负距平。长江中下游地区和新疆大部是负距平中心区。在 60 年代出现了 1963 年以海河流域为主的海河淮河流域特大洪水年。

在 20 世纪 70 年代(1970—1979 年)期间,主汛期(6—8 月)没有出现过长江类多雨型(2 型)和东北类多雨型(6 型),出现了 3 个北方与华南两支多雨型(8 型)、2 个中部类多雨型(4 型)、2 个西北类多雨型(7 型),其他类型各 1 个。黄河流域多雨的概率达到 50%(5/10)。在 70 年代(1970—1979 年)6—8 月降水量距平百分率合成分布图(如图 1.11)上可见,华北至西北大部以正距平为主,长江流域、新疆大部至西藏大部和东北大部以负距平为主,长江中游和新疆中部是负距平中心区。70 年代的 1975 年在江淮地区多雨而在淮河流域的驻马店附近地区发生了百年一遇的特大洪水,在 1978 年江淮流域发生了特大干旱和在 1972 年发生了全国性少雨的严重干旱现象。

在 20 世纪 80 年代(1980—1989 年)期间,主汛期(6—8 月)没有出现过两支类(3 型和 8 型)多雨型,出现了 3 个长江类多雨型(2 型)、3 个中部类多雨型(4 型)、2 个东北类多雨型(6 型)和 2 个西北类多雨型(7 型),即主要多雨洪涝区域在江淮流域(2 型和 4 型)的有 60%。在 80 年代(1980—1989 年)6—8 月降水量距平百分率合成分布图(如图 1.12)上可见,长江干流至汉水渭河流域及南疆和东北东部地区是正距平,全国其余大部地区是负距平。长江流域出现了1980年和1983年的多雨洪涝年、东北松辽河出现了1985年和1986年的多雨大水年、四川盆地在1981年7月中旬发生了特大洪水。

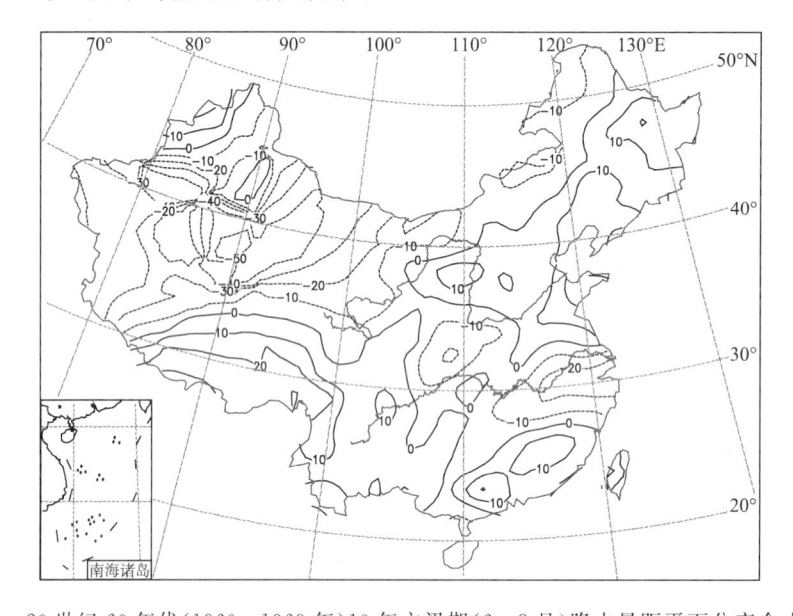

图1.10　20世纪60年代(1960—1969年)10年主汛期(6—8月)降水量距平百分率合成分布图
Fig.1.10　Composite distribution chart for the precipitation anomaly percentage during 10-year major flood seasons(JJA) of the 1960s(1960—1969)

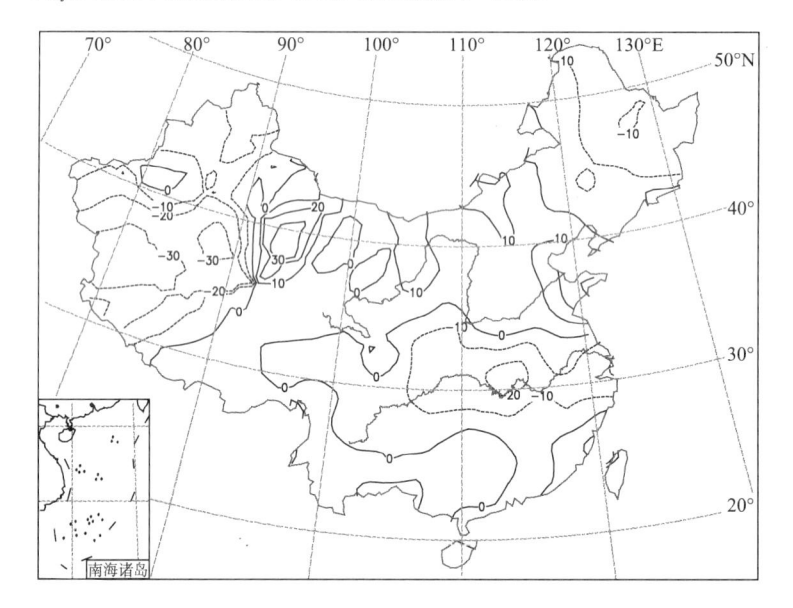

图1.11　20世纪70年代(1970—1979年)10年主汛期(6—8月)降水量距平百分率合成分布图
Fig.1.11　Composite distribution chart for the precipitation anomaly percentage during 10-year major flood seasons(JJA) of the 1970s(1970—1979)

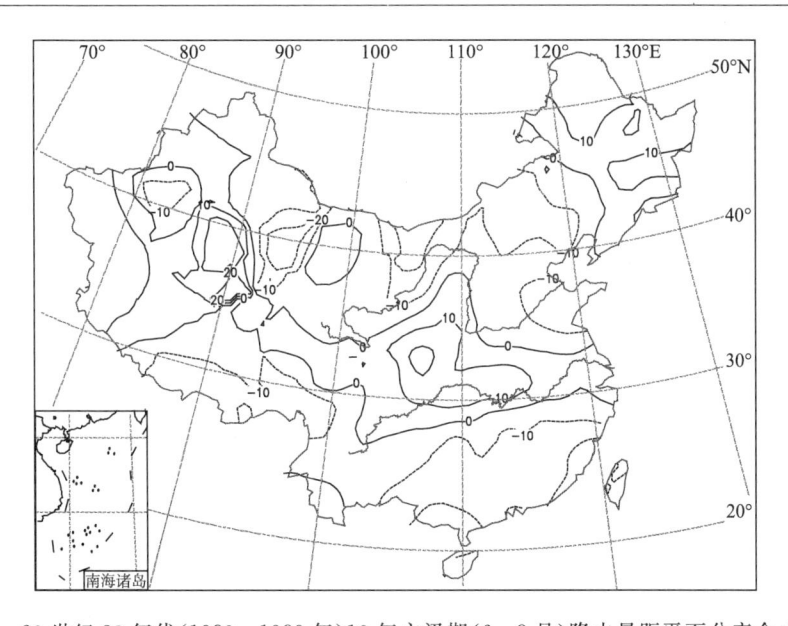

图 1.12 20 世纪 80 年代(1980—1989 年)10 年主汛期(6—8 月)降水量距平百分率合成分布图

Fig.1.12 Composite distribution chart for the precipitation anomaly percentage during 10-year major flood seasons(JJA) of the 1980s(1980—1989)

在 20 世纪 90 年代(1990—1999 年)期间,主汛期(6—8 月)没有出现过中部类(4 类)和淮海河类(5 型)多雨型,出现了有 4 个长江和北方两支类多雨型(3 型)、2 个长江类多雨型(2型),即有 60%的年份主汛期主要多雨带和洪涝区域在长江流域,汉水渭河流域则以少雨干旱为主。由 90 年代(1990—1999 年)6—8 月降水量距平百分率合成分布图(如图 1.13)可见,全国大部地区以正距平为主,江南北部地区是多雨洪涝中心区;只有四川东部至黄河中游和新疆东部以负距平为主。90 年代的 1991 年在江淮地区发生了特大洪水、1998 年在长江流域发生了 50 年一遇的流域性特大洪水和在松嫩江流域也发生了特大洪水、1996 年在长江流域和海河流域都发生了大洪水。90 年代在华南至江南南部地区夏季多雨的概率达到 80%,其中发生了 3 个(1994,1995,1997 年)大洪水年。

在 21 世纪元年代的前 9 年(2000—2008 年)期间,主汛期(6—8 月)没有出现过长江类(2型)多雨型、东北类(6 型)多雨型和西北类(7 型)多雨型及淮河海河类(5 型)多雨型,出现了 5个中部类多雨型(4 型)、2 个南方类多雨型(1 型)、3 型两支类多雨型和 8 型两支类多雨型各 1个。即在 21 世纪元年代有 56%(5/9)的年份汛期主要多雨洪涝区域都是出现在长江以北至黄河以南的中部地区(4 型)及华南地区。在 21 世纪元年代(2000—2008 年)降水量距平百分率合成分布图(如图 1.14)上可见,在 21 世纪元年代主要多雨洪涝中心区出现在长江以北至黄河以南的中部地区,出现了广阔的偏多 20%～30%的正距平中心区。其次,在华南至江南南部地区与新疆中北部地区也以正距平为主,并有偏多 20%以上的正距平区。北方大部地区和长江流域则以负距平为主,华北和内蒙的东部和西部出现了偏少 20%以上的负距平区。在21 世纪元年代淮河流域出现了 4 个(2000,2003,2005,2007 年)大洪水年,2008 年在鄂西北出现了百年一遇的特大洪水,在华南地区有 50%的年份(2001,2002,2005,2006,2008 年)出现了多雨至异常多雨的大洪水现象。

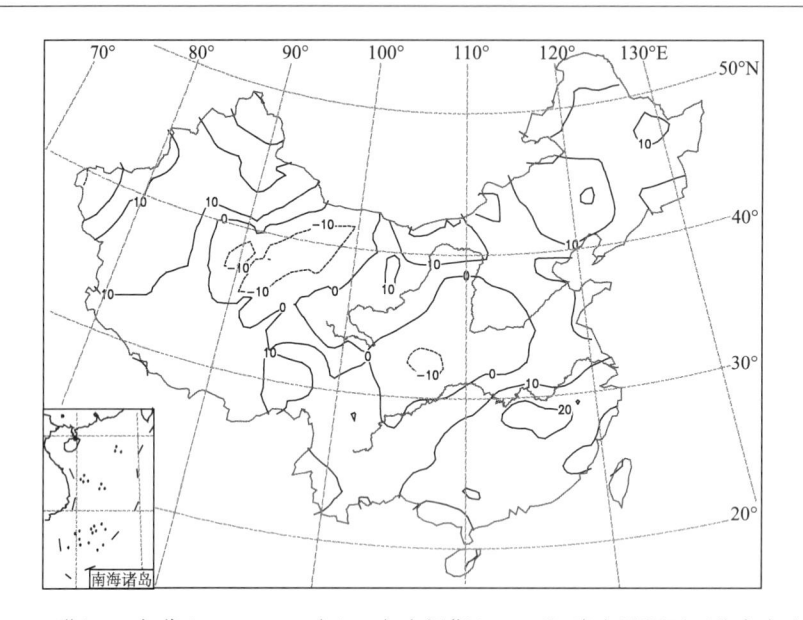

图 1.13　20 世纪 90 年代(1990—1999 年)10 年主汛期(6—8 月)降水量距平百分率合成分布图
Fig. 1.13　Composite distribution chart for the precipitation anomaly percentage during 10-year major flood seasons(JJA) of the 1990s(1990—1999)

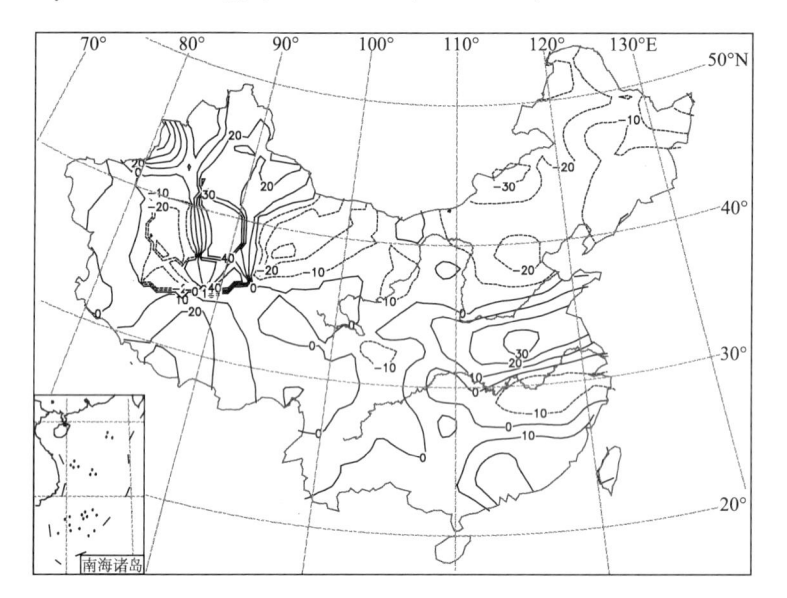

图 1.14　21 世纪元年代(2000—2008 年)9 年主汛期(6—8 月)降水量距平百分率合成分布图
Fig. 1.14　Composite distribution chart for the precipitation anomaly percentage during 9-year major flood seasons(JJA) of the first decade of 21st century

第 2 章 各类雨型的大尺度环流背景和机理分析

中国汛期雨型十分复杂,年际变化也很大,那么是什么原因造成汛期雨型这么复杂多变的呢？各种雨型的主要环流背景和影响因子是什么呢？我们将在本章中进行探讨和揭示。

降水是冷暖空气相互作用的结果,而夏季冷暖气团的强弱和相互作用的频次及每次冷暖空气交锋的持续时间、滞留地区与水汽供应的条件都会影响到汛期降水和雨型的强弱和分布形态特征。在气压相同的对流大气层(例如 500 hPa)中,大气中气温越高,高度也越高。由于低纬地区的气温比高纬地区的气温高,所以低纬地区的大气高度总是比高纬地区的大气高度偏高,即副热带地区的高压气团具有高温高湿的特性,而高纬地区的低压气团具有干冷的特性。这两种不同特性的气团在中国汛期活动频繁。常居低纬海区的副热带高压在汛期会频繁地登陆,并向西向北伸展；常居极地的冷涡在汛期也会频繁地向南伸展或脱离母体入侵到中低纬度的各个地区。脱离主体的冷空气在南下途中遇到向大陆伸展的副热带高压时,因冷空气的密度比暖空气大、相同体积的空气重量要比暖空气重,所以冷空气会侵入到暖空气之中并产生下沉运动,暖空气被迫抬升,由于冷暖空气的相互作用就产生湍流运动而造成降水。西太平洋副热带高压(简称西太平洋副高)就是副热带湿热气团中对中国汛期降水和雨型最具影响力的成员,中国汛期的水汽主要靠西太平洋副热带高压和印度低压或南支槽分别将东南海洋上和孟加拉湾的水汽输送到中国大陆上空。西太平洋副高有时伸展到南海上空或与母体脱离成独立高压体,西伸到南海上空的西太平洋副高和南海上空的独立副高体统称谓南海高压。南海高压对我国南方特别是长江中下游的汛期降水有重要影响和前兆意义。从西藏高原南侧下来的西路水汽强弱对长江以南地区的降水也有一定影响。影响中国汛期降水和雨型的另一个重要成员是热带风暴和台风,它能够直接将丰沛的水汽和暴雨直接输送到我国东南沿海地区,强热带风暴和台风的外围环流还会影响到我国的中部和北部地区。中高纬度的阻塞高压和阻塞环流形势,特别是乌拉尔山和鄂霍茨克海上空的阻塞高压对来自西伯利亚的冷空气南下和东进能够起到阻挡作用,使冷空气在阻塞高压的北侧或西侧逐步堆积和加强,在冷空气和阻塞高压的相互作用过程中,冷空气不断侵入到阻塞高压之中,直到冷空气势力超过阻塞高压的阻力时,阻塞高压就开始减弱直至崩溃。归结起来,影响中国汛期降水和雨型的主要环流系统有副热带高压(包括西太平洋副高和南海高压)、南支槽(包括印度低压)、热带风暴和台风、中高纬度的阻塞高压(包括阻塞形势)和极地冷涡等。下面就对这八类雨型的大尺度环流背景的主要特征进行分析。

2.1 汛期八类雨型的大尺度环流背景

由图 2.1 可见,8 个南方类雨型(1 型)平均的夏季大尺度环流背景的主要特征是:西太平洋副高偏东偏弱,西半球副高异常强大；南支槽较深,对中国南方地区的水汽输送有利；西风锋区异常偏西,在东欧上空有一个大深槽,槽前环流呈现辐散状,处在大槽右前方的我国长江以北大部地区缺乏冷空气和水汽来源及其共同影响,汛期出现了少雨干旱现象。

图 2.1　8 个南方类雨型(1 型)平均主汛期(6—8 月平均)北半球 500 hPa 高度(单位:gpm)环流图
Fig. 2.1　The northern 500 hPa height fields(unit:gpm) during JJA—averaged major flood seasons for 8 southern China type precipitation patterns(Pattern Ⅰ)

由图 2.2 可见,6 个长江类雨型(2 型)的平均夏季大尺度环流背景的主要特征是:西太平洋副高异常偏西和偏强,西半球副高也异常偏强;南支槽偏深;极地冷涡偏强且向北美洲和欧亚大陆伸展呈椭圆形,极涡中心偏东;西风锋区偏强,在巴尔喀什湖和贝加尔湖之间有一个深

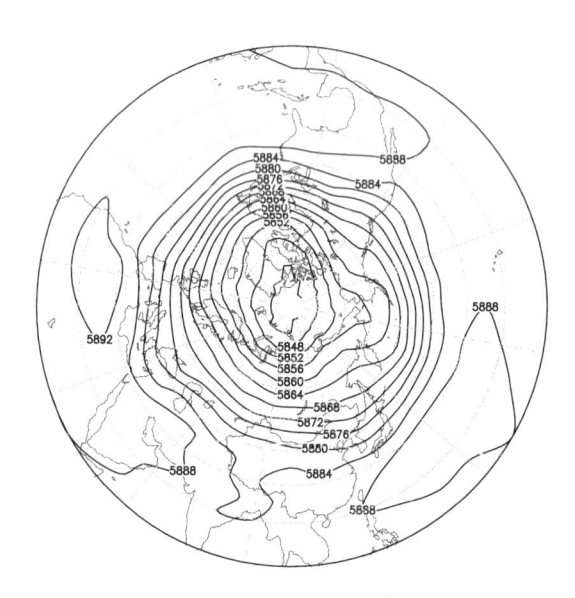

图 2.2　6 个长江类雨型(2 型)平均主汛期(6—8 月平均)北半球 500 hPa 高度(单位:gpm)环流图
Fig. 2.2　The northern 500 hPa height fields(unit:gpm) during JJA—averaged major flood seasons for 6 yangtze River type precipitation patterns(Pattern Ⅱ)

槽；大西洋欧洲上空环流较平直，乌拉尔山上空没有阻塞高压（即没有西阻），鄂霍次克海阻塞高压比较清楚（即有东阻），从极地到中国北疆上空有一个西风槽，中国东北上空还有一个冷槽。长江流域特别是长江中下游地区正处在西太平洋高压的西北侧和南支槽的东北侧，东南海洋上的水汽不断地沿着西太平洋副高的南侧和西北侧向长江流域特别是长江中下游地区输送，同时孟加拉湾的水汽又沿着南支槽向东北方向的长江流域输送，长江中下游地区的水汽特别丰沛。同时，长江流域特别是长江中下游地区又不断受到从西北和东北冷槽下来的冷空气侵犯。由于有鄂霍次克海阻塞高压的存在，所以冷暖空气在长江流域特别是在长江中下游和江淮地区得以长期交锋，容易产生强暴雨。而中国北方大部上空的环流比较平直，既缺乏冷空气活动又缺乏水汽来源，故降水较少。只有东北东部地区降水偏多；中国华南地区因为常常受到强大的副高控制，往往是天气闷热而降水不多。

由图2.3可见，8个长江和北方两支类雨型(3型)的平均夏季大尺度环流背景的主要特征是：西太平洋副高偏西偏强，北界位置偏北，西半球副高也偏强；没有南支槽和印度低压；乌拉尔山和鄂霍次克海的阻塞形势都比较清楚，东阻比西阻更强；有两个西风槽，其中一个槽位于东欧上空，另一个槽位于中国东北上空。中国北方地区正好处在欧亚西风大槽的右前方，长江流域受到欧亚西风大槽和中国北方冷槽双重影响，又因高纬度有东西两个阻塞形势的存在，这种稳定的环流特征使得中国长江流域和北方地区长期处在偏北的干冷气流影响之下，而较强的西太平洋副高又不断地将东南海洋上的水汽向中国大陆输送，所以在长江流域和中国北方地区形成了两支多雨带。

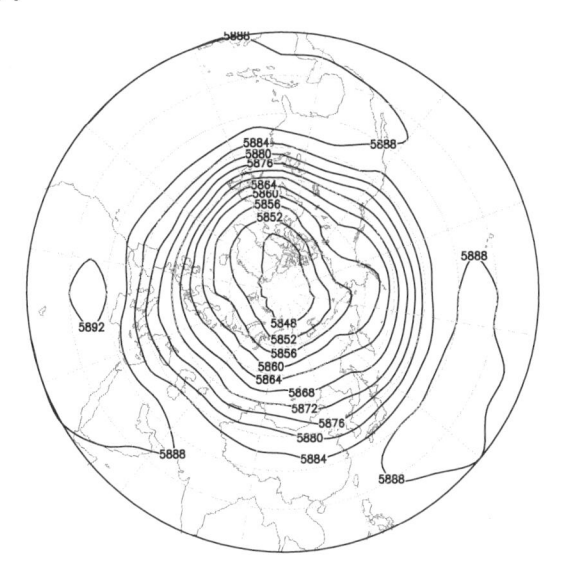

图2.3 8个长江和北方两支类雨型(3型)平均主汛期(6—8月平均)北半球500 hPa高度(单位:gpm)环流图
Fig.2.3 The northern 500 hPa height fields(unit:gpm) during JJA—averaged major flood seasons for 8 Yangtze River with southern China two branches type precipitation patterns(Pattern Ⅲ)

由图2.4可见，11个中部类雨型(4型)的平均夏季大尺度环流背景的主要特征是：西太平洋副高强度正常，位置相对偏东，西半球副高偏弱；南支槽偏北偏西，在印度东北部有一个小低压；乌拉尔山和鄂霍次克海都没有阻塞高压；西半球西风锋区很强，欧亚中高纬上空无大槽大脊，西风带相对较平稳，在巴尔喀什湖和贝加尔湖之间有一个西风槽；东半球极涡正常，中心偏在西半球。中国中部地区和长江上游处在南支槽的东北和西部冷槽的右下方,既有较丰富的水汽来源又有冷空气活动,较有利于产生降水。

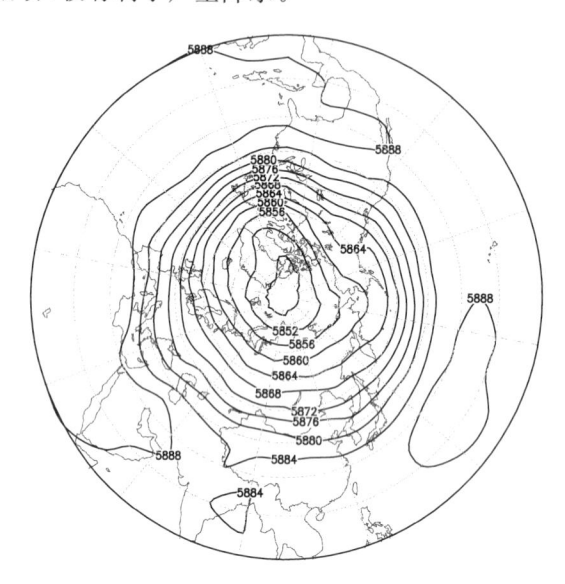

图 2.4　11 个中部类雨型(4 型)平均主汛期(6—8 月平均)北半球 500 hPa 高度(单位:gpm)环流图
Fig. 2.4　The northern 500 hPa height fields(unit:gpm) during JJA—averaged major flood seasons for 11 middle China type precipitation patterns(Pattern Ⅳ)

由图 2.5 可见,3 个淮海类雨型(5 型)的平均夏季大尺度环流背景的主要特征是:西太平洋副高异常偏弱偏东,西半球副高也偏弱;印度低压异常强大;乌拉尔山没有阻塞形势,鄂霍次克海有强阻塞高压,即有较强的东阻而无西阻;亚洲中纬上空西风锋区很强,在贝加尔湖西侧开始分支,在贝加尔湖以东形成分支阻塞形势,在贝加尔湖西北方的俄罗斯上空到中国北疆上空有一个西风带深槽,在贝加尔湖以东的南支环流的中国北方上空还有一个浅槽。淮河和海河流域正好处在西风槽的下方,又因为有强东阻而无西阻,西北气流在淮河和海河流域上空得以频繁活动;同时强大的印度低压又会不断地将孟加拉湾的水汽向淮河和海河流域输送;西太平洋副高有时也会加强西伸向中国大陆输送水汽。这样特殊的环流背景造成了这样特殊的淮河流域和海河流域同时多雨洪涝的雨型。

由图 2.6 可见,6 个东北类雨型(6 型)的平均夏季大尺度环流背景的主要特征是:西太平洋副高异常偏东偏北,西半球副高偏强;有一个印度小低压;乌拉尔山阻塞形势较明显,鄂霍次克海没有阻塞高压,即有西阻而无东阻;亚洲中纬上空西风锋区较强。在巴尔喀什湖和贝加尔湖之间有一个较为宽阔的西风槽,中国东北地区正好处在较强西风槽的右前方和西太平洋副高的西北方,在西北干冷气流和副高的共同作用下,降水比较丰沛。中国其余大部地区,因为缺乏水汽来源和冷暖空气的相互作用条件而降水稀少。

由图 2.7 可见,6 个西北类雨型(7 型)的平均夏季大尺度环流背景的主要特征是:西太平洋副高较强但是位置相对偏东,西半球副高较弱;南支槽很深,位置明显偏西偏北;乌拉尔山地区有阻塞环流形势,鄂霍次克海上空环流较平直;在贝加尔湖东侧有一个很深的西风槽伸到中国的新疆的西北上空。中国西北大部地区正处在西风槽的右下方而且既有强大的南支槽输送水汽,又有从西北地区冷槽下来的冷空气影响,十分有利于中国西北地区的降水。中国其余大部地区因为缺少冷暖空气相互作用的条件和水汽来源,很难产生较大降水。

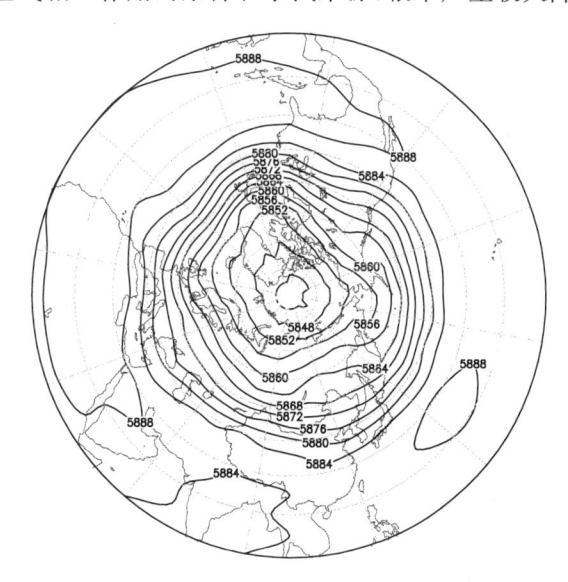

图 2.5　3 个淮海类雨型(5 型)平均主汛期(6—8 月平均)北半球 500 hPa 高度(单位:gpm)环流图

Fig. 2.5　The northern 500 hPa height fields(unit:gpm) during JJA—averaged major flood seasons for 3 Huaihe-Haihe River type precipitation patterns(Pattern Ⅴ)

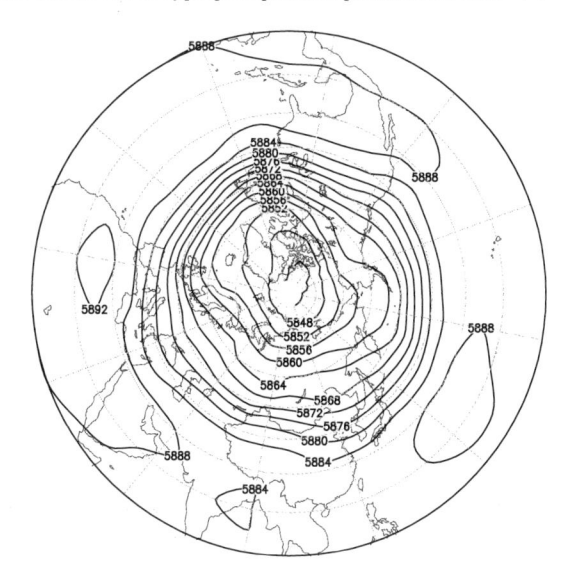

图 2.6　6 个东北类雨型(6 型)平均主汛期(6—8 月平均)北半球 500 hPa 高度(单位:gpm)环流图

Fig. 2.6　The northern 500 hPa height fields(unit:gpm) during JJA—averaged major flood seasons for 6 Northeast China type precipitation patterns(Pattern Ⅵ)

由图 2.8 可见,10 个北方和华南两支类雨型(8 型)的平均夏季大尺度环流背景的主要特征是:西太平洋副高正常,位置相对偏东,西半球副高偏弱;有印度低压;西风锋区很强,西风带偏北;从极地通过巴喀什湖东侧到中国新疆西部侧有一个很深的西风冷槽,乌拉尔山和鄂霍次克海上空阻塞形势不明显;极地冷涡很强,中心位置偏东。中国北方地区正处在从极地到巴尔喀什湖东侧的西风大槽的右下方和印度低压的东北方,即中国北方大部地区正好处在干冷的西北气流和湿润的西南气流强烈交汇地带,非常有利于降水的产生,在北方地区形成一条主要多雨带。同时,由于西太平洋副高的位置偏东,有利于沿海地区热带风暴和台风在我国的东南沿海登陆,所以华南地区也因受到热带风暴和台风的影响而有较多的暴雨产生,形成一条次多雨带。

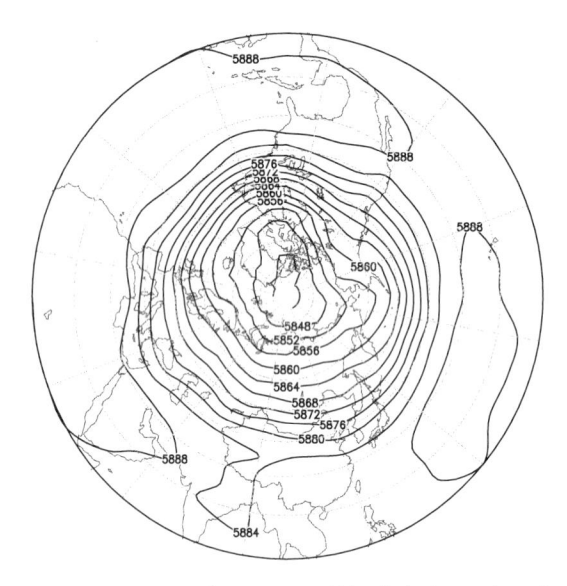

图 2.7　6 个西北类雨型(7 型)平均主汛期(6—8 月平均)北半球 500 hPa 高度(单位:gpm)环流图

Fig. 2.7　The northern 500 hPa height fields(unit:gpm) during JJA—averaged major flood seasons for 6 Northwest China type precipitation patterns(Pattern Ⅶ)

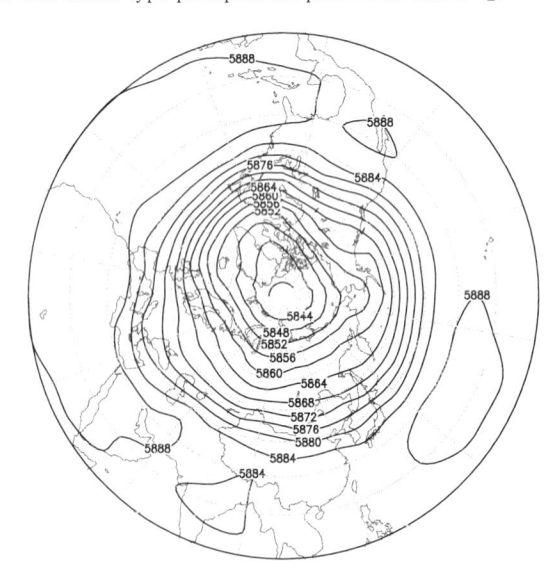

图 2.8　10 个北方和华南两支类雨型(8 型)平均主汛期(6—8 月平均)北半球 500 hPa 高度(单位:gpm)环流图

Fig. 2.8　The northern 500 hPa height fields(unit:gpm) during JJA-averaged major flood seasons for 10 northern China with South China two branches type precipitation patterns(Pattern Ⅷ)

综上所述,在中国汛期(6—8 月)各类雨型在 500 hPa 大尺度环流背景上的主要特征是:西太平洋副高在长江类雨型、长江和北方两支类雨型年强度明显偏强、位置明显偏西,在淮河和海河类雨型与南方类雨型年西太平洋副高偏弱、位置偏东。西半球副高在南方类雨型、长江类雨型、长江和北方两支类雨型、东北类雨型年偏强,在其他雨型年偏弱;南支槽在南方类雨型、长江类雨型、西北类雨型年比较深厚,印度低压在淮河和海河类雨型、北方和华南两支类雨型、中部类雨型、东北类雨型年活动较频繁,其中在淮河和海河类雨型年异常强大;在长江和北方两支类雨型年的南支槽和印度低压都很弱,在夏季平均图上不见它们的踪影;在长江和北方两支类雨型年夏季平均图上有双阻(乌阻和鄂阻),在长江类雨型、淮河海河类雨型年有东阻(鄂阻)而无西阻(乌阻),在南方类雨型、东北类雨型、西北类雨型年有西阻(乌阻)而无东阻,在南方类雨型、长江类雨型、北方和华南两支类雨型年极地冷涡偏强,中心位置偏东。

2.2 西太平洋副高对中国汛期降水和雨型的影响关系和前兆特征

5月和3—5月西太平洋副高强度指数与长江中游(武汉等7站平均)主汛期(6—8月)降水量的50年(1953—2002年)相关系数分别有0.49和0.44,置信水平超过0.01;主汛期(6—8月)西太平洋副高强度指数与长江中游同期降水量的50年相关系数也有0.40。多数冬春季和夏季西太平洋副高强度指数持续偏强之年(例如1983,1987,1995,1998,2003,2005,2007年),在长江或淮河流域的汛期都发生了洪涝和大洪水,中国汛期的雨型都是2、3、4类即属于江淮流域多雨型。但反之则不然,也有江淮流域多雨洪涝之年的冬季和前春的西太平洋副高强度指数是持续偏弱的年,例如1954,1980,1996,1999年。

上一年秋季(9—11月平均,下同)西太平洋副高的北界(WPHNB)对次年中国主汛期雨型和长江中游夏季降水量有一定前兆意义。上年秋季WPHNB与次年长江中游夏季(6—8月)降水量的近50年相关系数有-0.57。秋季WPHNB在26.5°N以北,则次年长江中游主汛期(6—8月)降水偏少的概率是72%(18/25);秋季WPHNB在25.7°N以南,则次年长江中游主汛期(6—8月)降水偏多的概率是67%(10/15);秋季WPHNB在25.8°~26.4°N之间的次年存在较大不确定性。反之,中国主汛期有73%(8/11)的4类雨型的上一年秋季WPHNB在26.0°~31.7°N之间;有88%(7/8)的1类雨型和83%(5/6)的7类雨型的上一年秋季WPHNB在26.0°~28.7°N之间;100%(3/3)的5类雨型的上一年秋季WPHNB在27.0°~27.3°N之间;90%(9/10)的8类雨型的上一年秋季WPHNB在26.0°~27.7°N之间;100%(6/6)的6类雨型的上一年秋季WPHNB在25.0°~26.3°N之间;80%(4/5)的2类雨型的上一年秋季WPHNB在25.3°~26.3°N之间;88%(7/8)的3类雨型的上一年秋季WPHNB在23.0°~26.3°N之间。

上一年秋季西太平洋副高的西伸脊点(WPHWR)与次年长江中游主汛期(6—8月)降水量的相关系数是-0.51,6月WPHWR与同年长江中游主汛期(6—8月)降水量的相关系数是-0.53,反相关关系比较明显,长江中游主汛期降水量的多少与主汛期雨型关系比较密切。秋季WPHWR在92°~95°E(异常偏西)的年有7个:1953(92°E)、1979(95°E)、1994(92°E)、1995(92°E)、1997(93°E)、1998(92°E)、2003(92°E),这7年中有6年的次年主汛期雨型是3类雨型:1954(3型)、1980(2型)、1995(3型)、1996(3型)、1998(3型)、1999(3型)、2004(3型),即秋季WPHWR异常偏西(在92°~95°E)的次年主汛期出现2、3类雨型和长江中游主汛期多雨的概率是100%(7/7),有洪涝的概率是86%(6/7)。反之,有75%(6/8)的3类雨型的上一年秋季WPHWR就出现了异常偏西(在92°~95°E)现象。由此可见,上一年秋季(9—11月平均)西太平洋副高的北界偏南(在 23.0°～26.3°N)和西伸脊点异常偏西(在 92°～95°E)是主汛期出现长江和北方两支类雨(3 型)或长江类雨型(2 型)的重要前兆特征,对长江流域特别是中下游地区主汛期多雨洪水的预测预报有很重要的前兆意义和参考价值。

2.3 南海副高对中国主汛期降水和雨型的影响和前兆特征

南海高压是指南海上空(100°～120°E)500 hPa 上的独立高压体或西太平洋副热带高压西伸到南海上空的部分。近 50 年(1953—2002 年)主汛期(6—8 月)南海高压与同期长江中游和下游降水量的相关系数分别达到 0.55 和 0.49,置信水平达到了 0.01～0.001 以上;春季(3—5 月)南海高压强度指数与主汛期(6—8 月)长江中游、下游降水量的相关系数分别为 0.53、0.37;初夏(4—6 月)南海副高强度指数与长江中游、下游主汛期降水量的相关系数分别为 0.62、0.41。可见,从春季到初夏南海高压的明显偏强现象对长江流域特别是长江中游的主汛期发生多雨洪涝是有明显预报意义的前兆因子。例如春季(3—5 月平均)南海副高强度指数(括号中的数字)超过 7 的有 17 年:1954(9)、1955(8)、1969(8)、1973(8)、1977(8)、1980(9)、1981(8)、1983(13)、1987(11)、1988(8)、1991(7)、1992(8)、1993(9)、1994(11)、1995(16)、1998(19)、2005(10)年,其中 2 类雨型有 4 个(1980、1983、1987、1991 年),概率为 24%(4/17),比其气候概率偏高 13%;3 类雨型有 6 个(1954、1969、1977、1993、1995、1998 年),概率为 35%(6/17),比其气候概率偏高 21%;长江多雨(3 型或 2 型)洪涝的概率为 59%(10/17),比其多雨洪涝的气候概率明显偏高;多雨中心在西北地区(7 型)的有 18%,也比其气候概率偏高 8%;反之,在汛期(6—8 月)2 类雨型中有 67%(4/6)、在 3 类雨型中有 75%(6/8)、在 7 类雨型中有 50%(3/6)的春季(3—5 月)南海高压明显偏强,长江发生特大洪水的 1998 年春季南海高压最强,1995 年次之。初夏南海高压偏强年主汛期出现 2、3 类雨型即长江流域发生多雨洪涝的概率很大;在春季到初夏南海高压明显偏强年,出现 1 类雨型(6%)、4 类雨型(6%)和 8 类雨型(12%)的概率都很小,没有出现过 5 类雨型和 6 类雨型。

春季(3—5 月)南海高压脊线与海河流域(北京等 8 站平均,下同)主汛期(6—8 月)降水量的 50 年(1953～2002 年)相关系数达到 0.57,置信水平也超过了 0.001。在 3 月南海高压脊线达到 15°N(最北)的 5 年(1954、1956、1959、1970、1996 年)中有 80%(4/5)的海河流域主汛期(6—8 月)异常多雨,海河流域平均夏季降水量有 537～615 mm,比常年同期偏多 5～7 成以上。反之,海河流域主汛期异常多雨(偏多 5 成以上)的 5 年(1954、1956、1959、1963、1996 年)中,有 80%(4/5)的 3 月南海高压脊线达到最北(15°N);相反,3 月南海高压脊线在 14°N 以南的 53 年中,海河流域夏季降水量在 510 mm 以下的概率达到 98%(52/53),在 482 mm 以下的概率达到 96%(51/53);4—5 月南海高压平均脊线在 14.5°N 以北的 15 年中有 87%(13/15)的海河流域夏季降水量比常年同期偏多,即海河流域多雨的概率达到 87%。这 15 年的 4—5 月南海高压平均脊线(括号中的数)是 1954(18.0°N)、1955(16.0°N)、1956(18.5°N)、1958(17.0°N)、1959(15.0°N)、1960(15.5°N)、1961(16.0°N)、1962(16.0°N)、1963(15.0°N)、1964(20.0°N)、1975(15.5°N)、1977(14.5°N)、1988(15.5°N)、1991(16.5°N)、1994(14.5°N);4 类雨型中有 91%(10/11)的 3 月、4 月、5 月南海高压脊线均在 14.0°N 以南,只有 1975 年例外。

2.4 中高纬阻高对中国汛期降水的影响和前兆特征

中高纬阻塞高压的定义要比副热带高压的定义复杂得多,在天气界一般定义逐日大气环流高度图上的中高纬度有闭合圈的高压体为阻塞高压。而在月平均高度图上很少出现闭合圈,所以在气候界常常用月平均高度相对于多年平均值的正距平区的强弱程度来定义阻塞高压强度。但此定义存在两个不合理性:一是因为在高度距平场上的任何地区都会有正距平年和负距平年,在阻塞高压常居地区也有正负距平之分,在东亚大槽常居地区的高度场上,也有正负距平之分。所以,正距平中心区不一定是阻高区;二是因为在欧亚大陆的阻塞高压往往会有分支现象,北支是高压(正距平区),南支则是低压(负距平区),其实分支越明显则阻塞越强大越稳定,所以不能只考虑北支的正距平而不考虑南支的负距平趋势。在1989—1990年我们参加了由原中国气象局副局长章基嘉负责的中国气象局"7.5"重点项目,作者在其中负责"阻塞高压"专题研究任务。在项目负责人的指导下,我们专题组对原中央气象台长期科整编出版的1951—1989年共计456张500 hPa月平均高度图逐张进行了统计计算和分析。在大量的统计分析基础上,反复地将通过计算机编程的计算结果与实际环流高度图上的阻塞高压核对和分析,最终得到了我们认为是相对合理和对实际阻塞高压有较好代表性的阻塞高压定义,即用相对于当日北京时间20:00的月平均高度的围圈平均值的正偏差区的总面积(对无分支形阻塞高压)和北支正偏差区总面积与南支负偏差区总面积的绝对值之和(对有南北分支形阻塞高压)来定义阻塞高压的强度。

例如,乌拉尔山阻塞高压强度指数的定义是:用500 hPa等压面上中高纬度(45°~65°N)范围内乌拉山地区(30°~100°E)相对纬圈平均高度的正偏差(包括分支形的负偏差)高度来表示阻塞高压,并用梯形数值积分法来计算阻塞高压的合成强度指数,设任意格点上的高度相对于整个纬圈平均高度的偏差为:

$$\Delta H(\varphi,\lambda,t) = H(\varphi,\lambda,t) - \overline{H}(\varphi,t) \tag{2.1}$$

在公式(2.1)中的 $\overline{H}(\varphi,\lambda,t)$ 是给定纬圈(45°N和65°N)上的500 hPa位势高度沿该纬圈的平均高度值,$\Delta H(\varphi,\lambda,t)>0$(或<0)表示有高压(或低槽)存在,$\Delta H(\varphi,\lambda,t)$ 是给定经度和纬度的格点上500 hPa位势高度与该点所在的纬圈平均(36个格点高度平均)高度的偏差值。

$$\Delta H_{1,2}(\varphi,\lambda,t) = H_1(\varphi,\lambda,t) \pm H_2(\varphi,\lambda,t) \tag{2.2}$$

在公式(2.2)中的下标1表示65°N、下标2表示45°N,凡遇到下列三种情况时公式(2.2)取"+"号:

A. 在同一纬度上两个对应格点的纬偏差高度值(单位:10 gpm,下同)均为正时,即 $\Delta H_1(\varphi,\lambda,t)>0$ 且 $\Delta H_2(\varphi,\lambda,t)>0$(南北均为高压区)时;

B. 在同一经度上两个对应格点的纬偏差高度值均为零或负值即 $\Delta H_1(\varphi,\lambda,t)\leqslant 0$ 且 $\Delta H_2(\varphi,\lambda,t)\leqslant 0$(南北均无高压)时;

C. 在同一经度上在65°N纬度上的格点的纬偏差高度值 $\Delta H_1(\varphi,\lambda,t)\leqslant 20$ gpm,而在45°N纬度上的格点的纬偏差值 $\Delta H_2(\varphi,\lambda,t)<0$ 时。

只有当 $\Delta H_1(\varphi,\lambda,t)\geqslant 30$ gpm,而 $\Delta H_2(\varphi,\lambda,t)<0$(即阻塞高压的分支比较清楚)时则公式(2.2)右端取"—"号。

最后通过梯形数值积分法,即用公式(3)来计算乌拉尔山区(30°—100°E)的阻高强度指数,

$$S_n = \int_{\lambda_{n1}}^{\lambda_{n2}} \Delta H_{1,2}(\lambda,t) d\lambda \qquad (2.3)$$

公式(2.3)中的 n 为上述两个区域中的经线数。若在同一纬度上既有正偏高度区又有负偏高度区,则采用逻辑和合成法求得该纬度的合成值 S_{12},即:

$$S_{12} = S_1 V S_2 \qquad (2.4)$$

我们在对 1951—1990 年的各个月平均 500 hPa 位势高度场逐个进行分析研究后,得到了上述阻塞高压的定义和阻塞高压强度指数的计算公式,又将计算和统计结果再与 456 张 500 hPa 高度场的环流形势逐一进行对比检验,并将整个北半球划分为 5 个大区:东大西洋—欧洲区(40°W~30°E,45°~65°N)、乌拉尔山区(30°~100°E,45°~65°N)、鄂霍茨克海区(100°E~180°,45°~65°N)、东北太平洋—北美区(180°~100°W,45°~65°N)、北大西洋区(100°~40°W,45°~65°N)。我们对 456 张月平均 500 hPa 高度图的统计和检验的事实证明该定义和计算方法对中高纬度月平均 500 hPa 位势高度场上实际阻塞高压强度有较好的代表性。

对汛期(6—8月)阻塞高压强度指数与同期雨型的对应关系来说,是比较复杂的。8 个南方多雨型(1 型)中有 6 个(6/8)主汛期(6—8 月)乌拉尔山阻塞高压异常偏弱。说明大多数汛期出现南方类多雨型是由于乌拉尔山阻塞高压异常偏弱,主汛期(6—8 月)中有 2~3 个月的乌拉尔山阻塞高压强度指数在 0.09~0.35(偏弱),北方的冷空气很少受到乌拉尔山阻塞高压的阻挡,能够直驱南下到我国的江南和华南地区与副热带高压相遇和作用,而长江以北大部地区则缺少冷空气的滞留条件,因而造成南方类多雨型;大多数(8/11)中部类多雨型(4 型)则相反,有 73%(8/11)的中部类雨型(4 型)的主汛期乌山阻高明显偏强,3 个月中有 2~3 个月的乌山阻高强度指数在 0.39~0.81,其中 6 月和 7 月有 73%(8/11)的乌山阻高强度指数分别达到 0.42~0.81(明显偏强)和 0.36~0.59,有 88%(7/8)的长江类多雨型(2 型)7 月乌山阻高强度指数在 0.42~0.64(明显偏强)。由此可见,绝大多数汛期主要多雨带在长江或淮河流域(即 2 型和 4 型)的年份,7 月的乌山阻高大多是偏强的,使得北方下来的冷空气受阻积聚,在冷空气受阻积聚的过程中,冷空气也不断地入侵阻高,当阻高顶不住越来越强的冷空气时就开始减弱,在阻高减弱崩溃过程中冷空气就南下到江淮流域,7 月副热带高压往往也比较强,就在江淮流域与冷空气交锋造成持续性大暴雨,7 月的持续性大暴雨对汛期雨型的贡献是十分重要的。

由统计结果可知,6—7 月乌拉尔山和 6—8 月鄂霍茨克海的阻塞高压强度指数对次年海河流域主汛期(6—8 月)降水的前兆性比较明显,6—7 月乌拉尔山阻塞高压强度指数与次年海河流域主汛期(6—8 月)降水量的 50 年相关系数为 −0.46,6—8 月鄂霍茨克海阻塞高压强度指数与次年海河流域主汛期(6—8 月)降水量的 50 年相关系数为 −0.49,都是负相关关系,7 月鄂霍茨克海阻塞高压强度指数与次年海河流域主汛期(6—8 月)降水量的 50 年相关系数为 −0.52。

2.5 长江流域强降水过程对乌高[*]及副高[*]逐日变化的响应关系

我们在完成国家"973"项目中,采用中央气象台负责收集的欧洲中心数值预报动力模式产品中的逐日北半球 500 hPa 格点高度资料,用我们对月平均阻塞高压的定义编制的计算程序,计算了 1971—2003 年 6—8 月 500 hPa 乌拉尔山区和鄂霍茨克海区的逐日阻塞高压强度指

---

[*] 乌高是乌拉尔山阻塞高压的简称,副高是西太平洋副热带高压的简称。

数。由程序计算结果与实际环流图的对比检验结果,发现该定义和计算方法对逐日阻塞高压的有无及其强弱的反映比较敏感,计算出来的逐日乌拉尔山阻塞高压强度指数(UBHII)对实际逐日高度场上形势的代表性比月平均高度场上的代表性更好。由计算出来的逐日乌拉尔山阻塞高压强度指数(UBHII)变化曲线可以清楚地看到一个阻塞高压的形成—发展—高峰—减弱—崩溃和消亡的全过程。

2.5.1 长江中下游梅雨气候峰期对乌高的逐日强度变化的响应关系

我们通过大量的统计分析发现,长江中下游地区的梅雨高峰期和大范围持续性强降水过程绝大多数都是发生在乌拉尔山区较强阻塞高压的减弱期和崩溃期,而不是发生在阻塞高压的加强期,这个统计事实是与过去传统的观念"在乌拉尔山区阻塞高压的加强过程中长江中下游地区容易发生持续性强暴雨过程"是不认同的。

由图 2.9 可见,长江中下游(上海、南京、武汉 3 站平均)6—8 月逐日降水量的近 30 年(1971—2000 年)平均即逐日气候梅雨量对 30 年平均逐日乌拉尔山阻塞高压强度指数(UBHII)的气候变化特征的响应关系表明,在梅雨的第一个高峰期(6 月 20 日—7 月 5 日)对应的乌拉尔山阻塞高压特征是第一个强高峰的减弱期。由此证明,长江中下游梅雨的气候最高峰期是发生在乌拉尔山阻塞高压的减弱期而不是加强期。在乌拉尔山阻塞高压加强期发生的强降水基本上是不持续的。

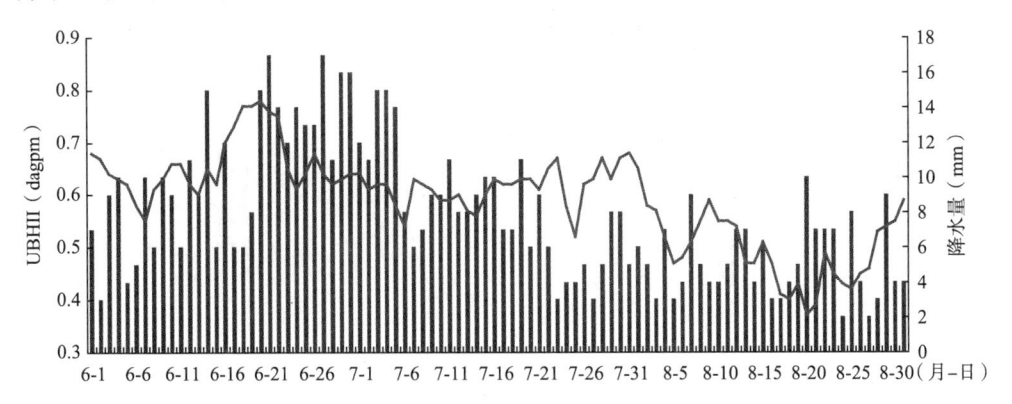

图 2.9 近 30 年(1971—2000 年)平均的长江中下游(上海、南京、武汉 3 站平均)主汛期(6—8 月)逐日降水量(直方柱)与逐日乌拉尔山阻塞高压强度指数(UBHII,曲线)对比图

Fig. 2.9 Daily precipitation (histogram) in the Middle and Lower Reaches of the Yangtze River (mean of the 3 stations Shanghai, Nanjing and Wuhan) during major flood season(JJA) versus daily Ural blocking high intensity index(UBHII, curve) averaged over 30 years(1971—2000)

由水利部长江水利委员会编著的《长江流域水旱灾害》著作可知,自 1965 年汉口关设立水尺开始观测水位至 1999 年,武汉关水位在警戒水位(27.33 m)以上的年及其最高水位(在括号内注明)是:1954(29.73 m)、1998(29.43 m)、1999(28.89 m)、1996(28.66 m)、1931(28.28 m)、1983(28.11 m)、1995(27.79 m)、1980(27.76 m)、1935(27.58 m)、1968(27.39 m)、1988(27.39 m)、1870(27.33 m)等 12 年。因为 1970 年以前缺乏逐日高度资料,所以重点分析和研究近 38 年(1971—2008 年)期间的 7 个(1998、1999、1996、1983、、1995、1980、1991 年)长江中下游地区(包括江淮地区)的大洪水和特大洪水年的大范围持续性强降水过程对乌拉尔山地

区阻塞高压逐日强度指数(UBHII)的变化特征及西太平洋副高的最西位置(西伸脊点)的逐日变化特征的响应关系。我们根据长江流域气象站的逐日降水观测记录进行了统计分析,发现长江流域的6个大至特大洪水年(1998、1999、1996、1983、1995、1980年)和江淮流域的1个特大洪水年(1991)的强降水过程主要发生在6—7月。因此,我们主要统计分析主汛期6—7月的强降水过程对乌拉尔山地区阻塞高压逐日强度指数(UBHII)变化特征及西太平洋副高最西位置(西伸脊点)逐日变化特征的响应关系。只有1980年比较特殊,强降水过程发生得比较晚,主要发生在6月15日到8月15日期间,我们针对1980年的特殊情况,就统计分析了6月15日到8月15日期间的强降水过程对UBHII及西太平洋副高的最西位置(西伸脊点)的逐日变化特征的响应关系。

2.5.2 1998年长江流域强降水过程对UBHII及副高逐日变化的响应关系

1998年是1865年以来仅次于1954年的长江流域性特大洪水年,武汉关水位达到29.43 m,超过警戒水位2.10 m。长江中下游地区(恩施、宜昌、沙市、武汉、岳阳、沅陵、常德、长沙、南昌、九江、芜湖、安庆、屯溪、南京、常州、修水等16站平均)持续性大范围强降水过程对乌拉尔山地区逐日阻塞高压强度指数(UBHII)强度变化特征的响应关系如图2.10所示。

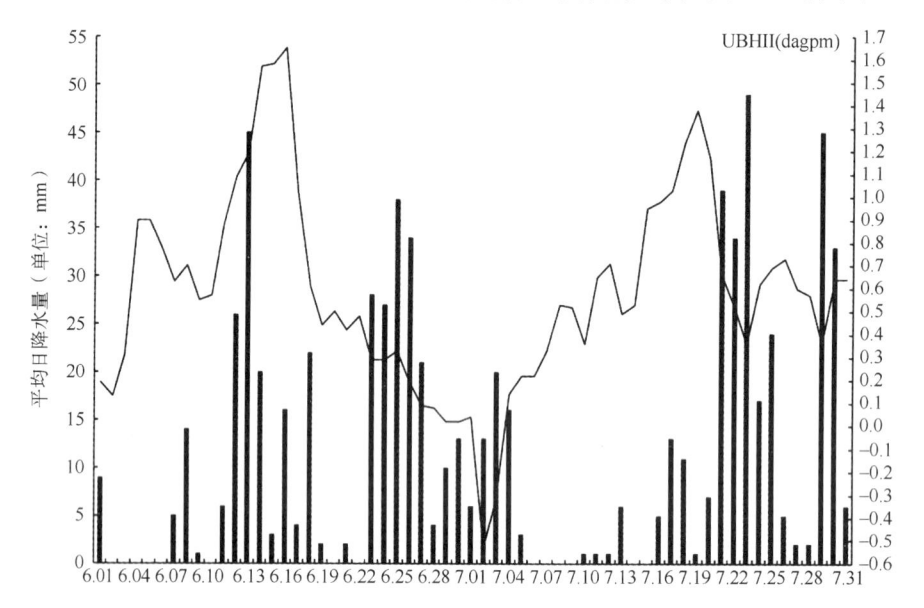

图2.10 1998年6月1日—7月31日长江中下游地区(16站平均)逐日降水过程(直方柱)对乌拉尔山地区逐日阻塞高压强度指数(UBHII,曲线)变化特征的响应关系示意图

Fig. 2.10 The response relationaship of the daily precipitation in the Middle and Lower Reaches of the Yangtze River (mean of the 16 stations, histogram) to the daily UBHII (curve) during 1 June-31 July 1998

1998年6月1日—7月31日长江中下游地区(16站平均)日降水量达到10 mm(中雨)以上的雨日有25个、达到25 mm(大雨)以上的雨日有11个,16站平均最大日雨量(49 mm)出现在7月23日,16站平均过程降水总量在49 mm以上的强降水过程有5次,最大降水过程出现在7月21—25日,16站平均过程降水总量达到165 mm。

1998年6—7月乌拉尔山地区阻塞高压(简称乌高)的逐日变化特征是:6月4日乌高突然

明显加强(UBHII=0.90),直到6月16日达到顶峰(UBHII=1.65),6月17日开始减弱至6月23日崩溃(UBHII=0.29);在6月26日—7月6日的11天期间基本上是见不到乌高踪影,在这11天中的乌高强度指数始终在0.25以下(−0.53≤UBHII≤0.22);7月7—8日乌高开始重新建立(UBHII=0.53)并呈波动性加强,直到7月19日乌高达到第二个顶峰(UBHII=1.38),20日又开始减弱(UBHII=1.17),21日明显减弱(UBHII=0.66),22—23日继续减弱(UBHII=0.36);7月24—26日略有加强(UBHII=0.73),27—29日再次减弱(UBHII=0.36)。同时,1998年6—7月西太平洋副高和南海副高异常偏强,西太平洋副高位置异常偏西,西伸脊点到达90°E~95°E的天数达到28天,西伸脊点在100°E~105°E有13天,西伸脊点在110°E~115°E的天数有18天,西伸脊点在120°E以东有2天。几次持续性大范围强降水过程都是发生在乌高强度指数的强顶峰下降期,即发生在乌高减弱和崩溃过程,同时也是西太平洋副高先东退再西进的过程。

1998年第一次强降水过程出现在6月12—14日,16站平均3天过程降水总量为91 mm。在这次强降水过程中,16个地区中有5个地区出现了大暴雨和3个地区出现了暴雨。12日首先在安庆出现了大暴雨(128 mm),屯溪出现了暴雨(70 mm);13—14日强暴雨中心向西南方向移动,13日在沅陵(208 mm)、南昌(178 mm)、恩施(106 mm)等地区出现了大暴雨,常德(94 mm)、长沙(76 mm)出现了暴雨,14日在长沙(107 mm)出现了大暴雨,在南昌(86 mm)、修水(53 mm)出现了暴雨。这次强降水过程是出现在乌高的增强期。同时,6月12日西太平洋副高从90°E向东退到了105°E,6月13日又西进到100°E,6月14日继续西进到了90°E。

第二次强降水过程出现在6月23—27日,16站平均5天过程降水总量为148 mm。在这次强降水过程中,16个地区有5个地区出现了大暴雨,9个地区出现了暴雨。6月23—24日首先在常德出现了持续两天的大暴雨:23日(114 mm)和24日(103 mm),23日在修水(75 mm)、沅陵(81 mm)、沙市(61 mm)等地区出现了暴雨,24日在屯溪(95 mm)、南昌(59 mm)等地区出现了暴雨;25日在岳阳(108 mm)、屯溪(109 mm)、九江(102 mm)等地区发生了大暴雨,在修水(99 mm)、南昌(58 mm)等地区降了暴雨;26日在九江(122 mm)和修水(130 mm)降了大暴雨,九江在25—26日两天降了224 mm。26日在芜湖(61 mm)、常州(59 mm)、安庆(53 mm)降了暴雨;27日在长沙(50 mm)、修水(57 mm)、南京(56 mm)、芜湖(54 mm)、安庆(51 mm)等地区降了暴雨。在这5天中,修水地区出现了3个暴雨日和1个大暴雨日(26日有130 mm),5天降水总量达到399 mm;长沙每天都有大雨和暴雨,5天降水总量达到203 mm。在这次强降水过程中,2天降水总量超过100 mm的地区有8个:岳阳(122 mm)、常德(217 mm)、南昌(117 mm)、修水(229 mm)、九江(224 mm)、芜湖(115 mm)、安庆(104 mm)、屯溪(204 mm)。这次强降水过程把长江中下游和江南北部地区的主要江河湖库都注满了。由图2.10可见,这第二次强降水过程是出现在乌高的崩溃和消亡期。同时,西太平洋副高西伸脊点在6月23日从105°E东退到了125°E,6月24—25日又西进到115°E,6月26日继续西进到110°E,27日西进到了100°E,可见从6月23日到27日西太平洋副高有一个先东退又西进的活动过程。

第三次强降水过程发生在7月2—4日,16站平均3天过程降水总量为49 mm,这次降水过程比第二次强降水过程明显偏弱。在这次降水过程中出现暴雨的地区有恩施、宜昌、沅陵、常德等地区,日雨量为50—73 mm。这次降水过程是发生在乌高消亡和冷槽过乌山地区的过程中以及西太平洋副高异常偏西(90°E~95°E)的大气环流背景下的。

第四次强降水过程发生在7月21—25日,16站平均5天过程降水总量达到了165 mm,前3天(21—23日)降水总量达到122 mm,这次强降水过程是1998年最大的一次暴雨过程,它的发生致使长江流域出现了长时间居高难下的特大洪水,它的发生也造就了百万军民在长江大堤昼夜与洪水奋战的感人篇章。在这次强降水过程中,16个地区中有11个地区发生了暴雨和大暴雨,武汉是最大的暴雨中心。7月21日武汉地区发生了特大暴雨(286 mm),22日接着降了大暴雨(172 mm),两天特大暴雨和大暴雨总量达到了458 mm;23日在沅陵降了特大暴雨(239 mm),22—23日的两天暴雨总量达到285 mm;7月21日至26日在南昌地区共降了353 mm,21日(74 mm)和25日(54 mm)降了暴雨,24日降了大暴雨(140 mm);九江在21日(115 mm)和25日(50 mm)分别降了大暴雨和暴雨;22—23日在常州和屯溪连降了两天暴雨,两天总雨量分别为152 mm和146 mm;23日在沙市(72 mm)、岳阳(88 mm)和常德(87 mm)等地区也降了暴雨。这次强降水过程也是出现在重建和加强后的乌高明显减弱的过程中。同时,西太平洋副高西伸脊点在7月19日到7月20日从90°E东退到了115°E,20—23日西太平洋副高西脊点在115°E稳定了4天,24日又东退到了120°E,25日又西进到了115°E,26日继续西进到110°E,27日西进到100°E,29日西进到了90°E,可见从7月20日到27日西太平洋副高有一个先东退又西进的活动过程。

第五次强降水过程出现在7月29—30日,16站平均两天过程降水总量达到了78 mm,这次强降水过程的出现对长江流域特大洪水造成的严重性和危险性就像雪上加霜,更加增大了长江两堤的险情。这次强降水过程,在上述16个地区中有9个地区出现了暴雨至大暴雨,这两天降水总量超过100 mm的地区有恩施(167 mm)、岳阳(117 mm)、常德(113 mm)、修水(184 mm)、南京(107 mm)、安庆(126 mm),其中恩施在7月29日(124 mm)和修水在30日(144 mm)出现了大暴雨,同时7月29日在武汉(83 mm)、岳阳(59 mm)、常德(78 mm)、南京(70 mm)、安庆(90 mm)、九江(59 mm)和30日在岳阳(57 mm)、沅陵(60 mm)等地区出现了暴雨。这次强降水过程是发生在乌高略微加强后又减弱的过程中。

1998年6月23—27日和7月21—25日发生在长江流域的持续5天的大范围特强暴雨过程是造成1998年长江特大洪水的主要元凶,这两个元凶都是出现在乌高异常增强后的明显减弱期;在这两次特强暴雨过程发生以前的6月1—22日和7月12—19日,西太平洋副热带高压的位置一直异常稳定偏西(西伸脊点稳定在90°E至105°E),在这两次特强暴雨过程发生期间,西太平洋副热带高压有一个先东退再西进的活动过程,其最西位置在110°E至125°E之间进退活动。显然,乌高的减弱和崩溃则为北方强冷空气直驱南下打开了通道,而西太平洋副热带高压的先东退后西进的活动是因为先是受到北方南下的强冷空气影响而有所东退,但是因为西太平洋副高也很强大,在与强冷空气的相互作用中很快又西进了。长江流域的强暴雨过程是从北方来的强大干冷空气团与副热带高压控制的异常湿热空气团在长江流域强烈地相互作用的产品和结果。

2.5.3 1999年长江流域强降水过程对逐日UBHII和逐日副高变化特征的响应关系

1999年是长江流域仅次于1954年和1998年的第三个大洪水年,武汉关水位达到28.89 m,超过警戒水位1.56 m。1999年长江中下游地区(恩施、宜昌、沙市、武汉、岳阳、沅陵、常德、南昌、九江、芜湖、安庆、屯溪、南京、常州、上海、杭州等16站平均)6—7月持续性大范围强降水过程对

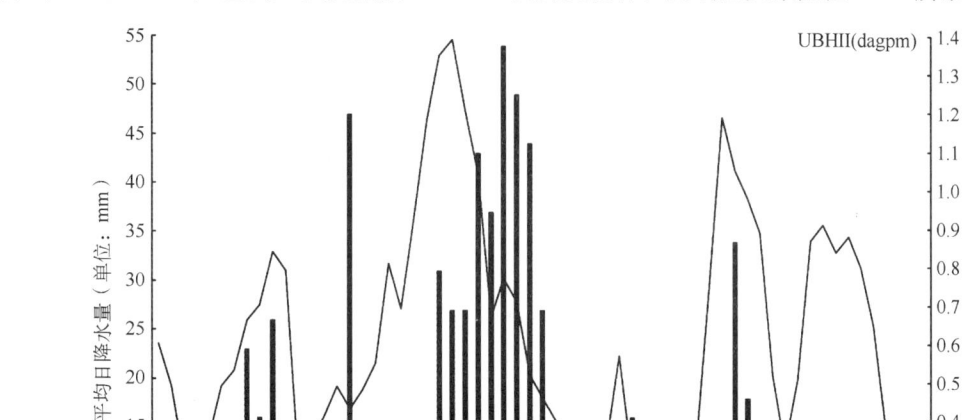

乌拉尔山地区逐日阻塞高压强度指数(UBHII)强度变化特征的响应关系如图 2.11 所示。

图 2.11 1999 年长江中下游地区(16 站平均)6—7 月逐日降水(直方柱)对乌拉尔山地区逐日阻塞高压强度指数(UBHII,曲线)变化特征的响应关系示意图

Fig. 2.11 The response relationship of the daily precipitation in the Middle and Lower Reaches of the Yangtze River (mean of the 16 stations, histogram) to the daily UBHII (curve) during June-July 1999

1999 年 6—7 月长江中下游地区(16 站平均)日降水量达到 10 mm(中雨)以上的雨日有 21 个,达到 25 mm(大雨)以上的雨日有 12 个,达到 50 mm(暴雨)以上的雨日有 1 个,16 站平均最大日降水量出现在 6 月 28 日(54 mm),16 站平均过程降水总量超过 52 mm 的强降水过程有 4 次,最大降水过程出现在 6 月 23 日—7 月 1 日,16 站平均过程降水总量达到 339 mm。

1999 年 6—7 月乌拉尔山地区阻塞高压(简称乌高)的逐日变化特征是:6 月 6 日乌高开始建立(UBHII=0.49)而且缓慢地加强,在 6 月 10 日达到峰值(UBHII=0.84),6 月 12 日减到最弱(UBHII=0.29)。6 月 13 日又开始加强,直到 6 月 24 日达到顶峰(UBHII=1.39),从 6 月 25 日又开始呈波动式减弱,直到 7 月 11 日基本消失(UBHII=0.16);7 月 12 日乌高又开始加强,7 月 15 日达到高峰(UBHII=1.19),7 月 16 日到 20 日再次减弱,7 月 21—23 日再次加强,7 月 26—31 日迅速减弱消亡(UBHII=0.09)。同时,1999 年 6—7 月西太平洋副高位置比较偏东,月平均图上见不到南海高压。西太平洋副高西伸脊点到达 90°～95°E 的天数只有 6 天,都是在 7 月下旬。6—7 月西太平洋副高西伸脊点在 100°～105°E 的只有 5 天,西伸脊点在 110°～115°E 的天数有 12 天,西伸脊点在 120°～125°E 的有 19 天,西伸脊点在 130°～155°E 的有 19 天。最长的一次持续性大范围强降水过程是发生在乌高强度指数达到强顶峰之后的减弱期和西太平洋副高的西伸脊点在 105°～130°E 之间的活动期。

1999 年长江中下游地区(16 站平均)的四次强降水过程的时空分布特征如下:

1999 年第一次强降水过程出现在 6 月 8—11 日,16 站平均 4 天过程降水总量为 77 mm。在这次强降水过程中,16 个地区中有 5 个地区(安庆、屯溪、九江、芜湖、上海)出现了暴雨,其中有 3 个地区(安庆、芜湖、上海)出现了两个暴雨日,4 天降水总量达到 100 mm 以上的地区

有7个:安庆(148 mm)、屯溪(134 mm)、九江(106 mm)、芜湖(223 mm)、常州(119 mm)、上海(193 mm)、杭州(117 mm),这次强降水过程主要发生在长江下游地区。这次强降水过程是出现在乌高的第一个上升期。6月7日西太平洋副高从110°E向东退到了120°E,6月8日到11日又从120°E逐步西进到105°E。

第二次强降水过程出现在6月16—17日,16站平均两天过程降水总量为62 mm。在这次强降水过程中,16个地区有4个地区出现了大暴雨,4个地区出现了暴雨。6月16日在安庆(140 mm)、九江(102 mm)、芜湖(135 mm)、南京(133 mm)等地区出现了大暴雨,在杭州(59 mm)、常州(71 mm)、屯溪(58 mm)等地区出现了暴雨,6月17日只有南昌(78 mm)出现了暴雨。这次强降水过程是出现在乌高的第一个弱高峰后的减弱期。同时,6月15日西太平洋副高从110°E向东退到了130°E,6月17日又从130°E西进到125°E。

第三次强降水过程出现在6月23日—7月1日,16站平均9天过程降水总量达到了339 mm,16站平均日降水量连续9天都达到27~54 mm,即连续9天发生了大范围的强降水。就是这次特别强大的降水过程,致使长江中下游地区继1998年长江流域的特大洪水接着又发生了一次特大洪水。在这次特别强大的降水过程中,16个地区有8个地区(武汉、沅陵、安庆、屯溪、九江、芜湖、常州、杭州)出现了大暴雨,其中有4个地区(武汉、安庆、屯溪、九江)出现了两个大暴雨日,其余8个地区出现了暴雨。16个地区中有13个地区出现了两个以上的暴雨到大暴雨日:杭州(5个)、上海(3个)、常州(2个)、芜湖(4个)、九江(5个)、屯溪(6个)、安庆(5个)、沅陵(3个)、岳阳(2个)、常德(2个)、南昌(2个)、武汉(4个)、沙市(3个)。大暴雨中心区在庐山到黄山一带,9天降水过程总量在500 mm以上的地区有:九江(517 mm)、安庆(607 mm)、屯溪(663 mm);9天降水过程总雨量在200 mm以上的地区有:沙市(274 mm)、武汉(390 mm)、岳阳(215 mm)、沅陵(353 mm)、常德(270 mm)、南昌(251 mm)、芜湖(454 mm)、常州(262 mm)、上海(389 mm)、杭州(413 mm)。在6月23日—7月1日的9天期间,出现大暴雨和暴雨的时空分布特征是:6月23日在武汉(112 mm)、沙市(81 mm)、安庆(90 mm)、九江(55 mm)等地区降了大暴雨和暴雨;6月24日在屯溪(95 mm)、南昌(94 mm)、杭州(55 mm)等地区降了暴雨;6月25日在屯溪(130 mm)、南昌(86 mm)、上海(59 mm)、杭州(79 mm)等地区降了大暴雨和暴雨;6月26日在恩施(73 mm)、宜昌(50 mm)、沙市(52 mm)、武汉(64 mm)、安庆(92 mm)、九江(59 mm)、屯溪(88 mm)、芜湖(50 mm)、杭州(62 mm)等大范围降了暴雨;6月27日在武汉(122 mm)、沙市(77 mm)、芜湖(97 mm)、南京(53 mm)、常州(52 mm)等地区降了大暴雨和暴雨;6月28日在安庆(154 mm)、九江(137 mm)、芜湖(104 mm)、常州(117 mm)、岳阳(84 mm)、常德(66 mm)、屯溪(76 mm)等地区降了大暴雨和暴雨;6月29日在沅陵(133 mm)、屯溪(139 mm)、沙市(52 mm)、武汉(57 mm)、岳阳(68 mm)、常德(88 mm)、安庆(50 mm)、九江(57 mm)、杭州(92 mm)等地区降了大暴雨和暴雨;6月30日在安庆(120 mm)、九江(118 mm)、沅陵(96 mm)、屯溪(68 mm)、芜湖(98 mm)、上海(62 mm)等地区降了大暴雨和暴雨,7月1日在上海(129 mm)、杭州(76 mm)、沅陵(51 mm)等地区降了大暴雨和暴雨。

6月23日—7月1日的强降水过程是从乌高最强顶峰开始,直到乌高减弱过程的第7天结束,持续了9天时间,其中,最强的5天(6月26日至30日)强暴雨过程是出现在乌高强高峰的减弱期。同时,西太平洋副高的西伸脊点在6月18日到21日从115°E向东退到125°E,6月22日又西进到120°E,稳定4天后,又在6月26—27日进一步西进到115°E,6月28日—7

月1日又迅速东退到130°E,从6月18日到7月1日,西太平洋副高有两次进退活动。

第四次强降水过程出现在7月16—17日,16站平均两天过程降水总量达到了52 mm,这次强降水过程主要发生在长江中游地区,恩施(58 mm)、宜昌(62 mm)、沙市(68 mm)、岳阳(68 mm)、沅陵(157 mm)、常德(81 mm)、安庆(64 mm)等地区出现了暴雨和大暴雨。这次降水过程是发生在乌高的第二个强高峰的减弱期和西太平洋副高从125°E西进到105°E的活动期。

2.5.4 1999年新安江流域强降水过程对逐日UBHII和逐日副高变化特征的响应关系

地处皖南和浙西北的新安江流域(18站平均)在1999年是一个最强暴雨中心区,1999年6月新安江流域(18站平均)出现了四次强水过程,6月降水量达到844 mm。1999年6月新安江流域(18站平均)逐日降水对乌拉尔山地区逐日阻塞高压强度指数(UBHII)强度变化特征的响应关系如图2.12所示。

新安江流域第一次强降水过程发生在6月8—11日,4天过程降水总量达到117 mm;第二次强降水过程发生在6月15—17日,3天过程降水总量达到121 mm;第三次强降水过程发生在6月23—26日,4天过程降水总量达到308 mm;第四次强降水过程发生在6月28日—7月1日,4天过程降水总量达到274 mm。在新安江流域的四次强降水过程中,后两次过程比前两次过程偏强1倍以上,后两次异常强大的暴雨过程只间隔了1天。由图2.12可见,前两次降水过程是发生在乌高的加强期,后两次异常强大的暴雨过程是发生在乌高强顶峰至减弱期第7天结束;后两次异常强大的暴雨过程的西太平洋副高活动背景是:西太平洋副高的西伸脊点在6月22—25日稳定在120°E,在6月26—27日西进了5度,在6月28日—7月1日又东退了15度。

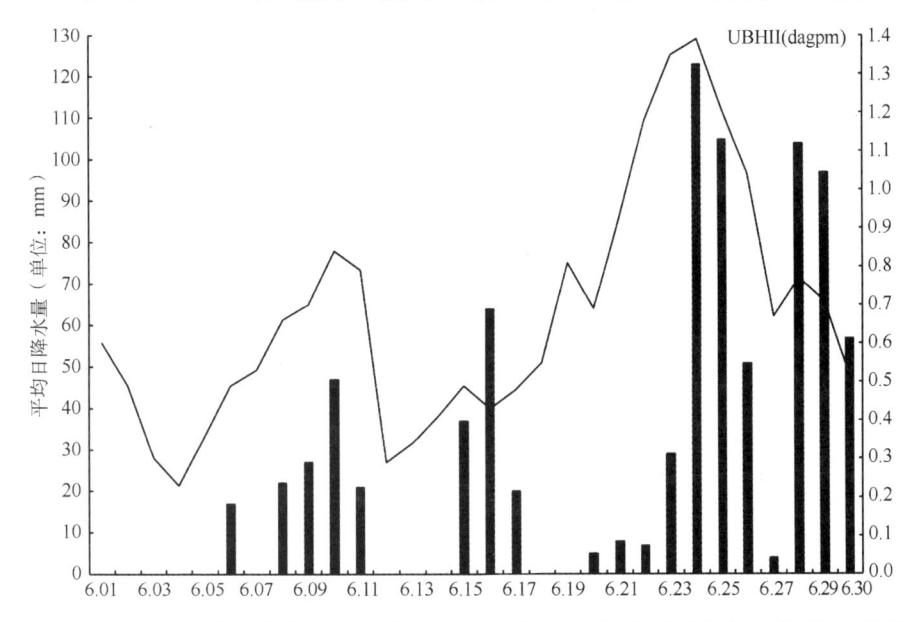

图2.12 1999年新安江流域(18站平均)6月逐日降水(直方柱)对乌拉尔山地区逐日阻塞高压强度指数(UBHII,曲线)变化特征的响应关系示意图

Fig. 2.12 The response relationship of the daily precipitation over the Xin'an River Basin (mean of the 18 stations, histogram) to the daily UBHII (curve) during June 1999

2.5.5 1996年长江流域强降水过程对UBHII及副高的逐日变化特征的响应关系

1996年长江流域是仅次于1954、1998、1999年的第四个大洪水年,武汉关水位达到28.66 m,超过警戒水位1.33 m。长江中下游地区(钟祥、武汉、岳阳、沅陵、常德、芜湖、安庆、九江、屯溪、南京、上海等11站平均)6—7月逐日降水过程(直方柱)对乌拉尔山地区逐日阻塞高压强度指数(UBHII,曲线)变化特征的响应关系如图2.13所示。

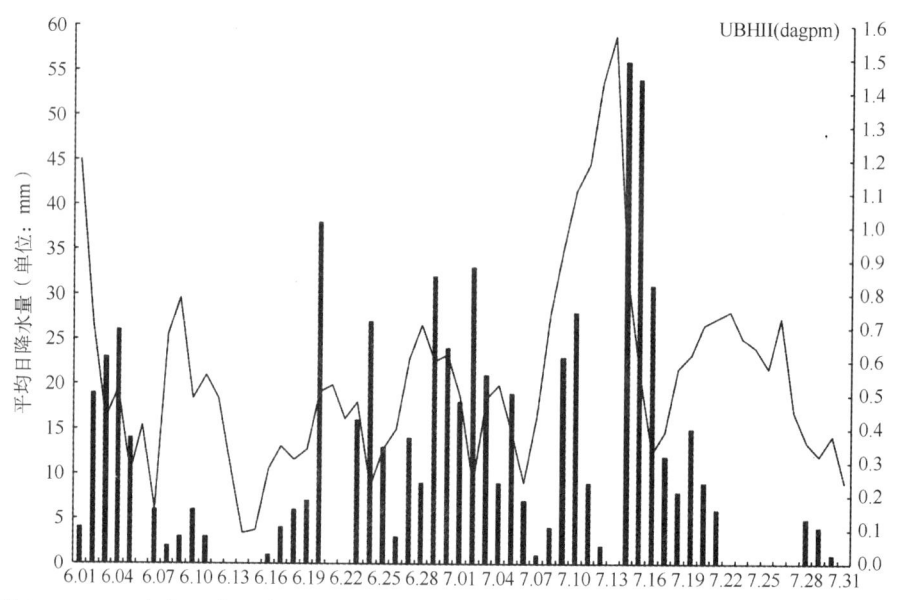

图 2.13 1996年长江中下游地区(11站平均)6—7月逐日降水(直方柱)对乌拉尔山区逐日阻塞高压强度指数(UBHII,曲线)变化特征的响应关系示意图

Fig. 2.13 The response relationship of the daily precipitation in the Middle and Lower Reaches of the Yangtze River (mean of the 11 stations, histogram) to the daily UBHII (curve) during June—July 1996

1996年6—7月长江中下游地区(11站平均)日降水量达到10 mm(中雨)以上的雨日有22个、达到25 mm(大雨)以上的雨日有9个、达到50 mm(暴雨)以上的雨日有两个(出现在7月14日至15日),最大日降水量出现在7月14日(56 mm),11站平均过程降水总量达到38 mm以上的强降水过程有6次,最大降水过程出现在6月29日至7月6日,11站平均8天过程降水总量达到163 mm,其中最强暴雨过程出现在7月14日至16日,11站平均3天过程降水总量达到141 mm。

1996年6—7月乌拉尔山地区阻塞高压的逐日变化特征是:6月1日的乌高很强(UBHII=1.20),6月2日至7日呈现波动式减弱,6月8日至9日突然加强,6月10日至15日是减弱和消亡期;6月16日至21日又缓慢地增强,6月22日至26日又是减弱期;6月27日至28日又一次加强,6月29日至7月6日又呈现波动式减弱;7月7日至13日乌高持续增强到强顶峰(UBHII=1.57),7月14日至17日为明显减弱期;7月18日至26日又呈现波动式增强,7月27日至31日又减弱。同时,1996年6月南海高压异常偏强。在6月1日至7月4日的34天期间,只有6月14日和23日西太平洋副高在120°E以东,其余32天的西太平洋副西伸脊点一直在90°~115°E之间活动,西伸位置比较偏西,7月5日至6日副高突然东退到145°E以东洋面。7月7日至8日又突然西进到90°E,7月9日副高又东退到150°E以东洋面。7月10日至14日又逐步向西进到100°E,7月16日至17日又东撤到120°E以东。7月18—24日副高西脊点一直稳定在115°E,7月25日又西进了5个经度,7月26日至30日又东撤到了120°E以东。1996年6—7月西太平洋副高西伸脊点达到90°~95°E的天数只有4天,西伸脊点在100°~105°E的有18天,西伸脊点在110°~115°E的天数有25天,西伸脊点在120°~125°E的有10天,西伸脊点在130°~155°E的有4天。

1996年第一次强降水过程出现在6月2日至5日,11站平均4天过程降水总量为82 mm。在这次强降水过程中,11个地区中有5个地区(武汉、岳阳、安庆、九江、上海)出现了暴雨,4天过程降水总量达到100 mm以上的地区有4个:芜湖(102 mm)、安庆(152 mm)、武汉(157 mm)、岳阳(106 mm)。这次强降水过程是出现在乌高的第一个高峰后的减弱期和西太平洋副高西伸脊点在105°E东退至110°E之间活动的背景下。

第二次暴雨过程出现在6月20日,11个地区有4个地区:岳阳(62 mm)、九江(75 mm)、屯溪(121 mm)、上海(75 mm)出现了暴雨和大暴雨。这次暴雨过程没有持续。这次暴雨过程是发生在乌高的弱峰期和副高西伸脊点由105°E东退至110°E的环流背景下。

第三次暴雨过程出现在6月23日至25日,16站平均3天过程降水总量达到了56 mm,6月23日在沅陵(64 mm)、常德(55 mm)出现了暴雨,6月24日在武汉(64 mm)、南京(71 mm)出现了暴雨,6月25日在屯溪(73 mm)出现了暴雨。这次暴雨过程是发生在乌高的减弱期和副高由120°E西进到110°E的环流背景下。

第四次暴雨过程出现在6月29日至7月6日,这次暴雨过程持续了8天,8天过程降水总量达到163 mm,6月29日有6个地区降了大雨,沅陵(52 mm)降了暴雨;6月30日至7月2日在屯溪连续降了暴雨到大暴雨:6月30日(81 mm)、7月1日(158 mm)、7月2日(133 mm);安庆也降了大暴雨和暴雨:6月30日(118 mm)、7月1日(21 mm)、7月2日(63 mm);7月3日在南京降了大暴雨(130 mm);7月4日在钟祥降了暴雨(53 mm)、7月5日在芜湖(53 mm)和南京(91 mm)降了暴雨、7月6日在屯溪降了暴雨(52 mm)。6月30日至7月2日的暴雨过程中心在屯溪到安庆一带,7月3日至6日的暴雨都是局地性的。这次暴雨过程是发生在乌阻弱高峰后的波动性减弱期;西太平洋副高西伸脊点在6月29日至7月2日基本稳定在105°E至100°E之间,但是7月3日至6日副高很不稳定,在90°E至150°E之间剧烈地摆动。所以这次暴雨过程在前4天是区域性的,而在后4天是局地性的。

第五次暴雨过程出现在7月9日至11日,11个地区有4个地区出现了暴雨和大暴雨:7月9日在岳阳(122 mm)、钟祥(60 mm)、7月10日在安庆(135 mm)、7月11日在屯溪(83 mm)。11站平均3天过程降水总量为60 mm,这次暴雨过程是发生在乌高增强和副高西进(从150°E到125°E)的环流背景下。

第六次强暴雨过程发生在7月14日至17日,11站平均4天降水总量达到153 mm。这次强暴雨过程是致使长江流域的水位显著上升的最重要的一次强降水过程。7月14日在钟祥(74 mm)、武汉(117 mm)、岳阳(91 mm)、沅陵(125 mm)、常德(79 mm)等地区出现了暴雨和大暴雨,其他地区也下了中到大雨;7月15日在安庆(247 mm)降了特大暴雨,在沅陵(64 mm)、芜湖(59 mm)、九江(66 mm)、上海(66 mm)等地降了暴雨;7月16日在沅陵(127 mm)、武汉(66 mm)、岳阳(57 mm)降了大暴雨和暴雨;7月14日至17日在岳阳降了3天暴雨和1天大雨,4天降水总量达到246 mm。7月19日在安庆(114 mm)降了大暴雨,也是1996年暴雨过程最后结束的一个暴雨日。这次强暴雨过程是发生在乌阻强顶峰(UBHII=1.57)后的显著减弱期,7月16日达到最弱(UBHII=0.33);7月14日到17日的西太平洋副高西伸脊点从 100°E 向东撤到了 120°E。

2.5.6 1983 年长江流域强降水过程对 UBHII 及副高逐日变化特征的响应关系

1983 年是 1865 年以来长江流域是仅次于 1954、1998、1999、1996、1931 年的第六个大水年,也是 1951 年以来的长江第五个大水年。武汉关水位达到 28.11 m,超过警戒水位 0.78 m。长江中下游地区(钟祥、恩施、宜昌、沙市、武汉、岳阳、沅陵、常德、长沙、南昌、九江、芜湖、安庆、修水等 14 站平均)6—7 月逐日降水过程(直方柱)对乌拉尔山地区逐日阻塞高压强度指数(UBHII,曲线)变化特征的响应关系如图 2.14 所示。

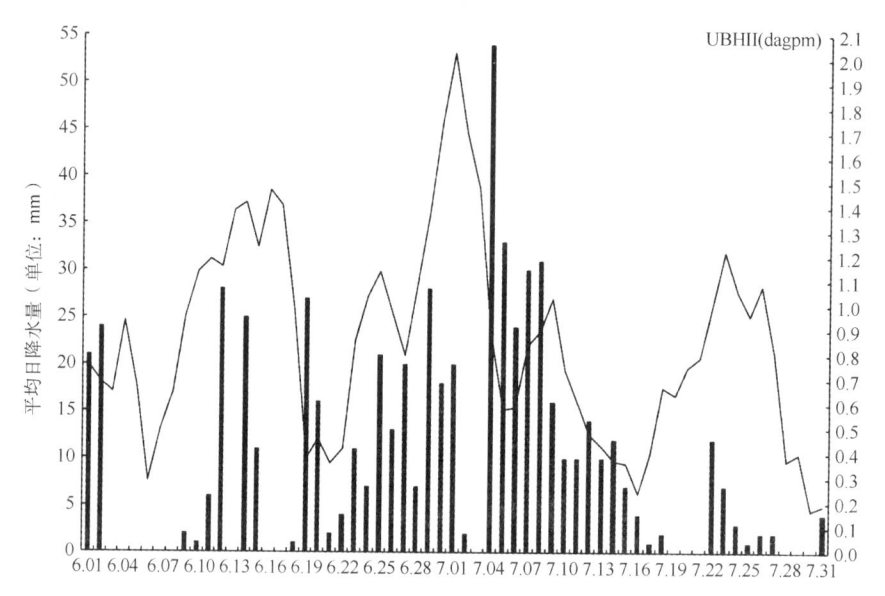

图 2.14 1983 年长江中下游地区(14 站平均)6—7 月逐日降水(直方柱)对乌拉尔山地区
逐日阻塞高压强度指数(UBHII,曲线)变化特征的响应关系示意图

Fig. 2.14 The response relationship of the daily precipitation in the Middle and Lower Reaches of the Yangtze River (mean of the 14 stations, histogram) to the daily UBHII (curve) during June—July 1983

1983 年长江中下游地区(14 站平均)6—7 月日降水量达到 10 mm(中雨)以上的雨日有 26 个、达到 25 mm(大雨)以上的雨日有 8 个、达到 50 mm(暴雨)以上的雨日有 1 个,最大日降水量出现在 7 月 4 日(54 mm)。14 站平均过程降水总量达到 43 mm 以上的强降水过程有 5 次,最大降水过程出现在 7 月 4—10 日,14 站平均 7 天过程降水总量达到 198 mm。

1983 年 6—7 月乌拉尔山地区阻塞高压的逐日变化特征是:6 月 1 日至 3 日是乌高缓慢减弱期,6 月 4 日乌高突然增强(UBHII=0.94),6 月 5 日至 6 日又迅速减弱(UBHII=0.29);6 月 7 日至 16 日乌高呈波动式加强到第一个强高峰(UBHII=1.47),6 月 17 日至 21 日又呈波动式减弱(UBHII=0.36);6 月 22 日至 7 月 1 日乌高又呈波动式增强到第二个高峰,也是 1983 年的最高峰(UBHII=2.03),7 月 2 日至 16 日又呈波动式减弱到谷点(UBHII=0.24);7 月 17 日至 23 日又增强到第三个高峰(UBHII=1.22),7 月 24 日至 31 日再呈波动式减弱到低谷(UBHII=0.17)。同时,1983 年 6—7 月南海高压异常偏强。1983 年 6—7 月西太平洋副高位置异常偏西,6—7 月西太平洋副高西伸到 90°E 至 95°E 之间的天数有 33 天,西伸到 100°E 至 105°E 之间的天数有 19 天,西伸到 110°E 至 115°E 之间的天数有 8 天,在 130°E 以东的有1天。在6月1日至3日,西太平洋副高伸脊点由90°E向东退到105°E;6月4日至5日又向西伸了10至15度,6月6日又突然东撤到了135°E以东;从6月6日到9日又逐步西进到100°E,6月10—11日又微退到105°E;6月12日至13日又西进到了90°E,而且一直稳定到了17日,6月18日才东撤到100°E;6月19日又西进到了90°E,6月20日至22日又东撤到110°E以东;6月23—26日就在90°E至100°E之间活动,6月27日至28日逐步东退到110°E以东;6月29日突然又西进到90°E,7月14以前的副高伸脊点一直在90°E至105°E之间活动,7月15日至17日又东退到了110°E以东;7月18日至31日又西到了90°E至105°E之间。

1983年第一次暴雨过程出现在6月1日至2日,14站平均两天过程降水总量为45 mm。在这次降水过程中,14个地区中有5个地区:岳阳(57 mm)、长沙(88 mm)、南昌(114 mm)、修水(75 mm)、九江(81 mm)出现了暴雨和大暴雨。但是,这次暴雨和大暴雨过程是不持续的,岳阳和九江出现在6月1日,长沙、南昌、修水出现在6月2日。

第二次暴雨过程出现在6月19日至20日,14个地区有4个地区出现了暴雨,沙市(57 mm)、岳阳(82 mm)、长沙(65 mm)的暴雨出现在6月19日,安庆(57 mm)出现在6月20日。这次暴雨过程也没有持续性。

第三次暴雨过程出现在6月25日至27日,14站平均过程降水总量达到了54 mm,6月25日在钟祥(72 mm)和宜昌(77 mm)出现了暴雨,26日在恩施(58 mm)、27日在九江(86 mm)出现了暴雨,这次暴雨过程也不持续。

第四次暴雨过程出现在6月29日至7月1日,14站平均过程降水总量达到了66 mm,6月29日在恩施(51 mm)、武汉(131 mm)、安庆(91 mm)出现了暴雨和大暴雨,6月30日在芜湖(144 mm)出现了大暴雨,7月1日在钟祥(51 mm)和宜昌(71 mm)出现了暴雨。这次暴雨过程也没有持续。

以上四次暴雨过程都没有在同一个地区持续,14站平均日降水量均在28 mm以下,暴雨不是很集中。

第五次强降水过程发生在7月4日至15日,14站平均12天过程降水总量达到了251 mm,前5天暴雨比较集中,5天过程降水总量达到172 mm。这次暴雨过程持续时间最长,强度最大。7月4日在6个地区发生了大暴雨和暴雨:钟祥(182 mm)、武汉(156 mm)、芜湖(146 mm)、宜昌(56 mm)、沙市(83 mm)、安庆(81 mm);7月5日在5个地区发生了暴雨:恩施(70 mm)、武汉(63 mm)、修水(65 mm)、九江(59 mm)、安庆(97 mm);7月6日在7个地区降了大雨,没有地区出现暴雨;7月7日在两个地区发生了暴雨和大暴雨:修水(233 mm)、南昌(67 mm);7月8日在4个地区发生了暴雨和大暴雨:沅陵(50 mm)、常德(107 mm)、长沙(119 mm)、南昌(94 mm);7月9日至15日没有地区出现大暴雨,只有个别地区出现了暴雨,恩施在7月12日至13日还出现了持续性暴雨。这次漫长的暴雨过程的中心地区在江西的修水,在7月5日至10日持续6天降了大雨暴雨和大暴雨,6天过程降水总量达到465 mm,南昌在7月7日至9日的过程降水总量也达到209 mm,武汉在7月4日至5日的降水总量达到219 mm。这次长时间持续性强暴雨过程,是从乌高强峰后波动式减弱期的第3天开始的,直到第14天才结束。同时,西太平洋副高位置明显偏西,其西伸脊点一直在90°E至100°E之间进退活动。

2.5.7 1995年长江流域强降水过程对UBHII及副高逐日变化特征的响应关系

1995年长江流域也发生了洪水,武汉关水位达到27.79 m,超过警戒水位0.46 m。长江中下游地区(武汉、岳阳、沅陵、常德、长沙、南昌、九江、芜湖、安庆、屯溪、修水、南京、常州、上海、杭州等15站平均)6—7月逐日降水过程(直方柱)对乌拉尔山地区逐日阻塞高压强度指数(UBHII,曲线)变化特征的响应关系如图2.15所示。

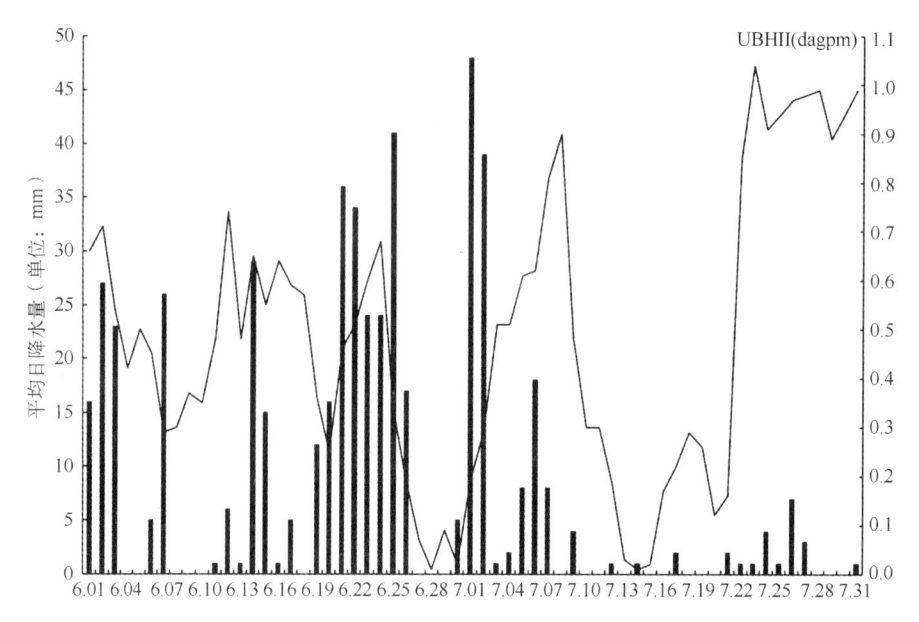

图 2.15 1995年长江中下游地区(15站平均)6—7月逐日降水过程(直方柱)对乌拉尔山地区逐日阻塞高压强度指数(UBHII,曲线)变化的响应关系示意图

Fig. 2.15 The response relationship of the daily precipitation in the Middle and Lower Reaches of the Yangtze River (mean of the 15 stations, histogram) to the daily UBHII (curve) during June—July 1995

1995年长江中下游地区(15站平均)6—7月日降水量超过10 mm的天数有17个,日降水量超过25 mm的天数有8个,最大日降水量出现在7月1日(48 mm)。15站平均过程降水总量超过45 mm的强降水过程有4次,最大过程降水量出现在6月19日至26日,15站平均过程降水总量达到204 mm。

1995年6—7月乌拉尔山地区阻塞高压的逐日变化特征是:6月乌高没有出现强峰,6月逐日乌高强度指数(UBHII)≥0.55的有弱乌高存在的日期和时段是:6月1日至2日、12日、14日至18日、23日至24日,其余时段都是乌高的减弱期和消亡期;6月26日至7月2日期间,基本没有乌高活动(UBHII≤0.29);乌高在7月3日开始增强,至7月8日出现第一个强峰(UBHII=0.90),7月9日至21日又减弱直至消亡,7月22日又突然增强,7月23日出现第二个高峰(UBHII=1.04),之后的乌高一直维持偏强态势到7月31日(0.89≤UBHII≤0.99)。同时,西太平洋副高在6—7月到达90°E至95°E的天数有42天,到达100°E至105°E的天数有10天,到达110°E至115°E的天数有8天,在120°E以东的只有1天。在6月26日以前,西太平洋副高位置异常偏西,只有6月5日、7至8日和12日的副高西伸脊点在95°E至100°E,其余时间均西伸到了90°E,直到6月28日副高才东退到了120°E以东;6月29日又西进到 95°E,6 月 30 日至 7 月 1 日又东退到了 115°E;7 月 2 日再次西进到了 95°E,而且一直稳定到 7 月 5 日,7 月 6 日东退到了 100°E,7 月 7 日以后副高西伸脊点一直在 90°E 至 115°E 之间频繁活动。

1995 年的第一次暴雨过程出现在 6 月 1 日至 3 日,15 站平均过程降水总量为 66 mm。在这次降水过程中,15 个地区中有 5 个地区发生了暴雨和大暴雨:修水发生了持续性暴雨,3 天降水总量达到 177 mm。常德在 6 月 1 日至 2 日发生了持续性暴雨,两天过程降水总量达到 166 mm。岳阳在 6 月 2 日发生了大暴雨(134 mm)。杭州(71 mm)和沅陵(72 mm)在 6 月 3 日降了暴雨。这次暴雨过程是发生在乌高波动式减弱期和副高异常偏西和异常稳定期。

第二次暴雨过程出现在 6 月 7 日,在南昌(98 mm)和长沙(83 mm)降了暴雨,在修水、九江、岳阳、沅陵降了大雨。这次暴雨没有持续,这次暴雨过程发生在乌高的谷点和西太平洋副高由 90°E 退到 100°E 的环流背景下。

第三次暴雨过程出现 6 月 14 日至 15 日,15 站平均两天过程降水总量为 45 mm。14 日在修水(69 mm)、岳阳(87 mm)、沅陵(61 mm)、常德(84 mm)发生了暴雨,15 日在南昌(52 mm)发生了暴雨。这次暴雨过程是发生在乌高的弱峰期和副高异常偏西而且异常稳定期。

第四次强暴雨过程发生在 6 月 19 日至 26 日,15 站平均 8 天过程降水总量达到了 204 mm。19 日在南昌(88 mm)和 20 日在南京(115 mm)分别降了暴雨和大暴雨,21 日在常德(91 mm)、南京(56 mm)、芜湖(58 mm)、上海(66 mm)和常州(135 mm)降了暴雨和大暴雨,22 日在安庆(89 mm)、南昌(50 mm)、沅陵(58 mm)、常德(56 mm)降了暴雨,23 日在南昌(70 mm)和修水(104 mm)降了暴雨和大暴雨,24 日在安庆(58 mm)和武汉(92 mm)降了暴雨,25 日在长沙(71 mm)、岳阳(71 mm)、上海(96 mm)、南昌(104 mm)、修水(104 mm)降了暴雨和大暴雨,26 日在南昌(93 mm)和长沙(65 mm)降了暴雨。这次强暴雨过程的中心在南昌地区,8 天里有 4 天是暴雨和 1 天是大暴雨,南昌在这次强暴雨过程的开始日和结束日都降了暴雨,8 天过程降水总量达到 413 mm。这次持续性暴雨过程是发生在乌高的弱峰期和副高异常偏西异常稳定期。

第五次暴雨过程出现在 7 月 1 日至 2 日,15 站平均过程降水总量为 87 mm,修水和屯溪发生了持续性暴雨,过程降水总量分别达到 161 mm 和 139 mm。同时 7 月 1 日在岳阳(189 mm)、沅陵(140 mm)、常德(89 mm)和 7 月 2 日在九江(69 mm)和上海(117 mm)发生了暴雨和大暴雨。这次持续性暴雨过程是发生在乌高无踪影和副高异常偏西异常稳定期。

1995 年是全国性多雨年,7 月 3 日至 31 日,上述 15 个地区中只有 4 个地区降了局地性暴雨,主要暴雨区北移到长江以北地区了。

2.5.8　1980 年长江流域强降水过程对 UBHII 及副高逐日变化特征的响应关系

1980 年的武汉关水位达到 27.76 m,超过警戒水位 0.43 m,在长江中下游地区发生了洪涝。长江中下游地区(上海、南京、安庆、屯溪、九江、武汉、岳阳、沅陵、常德、长沙、宜昌、钟祥、恩施、沙市等 14 站平均)6 月 15 日至 8 月 15 日的逐日降水量(直方柱)对乌拉尔山地区阻塞高压的逐日强度指数强弱变化(曲线)的响应关系如图 2.16 所示。

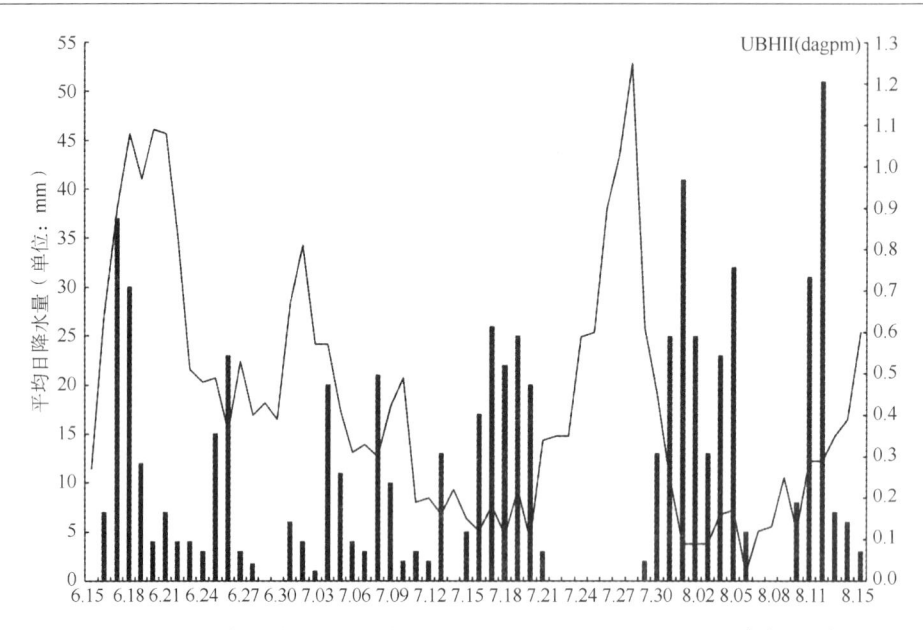

图 2.16 1980 年长江中下游地区(14 站平均)6 月 15 日至 8 月 15 日逐日降水量(直方柱)对乌拉尔山地区阻塞高压强度指数强弱变化(曲线)的响应关系示意图

Fig. 2.16 The response relationship of the daily precipitation in the Middle and Lower Reaches of the Yangtze River (mean of the 14 stations, histogram) to the daily UBHII (curve) during 15 June-15 August 1980

1980 年长江中下游地区(14 站平均)强降水过程出现得比较晚,主要出现在 6 月 15 日至 8 月 15 日期间。在 6 月 15 日至 8 月 15 日这两个月期间,日降水量达到 10 mm(中雨)以上的雨日有 24 个、达到 25 mm(大雨)以上的雨日有 10 个、达到 50 mm(暴雨)以上的雨日有 1 个,最大日降水量出现在 8 月 12 日(51 mm)。14 站平均过程降水总量达到 50 mm 以上的强降水过程有 4 次,最大过程降水量出现在 7 月 30 日至 8 月 5 日,14 站平均 7 天过程降水总量达到 172 mm。

1980 年 6—8 月的 5 个时段有乌高存在(UBHII≥0.55):6 月 1 日至 6 日(6 天)、6 月 16 日至 22 日(7 天)、7 月 1 日至 4 日(4 天)、7 月 24 日至 29 日(6 天)、8 月 15 日至 20 日(6 天)共 5 个时段。乌高的 5 个高峰日期分别是:6 月 3 日至 4 日(UBHII=1.13)、6 月 20 日(UBHII=1.09)、7 月 2 日(UBHII=0.81)、7 月 28 日(UBHII=1.25)、8 月 19 日(UBHII=0.97)。没有乌高存在(UBHII≤0.29)的时段有两个:7 月 11 日至 20 日和 7 月 31 日至 8 月 12 日。同时,西太平洋副高明显偏西,在 6—8 月西脊点到达 90°E 至 95°E 的天数有 35 天,到达 100°E 至 105°E 的天数有 24 天,到达 110°E 至 115°E 的天数有 30 天,在 120°E 以东的只有 3 天。

1980 年夏季西太平洋副高逐日变化特征是:6 月 1 日至 25 日,西太平洋副高位置明显偏西,西伸脊点在 90°E 至 105°E,6 月 26 日至 27 日从 110°E 东退到 120°E 以东;6 月 28 日至 7 月 1 日又逐步西进到了 95°E,7 月 2 日稳定少动,3 日又突然东撤到 120°E 以东;4 日又西进到 110°E,且稳定到 8 日,9 日至 12 日再逐步西进到了 90°E,14 日又东撤到 110°E 以东;16 日又西进到 90°E,17 至 19 日又逐步东退到 120°E 以东,7 月 20 日又西进到 95°E,在 7 月 21 日至 8 月 15 日期间,副高频繁地活动,但进退幅度不大,西脊点一直在 90°E 至 115°E 之间。

1980 年第一次暴雨过程出现在 6 月 16 日至 18 日,14 站平均过程降水总量为 74 mm。在这次降水过程中,14 个地区有 6 个地区出现了暴雨和大暴雨。6 月 16 日首先在宜昌(63 mm)

出现了暴雨,17 日在安庆(58 mm)、恩施(228 mm)、沙市(117 mm)出现了暴雨和大暴雨;18 日在安庆(50 mm)和九江(95 mm)出现了暴雨。这次暴雨过程发生在乌高的增强期和副高西脊点从 90°E 东退到 100°E 的环流背景下。

第二次强暴雨过程出现在 7 月 16 日至 20 日,14 站平均 5 天过程降水总量为 110 mm。在这次暴雨过程中,14 个地区有 8 个地区出现了暴雨和大暴雨,16 日首先在武汉(121 mm)降了大暴雨,17 日在沙市(82 mm)和钟祥(126 mm)降暴雨和大暴雨,18 日在常德(56 mm)和沅陵(148 mm)降了暴雨和大暴雨,19 日在钟祥(55 mm)、沙市(62 mm)、宜昌(60 mm)、恩施(69 mm)、南京(54 mm)降了暴雨,20 日在钟祥(74 mm)和沙市(64 mm)降了暴雨。这次暴雨过程的中心在湖北西部的钟祥和沙市地区,钟祥有两个暴雨日和 1 个大暴雨日,沙市有 3 个暴雨日。这次暴雨过程发生在乌高的消亡期和副高从 90°E 东退到 120°E 又西进到 95°E 的环流背景下。

第三次暴雨过程出现在 7 月 30 日至 8 月 5 日,在这次暴雨过程中,14 个地区有 11 个地区出现了暴雨和大暴雨,7 月 30 日首先在钟祥(63 mm)出现了暴雨,31 日在岳阳(55 mm)和屯溪(103 mm)出现了暴雨和大暴雨,8 月 1 日在上海(84 mm)、恩施(77 mm)、宜昌(103 mm)、武汉(103 mm)出现了暴雨和大暴雨,8 月 2 日在安庆(94 mm)、沙市(134 mm)出现了暴雨和大暴雨,8 月 3 日在恩施(105 mm)出现了大暴雨,8 月 4 日在恩施(89 mm)、宜昌(63 mm)出现了暴雨,8 月 5 日在常德(149 mm)和长沙(167 mm)出现了大暴雨。这次强暴雨过程的中心在宜昌到恩施一带,宜昌的过程降水总量达到 257 mm,恩施的过程降水总量达到 302 mm。这次暴雨过程是发生在 7 月 28 日的乌高强峰(UBHII=1.25)后迅速减弱的第二天至消亡期,西太平洋副高西脊点从 115°E 向西进到 90°E 又从 90°E 东退到 115°E 再西进到 110°E 的环流背景下。

第四次强暴雨过程出现在 8 月 11 日至 13 日,14 站平均 3 天过程降水总量达到了 89 mm,在这次暴雨过程中,14 个地区有 8 个地区出现了暴雨和大暴雨。8 月 11 日在武汉(64 mm)、沙市(85 mm)、沅陵(79 mm)、常德(95 mm)出现了暴雨,8 月 12 日在长沙(54 mm)、沅陵(64 mm)、岳阳(176 mm)、武汉(124 mm)、安庆(195 mm)出现了暴雨和大暴雨,8 月 13 日在上海(58 mm)出现了暴雨。这次强暴雨过程有两个中心,一个中心在长江中游的武汉到岳阳一带,另一个中心在长江下游的安庆地区。这次强暴雨过程是发生在没有乌高和副高从 110°E 西进到 105°E 的环流背景下。

2.5.9　1991 年江淮流域强降水过程对 UBHII 及副高逐日变化特征的响应关系

1991 年在江淮地区和太湖流域发生了特大洪水,巢湖和太湖等地区洪水超过和接近当地 1954 年的最高水位,太湖流域的最高水位达到 4.94 m,超过警戒水位 1.44 m。在江淮地区和长江中下游地区发生了严重洪涝。江淮和长江中下游地区(上海、常州、南京、合肥、芜湖、安庆、九江、武汉、岳阳、沅陵、钟祥、沙市、蚌埠、六安、巢湖等 15 站平均)6—7 月逐日降水量对乌拉尔山地区阻塞高压强度指数的逐日变化特征的响应关系如图 2.17 所示。

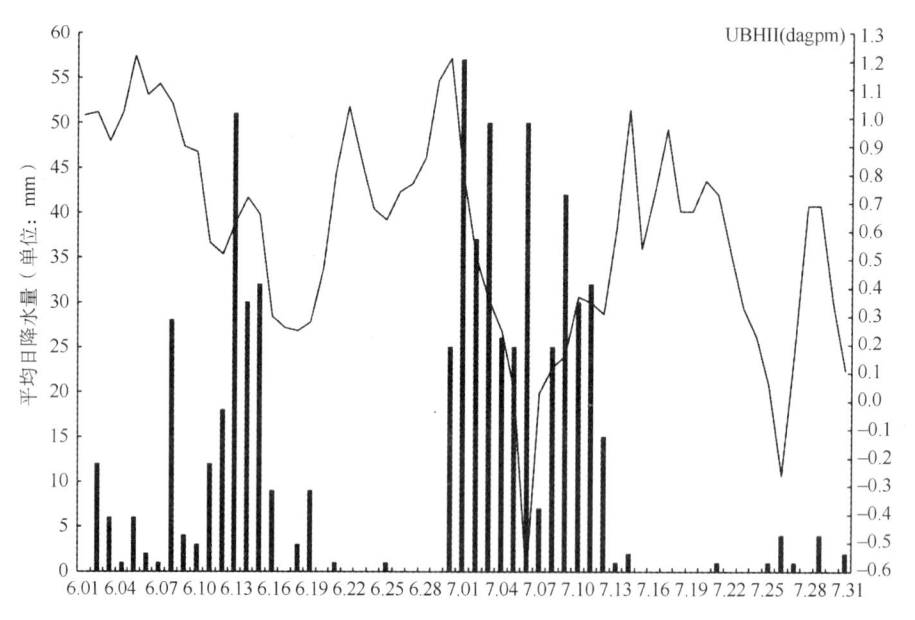

图 2.17 1991年江淮地区和长江中下游(15站平均)6月1日至7月31日逐日降水量(直方柱)对乌拉尔山地区阻塞高压强度指数逐日变化(曲线)特征的响应关系示意图

Fig. 2.17 The response relationship of the daily precipitation in the Yangtze-Huaihe region and the Middle and Lower Reaches of the Yangtze River (mean of the 15 stations, histogram) to the daily UBHII (curve) during 1 June-31 July 1991

1991年江淮地区和长江中下游(15站平均)6—7月日降水量达到10 mm(中雨)以上的雨日有19个、达到25 mm(大雨)以上的雨日有15个、达到50 mm(暴雨)以上的雨日有4个,最大日降水量出现在7月1日(57 mm)。15站平均过程降水总量在100 mm以上的强降水过程有3次,最大过程降水量出现在6月30日至7月6日,15站平均7天过程降水总量达到270 mm。

乌高在1991年6—7月的逐日变化特征是:6月1日至10日的乌高比较强盛(UBHII≥0.88),强高峰出现在6月5日(UBHII=1.22),6月11日至20日乌高波动式减弱(0.25≤UBHII≤0.72);6月21日至7月1日又是乌高波动式加强期(UBHII≥0.64),第二个强高峰出现在6月30日(UBHII=1.21),7月1日至12日是乌高的减弱和消亡期(−0.62≤UBHII≤0.81),7月6日有冷槽过乌山地区;7月13日至21日又是乌高的波动式加强期(UBHII≥0.54),第三个峰出现在7月14日(UBHII=1.03),7月22日至27日又是乌高的减弱和消亡期(−0.26≤UBHII≤0.52);7月28日至29日稍微增强,7月30—31日又减弱消亡。同时,6—7月的西太平洋副热带高压到达90°E至95°E的天数有18天,到达100°E至105°E的天数有21天,到达110°E至115°E的天数有14天,在120°E以东的有8天。6月1日至7日副高西伸脊点在90°E至105°E范围内活动,8日东退到115°E;9日至10日又西进到90°E,11日又东退到105°E以东,且维持到12日;13日至14日再次西进到90°E,15日至16日又东撤到120°E以东;17日至18日再西进到100°E,19日又东撤到120°E以东;20日至21日又西进到90°E,22日至23日又逐步东撤到125°E以东,且维持24日;25日至28日再次逐步西进到90°E,且一直稳定到30日,7月1日至2日逐步东退到110°E以东,且维持到3日;4日至5日又逐步西进到95°E,6日至7日再次东退到110°E以东;8日至11日又逐步西进到90°E,12日突然东撤到 120°E 以东;13 日至 18 日又逐步西进到 90°E,且维持到 19 日,20 日至 21 日再东退到 115°E 以东;22 日至 24 日再次西进到 95°E,且维持到 25 日,26 日至 27 日突然东撤到 130°E 以东;28 日至 29 日又西进到 95°E,30 日再东撤到 120°E 以东,31 日再西进到 115°E。可见,1991 年 6—7 月西太平洋副热带高压的活动特别频繁,但是大多数时间的活动范围比较偏西,其西伸脊点在 115°E 以西。

1991 年第一次强暴雨过程出现在 6 月 11 日至 15 日,15 站平均 5 天过程降水总量为 143 mm。在这次降水过程中,15 个地区有 12 个地区出现了暴雨和大暴雨。6 月 11 日首先在六安(65 mm)出现了暴雨,12 日在巢湖(163 mm)出现了大暴雨,13 日在钟祥(119 mm)出现了大暴雨,同时在六安(59 mm)、蚌埠(71 mm)、合肥(82 mm)、芜湖(73 mm)、南京(90 mm)、常州(68 mm)、上海(92 mm)、武汉(55 mm)等 8 个地区也降了暴雨,14 日在巢湖(87 mm)、南京(135 mm)、常州(121 mm)出现了暴雨和大暴雨,15 日在常州(59 mm)、芜湖(116 mm)、安庆(159 mm)、沅陵(64 mm)降了暴雨和大暴雨。在这次强暴雨过程中,3 天降水总量达到 100 mm 以上的地区有:钟祥(156 mm)、武汉(103 mm)、蚌埠(104 mm)、巢湖(266 mm)、合肥(139 mm)、六安(129 mm)、芜湖(190 mm)、安庆(195 mm)、南京(231 mm)、常州(248 mm)、上海(139 mm)。这次强暴雨过程发生在乌高的第一个强峰后减弱期的第六天至第十天的减弱期;西太平洋副高从 105°E 西进到 90°E 再东退到 110°E 的环流背景下。

第二次异常强大的暴雨过程出现在 6 月 30 日至 7 月 6 日,15 站平均 7 天过程降水总量为 270 mm。在这次特强暴雨过程中,15 个地区均降了暴雨,除了上海只出现 1 个暴雨日以外,其余 14 个地区中均出现了 2 至 5 个暴雨到大暴雨日,武汉在 7 月 1 日至 6 日降了 5 天暴雨,6 天降水量达到 350 mm。其中有 6 个地区降了大暴雨,蚌埠、合肥、常州三个地区在 6 月 30 日至 7 月 3 日的 4 天中均出现了两天大暴雨,大暴雨中心地区在合肥至常州一带。合肥在 6 月 30 日至 7 月 1 日出现了两天持续性大暴雨,过程降水量达到 276 mm;常州在 7 月 1 日至 2 日出现了持续性大暴雨,过程降水量达到 269 mm;蚌埠在 7 月 1 日和 3 日降了大暴雨,过程降水量达到 229 mm。6 月 30 日在合肥(124 mm)、巢湖(82 mm)、九江(55 mm)、钟祥(57 mm)等 4 个地区出现了大暴雨和暴雨,7 月 1 日在蚌埠(128 mm)、合肥(152 mm)、常州(102 mm)、六安(63 mm)、南京(73 mm)、芜湖(67 mm)、武汉(56 mm)、沅陵(63 mm)、沙市(84 mm)等 9 个地区出现了大暴雨和暴雨,7 月 2 日在常州(167 mm)、上海(88 mm)、安庆(51 mm)、沙市(95 mm)等 4 个地区出现了大暴雨和暴雨,7 月 3 日在蚌埠(101 mm)、巢湖(61 mm)、合肥(92 mm)、常州(57 mm)、六安(58 mm)、南京(73 mm)、武汉(81 mm)、九江(68 mm)、沙市(51 mm)等 9 个地区出现了大暴雨和暴雨,7 月 4 日在芜湖(73 mm)、安庆(53 mm)、武汉(63 mm)、岳阳(88 mm)等 4 个地区出现了暴雨,7 月 5 日在安庆(157 mm)、芜湖(65 mm)、武汉(65 mm)等 3 个地区出现了大暴雨和暴雨,7 月 6 日在巢湖(156 mm)、南京(104 mm)、武汉(54 mm)、岳阳(55 mm)、沅陵(84 mm)、钟祥(93 mm)、沙市(51 mm)等 7 个地区出现了大暴雨和暴雨。这次特强的暴雨过程在乌高第二个强高峰当天及其减弱和消亡期;西太平洋副高从 90°E 东退到 110°E,又从 110°E 西进到 95°E 再东退到 100°E 的环流背景下。

第三次强暴雨过程出现在 7 月 8 日至 12 日,与第二次特强暴雨过程仅仅相隔了 1 天。这次暴雨过程的 15 站平均过程降水总量达到 144 mm。在这次强暴雨过程中有 9 个地区发生了暴雨和大暴雨,其中合肥、蚌埠、六安、南京、武汉发生了持续性的大暴雨和暴雨。六安在 9 日至 11 日持续了 3 天暴雨,过程降水总量达到 230 mm;蚌埠在 7 月 9 日至 10 日持续了两天大暴雨和暴雨,两天降水总量达到 211 mm;合肥在 7 月 10 日至 11 日持续两天大暴雨,过程降水总量达到 249 mm;南京在 7 月 10 日至 11 日持续了两天暴雨和大暴雨,过程降水总量达到 178 mm;武汉在 7 月 8 日至 11 日的 4 天中有 2 个暴雨日和 1 个大暴雨日(9 日降水量为 210 mm),4 天降水总量达到 355 mm。另外,8 日在芜湖(95 mm)、9 日在巢湖(78 mm)、12 日在安庆(57 mm)和沅陵(53 mm)也降了暴雨。这次暴雨过程是发生在乌高的衰弱期和副高从 115°E 进到 90°E 又从 90°E 东撤到 120°E 的环流背景下。这次强暴雨过程是在前一次特强暴雨过程的基础上再次加重了洪涝的严重性,因此这两次强降水过程的影响是连续的。综合起来看,在这两次强降水过程中:六安出现了 5 个暴雨日、巢湖出现了 3 个暴雨日和 1 个大暴雨日、蚌埠出现了 3 个大暴雨日和 1 个暴雨日、合肥出现了 4 个大暴雨日和 1 个暴雨日、常州出现了 2 个暴雨日和 1 个大暴雨日、南京出现了 2 个大暴雨日和 3 个暴雨日、芜湖出现了 4 个暴雨日、安庆出现了 1 个大暴雨日和 3 个暴雨日、九江出现了 2 个暴雨日、武汉出现了 1 个大暴雨日和 7 个暴雨日、岳阳出现了 2 个暴雨日、沅陵出现了 3 个暴雨日、钟祥出现了 2 个暴雨日、沙市出现了 4 个暴雨日。在这两次强暴雨过程中,15 个地区中有 12 个地区的降水总量超过 310 mm,有 7 个地区超过 400 mm:合肥(766 mm)、武汉(722 mm)、南京(559 mm)、蚌埠(521 mm)、常州(485 mm)、六安(456 mm)、安庆(400 mm)。

由上述长江流域的 7 个大洪水年和特大洪水年的 40 多次强暴雨过程对乌拉尔山地区阻塞高压强度逐日变化特征的响应关系和统计结果可见,绝大多数持续性强暴雨过程都是发生在乌拉尔山阻塞高压强高峰后的减弱期至消亡期。少数强暴雨过程也发生在乌拉尔山阻塞高压的峰期,但发生在峰期的暴雨过程大多数不持续,或者持续时间短。而且在其后的减弱至消亡期都是有更强的暴雨过程发生,这对持续性强暴雨过程的中短期预报有较大的参考和应用价值。

2.6 亚洲极涡面积对中国汛期降水和雨型的影响及其前兆特征

在统计分析中发现,汛期亚洲极涡面积的年际变化对同期降水影响最明显,主汛期(6—8 月)亚洲极涡面积指数与同期长江中游和下游降水量的 50 年相关系数分别为 -0.52 和 -0.48,6—7 月亚洲极涡面积指数与长江中游和下游的主汛期(6—8 月)降水量的 50 年相关系数分别为 -0.52 和 -0.51,7 月亚洲极涡面积指数与长江中游和下游主汛期(6—8 月)降水量的 50 年相关系数分别为 -0.52 和 -0.60,夏季亚洲极涡面积指数与长江中游和下游主汛期降水量是反相关关系。8 个 3 类两支多雨型(3 型)中有 6 个(1954、1969、1993、1996、1998、2004 年)7 月亚洲极涡面积指数明显偏小;10 个 8 类两支多雨型(8 型)中有 8 个(1959、1961、1964、1966、1967、1973、1976、1994 年)7 月亚洲极涡面积指数明显偏大,这个关系说明 7 月亚洲极涡面积的大小对两支类雨型的影响比较大。7 月亚洲极涡面积较常年同期明显偏大年,主汛期容易(8/10)出现海河和黄河流域及其华南两支类多雨型(8 型);7 月亚洲极涡面积较常年同期明显偏小年,主汛期容易(6/8)出现长江流域和北方两支类多雨型(3 型)。

对主汛期雨型有一定前兆意义的是上一年 3 月北半球极涡面积指数:有 90%(9/10)的 8 类雨型的上一年 3 月北半球极涡面积指数有 7.99~8.719(偏大),5 类雨型(3/3)的上一年 3 月北半球极涡面积指数有 8.00~8.44(偏大),6 类雨型和 7 类雨型的多数(4/6)年的上一年 3 月北半球极涡面积指数也有 7.98~8.46(偏大),3 类雨型的 88%(7/8)的上一年 3 月北半球极涡面积指数偏小(7.36~7.97),2类雨型的80%(4/5)的上一年3月北半球极涡面积指数偏小(7.19~7.93),1类雨型的75%(6/8)的上一年3月北半球极涡面积指数偏小(7.54~7.95)。即3月北半球极涡面积指数对次年主汛期的主要多雨带位置有1年多时效的前兆指示意义,3月北半球极涡面积指数偏大的次年汛期容易出现偏北类雨型,3月北半球极涡面积指数偏小的次年主汛期容易出现偏南类雨型。但对中部类雨型没有指示性。

第3章　中国汛期雨型对 ENSO 的响应关系

大气圈与地球表面的相互作用形式的 70% 以上是海气相互作用,因为地球表面的 70% 以上是海洋。大气运动和海洋的洋流运动一方面以动力的形式相互作用和影响,同时又以感热的形式相互交换热量,海洋是大气中水汽的主要源地,所以海洋对大气环流的影响是巨大的。但是海洋对大陆降水的影响不是直接产生的,海洋对降水的作用和影响要通过大气环流系统才能发挥出来,海洋对大气的作用是直接外源强迫作用,降水只能在大气环流系统的相互作用中产生。因此海洋对降水的影响过程是间接的和复杂的,海洋对中国汛期雨型的影响就更加复杂了。很多气象专家都对赤道东南太平洋厄尔尼诺区(3区)海温对中国汛期降水的影响做过研究,也得到了很多研究结果,但达到共识的结论却很少。在 20 世纪 80 年代以来,世界上对海气相互作用的研究热点是 El Nino 和南方涛动(Southern Oscillation)的相互作用事件(ENSO 事件),El Nino 事件是赤道中东太平洋海温持续暖位相事件,南方涛动是印度洋和东南太平洋的气压距平呈现跷跷板式的振动现象,El Nino 事件和南方涛动现象几乎是同步发生的气象异常事件和海洋异常事件,在气象和海洋两个领域把这种海气相互作用现象称为 ENSO 事件。而且得到了公认的研究结论:即 ENSO 事件的发生对世界范围的气候都会产生影响,特别是会引起澳大利亚的明显干旱和赤道中东太平洋地区岛国及南美沿海地区的暴雨洪水。但是,对中国气候的影响关系特别是对中国汛期降水的影响关系就没有对澳大利亚降水的影响关系那么明显。中国气象学家从 El Nino 事件的开始时间、结束时间、持续强度和长度等多个侧面研究了 El Nino 事件对中国汛期降水的影响,得到了较多的研究结果,但是得到共识的结论并不多。我们在 1999 年汛期后分析研究了 1999 年长江大水的海洋成因,发现海温对中国汛期降水的滞后影响效应比同期影响效应要明显,上一年的 El Nino 事件对次年中国汛期降水有较重要影响。为了使全国各地的气象水文预报员和科研人员在分析研究 El Nino 和 La Nina 对当地气候变化的影响时,能够很方便地得到有关 El Nino 事件和 La Nina 事件的一套完整历史资料,我们在本节中系统地统计了 Nino 3 区(150°～90°W,5°S～5°N)的月平均海温相对于 30 年(1971—2000 年)平均海温的距平,在 1951—2008 年期间 Nino3 区逐月平均海温距平的年际变化特征如图 3.1 所示。

3.1　El Nino 事件和 La Nina 事件的年变化特征

按照国家气候中心对 El Nino 事件和 La Nina 事件的定义,我们将 1951—2008 年期间的 El Nino 事件和 La Nina 事件进行了划分,系统地统计了历次 El Nino 事件和 La Nina 事件的开始、结束、持续时间。国家气候中心对 El Nino 事件的定义与国际上的定义基本一致,即定义 Nino 3 区的月平均海温相对于 30 年(1971—2000 年)平均值的距平值达到和超过 0.5℃(即≥0.5℃)的持续(允许其中有 1 个月小于 0.5℃,但是比较接近 0.5℃)月数在 5 个月以上的暖水事件为El Nino事件,定义Nino 3区的月平均海温距平≤－0.5℃的持续(允许其中有1个月接近－0.5℃)月数在5个月以上的冷水事件为La Nina事件。在1951—2008年期间,历次El Nino事件和La Nina事件的开始和结束年月及其维持长度(月数)如表3.1所示。

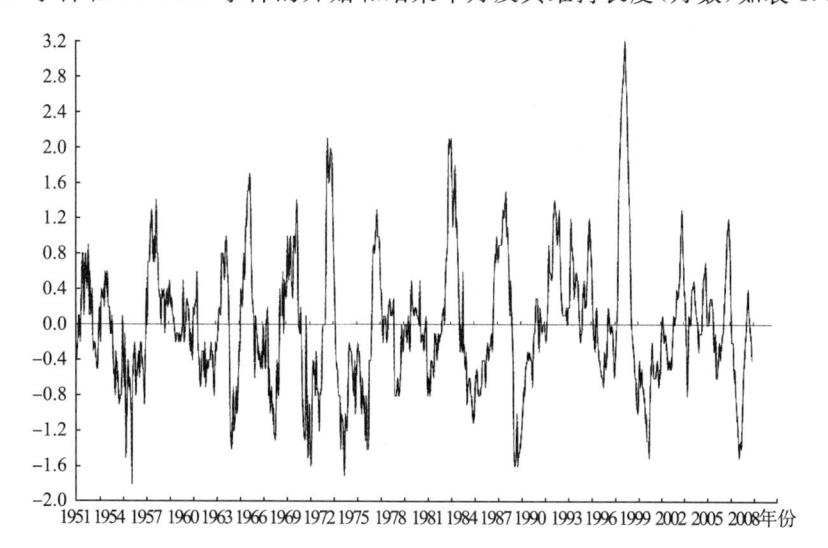

图 3.1 1951—2008年期间Nino3区逐月平均海温相对于多年平均值的距平变化曲线图
Fig. 3.1 Variations in the monthly mean SST anomalies in Nino 3 region relative to the multi-year means during 1951—2008

表 3.1 1951—2008年期间El Nino事件和La Nina事件的开始和结束年月及其维持长度
Table 3.1 Beginning and ending dates (month and year) and their persistent length of El Nino and La Nina events during 1951—2008

| \multicolumn{5}{c}{El Nino} | \multicolumn{5}{c}{La Nina} |
起始年	起始月	结束年	结束月	长度(月数)	起始年	起始月	结束年	结束月	长度(月数)
1951	8	1952	4	9	1954	4	1956	7	28
1957	4	1958	2	11	1964	4	1964	12	9
1963	7	1964	1	7	1967	7	1968	5	11
1965	5	1966	2	10	1970	6	1972	1	20
1969	3	1970	1	11	1973	5	1974	5	13
1972	7	1973	3	9	1974	9	1975	1	5
1976	6	1977	1	8	1975	5	1976	1	9
1982	9	1983	9	13	1978	4	1978	10	7
1986	10	1988	3	18	1981	1	1981	8	8
1991	6	1992	6	13	1984	4	1985	9	18
1993	4	1993	11	8	1988	6	1989	6	13
1994	10	1995	2	5	1995	11	1996	4	6
1997	5	1998	5	13	1998	10	2000	3	18
2002	9	2003	1	5	2000	6	2001	1	8
2006	9	2007	1	5	2007	5	2008	3	11

由表3.1可见,在1951—2008年期间,共发生了15个El Nino事件和15个La Nina事

件。El Nino 事件最短维持 5 个月,最长维持 18 个月。15 个 El Nino 事件中在春季(3—5月)、夏季(6—8月)和秋季(9—10月)开始的都是 5 个,即各占三分之一,15 个 El Nino 事件在冬季(12—2月)结束的有 8 个(53%),在春季(3—5月)结束的有 4 个(27%),在初夏(6月)、初秋(9月)和秋末(11月)结束的各有 1 个;La Nina 事件最短维持 5 个月,最长维持 28 个月。15 个 La Nina 事件中在春季(3—5月)开始的有 7 个(47%),在夏季(6—8月)开始的有 4 个(27%),在秋季(9—11月)开始的有 3 个(20%),在冬季(1月)开始的有 1 个。15 个 La Nina 事件在冬季(12月—1月)结束的有 5 个(33%),在春季(3—5月)结束的有 5 个(33%),在夏季(6—8月)结束的有 3 个(20%),在秋季(9—10月)结束的有 2 个(13%)。

由于 El Nino 事件和 La Nina 事件的开始和结束时间以及维持长度比较多样和复杂,所以气象学家在研究 El Nino 事件和 La Nina 事件对中国汛期降水的影响关系中得到的结果很多,而且是海温和降水的同期影响研究结果为多。还有的研究结果是概念模型,缺少可操作的定量指数,预报员在做汛期预报中考虑 El Nino 事件和 La Nina 事件的影响时,往往会在复杂、多样的关系面前而举棋不定或因人而异。也有的学者统计了太平洋海温与中国汛期降水量的同期相关系数结果不理想,就认为 El Nino 事件(或 La Nina 事件)对中国汛期降水没有什么影响,而有的专家则认为 El Nino 对中国同期降水的影响是最重要的,所以在做汛期预报时首先要考虑当年汛期海温的位相变化,再来考虑当年汛期降水的时空分布特征和主要多雨带位置。有统计事实表明海温因子对同年中国汛期降水的影响并不明显,我们在分析研究1999 年长江大水的海洋成因时发现,海温对中国汛期降水的滞后影响效应要比同期影响效应明显。为了让 ENSO 的年际变化在中国汛期预报中能够真正发挥作用,为了使预报员在汛期预报时比较容易操作,在本节中我们重点统计分析和研究了太平洋海温特别是 Nino 3 区的年平均海温对中国汛期降水和雨型的同期和滞后影响关系。

3.2 El Nino 年和 La Nina 年的定义和划分

过去大家都是关注 El Nino 事件和 La Nina 事件或月平均海温对我国汛期降水的同期影响或滞后影响,基本上没有关注年平均海温对次年我国汛期降水的影响关系。我们认为海温对同期中国降水的影响并不明显,而海温对中国降水的滞后影响效应比同期影响效应明显。我们在统计分析和研究中发现 1998 年和 1999 年汛期发生了持续性大暴雨洪水与上一年(1997 年 5 月—1998 年 5 月)发生的异常强大的 El Nino 事件的滞后影响效应有关。虽然 El Nino 事件和 La Nina 事件不是中国汛期降水的唯一影响因子,但也是重要影响因子之一。鉴于海温对次年中国汛期降水的影响比对同年汛期降水的影响明显这一事实,同时又考虑到在做汛期预报时可以很方便地使用年平均海温这个重要影响因子,我们在此介绍一个新的定义来划分 El Nino 年和 La Nina 年。Nino 3 区(39 个格点平均)年平均海温(3 SSTa)的近 50 年(1953—2002 年)平均值是 26.1℃,而近 30 年(1971—2000 年)平均值为 26.2℃,30 年平均值与 50 年平均值仅差 0.1℃。我们用相对于 50 年平均的年平均海温距平值(3 SSTAa)来定义El Nino 年、La Nina 年和正常年。由统计分析发现,若规定 3 SSTAa≥0.3℃的年为 El Nino年,3 SSTAa≤−0.3℃的年为 La Nina 年,−0.2℃≤3 SSTAa≤0.2℃为正常年,则在近 58 年(1951—2008 年)期间划分出了 20 个 El Nino 年和 20 个 La Nina 年及 18 个正常年,它们所对应的雨型如表 3.2 所示(注:用 30 年平均值和用 50 年平均值的划分结果基本一致)。

20个El Nino年平均的年平均太平洋海温距平分布图(如图3.2所示),赤道中东太平洋是宽阔的正距平区,比常年平均偏高0.3~0.9℃,在西北太平洋区是一个正常偏负趋势,而在北太平洋是弱正距平区;20个La Nina年平均的年平均太平洋海温距平分布图(如图3.3所示),北太平洋地区是一个正距平区,比常年平均偏高0.1~0.4℃;赤道中东太平洋和东北太平洋是大范围的负距平区,比常年平均偏低0.3~0.8℃,负距平中心在赤道东太平洋地区,比常年偏低0.5~0.8℃。

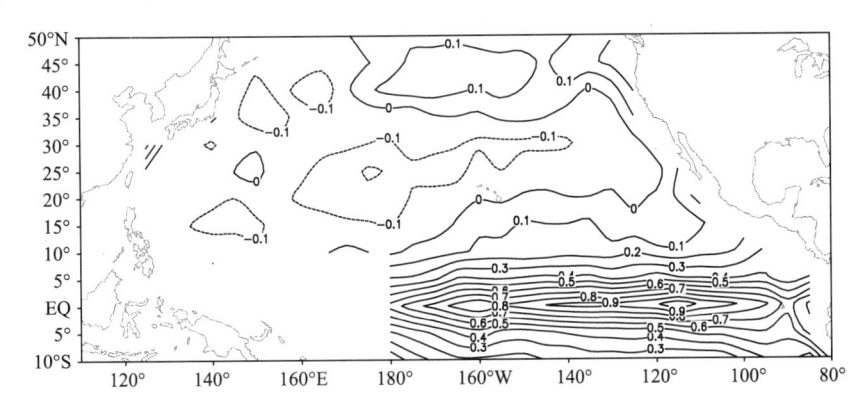

图3.2 1951—2008年期间的20个El Nino年平均的年平均太平洋海温距平(SSTAa)分布图
Fig. 3.2 The Pacific SSTA distribution averaged over 20 El Nino years during 1951—2008

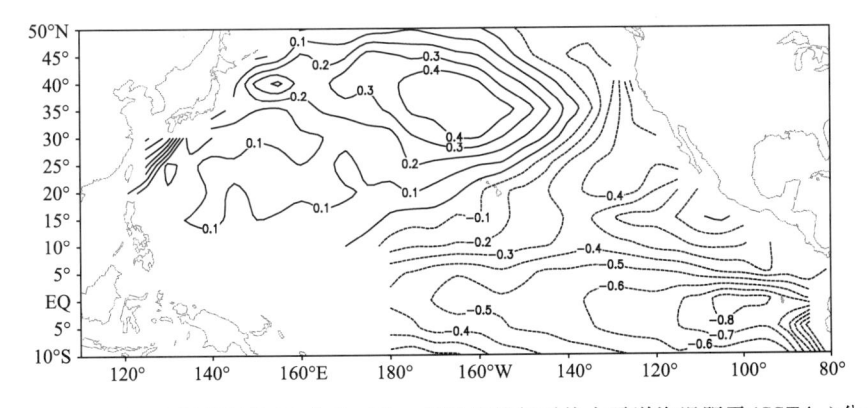

图3.3 1951—2008年期间的20个La Nina年平均的年平均太平洋海温距平(SSTAa)分布图
Fig. 3.3 The Pacific SSTA distribution averaged over 20 La Nina years during 1951—2008

3.3 中国汛期雨型对El Nino年和La Nina年的响应关系

由图3.2和图3.3可见,20个El Nino年平均和20个La Nina年平均的整个太平洋海温距平分布趋势基本上是相反的,所以中国汛期降水对El Nino事件和La Nina事件的响应关系基本上反映了中国汛期降水对整个太平洋海温距平趋势的响应关系。在1951—2008年期间的20个El Nino年、20个La Nina年和18个正常年的当年和次年的汛期雨型如表3.2所示。

由表3.2可见,各类雨型在El Nino年的当年和次年、La Nina年的当年和次年、正常年的

当年和次年出现的个数分别是:

8个1类雨型出现在El Nino年当年(2个)和次年(1个)、La Nina年当年(3个)和次年(4个)、正常年当年(3个)和次年(3个)。可见1类雨型出现在La Nina年次年(4/20)和正常年(负距平正常年)次年(3/4)的概率相对较高,在La Nina年次年和负正常年次年出现1类雨型的概率分别是20%和75%,分别比1类雨型的气候概率(14%)偏高6%和61%;

表3.2 1951—2008年期间的El Nino年和La Nina年强度及其当年和次年汛期雨型(注:SSTA=3SSTAa(℃))

Table 3.2 Intensities of El Nino and La Nina years during 1951—2008 as well as the precipitation patterns during flood seasons of that year and next year

\multicolumn{4}{c	}{El Nino}	\multicolumn{4}{c	}{La Nina}	\multicolumn{4}{c}{正常年}
当年	SSTA	雨型	次年	雨型	当年	SSTA	雨型	次年	雨型	当年	SSTA	雨型	次年	雨型
1951	0.3	2	1952	1	1978	−0.3	7	1979	7	1977	0.2	3	1978	7
1953	0.3	6	1954	3	1954	−0.4	3	1955	1	2003	0.2	4	2004	3
2006	0.3	8	2007	4	1956	−0.4	5	1957	6	2004	0.2	3	2005	4
1958	0.4	7	1959	8	1962	−0.4	1	1963	5	1952	0.1	1	1953	6
1963	0.4	5	1964	8	1967	−0.4	8	1968	1	1959	0.1	8	1960	6
1976	0.4	8	1977	3	1973	−0.4	1	1974	1	1960	0.1	6	1961	8
1994	0.4	8	1995	3	1981	−0.4	7	1982	4	1966	0.1	8	1967	8
2002	0.4	1	2003	4	1970	−0.5	8	1971	5	1979	0.1	7	1980	2
1991	0.5	2	1992	7	1984	−0.5	4	1985	6	1980	0.1	2	1981	7
1997	1.5	1	1998	3	1964	−0.6	8	1965	4	1986	0	6	1987	2
1982	0.5	4	1983	2	1985	−0.6	6	1986	6	1990	0	1	1991	2
1993	0.6	3	1994	8	1989	−0.6	4	1990	6	1995	0	3	1996	3
1992	0.7	7	1993	3	2000	−0.6	4	2001	1	2005	0	4	2006	8
1998	0.7	3	1999	2	2007	−0.6	8	2008	4	1961	−0.1	8	1962	1
1957	0.8	6	1958	7	1955	−0.7	1	1956	5	1968	−0.2	1	1969	3
1965	0.8	4	1966	8	1974	−0.7	1	1975	4	1996	−0.2	3	1997	1
1969	0.8	3	1970	8	1975	−0.7	6	1976	1	2001	−0.2	1	2002	1
1972	0.9	4	1973	8	1988	−0.7	7	1989	4	2008	−0.2	4	2009	
1983	1.1	2	1984	4	1999	−0.8	2	2000	4					
1987	1.1	2	1988	7	1971	−0.8	5	1972	4					

6个2类雨型出现在El Nino年当年(4个)和次年(2个)、La Nina年当年(1个)和次年(0个)、正距平正常年当年(1个)和次年(3个),2类雨型出现在El Nino年当年(4/20)和正距平正常年次年(3/13)的概率相对较高(其中1991年既是El Nino年当年又是正常年次年),在El Nino年当年和正距平正常年次年的分布概率分别是20%和23%,都比2类雨型的气候分布概率(10%)偏高一倍以上;

8个3类雨型出现在El Nino年当年(3个)和次年(5个)、La Nina年当年(1个)和次年(0个)、正常年当年(4个)和次年(3个),3类雨型出现在El Nino年次年(5/20)和正常年当年(4/17)及正常年次年(3/17)的概率分别是25%、24%、18%,都比3类雨型的气候概率(14%)偏高4%~11%;

11个4类雨型出现在El Nino年当年(3个)和次年(3个)、La Nina年当年(5个)和次年(7个)、正常年当年(3个)和次年(1个),4类雨型出现在La Nina年次年(7/20)和当年(5/20)的概率分别为35%和25%,分别比4类雨型的气候概率(19%)偏高16%和6%;

3个5类雨型出现在El Nino年当年(1个)和次年(0个)、La Nina年当年(2个)和次年(3个)、正常年当年(0个)和次年(0个),3个5类雨型全部(3/3)出现在La Nina年次年(15%),即在La Nina年次年出现5类雨型的概率比其气候概率(5%)偏高10%;

6个6类雨型出现在El Nino年当年(2个)和次年(0个)、La Nina年当年(1个)和次年(4个)、正距平正常年当年(3个)和次年(2个),6类雨型出现在La Nina年次年(4/20)和正距平正常年当年(3/13)的概率分别是20%和23%,都比6类雨型的气候概率(10%)偏高一倍以上;

6个7类雨型出现在El Nino年当年(2个)和次年(3个)、La Nina年当年(3个)和次年(1个)、正距平正常年当年(1个)和次年(2个),7类雨型出现在El Nino年次年(3/20)和La Nina年当年(3/20)及正距平正常年次年(2/13)的概率分别15%、15%和15%,都比7类雨型的气候概率(10%)偏高5%;

10个8类雨型出现在El Nino年当年(3个)和次年(6个)、La Nina年当年(4个)和次年(1个)、正常年当年(3个)和次年(3个),8类雨型出现在El Nino年次年(6/20)和La Nina年当年(4/20)及正距平正常年次年(3/13)的概率分别是30%、20%和23%,都比8类雨型的气候概率(17%)偏高13%、3%和6%。

综上所述,在主汛期预报中能够对预报有前兆参考意义的关系是:有88%(7/8)的南方类雨型(1型)出现在3SSTAa为负值年(包括La Nina年和负正常年)的次年;有80%(4/5)的长江类雨型(2型)出现在El Nino年当年、有60%(3/5)出现在正正常年次年;有63%(5/8)的长江和北方两支类雨型(3型)出现在El Nino年次年;有64%(7/11)的中部类雨型(4型)出现在La Nina年次年;淮河和海河类雨型(5型)全部(3/3)出现在La Nina年的次年;有67%(4/6)的东北类雨型(6型)出现在La Nina年的次年;有83%(5/6)的西北类雨型(7型)出现在3SSTAa为正值年(包括El Nino年和正正常年)次年;有60%(6/10)的北方和华南两支类雨型(8型)出现在El Nino年次年。反之,在El Nino年次年出现两支类雨型(3型和8型)的概率达到55%(11/20),没有(0/20)出现过淮河海河类雨型(5型)和东北类雨型(6型);在La Nina年次年出现中部类雨型(4型)和淮河海河类雨型(5型)的概率共达到50%(10/20),没有(0/20)出现过长江类雨型(2型和3型);在正常年次年出现偏南类多雨型(1型、2型和3型)的总概率达到53%(9/17),其中在负正常年次年出现偏南类多雨型(1型和3型)的概率达到100%(4/4)。

第4章 区域间热力差异对主汛期雨型和旱涝的影响

4.1 中国主汛期八类雨型的气温背景

由图4.1可见,8个南方类雨型(1型)年平均的主汛期(6—8月平均)气温距平分布趋势表明,长江以南和华南西部至西藏大部地区及东北东部的气温比常年同期偏低,负距平中心在江南南部和西藏东部地区,比常年(1971—2000年平均,下同)同期偏低0.3～0.6℃以上;长江及其以北大部地区的气温比常年同期偏高,正距平中心在陕西、山西、内蒙东部和西部、新疆中北部地区,比常年同期偏高0.6～0.9℃以上。与南方类雨型(图1.1)相对比,多雨带与气温的负距平区相对应,多雨中心与气温的负距平中心区相对应,少雨中心区与气温的正距平中心区相对应。

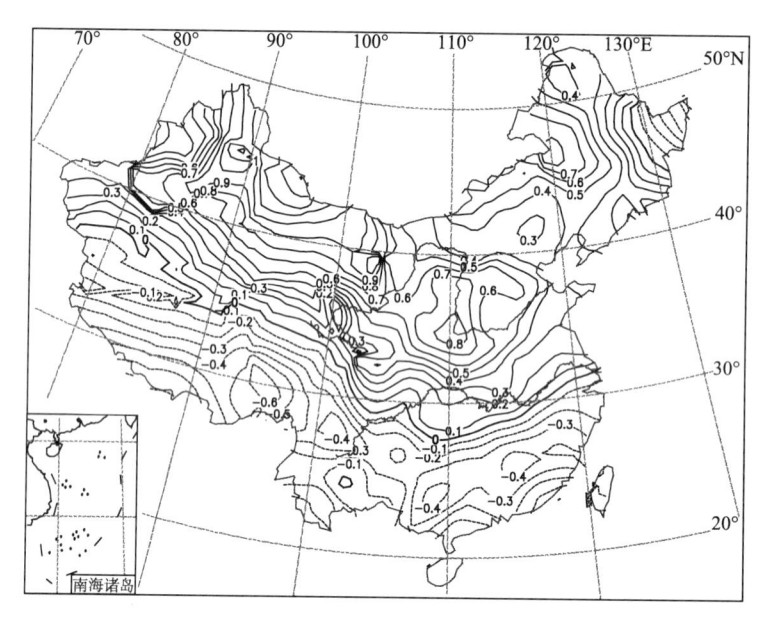

图4.1 8个南方类雨型(1型)年平均的主汛期(6—8月平均)气温距平分布图(单位:℃)

Fig.4.1 Composite distribution chart of mean temperature anomalies (unit:℃) of the major flood season (JJA average) for 8 southern China type precipitation patterns(Pattern Ⅰ)

由图4.2可见,6个长江类雨型(2型)年平均主汛期(6—8月平均)气温距平分布趋势表明,江南北部至黄淮的广大地区及东北东部和新疆西南部至西藏西南部的气温比常年同期偏低,负距平中心在长江中下游地区,比常年同期偏低0.4～0.6℃以上;华北大部至西北大部地区、华南至江南南部、西南大部地区气温比常年同期偏高,正距平中心在内蒙中西部、四川西部、华南东部地区,比常年同期偏高 0.3～0.6℃以上。与长江类雨型(图 1.2)相对比,多雨带基本上与气温的负距平区相对应,广西的降水偏多区对应气温偏高区和黄淮的降水偏少区对应气温偏低区。长江中下游多雨中心区与气温的负距平中心区相对应,北方少雨中心区与气温的正距平中心区相对应。

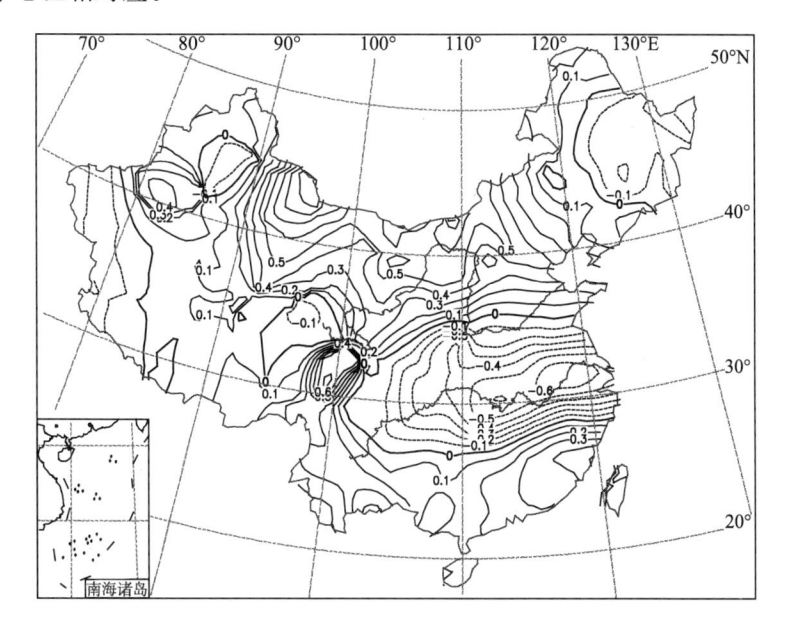

图 4.2 6 个长江类雨型(2 型)年平均的主汛期(6—8 月平均)气温距平分布图(单位:℃)

Fig. 4.2 Composite distribution chart of mean temperature anomalies (unit:℃) of the major flood season (JJA average) for 6 Yangtze River type precipitation patterns(Pattern Ⅱ)

由图 4.3 可见,8 个长江与北方两支类雨型(3 型)年平均的主汛期(6—8 月平均)气温距平分布趋势表明,江南北部至长江流域大部、华北大部至东北中南部及新疆西部至西藏大部的气温比常年同期偏低,负距平中心在长江中游和华北地区,长江中下游比常年同期偏低 0.1～0.2℃以上,华北至东北大部地区比常年同期偏低 0.3～0.6℃以上;东南沿海至西南地区到长江上游、黄河上游和新疆中东部及东北北部的大部地区气温比常年同期偏高,正距平中心在四川东部至陕西南部和华南沿海等地区,比常年同期偏高 0.3～0.4℃以上。同长江与北方类雨型(图 1.3)相对比,长江流域以岳阳为多雨中心的主要多雨区与气温的负距平区相对应,仅西南地区的降水偏多区与气温偏高区对应;海河、黄河、辽河流域的多雨带与华北至东北大部地区的低温区相一致,多雨中心也与低温中心区相对应。另外,新疆西部至西藏的多雨区与气温偏低区相一致,汉水渭河流域的少雨区与高温中心相对应。

由图 4.4 可见,11 个中部类雨型(4 型)年平均的主汛期(6—8 月平均)气温距平分布趋势表明,在长江以北和黄河以南的中部地区气温平均较常年同期偏低 0.1～0.2℃以上,全国其余大部地区气温平均较常年同期偏高 0.1～0.7℃以上。与中部类雨型(图 1.4)相对比,中部多雨带与中部低温带相对应,淮河流域的多雨中心也与低温中心相一致。但新疆的多雨区也是气温的偏高区;全国其余大部地区的少雨区都是与气温的偏高区相一致,高温中心区也是少雨中心区。

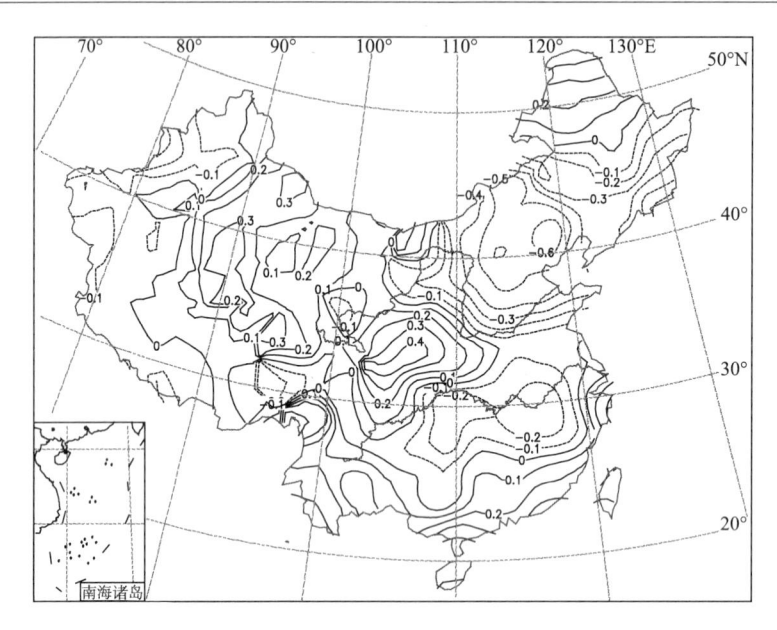

图 4.3　8个长江与北方两支类雨型(3型)年平均的主汛期(6—8月平均)气温距平分布图(单位:℃)

Fig. 4.3　Composite distribution chart of mean temperature anomalies (unit:℃) of the major flood season (JJA average) for 8 Yangtze River with northern China two branches type precipitation patterns(Pattern Ⅲ)

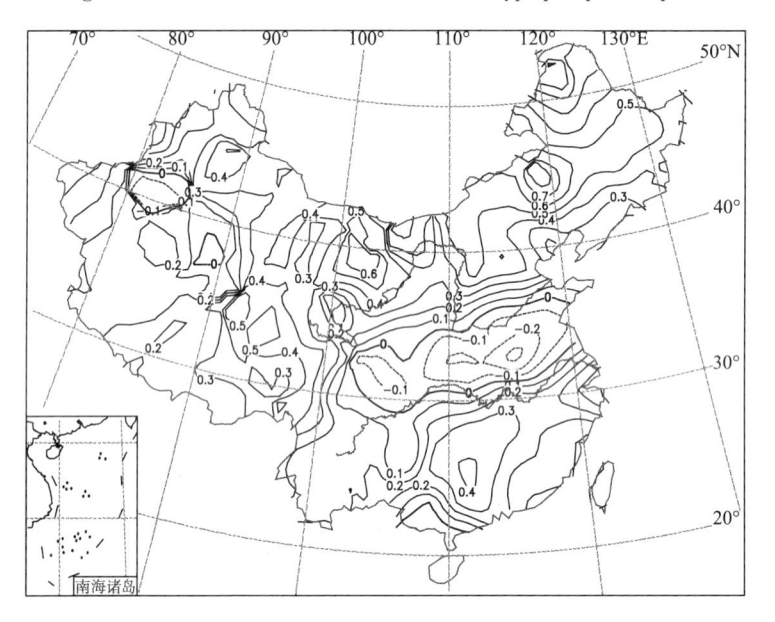

图 4.4　11个中部类雨型(4型)年平均的主汛期(6—8月平均)气温距平分布图(单位:℃)

Fig. 4.4　Composite distribution chart of mean temperature anomalies (unit:℃) of the major flood season (JJA average) for 11 middle China type precipitation patterns(Pattern Ⅳ)

由图 4.5 可见,3 个淮海河类雨型(5 型)年的平均主汛期(6—8月平均)气温距平分布趋势表明,长江流域和江南大部地区平均气温相对常年同期异常偏高,江南北部的高温中心区较常年同期偏高 0.6～0.9℃ 以上,另外新疆大部地区的平均气温也较常年同期明显偏高;全国其余大部地区的平均气温较常年同期偏低。与淮海河类雨型(图 1.5)相对比,高温区与少雨区对应；黄淮至东北中南部地区的扩大低温区与主要多雨区相一致，但是低温中心比主要多雨中心稍偏北。然而西北大部地区和东北北部的低温区则与少雨区对应。

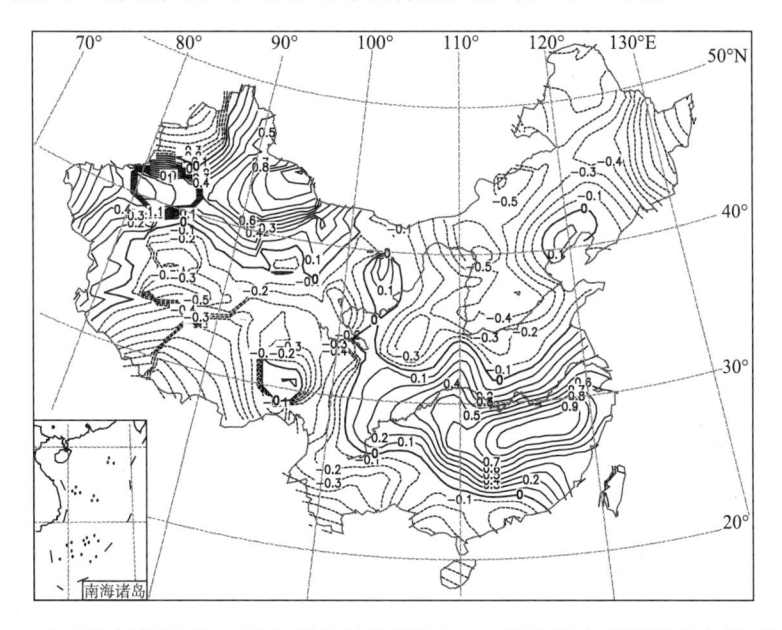

图 4.5　3 个淮海河类雨型（5 型）年平均的主汛期（6—8 月平均）气温距平分布图（单位：℃）

Fig. 4.5　Composite distribution chart of mean temperature anomalies (unit: ℃) of the major flood season (JJA average) for 3 Huaihe-Haihe River type precipitation patterns (Pattern Ⅴ)

由图 4.6 可见，6 个东北类雨型（6 型）年平均的主汛期（6—8 月平均）气温距平分布趋势表明，东北至华北大部地区和青藏高原东部及北疆的平均气温较常年同期偏低 0.1～0.5 ℃ 以上，全国其余大部地区的平均气温较常年同期偏高 0.1～0.8 ℃ 以上。与东北类雨型（图 1.6）相对比，绝大部分高温区与少雨区相对应；东北至华北的低温区与主要多雨带相一致，低温中心与主要多雨中心也一致。青藏高原东部和北疆的低温区也与降水偏多区相对应。

由图 4.7 可见，6 个西北类雨型（7 型）年平均的主汛期（6—8 月平均）气温距平分布趋势表明，西北大部至华北大部到东北中北部、内蒙大部及新疆大部和华南南部地区的平均气温较常年同期偏低 0.1～0.5 ℃ 以上，全国其余大部地区的平均气温较常年同期偏高。与西北类雨型（图 1.7）相对比，西北大部、华北大部至内蒙中西部地区的低温区与西北至华北到内蒙中西部地区的主要多雨区相对应，新疆大部的多雨区也大多与低温区相一致；黄淮及其以南广大地区和东北南部的高温区与少雨区相对应。但华南南部低温区则与少雨区对应。江淮地区的高温中心区比长江中下游的少雨中心区稍偏北。川东的多雨区则对应高温区。

由图 4.8 可见，10 个北方和华南两支类雨型（8 型）年平均的主汛期（6—8 月平均）气温距平分布趋势表明，在黄河流域的渭河至黄河下游干流以南到江南北部大部地区的平均气温较常年同期异常偏高，长江干流到淮河干流大部地区平均较常年同期偏高 0.8～1.2 ℃ 以上，另外西北大部地区及东北南部地区的平均气温也较常年同期稍偏高；华南至江南南部地区与华北至内蒙中部和东北北部地区的平均气温较常年同期偏低 0.1～0.3 ℃。与北方和华南两支类雨型（图 1.8）相对比，北方的主要多雨带基本上与低温区一致，河套的多雨中心区比华北北部的低温中心偏西;长江上游和下游的两个少雨中心区与两个高温中心相一致,但四川西部至黄河上游及东北南部的多雨区则与稍偏高区对应。

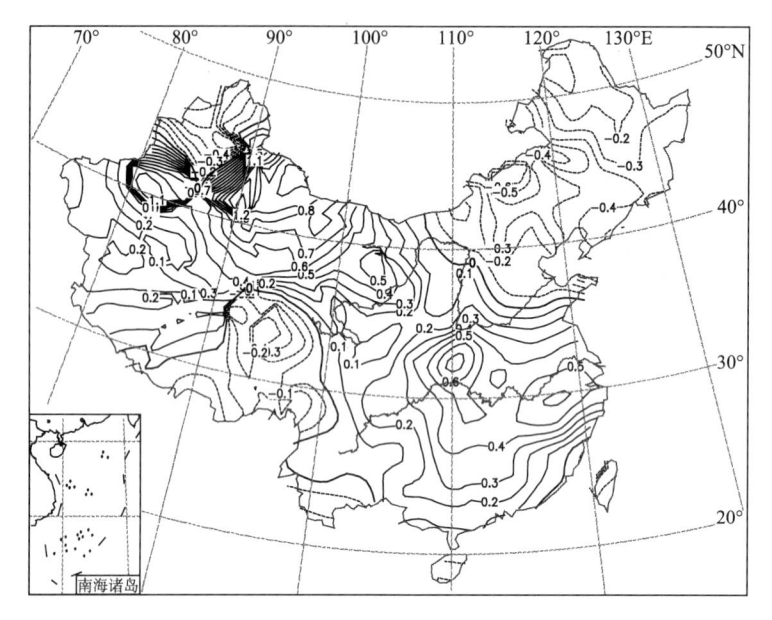

图 4.6 6 个东北类雨型(6 型)年平均的主汛期(6—8 月平均)气温距平分布图(单位:℃)

Fig. 4.6 Composite distribution chart of mean temperature anomalies (unit:℃) of the major flood season (JJA average) for 6 Northeast China type precipitation patterns(Pattern Ⅵ)

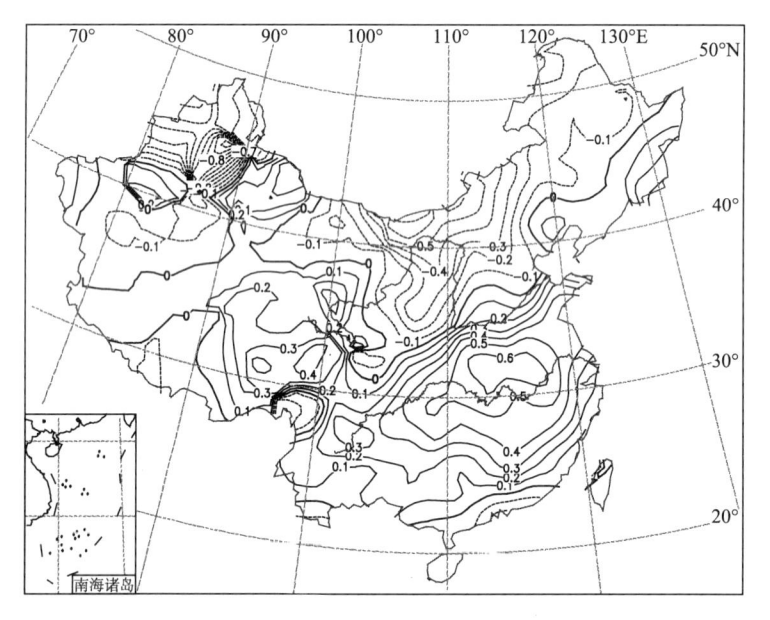

图 4.7 6 个西北类雨型(7 型)年平均的主汛期(6—8 月平均)气温距平分布图(单位:℃)

Fig. 4.7 Composite distribution chart of mean temperature anomalies (unit:℃) of the major flood season (JJA average) for 6 Northwest China type precipitation patterns(Pattern Ⅶ)

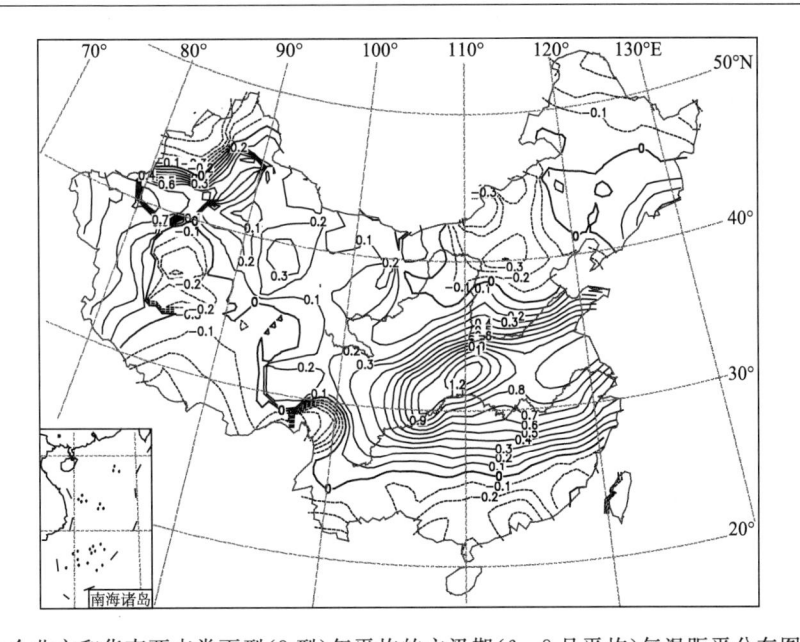

图 4.8 10 个北方和华南两支类雨型(8 型)年平均的主汛期(6—8 月平均)气温距平分布图(单位:℃)

Fig. 4.8 Composite distribution chart of mean temperature anomalies (unit:℃) of the major flood season (JJA average) for 10 northern China with South China two branches type precipitation patterns(Pattern Ⅷ)

在上面我们分析了八类雨型的同期平均气温距平趋势,在中国主汛期(6—8 月)多雨带基本上与同期平均气温的负距平区相对应,而少雨区基本上与同期平均气温的正距平区相一致,这种反相关关系尤其在中东部地区对应得更好。由中国(160 站点)主汛期(6—8 月)降水量与

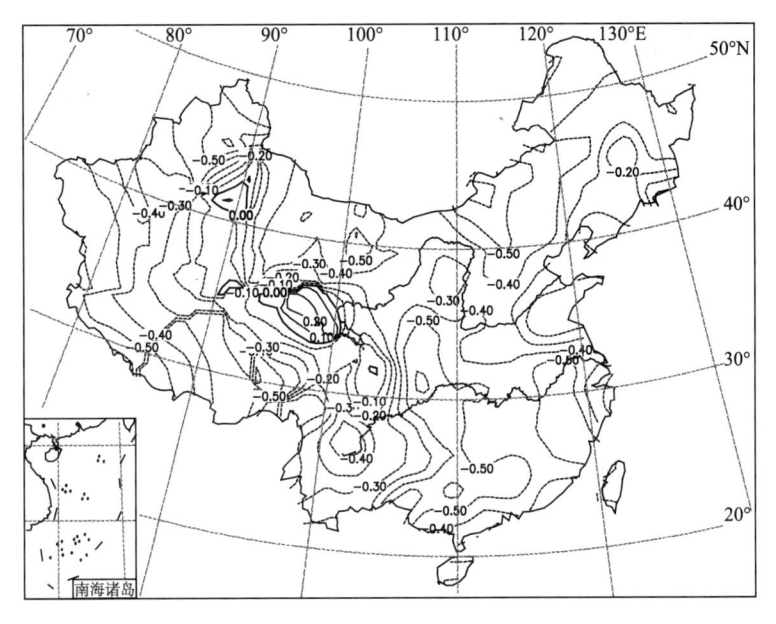

图 4.9 中国(160 站点)主汛期(6—8 月)降水量与同期平均气温的 50 年(1953—2002 年)同点相关系数分布图

Fig. 4.9 Correlation coefficients at same points between the major flood season (JJA) precipitation and the same period mean temperature for 50 years(1953—2002) in China(160 stations)

同期平均气温的 50 年(1953—2002 年)同点相关系数分布图(如图 4.9)可见,全中国大部分地区主汛期(6—8 月)降水量与同点的同期平均气温的负相关系数都在 -0.40～-0.50 以上,置信水平在 0.01 至 0.001 以上。只有西北局部地区是正相关关系,正相关关系也不好。由此可见,在做主汛期雨型预报时,同时应该对主汛期平均气温的距平趋势做深入分析,因为当地的主汛期平均气温距平趋势与当地的主汛期降水多少有着密切关系。有关跨区平均气温的滞后相关在《中国旱涝的分析和长期预报研究》专著中已经揭示,在此就不再多述。

4.2 海陆热力差异和季风定义

海陆热力差异是季风爆发的根源,夏季的海陆热力差异就是夏季风爆发的能源。因为偏南季风是季风气候国家的水汽输送机制,中国是典型的季风气候国家,所以对东亚夏季风的研究成果也越来越多,而且有关东亚夏季风的定义也很多。早在 20 世纪 80 年代,S. Y. Tao 和 L. X. Chen 就指出:"南海是亚洲夏季风爆发的源地。"陈隆勋等发现:"季风爆发与海陆温差季节转变可能有关"。在 20 世纪 90 年代,他们又用 OLR 和 TBB 资料研究季风与 SSTA 的关系,并用西沙减武汉的气温差近似代表海陆温差,分析得到的几点研究结论:"……,当西太平洋副热带高压撤退后,南海热带季风才得以爆发,……,南海 SSTA 是主要的,……,而 El Nino 年常是迟年,La Nina 年常为早年"。郭琪蕴在 1983 年用 110°E 和 160°E 的 10°～50°N 平均海平面气压差值代表东亚副热带地区的热力差异来定义东亚季风指数。谢安、刘霞、叶谦用南海区域(105°～120°E,0°～20°N)平均的候平均 OLR 值和区域平均的纬向风定义南海季风,并在分析研究中得到结论:"南海季风爆发迟早与冬春季 SST 持续异常有关,爆发偏早年 SSTA 分布如同 La Nina 型,偏晚年的 SSTA 分布呈 El Nino 型"。在最近 10 多年来,一批年轻季风专家又给出了不少新的季风定义:赵平用 30°～40°N,160°E 和 40°～50°N,110°E 两个范围的平均标准化气压差定义了一个夏季风指数。周兵等用 10°～25°N 平均的经向风定义了一个季风指数。祝从文用海平面气压差与低纬度纬向风切变相结合定义了一个季风指数。以上新老季风专家们对东亚季风和南海季风的各种定义从多方面反映了海陆热力差异与夏季风的密切关系及其对区域降水量的影响关系。

本人在此前对季风没有做过研究,现在我们对谢安等定义的季风结果与我们划分的夏季雨型进行了对比,在他们给出的 15 年(1982—1996 年)里,他们发现南海季风爆发最早(1985 年)和最晚(1993 年)的时间差可达两个月,有 7 年(1982,1983,1987,1991,1992,1993,1995 年)夏季风爆发在 6 月份,比气候平均日期推迟 3～6 候,属于偏晚年,另外 4 年(1984,1985,1986,1996 年)比气候平均日期提早 2～3 候,还有 4 年(1988,1989,1990,1994 年)爆发接近常年(5 月第 4 候)。在南海季风爆发偏晚的 7 年中有 5 年(5/7)的主汛期(6—8 月)属于长江类雨型(2 型和 3 型),即 1983,1987,1991 年是长江类雨型(2 型),有 2 个(1993,1995 年)是长江和北方两支类雨型(3 型)。其余 2 年即 1982 年是中部类雨型和 1992 年是西北类雨型。在南海季风爆发偏早的 4 年中有 2 年(1985,1986 年)是东北类雨型,有 2 年(1984 年和 1996 年)分别是中部类雨型(4 型)与长江和北方两支类雨型(3 型)。即在南海季风爆发偏晚年主汛期长江流域多雨(2 型和 3 型)的概率达到 71%(5/7);在南海季风爆发偏早年主汛期主要雨带在长江流域的概率为 25%(1/4)、主汛期主要雨带在长江以北地区的概率为 75%(3/4);在 4 个正常年的主汛期雨型都不相似。这说明南海夏季风爆发偏晚年,南海季风带来的丰沛水汽对长江流域主汛期(6—8月)降水有正贡献作用;但在南海夏季风爆发偏早年,主汛期主要雨带多数比南海夏季风爆发偏晚年要偏北;南海夏季风爆发正常年对中国夏季降水无明显倾向性关系。这个关系说明在南海夏季风爆发迟年,季风与夏季降水几乎是同期关系,夏季风就成为夏季降水的两个最重要影响因子(夏季风和冷空气)之一,它的作用是比较重要的;在南海夏季风爆发早和正常年中,南海季风超前于长江夏季风雨爆发,南海季风对长江流域夏季风雨的作用就会比前者偏小。由此可知,南海季风的爆发早晚对长江流域主汛期旱涝是有重要影响的。但季风对中国大陆季风雨的影响关系是复杂的,中国大陆季风雨的强弱不仅与季风爆发的早晚和季风强度有关,还与季风爆发后向中国大陆输送热力和水汽的速度及其与北方南下冷空气相遇位置、相互作用和滞留时间有关。所以在中国汛期降水的年度预报和季度预报(特别是每年4月初的全国汛期预报)中,要找到一个有明显前兆意义和在预报因子中能够起到"领军"作用的季风指数是很难的。例如,1998年夏季风偏弱而1999年夏季风偏强,可是这两年长江流域汛期都发生了特大洪水年,1999年长江大洪水的发生给长江流域大洪水的成因和夏季风对长江流域夏季降水的影响关系带来了复杂性。预报员们迫切希望能够寻找到对本地区季风雨有明显影响关系的季风指数性前兆因子,过去季风专家们通过大量的研究成果对季风爆发的起因达到了共识。但是,到底哪个季风指数对中国汛期旱涝和雨型有重要前兆指示意义?目前还没有达到共识。

我们在主汛期旱涝和雨型的分布特征及其影响因子的研究中,对季风爆发后在陆地上的前进动力及其对各个区域季风雨的影响关系产生了兴趣,并进行了有关尝试性探讨。在探讨中初步获得了令人饶有兴趣的研究结果,我们的最新研究成果首先在此与广大读者见面,希望能够在夏季风对夏季风雨的影响关系及其在夏季风雨的业务预报中起到抛砖引玉的作用。

由上节中揭示的中国主汛期各类雨型的气温距平背景可知,中国大部地区的主汛期多雨带都是与同期平均气温的负距平相对应的,少雨区则与同期气温的正距平相对应,主汛期多雨带一般都位于同期平均气温较常年同期偏低的地区。我们在探讨中还发现,多雨区不但与本地的相对低温区对应,还与周边地区的相对高温有关。在此,我们把陆地上区域与区域之间的平均气温差异称为陆陆热力差异,并定义夏季陆陆热力差异为夏季风在陆地上前进的强度指数简称为陆地夏季风强度指数。

4.3 陆地热力差异对中国主汛期雨型和区域夏季风雨的影响

无论是东亚夏季风还是南海夏季风对中国各个区域的夏季风雨的影响关系是各不相同的,其差异的形成原因是夏季风到了陆地上后的前进动力不但取决于季风爆发时的强度,还取决于季风前进过程中陆地上的阻力和助力,即季风在前进的过程中还要受到陆地气温的空间差异的影响。也就是说,区域与区域之间的气温差异即陆地热力差异对区域夏季风雨的影响比较大,所以仅用各种海陆热力差异来定义的夏季风指数是不可能对中国多个区域的夏季风雨都具有显著的代表性,其实每个地区都有自己的特殊性。下面仅举华南、长江流域和华北三个主要区域为例,来说明陆地与陆地之间的热力差异(简称陆陆热力差异,下同)对陆地夏季风雨的重要影响关系。

4.3.1 华南地区夏季风强度指数和夏季风雨

由中国主汛期各类雨型的气温背景可知,华南地区的主汛期(6—8月)季风雨强弱,不但与华南地区的同期气温距平强弱有关,还与北方大范围地区的同期气温距平强弱有关。我们通过统计分析和研究,发现华南地区的主汛期(6—8月)季风雨强弱不但与华南地区同期气温高低有关,还与北方地区的同期气温高低有关。即华南地区的主汛期降水大小与同期的本地区和北方地区之间的热力差异存在显著相关性。如果我们把华南地区与北方地区的同期热力差异看作华南地区季风强弱的话,则定义华南夏季风的强度指数为 HNJJAI:

$$HNJJAI=(HNJJAT-BFJJAT)/1℃-3.1 \qquad (4.1)$$

公式(4.1)中的左边 HNJJAI 是华南地区夏季风强度指数,右边 HNJJAT 是华南地区(华南地区的广州等15站平均,下同)夏季(6—8月)平均气温,BFJJAT 为北方地区(江淮到华北至西北地区的合肥、北京、延安等35站平均)夏季(6—8月)平均气温,3.1 为经验常数项。在1951—2008 年期间的 HNJJAI 的年际变化趋势如图 4.10 所示。

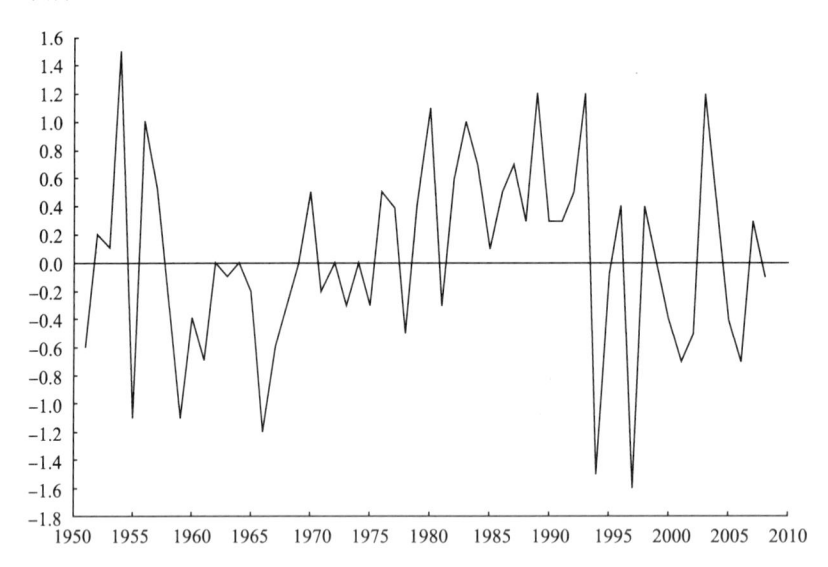

图 4.10 1951—2008 年华南地区(15站平均)夏季风强度指数(HNJJAI)的年际变化趋势图

Fig. 4.10 The interannual change trend of South China(averaged over 15 stations) summer monsoon intensity index(denoted as HNJJAI) during 1951—2008

华南地区夏季降雨量(HNJJAR)异常偏多(HNJJAP≥20%)年和异常偏少(HNJJAP≤-20%)年与华南夏季风强度指数(HNJJAI)的对比情况如表 4.1 所示,在 1951—2008 年期间:

(1)华南地区有9个夏季降水异常偏多(HNJJAP≥20%,下同)年,它们的夏季风强度指数偏弱(-1.6≤HNJJAI≤-0.1)的概率是100%(9/9);华南地区有6个夏季降水异常偏少(HNJJAP≤-20%,下同)年,它们的夏季风强度指数偏强(0.1≤HNJJAI≤1.5)的概率也是100%(6/6)。

(2)华南地区9个夏季降水异常偏多年,有78%(7/9)的夏季降雨型是南方类(1型)与北方和华南两支型(8型);华南地区6个夏季降水异常偏少年,没有出现南方类(1型)北方和华南两支类雨型(8型)。

表 4.1 1951—2008 年期间华南地区(15 站平均)夏季(6—8 月)降水异常偏多年和异常偏少年的华南夏季风强度指数(HNJJAI)、中国主汛期雨型、华南夏季降雨量(HNJJAR)及其距平百分率(HNJJAP)和在汕头以西登陆的热带风暴(≥20 m·s^{-1})个数对比

Table 4.1 South China summer monsoon intensity index(HNJJAI), major flood season precipitation patterns (I—VIII), South China(mean of the 15 stations) summer precipitation(HNJJAR) and their anomaly percentage (HNJJAP), and numbers of tropical storms(≥20 m·s^{-1}) landing at western coast areas of Shantou in South China during anomalous rich and sparse precipitation years of periods 1951—2008

异常多雨年	1959	1966	1968	1994	1995	1997	2001	2002	2008
HNJJAR(mm)	910	854	874	1214	960	932	1077	900	992
HNJJAP(%)	28	20	23	71	35	31	52	27	40
HNJJAI	−1.1	−1.2	−0.3	−1.5	−0.1	−1.6	−0.7	−0.5	−0.1
热带风暴个数	2	3	4	5	8	2	5	4	
中国主汛期雨型	8	8	1	8	3	1	1	1	4

异常少雨年	1953	1954	1956	1983	1989	2004
HNJJAR(mm)	514	561	511	523	422	536
HNJJAP(%)	−28	−21	−28	−26	−41	−25
HNJJAI	0.1	1.5	1.0	1.0	1.2	0.5
热带风暴个数	4	4	2	4	6	2
中国主汛期雨型	6	3	5	2	4	3

(3)华南地区夏季风强度指数(HNJJAI)与华南地区夏季(6—8 月)总雨量(HNJJAR)的近 50 年(1953—2002 年)相关系数达到−0.66,这个统计事实证明了在这个定义下的华南夏季风强度指数与华南夏季总雨量之间的关系超过了 0.001 的置信水平。HNJJAI 与 HNJJAR 的反相关概率为 72%(42/58)。其中,近 39 年(1970—2008 年)两者的反相关概率达到 80%(31/39)。具体的反相关关系是:若 0.1≤HNJJAI≤1.2,则−26%≤HNJJAP≤1%(偏少或正常)的概率为 82%(18/22);若−1.6≤HNJJAI≤0.0,则 1%≤HNJJAP≤71%(正距平)的概率达到 77%(13/17);在近 27 年(1982—2008 年)期间,反相关概率高达 96%(26/27),其反相关关系是:当 0.0≤HNJJAI≤1.2,则−26%≤HNJJAP≤7%(明显偏少至正常稍多)的概率为 100%(18/18);若−1.6≤HNJJAI≤−0.1,则 14%≤HNJJAP≤71%(偏多至异常多)的概率为 89%(8/9)。

要说明的是,华南夏季(6—8 月)降水量是季风雨、热带风暴雨、台风雨的总和,由表 4.1 可见,华南地区夏季降水量的多少与在华南地区登陆的热带风暴关系并不显著,因为热带风暴和台风带来的降水是短时间期的或者是小范围的,对整个夏季(6—8 月)华南地区降水总量来说,热带风暴雨和台风雨在多数年份中的贡献不是很大。据统计,近 57 年(1951—2007 年)热带风暴(≥20 ms^{-1})个数与华南地区夏季(6—8 月)总雨量(HNJJAR)的相关系数只有 0.13,关系不明显。从相关概率来看,14 个登陆热带风暴和台风个数偏多年(6~9 个)中,华南地区夏季(6—8 月)总雨量偏多(HNJJAP≥0%)的概率为 57%(8/14)。在华南地区夏季异常多雨

(HNJJAP≥26%)的6年(1959、1994、1995、1997、2001、2002年)中,只有1995年登陆热带风暴和台风总数有8个,其余5年均为2～5个;在43个登陆热带风暴和台风个数偏少或正常年(1—5个)中,华南地区夏季(6—8月)总雨量偏少的概率是58%(25/43),但其中20个特少年(每年只有1—3个)中,有55%(11/20)的年份夏季降水量偏多。尤其在最近的12年(1996—2007年),在华南登陆的热带风暴和台风总数都在5个以下(偏少),但其中有67%(8/12)为多雨年。由统计事实说明热带风暴雨和台风雨对华南地区的夏季降水总量的影响并不很明显,这说明华南地区大范围的夏季降水总量主要还是来自夏季风雨,而不是来自热带风暴和台风。

华南地区的夏季降水量不但受本地区低温的影响,同时也与华南地区与北方地区的热力差异有关。经普查发现,长江中下游(14站平均)、江南(15站平均)、贵州(6站平均)、淮河(10站平均)、汉水渭河(5站平均)、海河(8站平均)、黄河上游(6站平均)、新疆(10站平均)、西藏(由拉萨代表)等地区的夏季降水量(JJAR)与华南地区夏季平均气温(HNJJAT)与上述地区夏季平均气温的差值的近50年(1953—2002年)相关系数分别是0.73,0.59,0.55,0.52,0.64,0.43,0.44,0.55,0.55,这说明华南地区在夏季起到一个热源作用,华南地区与很多地区的热力差异对其夏季降水都产生影响。显然,华南地区夏季热源作用与南海夏季风的爆发及其对华南地区的影响是分不开的。

4.3.2　长江中下游夏季风强度指数和夏季风雨

长江类雨型(2型)与长江和北方两支类雨型(3型)年,长江流域主汛期都是多雨年,这两个雨型的夏季平均气温都较常年同期偏低,华南地区夏季平均气温都较常年同期偏高。长江流域夏季风雨的强度不但与长江流域夏季平均气温偏低有关,还与华南地区夏季平均气温偏高有关。江南地区(15点平均)夏季风雨总量(JNJJAR)与华南地区(15点平均)夏季平均气温(HNJJAT)和江南地区(15点平均)夏季平均气温(JNJJAT)的热力差异值的相关性较好,近50年(1953—2002年)相关系数达到0.59;长江中下游(14站平均)夏季风雨总量(CJZXJJAR)与华南地区(15点平均)夏季平均气温(HNJJAT)和长江中下游地区(14点平均)夏季平均气温(CJZXJJAT)的热力差值的关系比较密切,近50年(1953—2002年)相关系数达到0.73。江南地区与华南地区的夏季平均气温差异值(JJAT$_{2-1}$)和长江中下游地区与华南地区的夏季平均气温差异值(JJAT$_{67-1}$)与全国(160点)逐点同期降水量(JJAR)的相关系数分布特征分别如图4.11和图4.12所示,江南地区和长江流域大部地区的相关很显著,50年相关系数在0.40～0.50以上。

根据上面的统计分析结果,我们可以定义长江中下游地区的夏季风强度指数(CJZXJJAI)为:

$$CJZXJJAI=(CJZXJJAT-HNJJAT)/1℃+0.9 \quad (4.2)$$

公式(4.2)左边CJZXJJAI是长江中下游地区夏季风强度指数,右边CJZXJJAT是长江中下游地区(14站平均)夏季(6—8月)平均气温,HNJJAT是华南地区夏季(6—8月)平均气温,0.9为经验常数项。在1951—2008年期间的CJZXJJAI的年际变化趋势如图4.13所示。

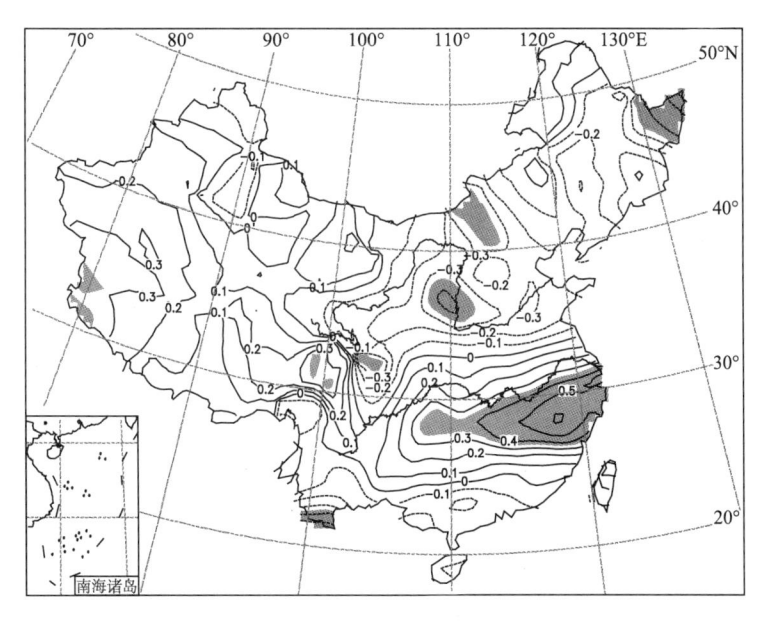

图 4.11　近 50 年(1953—2002 年)江南地区(15 点平均)和华南地区(15 站平均)的夏季(6—8 月)平均气温差值(JJAT$_{2-1}$)与全国(160 点)逐点同期降水量的相关系数分布图

Fig. 4.11　Correlation coefficients between the summer mean temperature difference (JJAT$_{67-1}$) of the area south of the Yangtze River (Jiang nan, mean of the 15 stations) and South China (mean of the 15 stations) and concurrent pointwise precipitation in China (160 stations) during 1953—2008

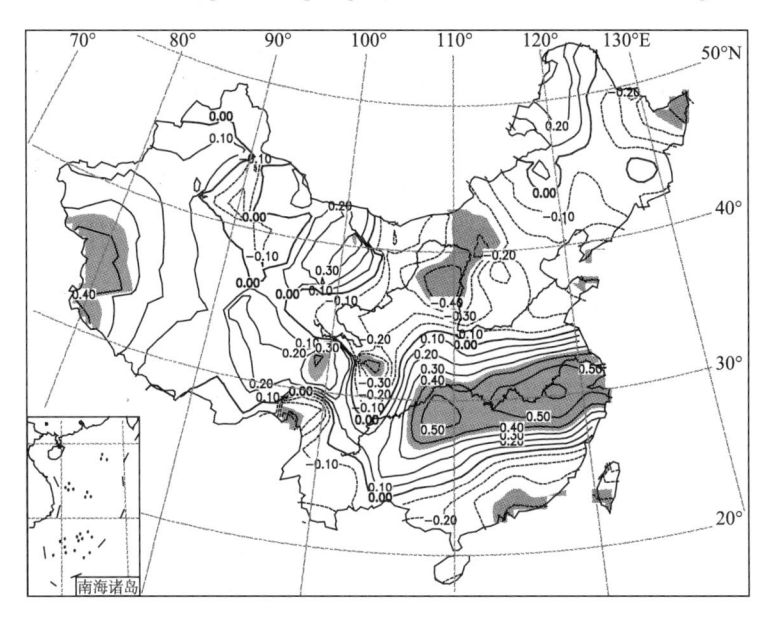

图 4.12　近 50 年(1953—2002 年)长江中下游地区(14 站平均)和华南地区(15 站平均)的夏季(6—8 月)平均气温差值(JJAT$_{67-1}$)与全国(160 点)逐点同期降水量的相关系数分布图

Fig. 4.12　Correlation coefficients between the summer mean temperature difference (JJAT$_{67-1}$) of the Middle and Lower Reaches of the Yangtze River (mean of the 14 stations) and South China (mean of the 15 stations) and concurrent pointwise precipitation in China (160 stations) during 1953—2002

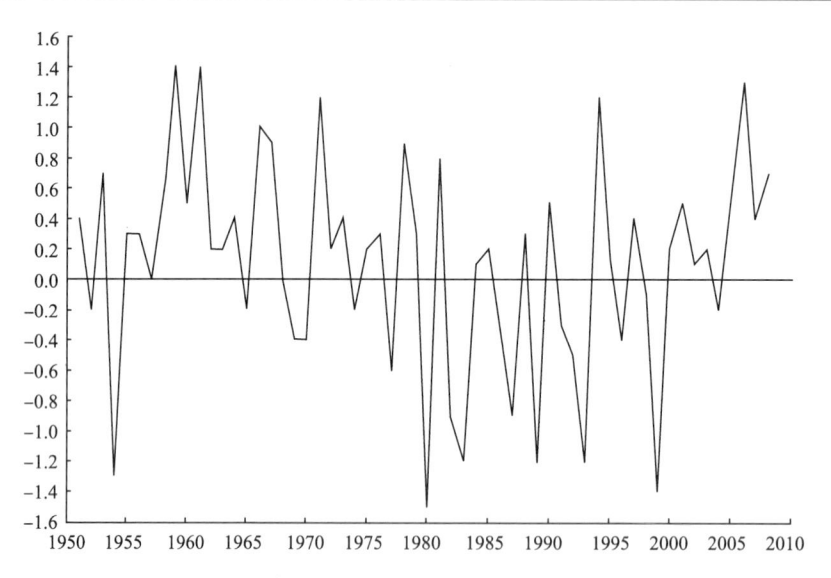

图 4.13　1951—2008 年长江中下游地区(14 点平均)夏季风强度指数(CJZXJJAI)年际变化趋势图

Fig. 4.13　The interannual change trend of summer monsoon intensity index(CJZXJJAI) in the Middle and Lower Reaches of the Yangtze River (mean of the 14 stations) during 1951—2008

长江中下游的大水年和大旱年及其汛期雨型所对应的长江夏季风强度指数(CJZXJJAI)如表 4.2 所示。

表 4.2　1951—2008 年期间长江中下游地区(14 站平均)夏季风雨(CJZXJJAR,单位:mm)异常强弱年的夏季风强度指数(CJZXJJAI)对比

Table 4.2　Comparisons between the summer monsoon precipitation (CJZXJJAR,mm), and summer monsoon intensity index (CJZXJJAI) in the Middle and Lower Reaches of theYangtze River (mean of the 14 stations) during anomalous rich and sparse precipitation years of periods 1951—2008

大水年	1954	1969	1980	1983	1991	1993	1995	1996	1998	1999
CJZXJJAR	999	839	847	666	599	682	600	761	762	847
CJZXJJAP(%)	86	56	57	24	11	27	12	41	42	57
CJZXJJAI	−1.3	−0.4	−1.5	−1.2	−0.3	−1.2	0.2	−0.4	−0.1	−0.4
中国汛期雨型	3	3	2	2	2	3	3	3	3	2
大旱年	1959	1961	1966	1967	1968	1972	1976	1978	1985	
CJZXJJAR	346	355	357	359	357	324	375	271	373	
CJZXJJAP(%)	−36	−34	−34	−33	−34	−40	−30	−50	−31	
CJZXJJAI	1.4	1.4	1.0	0.9	0.0	0.2	0.3	0.9	0.2	
中国汛期雨型	8	8	8	8	1	4	8	7	6	

由表 4.2 可见,长江中下游地区的 10 个主汛期大水(11%≤CJZXJJAP≤86%)年和 9 个主汛期大旱(−50%≤CJZXJJAP≤−30%)年中:

(1)在 10 个长江中下游地区主汛期大水中,有 90%(9/10)的长江中下游地区的夏季风强度指数偏弱(−1.5≤CJZXJJAI≤−0.1),只有 1 个正常(0.2);在 9 个大旱年的夏季风强度指数有 67%(6/9)是偏强(0.3≤CJZXJJAI≤1.4)年、有 33%(3/9)是正常年(0.0≤CJZXJJAI≤0.2)。

(2)在 10 个长江中下游地区主汛期大水中,中国主汛期雨型都是 2 型和 3 型(10/10);这

9个大旱年中,中国主汛期雨型有56%(5/9)是8型,有78%(7/9)的主汛期主要多雨区在北方(8型、7型和6型)。

(3)在1951—2008年期间,CJZXJJAI和CJZXJJAP的全相关概率是78%(45/58);在近32年(1977年—2008年)期间的具体相关关系是:$-1.5 \leqslant$ CJZXJJAI $\leqslant -0.1$ 则 $5\% \leqslant$ CJZXJJAP $\leqslant 86\%$(偏多至异常偏多)的概率是79%(11/14);$0.0 \leqslant$ CJZXJJAI $\leqslant 1.4$ 则 $-49\% \leqslant$ CJZXJJAP $\leqslant 0\%$(明显偏少至正常)的概率是78%(14/18)。

4.3.3 海河流域夏季风强度指数与夏季风雨

淮河流域(10点平均)与海河流域(8点平均)的夏季平均气温差值与全国(160点)逐点同期降水量的50年(1953—2002年)相关系数分布图(如图4.14)表明,海河流域和黄河流域的夏季风雨与淮河流域夏季平均气温(HUHJJAT)呈正相关、与海河流域夏季平均气温(HAHJJAT)呈反相关,海河流域和黄河流域的逐点夏季风雨与两个区域的气温差值($JJAT_{8-10}$)的相关系数达到0.40~0.50以上;海河流域(8点平均)与淮河流域(10点平均)的夏季平均气温差值($JJAT_{10-8}$)与近50年(1953—2002年)海河流域(8站平均)夏季风雨(HAHJJAR)和黄河河套地区(6站平均)夏季风雨(HTJJAR)的相关系数分别达到 -0.56 和 -0.63。

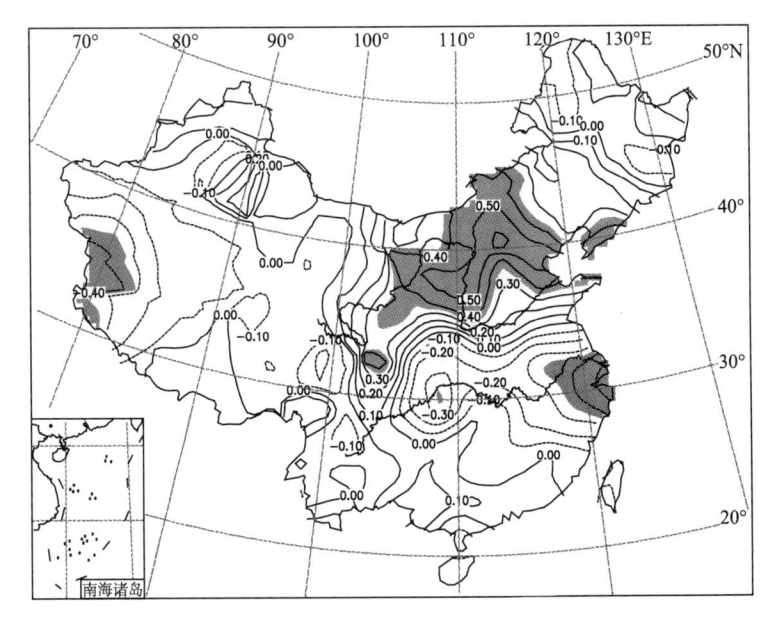

图4.14 近50年(1953—2002年)淮河流域(10站平均)与海河流域(8站平均)的夏季平均气温差值($JJAT_{10-8}$)和全国(160点)逐点同期降水量的相关系数分布图

Fig. 4.14 Correlation coefficients between the summer mean temperature difference ($JJAT_{10-8}$) of the Huaihe River Basin (mean of the 10 stations) and the Haihe River Basin (mean of the 8 stations) and the concurrent pointwise precipitation in China (160 stations) during 1953—2002

考虑到海河流域和黄河中上游地区的夏季降水量受东亚季风和西南季风的影响较多,海河黄河流域的夏季风雨与本地区的夏季平均气温偏低和淮河流域夏季平均气温偏高以及长江上游地区夏季平均气温偏高关系密切。所以定义海河流域夏季风强度指数为:

$$\text{HAHJJAI}=(\text{HAHJJAT}-(\text{CJSJJAT}+\text{HUHJJAT})/2)/1℃+1.2 \qquad (4.3)$$

公式(4.3)中左边 HAHJJAI 是海河流域夏季风强度指数,右边 HAHJJAT 是海河流域(8 点平均)夏季平均气温,CJSJJAT 是长江上游(9 点平均)夏季平均气温,HUHJJAT 是淮河流域(10 点平均)夏季平均气温,1.2 是经验常数。1951—2008 年海河流域夏季风强度指数的年际变化特征如图 4.15 所示。

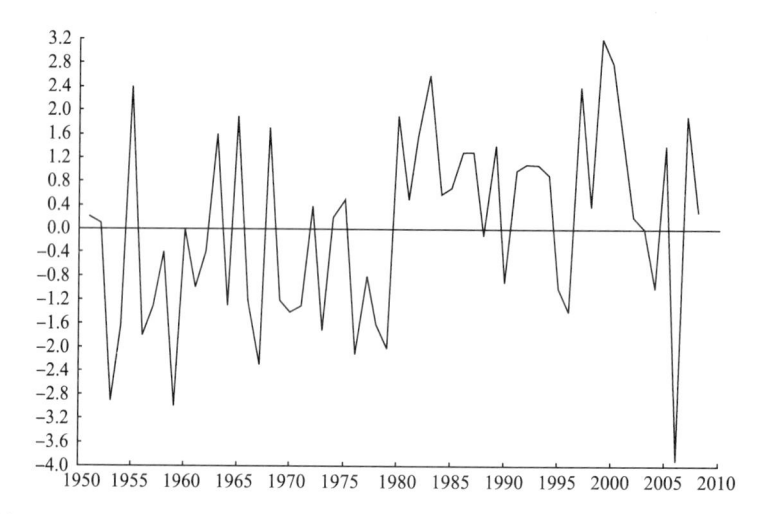

图 4.15 1951—2008 年海河流域夏季风强度指数(HAHJJAI)年际变化特征图

Fig. 4.15 Interannual variations of the summer monsoon intensity index of the Haihe River Basin(HAHJJAI) during 1953—2008

近 50 年(1953—2002 年)海河流域夏季风强度指数(HAHJJAI)与海河流域夏季风雨(HAHJJAR)的相关系数为-0.62。海河流域夏季异常多雨年和异常少雨年与海河流域夏季风强度指数的对应关系如表 4.3 所示。

表 4.3 1951—2008 年期间海河流域(8 站平均)夏季风雨(HAHJJAR)及其距平百分率(HAHJJAP)异常大年和异常小年与夏季风强度指数(HAHJJAI)的对比

Table 4.3 Comparisons between the summer monsoon precipitation (HAHJJAR, mm), its anomaly percentage (HAHJJAP) and summer monsoon intensity index (HAHJJAI) in the Haihe River basin during anomalous rich and sparse precipitation years of periods 1951—2008

大水年	1953	1954	1956	1959	1963	1964	1973	1977	1995	1996
HAHJJAR(mm)	445	568	615	537	573	482	510	477	436	546
HAHJJAP(%)	24	59	72	50	60	35	42	33	22	53
HAHJJAI	-2.9	-1.6	-1.8	-3.0	1.6	-1.3	-1.7	-0.8	-1.0	-1.4
主汛期雨型	6	3	5	8	5	8	8	3	3	3
大旱年	1951	1965	1968	1972	1980	1983	1997	1999	2002	2003	2007
HAHJJAR(mm)	263	233	211	223	244	233	190	233	228	270	256
HAHJJAP(%)	-27	-35	-41	-38	-32	-35	-47	-35	-36	-25	-28
HAHJJAI	0.2	1.9	1.7	0.4	1.9	2.6	2.4	3.2	0.2	0.0	1.9
主汛期雨型	2	4	1	4	2	2	1	2	1	4	4

由表 4.3 可见，海河流域前 10 个主汛期异常多雨大水（22%≤HAHJJAP≤72%）年中，海河流域夏季风强度指数明显偏弱（-2.9≤HAHJJAI≤-0.8）的概率达到 90%（9/10）。只有 1963 年例外，1963 年淮河和海河都发生了大洪水，1963 年海河流域发生大水的大尺度环流背景和成因在专著《中国旱涝的分析和长期预报研究》第二章有解析。在这 10 个海河流域大水年中，中国主汛期雨型有 70%（7/10）是两支类雨型（8 型和 3 型）；在海河流域前 11 个主汛期异常少雨干旱（-47%≤HAHJJAP≤-25%）年中，海河流域夏季风强度指数偏强或正常（0.0≤HAHJJAI≤3.2）的概率达到 100%（11/11）。在这 11 个海河流域干旱年中，中国汛期没有（0/11）出现北方多雨的雨型（3 型、5 型、6 型、7 型、8 型）。

在 1951—2008 年期间，海河流域夏季风强度指数（HAHJJAI）与海河流域夏季风雨（HAHJJAR）的具体统计概率和统计关系是：(1) -1.3≤HAHJJAI≤-0.1 则 7%≤HAHJJAP≤72%（偏多至异常多）的概率是 76%（19/25）；0.0≤HAHJJAI≤3.2 则 -47%≤HAHJJAP≤7%（异常偏少至正常偏多）的概率是 88%（29/33）。(2) 海河流域夏季风强度指数（HAHJJAI）与黄河中游（河套）夏季风雨（HTJJAR）的具体统计概率和统计关系是：-1.3≤HAHJJAI≤-0.1 则 0%≤HTJJAP≤66%（正常至异常多）的概率是 80%（20/25）；0.0≤HAHJJAI≤3.2 则 -39%≤HTJJAP≤-2%（异常少至一般少）的概率是 79%（26/33）。

以上我们首次用陆地区域之间的热力差异定义了华南地区、长江中下游区、海河流域区的强度指数，并揭示了这三个地区的夏季风强度指数与本地区夏季风雨的显著对应关系。这些统计结果和显著对应关系足以说明陆地区域间的夏季热力差异是夏季风在陆地上的前进动力和在陆地上加强或减弱的附加条件，也是夏季风雨的重要热力环境场。以上大量的统计事实说明了一个地区的季风雨强弱不但与海陆热力差异有关，而且与陆地区域间热力差异的关系更加密切，所以不能只重视由海陆热力差异形成的季风爆发早晚和强度，更要重视本地区气温与周边陆地气温间的热力差异。

4.3.4 华南与江南之间的热力差异对次年汛期旱涝的前兆指示性

为了使陆地与陆地间的热力差异这个重要热力因子，能够在区域主汛期旱涝的年度和季度预报中发挥重要作用。我们通过普查寻找到了对夏季风雨有前兆指示意义的可以直接用于区域夏季风雨的年度预报或季度预报中的陆陆热力差异前兆因子，下面将我们的普查结果在此首次与读者们共享。

近 50 年（1953—2002 年）华南地区（15 点平均）与江南地区（15 点平均）的月季平均气温差值对区域夏季风雨的前兆指示性的普查结果：这两个区域的前期冬季（12—2 月）、春季（3—5 月）和 1 月至 5 月各月的热力差异值对同年中国主要区域的夏季风雨没有显著的前兆指示性。但对次年长江中下游的夏季风雨有指示性：这两个区域的春季（3—5 月）平均气温差值（JNMAMT$_{2-1}$）与次年长江中游（7 点平均）夏季降水量的 50 年相关系数有 -0.52，这两个区域的初夏（4—6 月）平均气温差值（JNAMJT$_{2-1}$）与次年长江下游（7 点平均）夏季降水量的 50 年相关系数有 -0.50。近 50 年（1953—2002 年）JNMAMT$_{2-1}$ 和 JNAMJT$_{2-1}$ 与次年全国（160 点）逐点夏季降水总量（JJAR）的相关系数分布特征分别如图 4.16 和图 4.17 所示，JNMAMT$_{2-1}$ 和 JNAMJT$_{2-1}$ 对长江中下游夏季风雨有一定的指示意义，在主汛期降水量的年度预报和季度预报中都可以作为前兆因子之一。

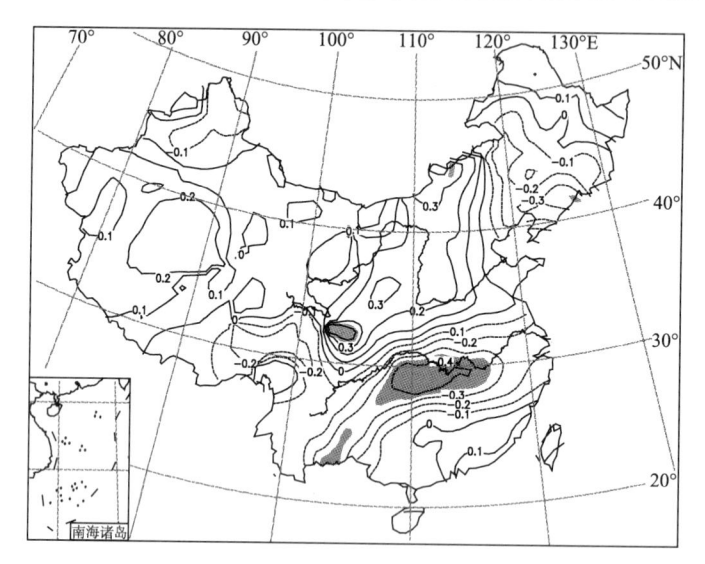

图 4.16 近 50 年(1953—2002 年)华南地区(15 点平均)与江南地区(15 点平均)的春季(3—5 月)平均气温差值(JNMAMT$_{2-1}$)与次年全国(160 点)逐点夏季降水总量(JJAR)的相关系数分布图

Fig. 4.16 Correlation coefficients between the spring (MAM) mean temperature difference (JNMAMT$_{2-1}$) of the South China (mean of the 15 stations) and Jiang nan (mean of the 15 stations) and the pointwise next year summer precipitation total amount (JJAR) in China (160 stations) during 1953—2002

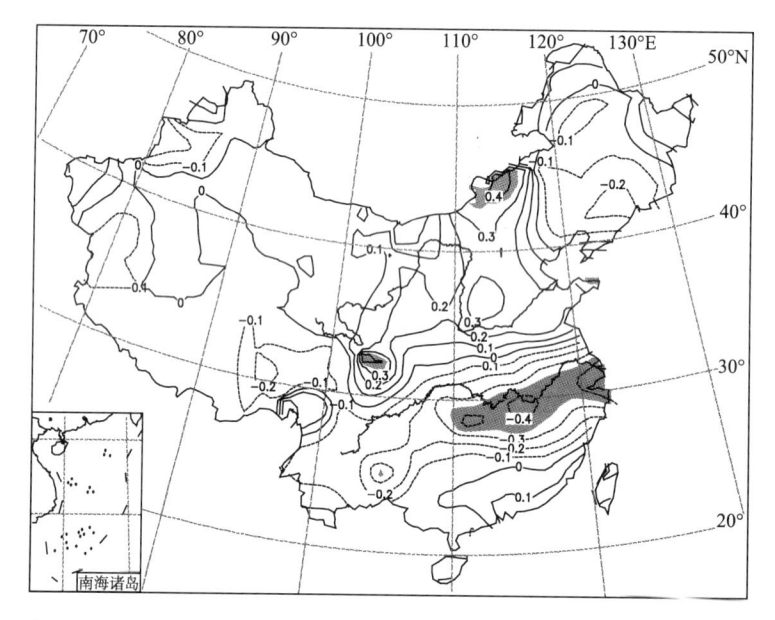

图 4.17 近 50 年(1953—2002 年)华南地区(15 点平均)与江南地区(15 点平均)的初夏(4—6 月)平均气温差值(JNAMJT$_{2-1}$)与次年全国(160 点)逐点夏季降水总量(JJAR)的相关系数分布图

Fig. 4.17 Correlation coefficients between the early summer (AMJ) mean temperature difference (JNAMJT$_{2-1}$) of the South China (mean of the 15 stations) and the Jiang nan (mean of the 15 stations) and the pointwise next year summer precipitation total amount (JJAR) in China (160 stations) during 1953—2002

4.3.5 华南和长江中下游之间的热力差异对次年主汛期旱涝的前兆指示性

近 50 年(1953—2002 年)华南地区(15 点平均)与长江中下游(14 点平均)的月季平均气温差异对区域夏季风雨的前兆指示性的普查结果:1—5 月的这两个区域的各月热力差值对同年夏季风雨没有什么好的前兆指示性。但这两个区域的 4 月热力差值和 5 月热力差值对次年长江中下游(14 点平均)的夏季风雨有较好的指示性,两者 50 年(1953—2002 年,下同)相关系数均有 -0.44;这两个区域的春季(3—5 月)平均气温差值和初夏(4—6 月)平均气温差值与次年长江中下游(14 点平均)夏季降水量的 50 年相关系数分别达到 -0.58 和 -0.60;这两个区域的春季(3—5 月)平均气温差值与河套(6 点平均)夏季降水量的 50 年相关系数达到 0.40;这两个区域的夏半年(4—9 月)平均气温差值与次年贵州(6 点平均)夏季降水量的 50 年相关系数有 -0.42;这两个区域的冬季(12—2 月)平均气温差值与次年东北(16 点平均)夏季降水量的 50 年相关系数有 -0.41;这两个区域的年(1—12 月)平均气温差值与次年全国(160 点平均)夏季降水量的 50 年相关系数有 -0.40。这些统计事实说明了全国平均夏季降水量对上一年华南和长江中下游地区的年平均热力差异比较敏感,长江中下游地区的夏季风雨对这两个地区的上一年春季和初夏的平均热力差异的敏感度很显著,这对长江中下游地区的夏季风雨有显著的前兆指示意义。

第5章 中国主汛期雨型的天文背景

20世纪90年代，中国主汛期雨型的主要分布特征是南涝北旱，长江及其以南地区的洪涝事件频繁发生，长江流域在1992—2002年的11年持续多雨。然而进入本世纪以来，在2000—2008年的9年中有5年（2000、2003、2005、2007、2008年）中国中部地区特别是淮河流域明显多雨有洪涝至严重洪涝发生。就中国江南地区（湘赣浙闽地区的16站平均）主汛期（6—8月）在1982—1983年持续2年多雨，1984—1991年持续8年少雨，2003—2008年又持续6年少雨，这种气候异常现象给中国江南广大地区带来了旱灾。为了防灾减灾，气象专家和学者对近几年来对气候异常现象的大气环流形成机理进行了很多研究。相比而言，对这种气候异常现象的天文背景研究很少。杨鉴初先生等早在20世纪50年代就开始对日—地关系进行了开创性研究，揭示了日—地关系的若干统计事实，并探讨了日—地关系的物理机制。他认为太阳活动首先影响海温，再通过海气的相互作用影响大气环流，他为其后的日—地关系的深入研究打下了科学基础。在20世纪70年代前期，本书作者对20世纪60年代后期开始的有观测记录的降水、旱涝和ENSO等对太阳活动、日—月—地相对运动等天文因子（例如日食、月食、朔望月和24个节气日（反映了日—地关系）对应的农历即阴阳合历（反映了日—月—地的关系）日期等）的年际变化响应关系进行了大量统计分析，揭示了若干区域性旱涝、ENSO事件对天文因子的响应周期（其中以19年和11年周期最为显著）和对应关系，证明了太阳活动和日—月视运动的年际变化对中国区域性旱涝、主汛期雨型、ENSO事件的年际变化有重要影响和作用（详见专著《中国旱涝的分析和长期预报研究》）。在近十几年中，在灾害性气候异常事件和ENSO事件对太阳活动和日—月—地相对运动的年际变化的响应关系有了系统和较深入的统计分析，也积累了较多的应用技术经验。薛凡炳、吴贤坂等在20世纪80年代前期对月—地、日—地关系的机理和周期进行了研究，揭示了很多的显著周期。张国栋等在20世纪80年代对全球16组序列较长的河道年流量或其极大值作为降水的指标，论证了月—地关系和河道径流量有19年左右的周期性。吴世经在20世纪80年代对武汉的日平均气温、冷空气、降水过程与月赤纬的特征进行了统计，证明月亮对大气的回归潮效应及其对天气过程的影响是明显的。

影响天气气候变化的天文因子很多，天文参数应以千万计，我们没有力量对所有的天文因子一一进行统计分析。本专著只对中国主汛期雨型的太阳活动和月亮运动背景进行了分析研究。

5.1 主汛期各类雨型对太阳活动的响应关系

什么叫太阳活动和太阳活动因子？陆渝蓉教授在她编著的《地球水循环学》中对此作了生动的描述："太阳是地球之母……。由于太阳是一个炽热的气球体，整个太阳面和太阳大气都是处在强弱变化和不停的运动之中，太阳上的黑子、光斑、谱斑、耀斑、日珥、日冕等也随着太阳的强弱运动变化而生、消、隐、现、聚、合、离、散，我们称太阳上的这种变化运动为太阳活动。而把反映太阳活动强弱的这些黑子、光斑、谱斑、耀斑、日珥、日冕等叫做太阳活动因子","太阳每时每刻都在进行着运动和变化,同时每时每刻也在不断地以电磁波的形式向外发射能量,这种对外的能量发射,称为太阳辐射"。

我们在这里就用太阳黑子相对数来代表太阳活动的参量,因为太阳黑子相对数的资料序列较长,大家比较熟悉。我们采用的太阳黑子相对数资料有两个来源:1749—1953 年是瑞士苏黎世天文台提供的资料、1954—2008 年是中国紫金山天文台提供的资料。1749—2008 年的年平均太阳黑子相对数的年际变化特征如图 5.1 所示,在 1749—2008 年期间的 260 年期间,年平均太阳黑子相对数达到 100 以上的太阳活动异常偏强期年有(括号内为年平均太阳黑子相对数):1769(106.1)—1770(100.8),1778(154.4)—1779(125.9),1787(132.0)—1788(130.9)—1789(118.1),1836(121.5)—1837(138.3)—1838(103.2),1848(124.7),1870(139.0)—1871(111.2)—1872(101.2),1917(103.9),1937(114.4)—1938(109.6),1947(151.5)—1948(136.2)—1949(135.1),1956(141.7)—1957(189.9)—1958(184.6)—1959(158.9)—1960(112.3),1968(105.9)—1969(105.6)—1970(104.7),1979(146.7)—1980(145.9)—1981(1151.7)—1982(133.6),1989(167.9)—1990(151.8)—1991(162.7)—1992(104.6),1999(108.3)—2000(134.0)—2001(124.0)—2002(118.1),最长强高峰期发生在1956—1960 年,持续了 5 年;年平均太阳黑子相对数在 10.0 以下的太阳活动特弱低谷期年有(括号内低谷年的年平均太阳黑子相对数):1755(9.6),1775(7.0),1797(6.4)—1798(4.1)—1799(6.8),1808(8.1)—1809(2.5)—1810(0.0)—1811(1.4)—1812(5.0),1821(6.6)—1822(4.0)—1823(1.8)—1824(8.6),1833(8.5),1855(6.7)—1856(4.3),1867(7.3),1878(3.4)—1879(6.0),1888(6.8)—1889(6.2)—1890(7.1),1900(9.5)—1901(2.7)—1902(5.1),1911(5.7)—1912(3.6)—1913(1.4)—1914(9.6),1923(5.8),1933(5.7)—1934(8.7),1944(9.6),1954(4.4),1996(8.9),2007(7.6)—2008(2.8)—2009(3.1),最长弱谷期发生在 1808—1812 年,持续了 5 年。

图 5.1 1749—2009 年的年平均太阳黑子相对数的年际变化特征曲线图

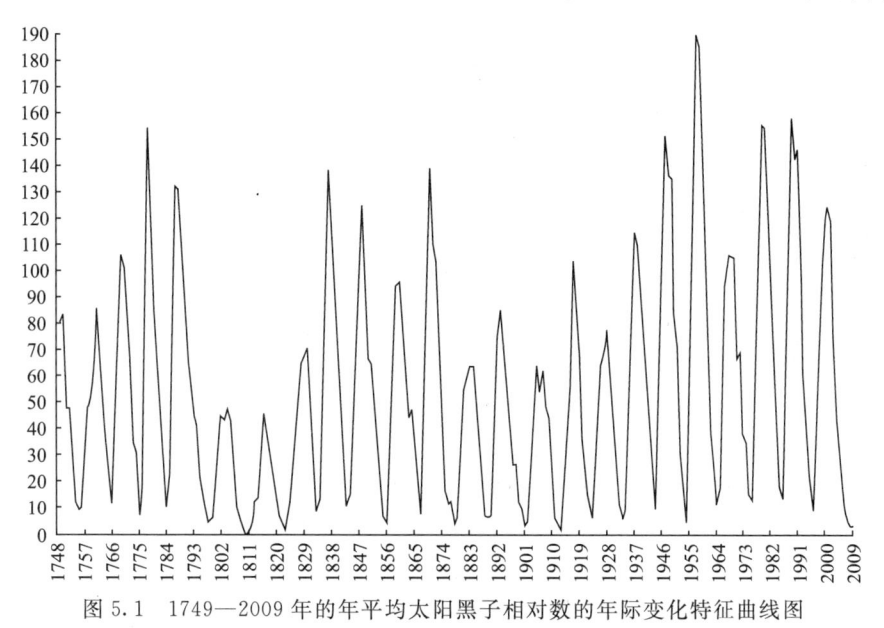

Fig. 5.1 Characteristic curve of interannual change in annual mean sunspot relative numbers from 1749 to 2009

中国主汛期雨型对年平均太阳黑子相对数(用SOLARa表示)的响应关系如表5.1所示,年平均太阳黑子相对数的中数是50。

表5.1 1951—2008年中国主汛期(6—8月)八类雨型与年平均太阳黑子相对数(SOLARa)对比

Table 5.1 Comparison of the 8 types of precipitation patterns in the major flood season (JJA) in China with the annual mean sunspot relative numbers (SOLARa) during 1951—2008

序号	1	2	3	4	5	6	7	8	9	10	11
1型年	1952	1955	1962	1968	1974	1997	2001	2002			
SOLARa	31.4	38.0	37.6	105.9	34.3	22.3	124.0	118.1			
2型年	1951	1980	1983	1987	1991	1999					
SOLARa	69.4	145.9	68.0	27.1	162.7	108.3					
3型年	1954	1969	1977	1993	1995	1996	1998	2004			
SOLARa	4.4	105.6	27.9	59.1	20.7	8.9	70.0	40.8			
4型年	1965	1972	1975	1982	1984	1989	2000	2003	2005	2007	2008
SOLARa	15.1	68.9	15.5	133.7	45.0	167.9	134.0	63.4	29.8	7.6	2.8
5型年	1956	1963	1971								
SOLARa	141.7	27.9	66.7								
6型年	1953	1957	1960	1985	1986	1990					
SOLARa	13.9	189.9	112.3	15.5	11.7	151.8					
7型年	1958	1978	1979	1981	1988	1992					
SOLARa	184.6	96.2	146.7	151.7	96.6	104.6					
8型年	1959	1961	1964	1966	1967	1970	1973	1976	1994	2006	
SOLARa	158.8	53.9	10.2	46.9	93.7	104.7	38.2	12.6	35.7	15.2	

由表5.1可见,各类雨型的太阳活背景有各自的特点:南方类雨型(1型)对年平均太阳活动(SOLARa)的响应关系是:22≤SOLARa≤124(8/8),其中太阳活动偏弱年(22≤SOLARa≤38)占多数(5/8);长江类雨型(2型)对年平均太阳活动(SOLARa)的响应关系是:27≤SOLARa≤163(6/6),其中太阳活动偏强年(163≥SOLARa≥68)占多数(5/6);长江和北方两支类雨型(3型)对年平均太阳活动(SOLARa)的响应关系是:4≤SOLARa≤106(8/8),其中以太阳活动偏弱年(4≤SOLARa≤41)为主(5/8);中部类雨型(4型)对年平均太阳活动(SOLARa)的响应关系是偏强年和偏弱年各占一半左右:SOLARa≤45的有6年(6/11),SOLARa≥63的有5年(5/11);淮河海河类雨型(5型)的SOLARa≥66(2/3),以偏强年为主;东北类雨型(6型)对年平均太阳活动(SOLARa)的响应关系是异常弱年和异常强年各一半:SOLARa≤16的有3个(3/6),SOLARa≥112的有3个(3/6);西北类雨型(7型)的太阳活动背景都很强:185≥SOLARa≥96(6/6);北方和华南两支类雨型(8型)的太阳活动背景是正常偏弱为主:SOLARa≤54(7/10),其中SOLARa≤47的有6个(6/10)。由此可见,中国主汛期雨型对太阳活动强弱的响应有一定的倾向性,2型和7型最容易出现在太阳活动偏强年;1型、3型、8型较易出现在太阳活动偏弱年或正常年;4型和6型容易在太阳活动异常偏强年和异常偏弱年出现。这些对应关系在主汛期的旱涝预报中有一定的参考价值。

众所周知,太阳活动有11年和22年准周期的规律性。为了分析方便,我们把太阳活动的两个极弱年(太阳黑子谷年)之间的年份作为同一个周期年,即把1944—1954年作为太阳活动第1周、1954—1964年作为太阳活动第2周、1964—1976年作为太阳活动第3周、1976—1986

年作为太阳活动第 4 周、1986—1996 年作为太阳活动第 5 周、1996—2008 年作为太阳活动第 6 周,并把每个周期的各个年份按照太阳活动强弱特征排序,如表 5.2 所示。并把太阳活动特征年用英文字母来表示:例如偏弱期开始年(ms)、谷年(m)、谷前 2 年(m^{-2})、谷前 1 年(m^{-1})、谷后 1 年(m^{+1})、偏弱期结束年(mz);偏强期开始年(Ms)、峰前 2 年(M^{-2})、峰前 1 年(M^{-1})、峰年(M)、峰后 1 年(M^{+1})、峰后 2 年(M^{+2})、峰后 3 年(M^{+3})、偏强期结束年(Mz)。

表 5.2 1951—2008 年中国主汛期雨型对太阳活动特征年的响应
Table 5.2 The response of the major flood season precipitation patterns in China to the solar activity characteristics in solar active cycles during 1951—2008

序号	1	2	3	4	5	6	7	8	9	10	11	12	13
第 1 周	1944	1945	1946	1947	1948	1949	1950	1951	1952	1953	1954		
SOLARa	9.6	33.2	92.6	151.6	136.3	134.7	83.9	69.4	31.5	13.9	4.4		
太阳特征	m	Mz	Ms	M	M^{+1}	M^{+2}	M^{+3}	Mz	ms	m^{-1}	m		
雨型类别	(8)	(4)	(1)	(1)	(2)	(3)	(4)	2	1	6	3		
第 2 周	1954	1955	1956	1957	1958	1959	1960	1961	1962	1963	1964		
SOLARa	4.4	38.0	141.7	189.9	184.6	158.8	112.3	53.9	37.6	27.9	10.2		
太阳特征	m	mz	Ms	M	M^{+1}	M^{+2}	M^{+3}	Mz	ms	m^{-1}	m		
雨型类别	3	1	5	6	7	8	6	8	1	5	8		
第 3 周	1964	1965	1966	1967	1968	1969	1970	1971	1972	1973	1974	1975	1976
SOLARa	10.2	15.1	46.9	93.7	105.9	105.6	104.7	66.7	68.9	38.2	34.3	15.5	12.6
太阳特征	m	m^{+1}	mz	Ms	M	M^{+1}	M^{+2}	M^{+3}	Mz	ms	m^{-2}	m^{-1}	m
雨型类别	8	4	8	8	1	3	8	5	4	8	1	4	8
第 4 周	1976	1977	1978	1979	1980	1981	1982	1983	1984	1985	1986		
SOLARa	12.6	27.9	96.2	146.7	145.9	151.7	133.7	68.0	45.0	15.5	11.7		
太阳特征	m	mz	Ms	M^{-2}	M^{-1}	M	M^{+1}	Mz	ms	m^{-1}	m		
雨型类别	8	3	7	7	2	7	4	2	4	6	6		
第 5 周	1986	1987	1988	1989	1990	1991	1992	1993	1994	1995	1996		
SOLARa	11.7	27.1	96.6	167.9	151.8	162.7	104.9	59.1	35.7	20.7	8.9		
太阳特征	m	mz	Ms	M	M^{+1}	M^{+1}	Mz	ms	m^{-1}	m			
雨型类别	6	2	7	4	6	2	7	3	8	3	3		
第 6 周	1996	1997	1998	1999	2000	2001	2002	2003	2004	2005	2006	2007	2008
SOLARa	8.9	22.3	70.0	108.3	134.0	124.0	118.1	63.4	40.8	29.8	15.2	7.6	2.8
太阳特征	m	mz	Ms	M^{-1}	M	M^{+1}	M^{+2}	Mz	ms	m^{-3}	m^{-2}	m^{-1}	m
雨型类别	3	1	3	2	4	1	1	4	3	4	8	4	4
第 7 周	2008	2009	2010	2011	2012	2013	2014	2015	2016	2017	2018	2019	2020
SOLARa	2.8	3.1											
太阳特征	m	m^{+1}											
雨型类别	4												

由表 5.2 可见,我们可以得到如下 3 个规律性统计结果:(1)第 2 周(1954—1964 年)是太阳活动最强周(峰年黑子特别多,偏强期黑子相对数持续超过 100 的有 5 年),在这个太阳活动强周期中,11 年中有 8 年的主汛期主要雨带位置偏北(5~8 类雨型),即主汛期主要雨带偏北的概率达到 73%(8/11);第 6 周(1996—2008 年)是太阳活动最弱周(偏强期和峰年的黑子不是很多,而两个谷年的黑子特少,黑子相对数都在 9 以下),在这个弱周期的 13 年中有 12 年主

汛期雨型为中偏南(1~4类雨型),即主汛期主要雨带位置偏南或居中的概率达到92%(12/13)。这个统计事实说明了一个倾向性:在太阳活动异常强(异常弱)周中的年份,主汛期主要雨带位置易偏北(偏南或居中)。(2)在太阳活动低谷(m)年:SOLARa<9.0的年份则主汛期雨型为3~4型(3/3),其中以3类两支型为主,主要雨带在江淮流域;SOLARa>9.5的年份则主汛期雨型为6~8型(4/4),其中以8类两支型为主,主要雨带在黄河以北。在太阳活动谷年后1年(m^{+1})的年份多数(5/6)也是偏弱期结束年:主汛期主要雨带为1~4型的概率为100%(5/5)、为1~3型的概率为80%(4/5)。在太阳活动谷年前1年(m^{-1}):主汛期主要雨带为4~6型的概率为83%(5/6)、为3~6型的概率为100%(6/6)。在太阳活动偏弱期的开始年(ms):SOLARa<38.5的年份则主汛期雨型为1型和8型(4/4),华南容易多雨洪涝;SOLARa>40.5的年份则主汛期雨型为3~4型(2/2)。(3)在谷年(m)及其前1年(m^{-1})和偏强期开始年(Ms)的SOLARa>45及其后1年的主汛期雨型容易持续相似(6/6)。如谷(m)年及其前1年(m^{-1}):1985—1986年持续6型、1995—1996年持续3型、2007—2008年持续4型;偏强期开始年(Ms)及其后1年:1946—1947年持续1型(参考旱涝等级)、1966—1967年持续8型、1978—1979年持续7型。

5.2 主汛期各类雨型对月亮运动的响应关系

6年前本专著作者在国家天文台做客座研究员与韩延本教授合作研究期间,由韩延本和乔琪源教授提供了大量逐日天文数据,我们从他们提供的大量逐日天文数据中,通过大量的统计和分析,寻找出天文因子资料中的年变化特征,探讨出了中国近20多年来江南主汛期旱涝和年降水量异常变化的天文背景特征。在分析研究中发现1982—2003年期间的江南主汛期持续性少雨干旱和持续性多雨洪涝对夏季月赤纬达到的最北位置的年际变化有显著的响应关系,在夏季月赤纬达到的最北位置偏北(在25.5°N以北)的年份江南夏季容易持续少雨干旱,在夏季最北月赤纬偏南(在25.4°N以南)的年份江南主汛期容易持续多雨洪涝。而且2004—2008年期间的江南地区(杭州、屯溪、九江、岳阳、衢县、浦城、福州、永安、贵溪、南昌、广昌、吉安、赣州、长沙、衡阳、毕节等16个站平均)主汛期实际观测降水量对夏季最北月赤纬的年变化是比较敏感的。按照世界气象组织(WMO)的规定,由近30年(1971—2000年)平均降水量代表常年值,江南地区(16站平均,下同)主汛期(6—8月)降水量(R_{6-8})和年降水量(R_{1-12})的30年(1971—2000年)平均值分别是525 mm和1531 mm。江南地区主汛期降水量和旱涝的年际分布很不均匀,从主汛期(6—8月)的年际变化来看,多雨年(R_{6-8}≥525 mm,正距平)和少雨年(R_{6-8}≤509 mm,负距平)都有明显的持续性。1982—1983年持续多雨,1984—1991年持续8年少雨,而1992—2002年持续11年多雨,2003—2007年又持续5年少雨。

从1971—2004年江南地区(16站平均值,下同)主汛期(6—8月)降水量(R_{6-8})与夏季最北月赤纬(φ_{MDM}(N))的相关统计结果中发现,主汛期降水量距平百分率(R'_{6-8})与φ_{MDM}(N)的34年相关系数(r)有0.51,显著性水平达到0.002,相关概率(P)有88%(30/34)。特别是近24年(1982—2005年),夏季最北月赤纬(φ_{MDM}(N))与江南地区R'_{6-8}的相关更加明显,φ_{MDM}(N)与R_{6-8}的24年相关系数(r)有0.812,显著性水平超过了0.001,φ_{MDM}(N)与R'_{6-8}相关概率(P)为100%(24/24)。由图5.2可见,在1982—2007年期间,江南地区R_{6-8}较常年同期偏少的13年(1984—1991年和2003—2007年),夏季最北月赤纬都在25.60°N~28.31°N之间变

化；较常年同期偏多的 13 年(1982—1983 年和 1992—2002 年)，夏季最北月赤纬均在 18.37°N～25.05°N 之间变化。若夏季最北月赤纬以 25.5°N 为界值，则夏季最北月赤纬相对 25.5°N 的偏差($\Delta\varphi_{MDM}(N)$)与江南地区主汛期降水量距平百分率(R'_{6-8})的反相关概率达到 100%(26/26)。

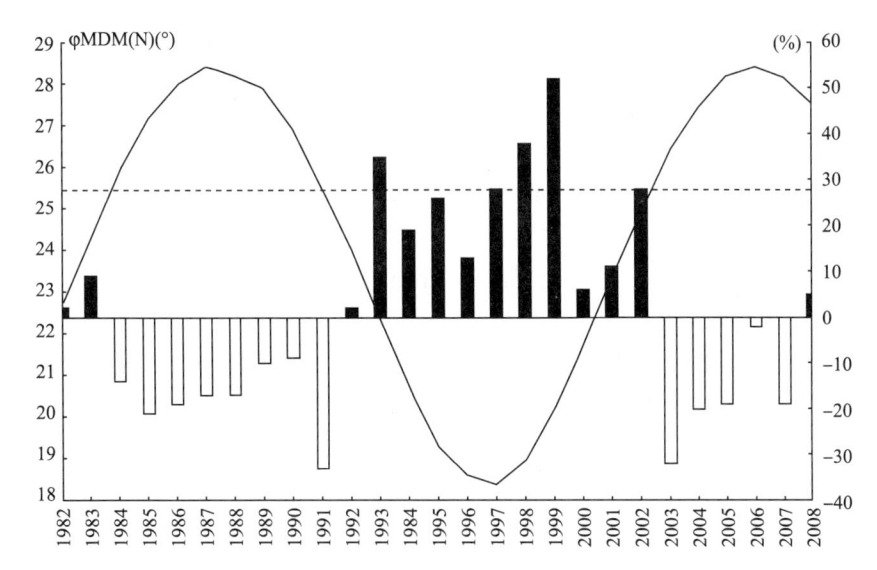

图 5.2　1982—2008 年江南地区(16 站平均)主汛期(6—8 月)降水量距平百分率(R'_{6-8}，:直方柱)对夏季最北月赤纬(曲线，单位:°)的响应关系

Fig. 5.2　The response relationship of the major flood season (JJA) precipitation anomaly percentage (R'_{6-8}, histogram) in the Jiang nan area (mean of the 16 stations) to the summer declimation (curve, unit: degree) in the northmost position during 1982—2008

由图 5.2 可见，在 1982—2008 年期间江南广大地区的主汛期旱涝对夏季月赤纬到达最北位置的年变化很敏感，夏季月赤纬到达的最北位置在 25.5°N 以北的年份，中国江南广大地区主汛期容易出现少雨干旱；而夏季月赤纬到达的最北位置在 25.25°N 以南的年份，则主汛期容易出现多雨洪涝。江南广大地区在 1984—1991 年持续 8 年出现少雨干旱，在 1992—2002 年又持续 11 年多雨洪涝，2003—2007 年又持续 5 年少雨，这样长的时间尺度持续少雨干旱和持续多雨洪涝，单靠大气圈自身的潜能和动量不可能造成这样大范围长时期的气候异常和旱涝特征的持续与转折，它的维持和转折必然要依靠外源强迫力量对大气圈产生强迫作用。最大的外源强迫力就是日月引潮力和海洋的热力。对大气圈和地球产生的引力主要来自月球和太阳，而月球对地球的引力是太阳的两倍多，月球在绕地球旋转的同时又与地球一起绕太阳公转，月球绕地球旋转的轨道是白道，与地球一起绕太阳旋转的轨道是黄道，所以月球运动既有明显的日变化又有明显的年变化。白道和地球赤道之间的夹角最小为 18°18′，最大为 28°36′，夏季月赤纬的变化幅度最北可达到 28.49°N，最南可达到 28.49°S，最北月赤纬 $\varphi_{MDM}(N)$ 的年变化范围在 18.42°N～28.49°N 之间。1984—1991 年持续 8 年少雨干旱和 2003—2007 年持续 5 年少雨干旱都是在夏季月赤纬到达的最北位置偏北(25.60～28.49°N)的天文背景下发生的；1982—1983 年持续 2 年多雨洪涝和 1992—2002 年持续 11 年多雨洪涝都是在夏季月赤纬到达的最北位置偏南(18.37～25.05°N)的天文背景下发生的。由夏季月赤纬的年际变化对江南地区主汛期旱涝的密切关系表明，日月对地球和大气圈的引力对大气圈的直接影响是对大气的提升作用会激发大气运动；其间接影响是通过对海水的引力激发海水产生潮汐运动，

海水的潮汐运动又会是使次表层海水产生上翻运动,从而不断改变海水的表层温度,起到使海洋表面水温降低的作用,海表温度的不断变化又对大气环流产生感热作用,通过感热促使大气环流的温度产生变化,大气环流的温度变了运动规律也就跟着产生变化,大气环流运动的变化就会最影响地球上各个地区的降水变化。中国江南广大地区主汛期降水和旱涝变化对天文因子的影响是比较敏感的。

太阳对大气的作用和影响,除了引力作用外,主要是热力作用。太阳对大气的热力作用主要是对陆面和海洋的热辐射,陆面和海洋将吸收到的太阳辐射热量通过与大气的接触再对大气加热,将一部分热量释放给大气,同时也通过反射辐射将一部分太阳光反射给大气。由于地球表面的不同地区有不同的地形和地貌,不同海区的海温也不相同,所以天文因子、地形地貌和海洋是强迫大气不断地改变自身运动规律的外强迫源。

为什么近30多年(1971—2007年)特别是最近20多年(1982—2007年)来夏季最北月赤纬的年际变化对江南广大地区主汛期旱涝和年降水量有这么显著的影响和作用,而在前面20年的响应关系就没有怎么明显呢?到底在什么前提下月球运动的影响才能起到主导作用?对这个问题作者也做了探讨,得到的结论是江南地区汛期旱涝在太阳活动强周期和弱周期中对月赤纬的响应关系的显著度有明显不同,在太阳活动强周期中,由于受到太阳活动的强烈影响,月球运动的影响就减弱,1954—1964年是在太阳活动强周期,月亮的影响就没有那么显著了。那么为什么江南地区主汛期降水量在太阳活动弱周期中与夏季最北月赤纬的关系会如此密切呢?这可能与江南地区的特殊地理位置有关。下面我们再来探讨一下中国主汛期雨型对夏季最北月赤纬的响应关系。

表5.3 1951—2008年中国主汛期(6—8月)八类雨型与夏季最北月赤纬(φ_{MDM}(N))的对比

Table 5.3 Comparison of the 8 types of precipitation patterns in the major flood season (JJA) in China with the summer inclination (φ_{MDM}(N)) in the northmost position during 1951—2008

序号	1	2	3	4	5	6	7	8	9	10	11
1雨型年	1952	1955	1962	1968	1974	1997	2001	2002			
φ_{MDM}(N)	27.58	23.50	20.51	28.21	22.86	18.37	23.37	24.91			
2雨型年	1951	1980	1983	1987	1991	1999					
φ_{MDM}(N)	28.36	19.70	24.29	28.41	25.51	20.21					
3雨型年	1954	1969	1977	1993	1995	1996	1998	2004			
φ_{MDM}(N)	25.27	28.44	18.70	22.31	19.28	18.57	18.95	27.46			
4雨型年	1965	1972	1975	1982	1984	1989	2000	2003	2005	2007	2008
φ_{MDM}(N)	25.29	26.05	21.27	22.72	25.95	27.89	21.73	26.42	28.21	28.21	27.54
5雨型年	1956	1963	1971								
φ_{MDM}(N)	21.96	22.07	27.36								
6雨型年	1953	1957	1960	1985	1986	1990					
φ_{MDM}(N)	26.49	20.24	18.51	27.18	27.98	26.94					
7雨型年	1958	1978	1979	1981	1988	1992					
φ_{MDM}(N)	19.12	18.42	18.60	21.10	28.21	24.01					
8雨型年	1959	1961	1964	1966	1967	1970	1973	1976	1994	2006	
φ_{MDM}(N)	18.46	19.22	23.69	26.54	27.55	28.19	24.65	19.73	20.70	28.50	

由表 5.3 可见,各类雨型的夏季最北月赤纬(φ_{MDM}(N),简化为 MDM)是:1 类雨型的夏季最北月赤纬以偏南(MDM≤24.91°N)为主(6/8);2 类雨型也以偏南(MDM≤25.51°N)为主(4/6);3 类雨型也以偏南(MDM≤25.27°N)为主(6/8),其中有 5 年异常偏南(MDM≤22.31°N);4 类雨型则以偏北(MDM≥25.29°N)为主(8/11),其中有 7 年 MDM≥25.95°N(7/11);5 类雨型的 MDM≤22.07°N(2/3);6 类雨型也以偏北(MDM≥26.49°N)为主(4/6);7 类雨型以偏南(MDM≤24.01°N)为主(5/6),其中有 4 年异常偏南(MDM≤21.10°N);8 类雨型有 60%偏南(MDM≤24.65°N)和 40%偏北(MDM≥26.54°N)。由此可见,中部类雨(4 型)和东北类雨型(6 型)容易在夏季最北月赤纬偏北的年份发生,偏南类雨型(1 型、2 型、3 型)和西北类雨型容易在夏季最北月赤纬偏南的年份发生。可见,夏季最北月赤纬的年际变化对中国江南地区的主汛期降水和全国主汛期雨型都有影响,所以夏季最北月赤纬可以作为江南主汛期降水和全国主汛期雨型预报的一个天体物理因子来应用和参考。特别在最近 6 年(2003—2008 年)中出现了 4 个中部类多雨型,这可能与这 6 年夏季最北月赤纬持续偏北有一定关系。2010 年最北月赤纬由过去的长期偏北转为偏南(MDM=25.01°N),汛期江南大范围发生的多雨洪涝也符合上述对应关系。

5.3 主汛期各类雨型对太阳活动和月亮运动的综合响应

实际上,太阳活动和月亮运动对主汛期降水和雨型特征的影响是同时发生的,很难分开的。只是有的年份是太阳活动影响大,有的年份是月亮影响大。本节我们将对太阳活动和月亮运动的综合响应关系进行统计分析。

5.3.1 在太阳活动异常强弱周的主汛期雨型对月亮运动的响应特征

在最近这个太阳活动弱周(1996—2008 年)中:太阳活动峰年(M 年)的 SOLARa=134,结束的谷年(m)SOLARa=2.8。是一个持续了 13 年的弱长周期。在这个弱长周期中:最北月赤纬偏南(MDM≤24.91°N)的 7 年中,中国主汛期主要雨带偏南,主要雨带在长江流域及其以南地区(为 1 型、2 型、3 型)的概率为 86%(6/7),其中南方类雨型(1 型)就有 3 个。7 年都没有出现偏北类雨型(5 型、6 型、7 型、8 型);在最北月赤纬偏北(MDM≥26.42°N)的 6 年中,中国主汛期主要雨带也相对偏中北,主要雨带在淮河流域及其以北地区(为 4 雨型和 8 型)的概率为 83%(5/6),6 年中只有 1 个不典型的 3 型(2004 年),其中有 4 年都是中部类雨型(4/6)。没有出现 1 型和 2 型。

在太阳活动异常强周(1954—1964 年)中:太阳活动高峰年(M)的 SOLARa=189.9,后一个结束年(m)SOLARa=10.2,是一个持续了 11 年的强周期。在这个最强周期中,最北月赤纬明显偏南(MDM≤38.0°N)的 5 年中,中国主汛期主要雨带偏南(为 1 型和 3 型)的概率为 60%(3/5);最北月赤纬相对偏北(MDM≥53.90)的 6 年中,中国主汛期主要多雨带偏北(为 5 型、6 型、7 型、8 型)的概率为 100%(6/6)。在一般的太阳活动周期中,雨型对月亮运动的响应关系没有这么明显。

由上面的统计分析结果可知,在太阳活动异常偏弱年和异常偏强年中,主汛期雨型对最北月赤纬年际变化的响应关系是不同的。

(1)在太阳活动特弱年(SOLARa≤9)中:最北月赤纬偏北(MDM≥27.50°N)的 2 年

(2007、2008年)主汛期主要雨型都是中部型(4型,2/2);最北月赤纬偏南(MDM≤25.50°N)的2年(1954、1996年)主汛期主要雨型都是长江和海河两支型(3型,2/2)。

(2)在太阳活动异常偏弱年(10≤SOLARa≤21)中:最北月赤纬在最南(MDM=18.37°N)的1年(1997年)主汛期雨型为南方型(1型);最北月赤纬m明显偏南(18.50≤MDM≤19.30°N)的2年(1977、1995年)主汛期雨型都是长江和北方两支型(3型,2/2);最北月赤纬一般偏南(19.70°N≤MDM≤25.30°N)的4年主汛期雨型都是4型和8型(4/4)。其中,有2年(1965、1975年)为中部型(4型)、有2年(1964、1976年)为北方和华南两支型(8型);最北月赤纬异常偏北(26.49≤MDM≤28.00°N)的3年(1953、1985、1986年)主汛期雨型都是东北型(6型,3/3);最北月赤纬达到最北(MDM=28.50°N)的1年(2006年)主汛期雨型为北方和华南两支类(8型)。

在太阳活动异常偏弱年(10≤SOLARa≤21)的汛期雨型简单地可分两级:在最北月赤纬异常偏南(MDM≤19.30°N)年,主汛期雨型为1型和3型,即主要雨带在长江及其以南(3/3);在最北月赤纬不是异常偏南(MDM≥19.70°N)年,主汛期雨型为4型、6型、8型,即主要多雨带在淮河及其以北(8/8)。

(3)在太阳活动异常偏强年(SOLARa≥146)中:最北月赤纬明显偏南(MDM≤21.10°N)年,主汛期雨型为偏北型(6型、7型、8型)的概率为100%(5/5),其中主要为7型(3/5);最北月赤纬偏北(MDM≥25.50°N)年,主汛期雨型为江淮类和东北类(2型、4型、6型)。

5.3.2 最北月赤纬在不同纬段中的主汛期雨型对太阳活动强弱的响应

最北月赤纬的年际变化从南到北可分几个纬段:

(1)在最北月赤纬异常偏南(MDM≤19.28°N)的11年:在太阳活动正常和偏弱年(SOLARa≤70)的6年(1961、1977、1995、1996、1997、1998年)中有4年(1977、1995、1996、1998年)主汛期雨型是长江和北方两支类(3型),偏南类雨型(3型和1型)占83%(5/6);在太阳活动偏强年(SOLARa≥96)的5年(1958、1959、1960、1978、1979年)中有3年(1958、1978、1979年)主汛期雨型为西北类(7型),这5年主汛期均为偏北类(6型、7型、8型)雨型(5/5)。

(2)在最北月赤纬明显偏南(19.70°N≤MDM≤21.10°N)的7年:SOLARa≤36的两年主汛期雨型为8型(2/2);37≤SOLARa≤146的3年主汛期雨型都是1型和2型(3/3);SOLARa≥150的两年主汛期雨型为6型和7型(2/2)。

(3)在最北月赤纬为一般偏南(21.20°N≤MDM≤23.50°N)的9年:太阳活动异常偏弱年(SOLARa≤28)和异常偏强年(SOLARa≥133)的5年主汛期雨型为中部型和中北部型(4型和5型)的概率达到100%(5/5);其余(34≤SOLARa≤124)的4年主汛期雨型为1型和3型(4/4),4年中有3年(3/4)为南方型(1型)。

(4)在最北月赤纬正常偏南(23.60°N≤MDM≤25.30°N)的8年,太阳活动偏强(SOLARa≥68)的4年主汛期雨型偏南(1型和2型)为主(3/4);太阳活动偏弱(10≤SOLARa≤39)的3年主汛期雨型偏中北(4型和8型)为主(3/3);太阳活动特弱(SOLARa≤5)的1954年为3型。

(5)在最北月赤纬比较偏北(25.95°N≤MDM≤27.36°N)的8年,主汛期雨型全部为中北型(4型、5型、8型),其中以4型、5型、6型为主(7/8)。

(6)在最北月赤纬异常偏北(MDM≥27.40°N)的15年,太阳活动特弱年(SOLARa≤9)的

2年,主汛期雨型为4型(2/2);太阳活动明显偏弱($11 \leqslant SOLARa \leqslant 16$)的2年,主汛期雨型为6型和8型(2/2);太阳活动正常年($27 \leqslant SOLARa \leqslant 70$)的5年中,主汛期雨型为1、2、3型的有4年(4/5);太阳活动偏强($SOLARa \geqslant 93$)的6年以中北型(4型、7型、8型)为主(4/6)。

由上统计分析结果可见,将最北月赤纬的年际变化特征和太阳活动强弱特征结合起来的统计结果,比其单独统计结果更好用,在主汛期预报中更有参考使用价值。

第 6 章 中国降水和各区域降水的变化特征分析

上面对中国主汛期雨型的客观划分和主要影响因子进行了统计分析和揭示,特别是有前兆指示性的对中国主汛期八类雨型的影响关系的物理因子。这些物理因子对我们每年做主汛期雨型和旱涝分布特征的研究和预报有很重要的参考和使用价值。但是同类雨型的旱涝强弱分布特征也有很大差异。所以除了要报准主汛期雨型外,还是要对主要区域的降水量级作出准确预报,这样才能准确地把全国主要旱涝趋势预报成功,满足国家和社会上防汛抗旱与防灾减灾的需求。国家级气候预报部门的主要任务是抓准汛期雨型和主要区域的旱涝预报,各个区域和省气候预报部门及专区的主要任务是报准本区域的降水量级和旱涝趋势,各个区域级预报部门和国家级预报部门在预报业务技术上应该是取长补短和各有侧重。

6.1 1951—2009 年中国降水和旱涝变化特征的统计分析

由图 6.1a 可见,从中国(160 站平均)年降水量的年际变化和年代际变化趋势来看,中国(160 站平均)最近 50 年(1960—2009 年)平均年降水量(常年降水量)有 845 mm,年降水量比常年偏多 10%以上的异常多雨年有 5 个:1954 年有 983 mm,比常年偏多 16%;1959 年有 932 mm,比常年偏多 10%;1973 有 975 mm,比常年偏多 15%;1983 年有 943 mm,比常年偏多 12%;1998 年有 959 mm,比常年偏多 13%。年降水量比常年偏少 10%以上的异常少雨年只有 2 个:1978 年只有 764 mm,比常年偏少 10%;1986 年只有 760 mm,比常年偏少 10%。

中国(160 站平均)年降水量的年际变化特征是:年降水量相对 50 年(1960—2009 年)平均值(常年)偏多年的气候概率是 42%(25/59),偏少年的气候概率是 52%(28/59),正常年的气候概率是 10%(6/59)。在 1951—1961 年的 11 年中有 8 年(73%)偏多,在 1993—2002 年的 10 年有 7 年(70%)偏多;而在 1963—1968 年的 6 年中只有 1 年偏多,其余 5 年均偏少;在 1976—1982 年的 7 年中有 6 年偏少,只有 1 年正常。

我们再来分析中国(160 站平均)汛期(5—9 月)降水量的年际变化特征,由图 6.1b 可见,中国(160 点平均)汛期(5—9 月,下同)降水量的年际变化特征是:汛期降水量的 50 年(1960—2009 年)平均值(常年)是 588 mm,汛期降水量偏多年的气候概率是 46%(27/59),汛期偏少年的气候概率是 49%(29/59),正常年的气候概率是 5%(3/59)。汛期较常年同期偏多 10%以上的异常多雨大水年有 3 个:1954 年有 718 mm,比常年同期偏多 22%;1973 有 702 mm,比常年同期偏多 19%;1998 年有 663 mm,比常年同期偏多 13%;汛期降水量比常年同期偏少 10%以上的异常少雨干旱年只有 2 个:1965 年只有 530 mm,比常年同期偏少 10%;1966 年只有 529 mm,比常年同期偏少 10%。其年际变化特征是:1954—1956 年持续 3 年偏多,1959—1964 年持续 6 年偏多,1969—1975 年的 7 年中有 6 年偏多,1983—1985 年持续 3 年偏多,1993—1996 持续 4 年偏多,1998—1999 年持续 2 年偏多;1965—1968 年持续 4 年偏少,

1976—1982 年持续 7 年偏少,1986—1989 年的 4 年中有 3 年偏少、1 年正常,2000—2009 年的 10 年中有 7 年偏少、3 年偏多。可见,汛期降水量的正异常年和负异常年都有明显的持续性。

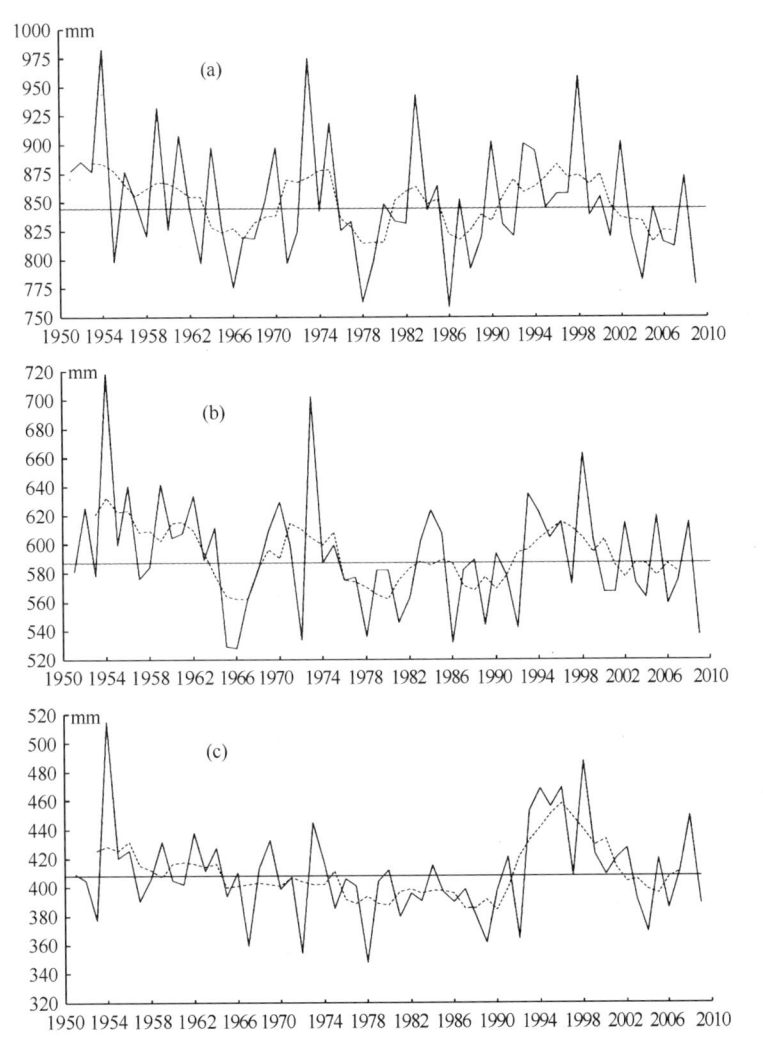

图 6.1　1951—2009 年中国(160 点平均)年降水量(a)汛期(5—9 月)降水量(b)主汛期
(6—8 月)降水量(c)的年际变化曲线图(虚线是 5 年滑动平均降水量)

Fig. 6.1　Interannual changes of annual precipitation (a), flood season (May-September) precipitation (b), and major flood season (JJA) precipitation (c) in China (mean of the 160 stations) during 1951—2009 (dashed lines stand for the 5-year smoothing averaged precipitation)

由图 6.1c 可见,中国(160 点平均)主汛期(6—8 月,下同)降水量的年际变化特征是:中国主汛期降水量的 50 年(1960—2009 年)平均值(常年)是 408 mm,主汛期降水量偏多年的气候概率是 42%(25/59),偏少年的气候概率是 46%(27/59),正常年的气候概率是 12%(7/59)。中国主汛期较常年同期偏多 10% 以上的异常多雨大水年有 7 个:1954 年有 513 mm,比常年同期偏多 26%;1993 有 452 mm,比常年同期偏多 11%;1994 年有 467 mm,比常年同期偏多 14%;1995 有 455 mm,比常年同期偏多 12%;1996 有 468 mm,比常年同期偏多 15%;1998 年有 486 mm,比常年同期偏多 19%;2008 年有 449 mm,比常年同期偏多 10%。主汛期降水量比常年同期偏少10%以上的异常少雨干旱年有5个：1967年只有360 mm，比常年同期偏少12%；1972年只有355 mm，比常年同期偏少13%；1978年只有349 mm，比常年同期偏少14%；1989年只有362 mm，比常年同期偏少11%；1992年只有365 mm，比常年同期偏少11%。其年际变化特征是：1954—1956年持续3年偏多，1962—1964年持续3年偏多，1968—1969年持续2年偏多，1973—1974年持续2年偏多，1993—2002年的10年中有8年偏多2年正常，2007—2008年持续2年偏多。1952—1953年持续2年偏少，1960—1961年持续2年偏少，1965—1967年的3年中有2年偏少1年正常，1970—1972年的3年中有2年偏少1年正常，1975—1979年的5年中有4年偏少1年正常，1981—1983年持续3年偏少，1985—1992年的8年中有7年偏少1年正常稍多，2003—2006年的4年中有3年偏少，1年正常稍多。由此可见，中国主汛期降水量的年际变化主要特征也是持续性。总的来说，在1954—1964年的11年期间以正异常年为主要趋势（7/10），在1993—2002年的10年期间也以正异常年为主要趋势（8/10）；在1975—1992年的18年期间，则以负异常年为主要趋势（14/18）。

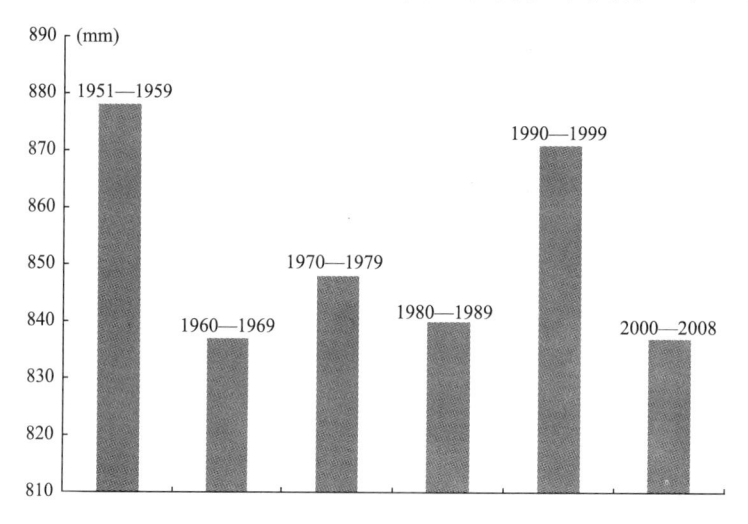

图 6.2 1951—2009年中国（160点平均）年降水量的年代际变化示意图

Fig. 6.2 Interdecadal changes of annual precipitation in China (mean of the 160 stations) during 1951—2009

由图6.2可见，中国（160站平均）的年降水量的年代际变化特征是：21世纪50年代最多，90年代次多，21世纪元年代和20世纪60年代并列最少，20世纪80年代次少，70年代基本正常。

由图6.3可见，中国（160站平均）主汛期年代平均降水量的变化特征很有规律，20世纪50年代的主汛期降水量较常年同期明显偏多，60年代接近常年同期，70年代明显偏少，80年代特少，90年代特多，21世纪元年代接近常年。从20世纪50年代到80年代的主汛期降水量的年代际变化趋势是呈现递减趋势，从20世纪80年代到90年代是突然猛增的跃变，从20世纪90年代到21世纪元年代是大幅度地减少。

由上述统计事实可见，中国降水的年代际变化特征和年际变化特征与气温的变化特征（气温的变化特征在第7章统计分析）都存在较大差异。这是因为降水的影响因子不但比气温的影响因子多，而且降水的影响因子对降水的影响过程要比对气温的影响过程复杂得多。降水的多少和强弱与冷暖空气的强弱、相互作用地区、持续时间长度和水汽输送条件有密切关系，而冷空气和暖空气在分别到达交锋地点之前，都是要受到上至天文下至地理、地貌和海洋等外源强迫因子的错综复杂的综合影响。所以,降水的变化特征与气温的变化特征不相似是很自然的。

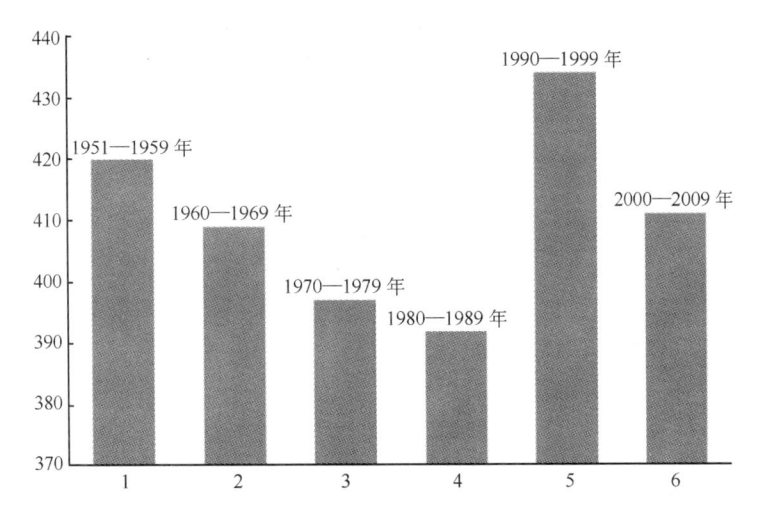

图 6.3 1951—2009 年中国(160 点平均)主汛期(6—8 月)降水量的年代际变化示意图
(注:主汛期(6—8 月)降水量)

Fig. 6.3 Interdecadal changes of major flood season(JJA) precipitation in China (mean of the 160 stations) during 1951—2009

6.2 中国降水分区

在本书作者专著《中国旱涝的分析和长期预报研究》中,作者按照主要气候特征和河流特点将中国东部大陆地区分成了 14 个区域(如第一部专著的图 1.11 所示)。现在仍然按照气候特征和河流水系的水文特点,将全国分成 25 个区域,如图 6.4 所示。为大家方便起见,全国分区代表站是取用的全国有关科研和业务部门常用的国家气候中心提供的 160 个代表站点,每个区域的代表站点就是取 160 个站点中分布在本区域的代表站点。在全国 25 个分区中,东部地区的分区基本上与第一部专著的中国东部大陆 14 个降水分区基本相同,只是对个别区域的区号和代表站点作了一些调整。

每个区域的代表站如下:

1 区(华南区):厦门、梅县、汕头、韶关、河源、广州、阳江、湛江、海口、桂林、柳州、梧州、南宁、北海、百色 15 个站点。

2 区(江南区):宁波、衢县、温州、浦城、福州、永安、贵溪、广昌、吉安、赣州 10 个站点。

3 区(湘南区):衡阳、郴县、零陵、芷江 4 个站点。

4 区(贵州区):遵义、贵阳、毕节、兴仁、榕江、酉阳 6 个站点。

5 区(长江上游区):达县、重庆、南充、内江、绵阳、成都、宜宾、雅安 8 个站点。

6 区(长江中游区):汉口、钟祥、岳阳、宜昌、常德、长沙、恩施 7 个站点。

7 区(长江下游区):东台、南京、上海、杭州、安庆、屯溪、九江、南昌 8 个站点。

8 区(淮河流域区):新浦、清江、徐州、蚌埠、阜阳、郑州、南阳、信阳、合肥 9 个站点。

9 区(长江汉水区):钟祥、汉中、安康、郧县 4 个站点。

10 区(海河流域区):承德、张家口、北京、天津、石家庄、德州、邢台、安阳、长治、太原、临汾

11个站点。

11区(黄河河套区):包头、陕坝、榆林、延安、中宁、银川6个站点。

12区(黄河渭河区):西安、天水、岷县、西峰镇4个站点。

13区(山东区):烟台、青岛、潍坊、济南、临沂、菏泽6个站点。

14区(辽河流域区):通辽、长春、延吉、通化、沈阳、朝阳、营口、丹东、大连9个站点。

15区(松嫩江流域区):呼玛、嫩江、齐齐哈尔、海伦、富锦、佳木斯、鸡西、哈尔滨、牡丹江9个站点。

16区(内蒙东北区):博克图、海拉尔、图里河、乌兰浩特4个站点。

17区(内蒙中部区):林东、锡林浩特、多伦、赤峰、呼和浩特、朱日和、包头、陕坝8个站点。

18区(甘北区):武威、张掖、酒泉、敦煌4个站点。

19区(黄河上游区):兰州、西宁、临夏、玛多4个站点。

20区(长江金沙江区):康定、西昌、会理、丽江、甘孜、德钦、昌都、玉树8个站点。

21区(云南区):大理、保山、昆明、临沧、蒙自、景洪6个站点。

22区(西藏区):拉萨1个站点。

23区(南疆区):吐鲁番、库车、喀什、和田、且末、若羌、哈密7个站点。

24区(北疆区):阿勒泰、塔城、乌苏、伊宁、乌鲁木齐5个站点。

25区(台湾区):花莲、台北、高雄、台中4个站点。

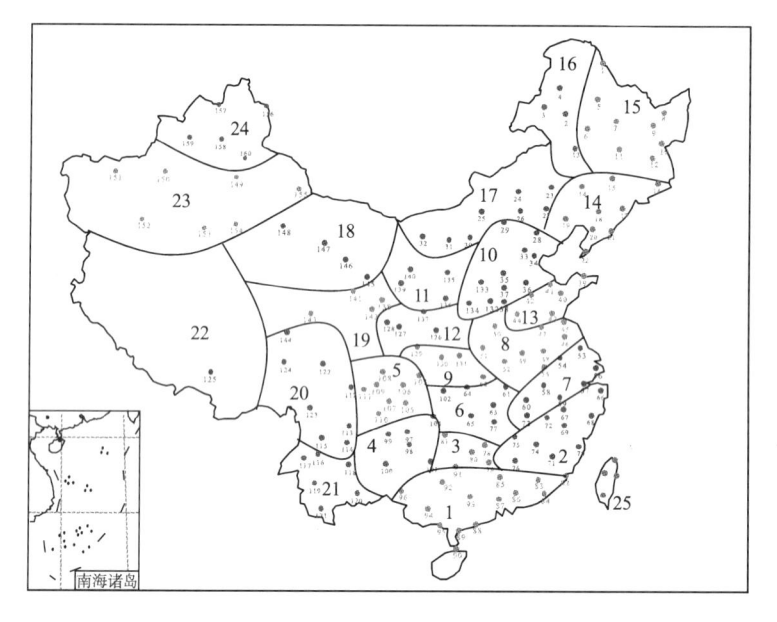

图 6.4 中国降水的25个分区示意图

Fig.6.4 The diagram of 25 precipitation sub-regions in China

在第一部专著中,由于缺乏计算机和气象信息共享等条件,为与读者共享,作者用手工操作的方式,对中国东部大陆的14个主要农业区降水量的35年(1951—1985年)逐旬年际变化趋势做了详细的统计和描述。20世纪90年代以来,计算机和终端式计算机迅速发展和普及,大家能够比较方便地在计算机上处理各种资料信息数据。而且在21世纪以来,气象信息资料大家能够共享了,研究人员也能够得到自己研究工作中想要用到的气象信息资料,作者在此就不再对每个区域的逐旬降水年际变化趋势做详细描述了,仅将近 59 年(1951—2009 年)来的 25 个分区降水的年际变化特征和统计结果提供给广大读者参考和应用。

6.3　1951—2009 年 25 个分区年降水量和汛期降水量年际变化特征的统计分析

本节重点统计分析 25 个分区的年降水量的年际变化特征,揭示每个区域近 59 年(1951—2009 年)平均年降水量(常年年降水量)及各年正负距平趋势的气候分布概率和年际变化特征。

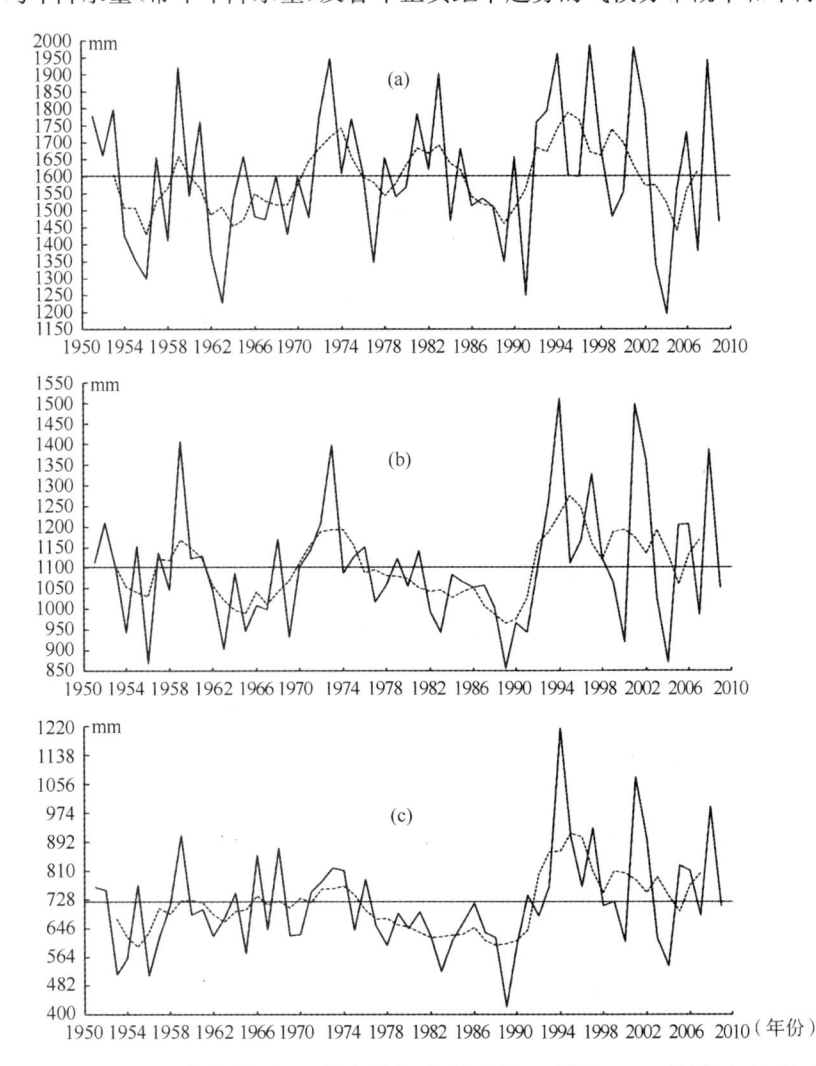

图 6.5　1951—2009 年华南区(15 站点平均)年降水量(a)汛期(5—9 月)降水量(b)主汛期(6—8 月)降水量(c)的年际变化曲线图(虚线是 5 年滑动平均降水量)

Fig. 6.5　Interannual changes of annual precipitation (a), flood season (May-September) precipitation (b), and major flood season (JJA) precipitation (c) in South China sub-region (mean of the 15 stations, the first sub-region) during 1951—2009 (dashed lines stand for the 5-year smoothing averaged precipitation)

6.3.1 华南区降水量年际变化特征的统计分析

如图 6.5(a)所示,华南区(15 站平均,下同)的近 50 年(1960—2009 年,下同)平均年降水量(常年降水量)有 1601 mm。在 1951—2009 年期间,正异常(偏多,下同)年的气候概率是 44%(26/59);负异常(偏少,下同)年的气候概率是 48%(28/59);正常年的气候概率是 8%(5/59)。年降水量较常年偏多 20% 以上的异常多雨年有 6 个:1959 年有 1921 mm,偏多 20%;1973 年有 1946 mm,偏多 22%;1994 年有 1962 mm,偏多 23%;1997 年有 1986 mm,偏多 24%;2001 年有 1980 mm,偏多 24%;2008 年有 1944 mm,偏多 21%。较常年偏少 20% 以上的异常少雨年有 3 个:1963 年只有 1228 mm,偏少 23%;1991 年只有 1250 mm,偏少 22%;2004 年只有 1195 mm,偏少 25%。最多年(1997 年)是最少年(2004 年)的 1.66 倍。

华南地区年降水量持续较常年偏多的持续多雨期有:1951—1953 年(3 年)、1972—1976 年(5 年,其中有 1 个正常年)、1981—1983 年(3 年)、1992—1998 年(7 年,其中有 2 个正常年)、2001—2002 年(2 年);年降水量持续较常年偏少的持续少雨期有:1954—1956 年(3 年)、1962—1964 年(3 年)、1966—1971 年(6 年,其中有 2 个正常年)、1979—1980 年(2 年)、1986—1991 年(6 年,其中有 1 个正常略多年)、1999—2000 年(2 年)、2003—2005 年(3 年)。

华南地区汛期有前汛期(4—6 月)和后汛期(7—9 月)两个汛期,前汛期主要是季风雨,后汛期主要是热带风暴和台风雨。为了与全国分区汛期(5—9 月)和主汛期(6—8 月)统一起见,在此没有将前汛期和后汛期分开来统计分析。

如图 6.5(b)所示,华南地区近 50 年平均汛期(5—9 月,下同)降水量(汛期常年降水量)有 1102 mm。在 1951—2009 年期间,正异常年的气候概率是 44%(26/59);负异常年的气候概率是 51%(30/59);正常年的气候概率是 5%(3/59)。汛期降水量较常年同期偏多 20% 以上的异常多雨洪涝年有 7 个:1959 年有 1407 mm,偏多 28%;1973 年有 1398 mm,偏多 27%;1994 年有 1511 mm,偏多 37%;1997 年有 1328 mm,偏多 21%;2001 年有 1497 mm,偏多 36%;2002 年有 1360 mm,偏多 23%;2008 年有 1388 mm 偏多 26%。汛期降水量较常年同期偏少 20% 以上的异常少雨干旱年有 3 个:1956 年只有 869 mm,偏少 21%;1989 年只有 856 mm,偏少 22%;2004 年只有 871 mm,偏少 21%。最多年(1994)是最少年(1989 年)的 1.77 倍。

华南地区汛期降水量持续较常年同期偏多的持续多雨期有:1951—1952 年(2 年)、1959—1961 年(3 年)、1971—1973 年(3 年)、1975—1976 年(2 年)、1993—1998 年(6 年)、2001—2002 年(2 年)、2005—2006 年(2 年);汛期降水量持续较常年偏少的持续少雨期有:1962—1967 年(6 年)、1977—1978 年(2 年)、1982—1991 年(10 年)、1999—2000 年(2 年)、2003—2004 年(2 年)。

如图 6.5(c)所示,华南地区近 50 年平均主汛期(6—8 月,下同)降水量(主汛期常年降水量)有 722 mm。在 1951—2009 年期间,正异常年的气候概率是 39%(23/59);负异常年的气候概率是 59%(35/59);正常年的气候概率是 2%(1/59)。主汛期降水量较常年同期偏多 20% 以上的异常多雨洪涝年有 8 个:1959 年有 910 mm,偏多 26%;1968 年有 874 mm,偏多 21%;1994 年有 1214 mm,偏多 68%;1995 年有 906 mm,偏多 25%;1997 年有 932 mm,偏多 29%;2001 年有 1077 mm,偏多 49%;2002 年有 900 mm,偏多 25%;2008 年有 992 mm,偏多 37%。较常年同期偏少 20% 以上的异常少雨干旱年有 7 个:1953 年只有 514 mm,偏少 29%;1954 年只有 561 mm,偏少 22%;1956 年只有 511 mm,偏少 29%;1965 年只有 575 mm,偏少

20%；1983年只有523 mm，偏少28%；1989年只有422 mm，偏少42%；2004年只有539 mm，偏少25%。最多年(1994年)是最少年(1989年)的2.88倍。

华南地区主汛期降水量持续较常年同期偏多的持续多雨期有：1951—1952年(2年)、1971—1974年(4年)、1993—1997年(5年)、2001—2002年(2年)、2005—2006年(2年)；主汛期降水量持续较常年偏少的持续少雨期有：1953—1954(2年)、1956—1958年(3年)、1960—1963年(4年)、1969—1970年(2年)、1977—1990年(14年)、2003—2004年(2年)。

6.3.2 江南区降水量年际变化特征的统计分析

如图6.6(a)所示，江南区(10点平均，下同)的近50年(1960—2009年，下同)平均年降水量(常年降水量)有1583 mm。在1951—2009年期间，正异常年(偏多，下同)的气候概率是56%(33/59)；负异常(偏少，下同)年的气候概率是42%(25/59)；正常年的气候概率是2%(1/59)。年降水量较常年偏多20%以上的异常多雨年有6个：1954年有1906 mm，偏多20%；1973年有1989 mm，偏多26%；1975年有2139 mm，偏多35%；1997年有1948 mm，偏多23%；1998年有1964 mm，偏多24%；2002年有1942 mm，偏多23%。较常年偏少20%以上的异常少雨年有5个：1963年只有1188 mm，偏少25%；1967年只有1235 mm，偏少22%；1971年只有1134 mm，偏少28%；1986年只有1258 mm，偏少21%；2003年只有1149 mm，偏少27%。最多年(1975年)是最少年(1971年)的1.89倍。

江南地区年降水量持续较常年偏多的持续多雨期有：1951—1954年(4年)、1961—1962年(2年)、1969—1970年(2年)、1975—1977年(3年)、1980—1984年(5年)、1989—1990年(2年)、1992—1995年(4年)、1997—2002年(6年)、2005—2006年(2年)；年降水量持续较常年偏少的持续少雨期有：1955—1958年(4年)、1963—1967年(5年)、1971—1972年(2年)、1978—1979年(2年)、1985—1986年(2年)、2003—2004年(2年)、2007—2009年(3年)。

如图6.6(b)所示，江南地区近50年平均汛期(5—9月，下同)降水量(汛期常年降水量)有887 mm。在1951—2009年期间，正异常年的气候概率是53%(31/59)；负异常年的气候概率是46%(27/59)；正常年的气候概率是2%(1/59)。汛期降水量较常年同期偏多20%以上的异常多雨洪涝年有8个：1952年有1156 mm，偏多30%；1954年有1244 mm，偏多40%；1962年有1194 mm，偏多35%；1973年有1190 mm，偏多34%；1975年有1078 mm，偏多22%；1997年有1087 mm，偏多23%；1999年有1124 mm，偏多27%；2002年有1106 mm，偏多25%。较常年同期偏少20%以上的异常少雨干旱年有6个：1966年只有711 mm，偏少20%；1967年只有687 mm，偏少23%；1986年只有558 mm，偏少37%；1991年只有552 mm，偏少38%；1996年只有673 mm，偏少24%；2003年只有621 mm，偏少30%。最多年(1954年)是最少年(1991年)的2.25倍。

江南地区汛期降水量持续较常年同期偏多的持续多雨期有：1954—1956年(3年)、1958—1962年(5年，其中有1个正常年)、1968—1970年(3年)、1975—1977年(3年)、1982—1984年(3年)、1989—1990年(2年)、1992—1995年(4年)、1997—1999年(3年)、2001—2002年(2年)、2005—2006年(2年)；汛期降水量持续较常年同期偏少的持续少雨期有：1963—1967年(5年)、1971—1972年(2年)、1978—1981年(4年)、1985—1988年(4年)、2003—2004年(2年)、2007—2009年(3年)。

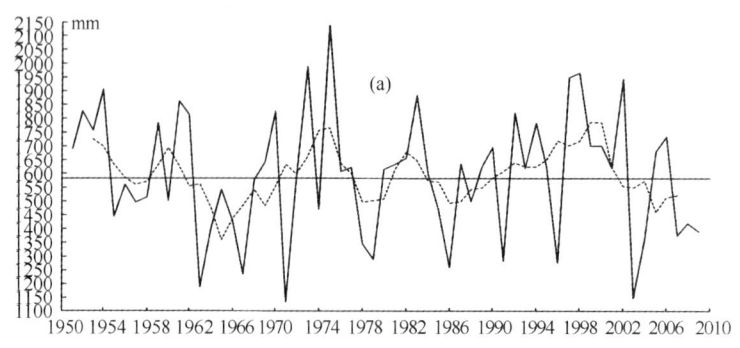

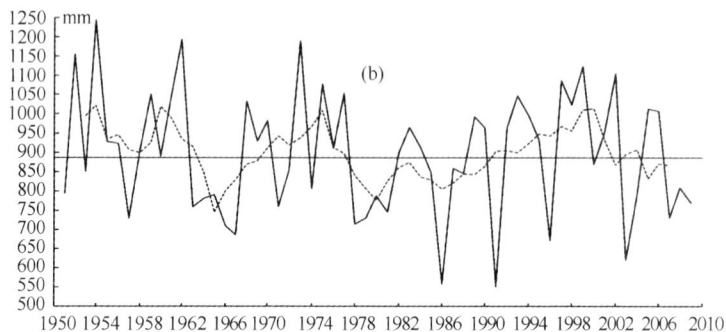

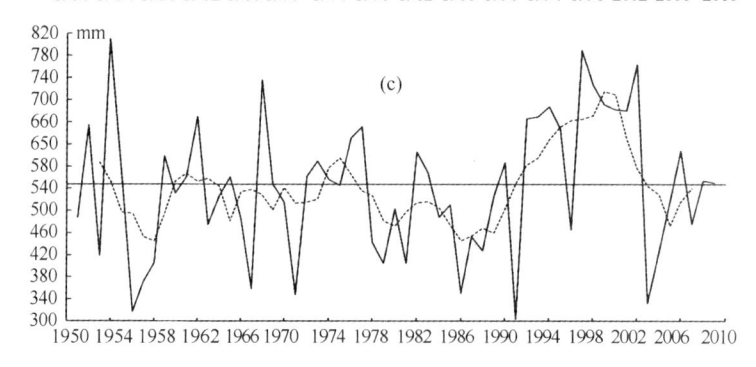

图 6.6　1951—2009 年江南区(10 点平均)年降水量(a)汛期(5—9 月)降水量(b)主汛期(6—8 月)降水量(c)的年际变化曲线图(虚线是 5 年滑动平均降水量)

Fig. 6.6　As in Fig. 6.5, but for the southern area of the Yangtze River sub-region (Jiangnan, mean of the 10 stations, the second sub-region)

如图 6.6(c)所示,江南地区近 50 年平均主汛期(6—8 月,下同)降水量(主汛期常年降水量)有 547 mm。在 1951—2009 年期间,正异常年的气候概率是 49%(29/59);负异常年的气候概率是 48%(28/59);正常年的气候概率是 3%(2/59)。主汛期降水量较常年同期偏多 20%以上的异常多雨洪涝年有 13 个:1952 年有 654 mm,偏多 20%;1954 年有 810 mm,偏多 48%;1962 年有 669 mm,偏多 22%;1968 年有 735 mm,偏多 34%;1992 年有 665 mm,偏多 22%;1993 年有 669 mm,偏多 22%;1994 年有 687 mm,偏多 26%;1997 年有 789 mm,偏多 44%;1998 年有 726 mm,偏多 33%;1999 年有 691 mm,偏多 26%;2000 年有 682 mm,偏多 25%;2001 年有 680 mm,偏多 24%;2002 年有 764 mm,偏多 40%。较常年同期偏少 20%以上的异常少雨干旱年有 13 个:1953 年只有 419 mm,偏少 23%;1956 年只有 318 mm,偏少 42%;1957 年只有 371 mm,偏少 32%;1958 年只有 405 mm,偏少 26%;1967 年只有 359 mm,

偏少 34%;1971 年只有 348 mm,偏少 36%;1979 年只有 404 mm,偏少 26%;1981 只有 404 mm,偏少 26%;1986 年只有 350 mm,偏少 36%;1988 年只有 427 mm,偏少 22%;1991 年只有 304 mm,偏少 44%;2003 年只有 332 mm,偏少 39%;2004 年只有 424 mm,偏少 22%。最多年(1954 年)是最少年(1991 年)的 2.66 倍。

江南地区主汛期降水量持续较常年同期偏多的持续多雨期有:1954—1955 年(2 年)、1961—1962 年(2 年)、1972—1977 年(6 年,其中有 1 个正常年)、1982—1983 年(2 年)、1992—2002 年(11 年中有 9 年持续异常多雨,只有 1996 年偏少)、2008—2009 年(2 年);主汛期降水量持续较常年同期偏少的持续少雨期有:1956—1958 年(3 年持续异常少雨)、1963—1964 年(2 年);1966—1967 年(2 年);1970—1971 年(2 年)、1978—1981 年(4 年)、1984—1990 年(8 年,其中有 1 个正常稍多年);2003—2005 年(3 年)。

6.3.3 湘南区降水量年际变化特征的统计分析

如图 6.7(a)所示,湘南区(4 点平均,下同)的近 50 年(1960—2009 年,下同)平均年降水量(常年降水量)有 1365 mm。在 1951—2009 年期间,正异常年的气候概率是 49%(29/59);负异常年的气候概率是 49%(29/59);正常年的气候概率是 2%(1/59)。年降水量较常年偏多 20%以上的异常多雨年有 4 个:1961 年有 1758 mm,偏多 29%;1970 年有 1734 mm,偏多 27%;1994 年有 1750 mm,偏多 28%;2002 年有 1906 mm,偏多 40%。较常年偏少 20%以上的异常少雨年有 4 个:1958 年只有 1094 mm,偏少 20%;1963 年只有 1090 mm,偏少 20%;1986 年只有 1089 mm,偏少 20%;2003 年只有 1042 mm,偏少 24%。最多年(2002 年)是最少年(2003 年)的 1.83 倍。

湘南地区年降水量持续较常年偏多的持续多雨期有:1952—1955 年(4 年)、1961—1962 年(2 年)、1968—1970(3 年)、1972—1973(2 年)、1975—1976 年(2 年)、1980—1983 年(4 年)、1990—1994 年(5 年,其中有 1 个正常年)、1996—1997 年(2 年);年降水量持续较常年偏少的持续少雨期有:1963—1967 年(5 年)、1977—1979 年(3 年)、1984—1989 年(6 年)、2000—2001 年(2 年)、2007—2009 年(3 年)。

如图 6.7(b)所示,湘南地区近 50 年平均汛期(5—9 月,下同)降水量(汛期常年降水量)有 699 mm。在 1951—2009 年期间,正异常年的气候概率是 39%(23/59);负异常年的气候概率是 59%(35/59);正常年的气候概率是 2%(1/59)。汛期降水量较常年同期偏多 20%以上的异常多雨洪涝年有 12 个:1952 年有 854 mm,偏多 30%;1954 年有 903 mm,偏多 29%;1955 年有 895 mm,偏多 28%;1961 年有 877 mm,偏多 25%;1970 年有 920 mm,偏多 32%;1973 年有 868 mm,偏多 24%;1976 年有 874 mm,偏多 25%;1993 年有 868 mm,偏多 24%;1994 年有 956 mm,偏多 37%;1996 年有 860 mm,偏多 23%;1999 年有 928 mm,偏多 33%;2002 年有 1040 mm,偏多 49%。较常年同期偏少 20%以上的异常少雨干旱年有 8 个:1951 年只有 552 mm,偏少 21%;1963 年只有 427 mm,偏少 39%;1964 年只有 547 mm,偏少 22%;1965 年只有 548 mm,偏少 22%;1966 年只有 467 mm,偏少 33%;1986 年只有 551 mm,偏少 21%;2003 年只有 531 mm,偏少 24%;2009 年只有 529 mm,偏少 24%。最多年(2002 年)是最少年(1963 年)的 2.44 倍。

湘南地区汛期降水量持续较常年同期偏多的持续多雨期有:1954—1955 年(2 年)、1961—1962 年(2 年)、1968—1970 年(3 年)、1975—1976 年(2 年)、1993—1994 年(2 年)、1996—1997 年(2 年)、2006—2007 年(2 年);汛期降水量持续较常年偏少的持续少雨期有:1956—1958 年

(3年);1963—1967年(5年中有4年持续异常少雨)、1971—1972年(2年)、1980—1992年(13年,其中有1个正常偏多年)、2000—2001年(2年)、2008—2009年(2年)。

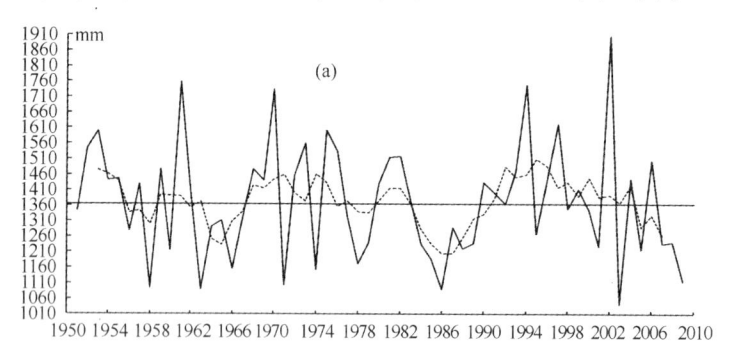

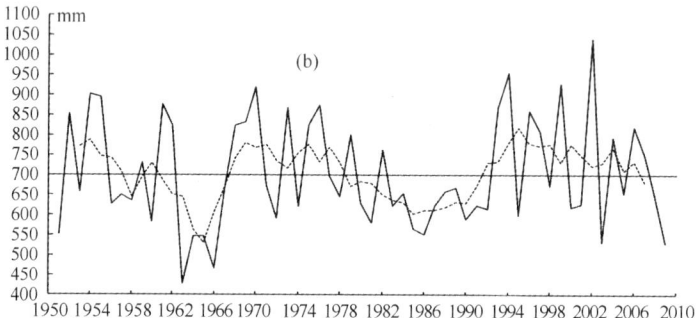

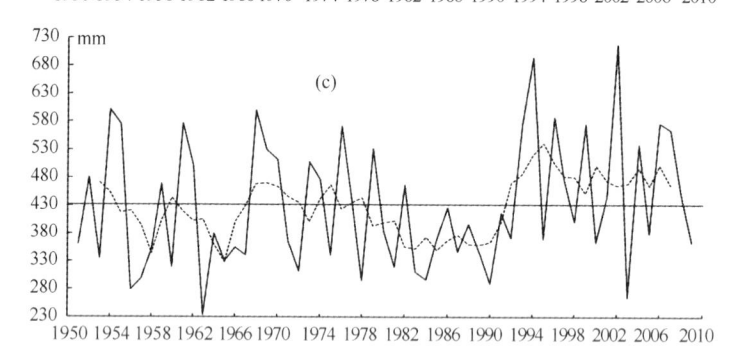

图6.7 1951—2009年湘南区(4点平均)年降水量(a)汛期(5—9月)降水量(b)主汛期(6—8月)降水量(c)的年际变化曲线图(虚线是5年滑动平均降水量)

Fig. 6.7 As in Fig. 6.5, but for the South Hunan sub-region (mean of the 4 stations, the 3rd sub-region)

如图6.7(c)所示,湘南地区近50年平均主汛期(6—8月,下同)降水量(主汛期常年降水量)有432 mm。在1951—2009年期间,正异常年的气候概率是44%(26/59);负异常年的气候概率是56%(33/59);正常年的气候概率是0%(0/59)。主汛期降水量较常年同期偏多20%以上的异常多雨洪涝年有15个:1954年有601 mm,偏多39%;1955年有575 mm,偏多33%;1961年有577 mm,偏多34%;1968年有600 mm,偏多39%;1969年有530 mm,偏多23%;1976年有572 mm,偏多32%;1979年有531 mm,偏多23%;1993年有574 mm,偏多33%;1994年有695 mm,偏多61%;1996年有588 mm,偏多36%;1999年有575 mm,偏多33%;2002年有718 mm,偏多66%;2004年有538 mm,偏多25%;2006年有577 m,偏多34%;2007年有565 m,偏多31%。较常年同期偏少20%以上的异常少雨干旱年有16个:

1953年只有335 mm,偏少22%;1956年只有279 mm,偏少35%;1957年只有299 mm,偏少31%;1960年只有320 mm,偏少26%;1963年只有234 mm,偏少46%;1965年只有330 mm,偏少24%;1967年只有341 mm,偏少21%;1972只有312 mm,偏少28%;1975年只有341 mm,偏少21%;1978年只有295 mm,偏少32%;1981年只有320 mm,偏少26%;1983年只有311 mm,偏少28%;1984年只有297 mm,偏少31%;1989年只有346 mm,偏少20%;1990年只有290 mm,偏少33%;2003年只有265 mm,偏少39%。最多年(2002年)是最少年(1963年)的3.07倍。

湘南地区主汛期降水量持续较常年同期偏多的持续多雨期有:1954—1955年(2年)、1961—1962年(2年)、1968—1970年(3年)、1973—1974年(2年)、1976—1977年(2年)、1993—1994年(2年)、1996—1997年(2年)、2001—2002年(2年)、2006—2008年(3年);主汛期降水量持续较常年同期偏少的持续少雨期有:1956—1958年(3年)、1963—1967年(5年)、1971—1972年(2年)、1980—1981年(2年)、1983—1992年(10年);1993—2009年的17年期间的6个少雨年均没有持续。

6.3.4 贵州区降水量年际变化特征的统计分析

如图6.8(a)所示,贵州区(6点平均,下同)的近50年(1960—2009年,下同)平均年降水量(常年降水量)有1162 mm。在1951—2009年期间,正异常年的气候概率是51%(30/59);负异常年的气候概率是44%(26/59);正常年的气候概率是4%(3/59)。年降水量较常年偏多20%以上的异常多雨年有2个:1954年有1512 mm,偏多30%;1977年有1399 mm,偏多20%。较常年偏少20%以上的异常少雨年有2个:1981年只有919 mm,偏少21%;2009年只有902 mm,偏少22%。最多年(1954年)是最少年(2009年)的1.68倍。

贵州区年降水量持续较常年偏多的持续多雨期有:1954—1955年(2年)、1964—1965年(2年)、1967—1974年(8年,其中有1个正常年)、1976—1980年(5年,其中有1个正常年)、1982—1983年(2年)、1993—1997年(5年,其中有1个正常年)、1999—2000年(2年);年降水量持续较常年偏少的持续少雨期有:1958—1960年(3年)、1962—1963年(2年)、1984—1990年(7年)、2005—2007年(3年)。

如图6.8(b)所示,贵州区近50年平均汛期(5—9月,下同)降水量(汛期常年降水量)有809 mm。在1951—2009年期间,正异常年的气候概率是49%(29/59);负异常年的气候概率是48%(28/59);正常年的气候概率是3%(2/59)。汛期降水量较常年同期偏多20%以上的异常多雨洪涝年有3个:1954年有1174 mm,偏多45%;1967年有1030 mm,偏多27%;1979年有983 mm,偏多22%。较常年同期偏少20%以上的异常少雨干旱年有6个:1966年只有639 mm,偏少21%;1981年只有608 mm,偏少25%;1989年只有630 mm,偏少22%;1990年只有637 mm,偏少21%;2001年只有594 mm,偏少27%;2009年只有606 mm,偏少25%。最多年(1954年)是最少年(2001年)的1.98倍。

贵州区汛期降水量持续较常年同期偏多的持续多雨期有:1954—1955年(2年)、1964—1965年(2年)、1967—1971年(5年)、1973—1974年(2年)、1976—1977年(2年)、1979—1980年(2年)、1982—1983年(2年)、1995—1996年(2年)、1999—2000年(2年)、2007—2008年(2年);汛期降水量持续较常年偏少的持续少雨期有:1956—1963年(8年);1986—1987年(2年)、1989—1990年(2年)、1997—1998年(2年)、2005—2006年(2年)。

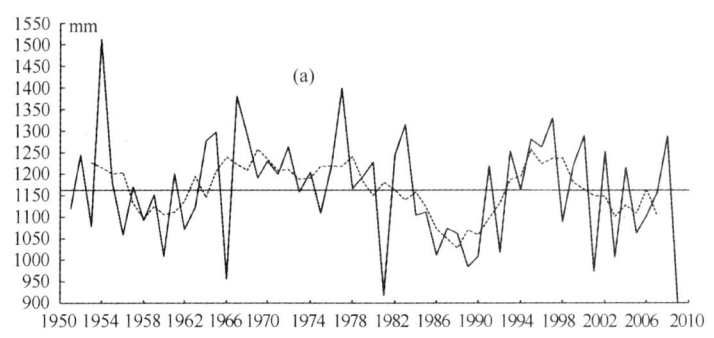

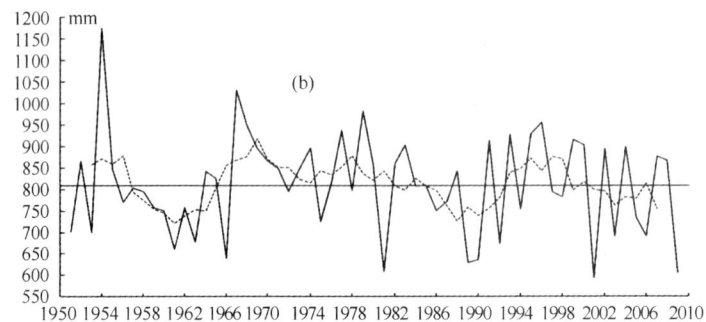

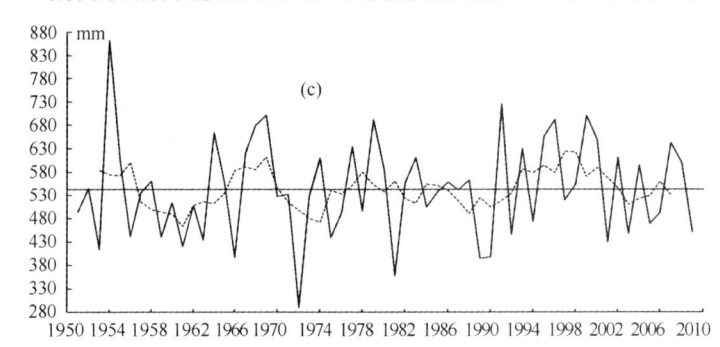

图 6.8　1951—2009 年贵州区(6 点平均)年降水量(a)汛期(5—9 月)降水量(b)主汛期
(6—8 月)降水量(c)的年际变化曲线图(虚线是 5 年滑动平均降水量)

Fig. 6.8　As in Fig. 6.5, but for the Guizhou sub-region (mean of the 6 stations, the 4th sub-region)

如图 6.8(c)所示,贵州区近 50 年平均主汛期(6—8 月,下同)降水量(主汛期常年降水量)有 543 mm。在 1951—2009 年期间,正异常年的气候概率是 47%(28/59);负异常年的气候概率是 51%(30/59);正常年的气候概率是 2%(1/59)。主汛期降水量较常年同期偏多 20% 以上的异常多雨洪涝年有 10 个:1954 年有 862 mm,偏多 59%;1964 年有 664 mm,偏多 22%;1968 年有 679 mm,偏多 25%;1969 年有 702 mm,偏多 29%;1979 年有 692 mm,偏多 27%;1991 年有 726 mm,偏多 34%;1995 年有 656 mm,偏多 21%;1996 年有 692 mm,偏多 27%;1999 年有 700 mm,偏多 29%;2000 年有 649 mm,偏多 20%。较常年同期偏少 20% 以上的异常少雨干旱年有 9 个:1953 年只有 414 mm,偏少 24%;1961 年只有 420 mm,偏少 23%;1963 年只有 434 mm,偏少 20%;1966 年只有 397 mm,偏少 27%;1972 年只有 290 mm,偏少 47%;1981 年只有 358 mm,偏少 34%;1989 年只有 395 mm,偏少 27%;1990 年只有 398 mm,偏少 27%;2001 年只有 430 mm,偏少 21%。最多年(1954 年)是最少年(1972 年)的 2.97 倍。

贵州区主汛期降水量持续较常年同期偏多的持续多雨期有:1954—1955 年(2 年)、1964—

1965年(2年)、1967—1969年(3年)、1979—1980年(2年)、1982—1983(2年)、1986—1988年(3年,其中有1个正常年)、1995—1996年(2年)、1998—2000年(3年)、2007—2008年(2年);主汛期降水量持续较常年同期偏少的持续少雨期有:1951—1953(3年,其中有1个正常年)、1956—1957(2年)、1959—1963(5年)、1970—1973年(4年)、1975—1976年(2年)、1984—1985年(2年)、1989—1990年(2年)、2005—2006年(2年)。

6.3.5 长江上游区降水年际变化特征的统计分析

如图6.9(a)所示,长江上游区(8点平均,下同)的近50年(1960—2009年,下同)平均年降水量(常年降水量)有1108 mm。在1951—2009年期间,正异常年的气候概率是47%(28/59);负异常年的气候概率是46%(27/59);正常年的气候概率是7%(4/59)。年降水量较常年偏多20%以上的异常多雨年有2个:1956年有1329 mm,偏多20%;1973年有1394 mm,偏多26%。较常年偏少20%以上的异常少雨年有2个:1997年只有891 mm,偏少20%;2006年只有837 mm,偏少24%。最多年(1973年)是最少年(2006年)的1.67倍。

长江上游区年降水量持续较常年偏多的持续多雨期有:1951—1954年(4年,其中有1个正常年)、1958—1968年(11年,其中有1个正常年)、1973—1975年(3年)、1981—1985年(5年,其中有1个正常年)、1988—1990年(3年)、1998—1999年(2年);年降水量持续较常年偏少的持续少雨期有:1971—1972年(2年)、1976—1980年(5年)、1986—1987年(2年)、1991—1997年(7年)、2000—2006年(7年)。

如图6.9(b)所示,长江上游区近50年平均汛期(5—9月,下同)降水量(汛期常年降水量)有838 mm。在1951—2009年期间,正异常年的气候概率是49%(29/59);负异常年的气候概率是49%(29/59);正常年的气候概率是2%(1/59)。汛期降水量较常年同期偏多20%以上的异常多雨洪涝年有4个:1956年有1063 mm,偏多27%;1973年有1111 mm,偏多33%;1984年有1029 mm,偏多23%;1988年有1014 mm,偏多21%。较常年同期偏少20%以上的异常少雨干旱年有3个:1972年只有654 mm,偏少22%;1997年只有649 mm,偏少23%;2006年只有561 mm,偏少33%。最多年(1973年)是最少年(2006年)的1.98倍。

长江上游区汛期降水量持续较常年同期偏多的持续多雨期有:1951—1952年(2年)、1958—1968年(11年,其中有1个正常年)、1973—1975年(3年)、1983—1985年(3年)、1987—1991年(5年)。汛期降水量持续较常年同期偏少的持续少雨期有:1969—1972年(4年)、1976—1980年(5年)、1992—1997年(6年)、1999—2002年(4年)、2004—2006年(3年)、2008—2009年(2年)。

如图6.9(c)所示,长江上游区近50年平均主汛期(6—8月,下同)降水量(主汛期常年降水量)有580 mm。在1951—2009年期间,正异常年的气候概率是49%(29/59);负异常年的气候概率是51%(30/59);正常年的气候概率是0%(0/59)。主汛期降水量较常年同期偏多20%以上的异常多雨洪涝年有7个:1954年有710 mm,偏多22%;1956年有824 mm,偏多42%;1961年有756 mm,偏多30%;1966年有719 mm,偏多24%;1973年有736 mm,偏多27%;1984年有731 mm,偏多26%;2007年有714 mm,偏多23%。较常年同期偏少20%以上的异常少雨干旱年有5个:1969年只有435 mm,偏少25%;1972年只有402 mm,偏少31%;1997年只有449 mm,偏少23%;2004年只有459 mm,偏少21%;2006年只有334 mm,偏少42%。最多年(1956年)是最少年(2006年)的2.47倍。

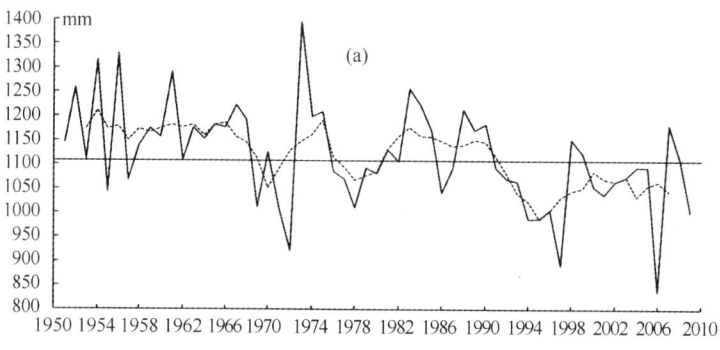

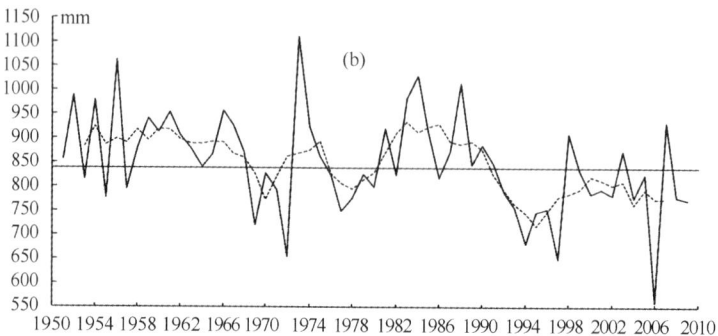

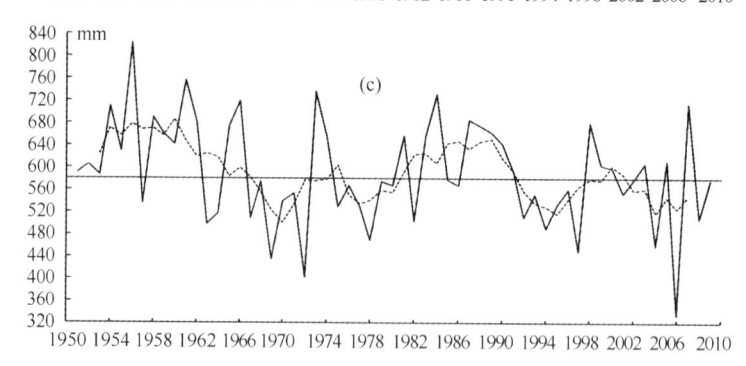

图 6.9 1951—2009 年长江上游区(8 点平均)年降水量(a)汛期(5—9 月)降水量(b)主汛期(6—8 月)降水量(c)的年际变化曲线图(虚线是 5 年滑动平均降水量)

Fig. 6.9 As in Fig. 6.5, but for the Upper Reaches of the Yangtze River sub-region (mean of the 8 stations, the 5th sub-region)

长江上游区主汛期降水量持续较常年同期偏多的持续多雨期有:1951—1956 年(6 年)、1958—1962 年(5 年)、1965—1966 年(2 年)、1973—1974 年(2 年)、1983—1984 年(2 年)、1987—1991 年(5 年)、1998—2000 年(3 年);主汛期降水量持续较常年同期偏少的持续少雨期有:1963—1964 年(2 年)、1967—1972 年(6 年)、1975—1980 年(6 年)、1985—1986 年(2 年)、1992—1997 年(6 年)、2001—2002 年(2 年)、2008—2009 年(2 年)。

6.3.6 长江中游区降水年际变化特征的统计分析

如图 6.10(a)所示,长江中游区(7 点平均,下同)的近 50 年(1960—2009 年,下同)平均年降水量(常年降水量)有 1274 mm。在 1951—2009 年期间,正异常年的气候概率是 44%(26/59);负异常年的气候概率是 56%(33/59);正常年的气候概率是 0%(0/59)。年降水量较常年偏多20%以上的异常多雨年有7个:1954年有1891 mm,偏多48%;1969年有1547 mm,偏多21%;1980年有1596 mm,偏多25%;1983年有1568 mm,偏多23%;1989年有1585 mm,偏多24%;1998年有1624 mm,偏多27%;2002年有1666 mm,偏多31%。较常年偏少20%以上的异常少雨年有4个:1966年只有979 mm,偏少23%;1976年只有1002 mm,偏少21%;1978年只有1010 mm,偏少21%;2001年只有1021 mm,偏少20%。最多年(1954年)是最少年(1966年)的1.93倍。

长江中游区年降水量持续较常年偏多的持续多雨期有:1969—1970年(2年)、1982—1983年(2年)、1995—1996(2年)、1998—2000年(3年);年降水量持续较常年偏少的持续少雨期有:1955—1957年(3年)、1959—1961年(3年)、1965—1966年(2年)、1971—1972年(2年)、1978—1979年(2年)、1984—1986年(3年)、2005—2007年(3年)。

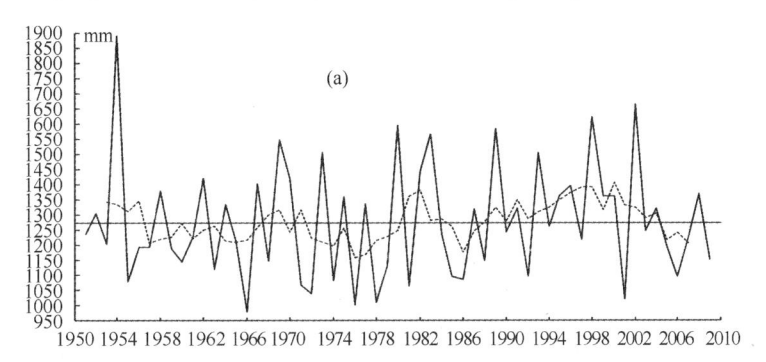

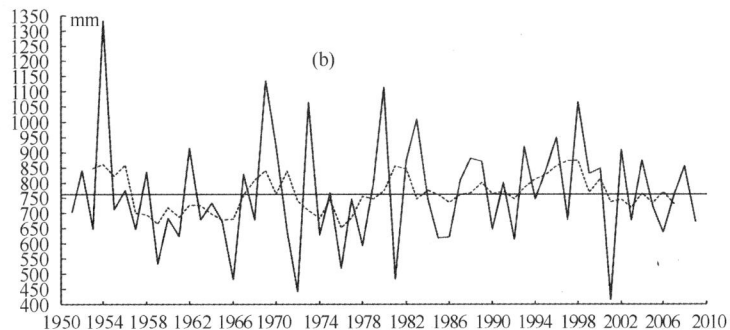

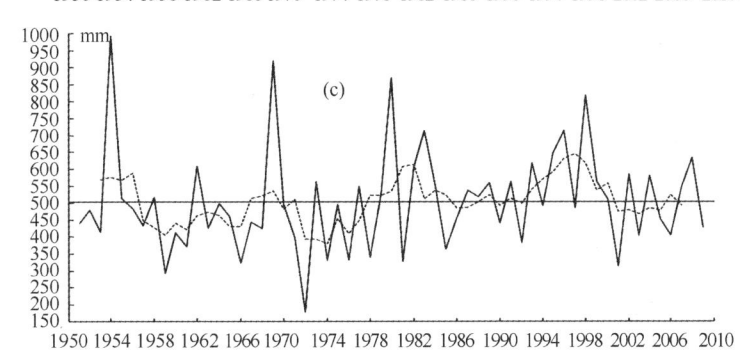

图6.10 1951—2009年长江中游区(7点平均)年降水量(a)汛期(5—9月)降水量(b)主汛期(6—8月)降水量(c)的年际变化曲线图(虚线是5年滑动平均降水量)

Fig. 6.10 As in Fig. 6.5, but for the Middle Reaches of the Yangtze River sub-region (mean of the 7 stations, the 6th sub-region)

如图 6.10(b)所示,长江中游区近 50 年平均汛期(5—9 月,下同)降水量(汛期常年降水量)有 761 mm。在 1951—2009 年期间,正异常年的气候概率是 46%(27/59);负异常年的气候概率是 52%(31/59);正常年的气候概率是 2%(1/59)。汛期降水量较常年同期偏多 20%以上的异常多雨洪涝年有 10 个:1954 年有 1334 mm,偏多 75%;1962 年有 915 mm,偏多 20%;1969 年 1135 mm,偏多 49%;1970 年有 923 mm,偏多 21%;1973 年 1064 mm,偏多 40%;1980 年有 1114 mm,偏多 46%;1983 年有 1009 mm,偏多 33%;1993 年 920 mm,偏多 21%;1996 年有 950 mm,偏多 25%;1998 年有 1066 mm,偏多 40%。较常年同期偏少 20%以上的异常少雨干旱年有 7 个:1959 年只有 534 mm,偏少 30%;1966 年只有 482 mm,偏少 37%;1972 年只有 443 mm,偏少 42%;1976 年只有 518 mm,偏少 32%;1978 年只有 594 mm,偏少 22%;1981 年只有 483 mm,偏少 37%;2001 年只有 416 mm,偏少 45%。最多年(1954年)是最少年(2001 年)的 3.21 倍。

长江中游区汛期降水量持续较常年同期偏多的持续多雨期有:1969—1970 年(2 年)、1979—1980 年(2 年)、1982—1983 年(2 年)、1987—1989 年(3 年)、1995—1996(2 年)、1998—2000 年(3 年)。汛期降水量持续较常年同期偏少的持续少雨期有:1959—1961 年(3 年)、1963—1966 年(4 年)、1971—1972 年(2 年)、1974—1978 年(5 年,其中有 1 个正常略多年)、1984—1986 年(3 年)、2005—2006 年(2 年)。

如图 6.10(c)所示,长江中游区近 50 年平均主汛期(6—8 月,下同)降水量(主汛期常年降水量)有 503 mm。在 1951—2009 年期间,正异常年的气候概率是 44%(26/59);负异常年的气候概率是 56%(33/59);正常年的气候概率是 0%(0/59)。主汛期降水量较常年同期偏多 20%以上的异常多雨洪涝年有 11 个:1954 年有 992 mm,偏多 97%;1962 年有 609 mm,偏多 21%;1969 年有 919 mm,偏多 83%;1980 年有 869 mm,偏多 73%;1982 年有 607 mm,偏多 21%;1983 年有 714 mm,偏多 42%;1993 年有 618 mm,偏多 23%;1995 年有 646 mm,偏多 28%;1996 年有 714 mm,较常年同期多 42%;1998 年有 819 mm,偏多 63%;2008 年有 632 mm,偏多 26%。较常年同期偏少 20%以上的异常少雨干旱年有 13 个:1959 年只有 293 mm,偏少 42%;1961 年只有 371 mm,偏少 26%;1966 年只有 323 mm,偏少 36%;1971 年只有 398 mm,偏少 21%;1972 年只有 177 mm,偏少 65%;1974 年只有 331 mm,偏少 34%;1976 年只有 332 mm,偏少 34%;1978 年只有 340 mm,偏少 32%;1981 年只有 327 mm,偏少 35%;1985 年只有 364 mm,偏少 28%;1992 年只有 382 mm,偏少 24%;2001 年只有 314 mm,偏少 38%;2003 年只有 403 m,偏少 20%。最多年(1954 年)是最少年(1972 年)的 5.61 倍。

长江中游区主汛期降水量持续较常年同期偏多的持续多雨期有:1954—1955 年(2 年)、1979—1980 年(2 年)、1982—1984 年(3 年)、1987—1989 年(3 年)、1995—1996 年(2 年)、1998—2000 年(3 年)、2007—2008 年(2 年)。汛期降水量持续较常年同期偏少的持续少雨期有:1951—1953 年(3 年)、1956—1957 年(2 年)、1959—1961 年(3 年)、1963—1968 年(6 年)、1970—1972 年(3 年)、1974—1978 年(5 年,其中有 1 个正常偏多年)、1985—1986 年(2 年)、2005—2006 年(2 年)。

6.3.7 长江下游区降水年际变化特征的统计分析

如图 6.11(a)所示,长江下游区(8 点平均,下同)的近 50 年(1960—2009 年,下同)平均年降水量(常年降水量)有 1331 mm。在 1951—2009 年期间,正异常年的气候概率是 51%

(30/59);负异常年的气候概率是 49%(29/59);正常年的气候概率是 0%(0/59)。年降水量较常年偏多 20% 以上的异常多雨年有 8 个:1954 年有 2025 mm,偏多 52%;1973 年有 1670 mm,偏多 25%;1975 年有 1608 mm,偏多 21%;1977 年有 1632 mm,偏多 23%;1983 年有 1648 mm,偏多 24%;1991 年有 1669 mm,偏多 25%;1998 年有 1651 mm,偏多 24%;1999 年有 1825 mm,偏多 37%。较常年偏少 20% 以上的异常少雨年有 2 个:1968 年只有 990 mm,偏少 26%;1978 年只有 798 mm,偏少 40%。最多年(1954 年)是最少年(1978 年)的 2.54 倍。

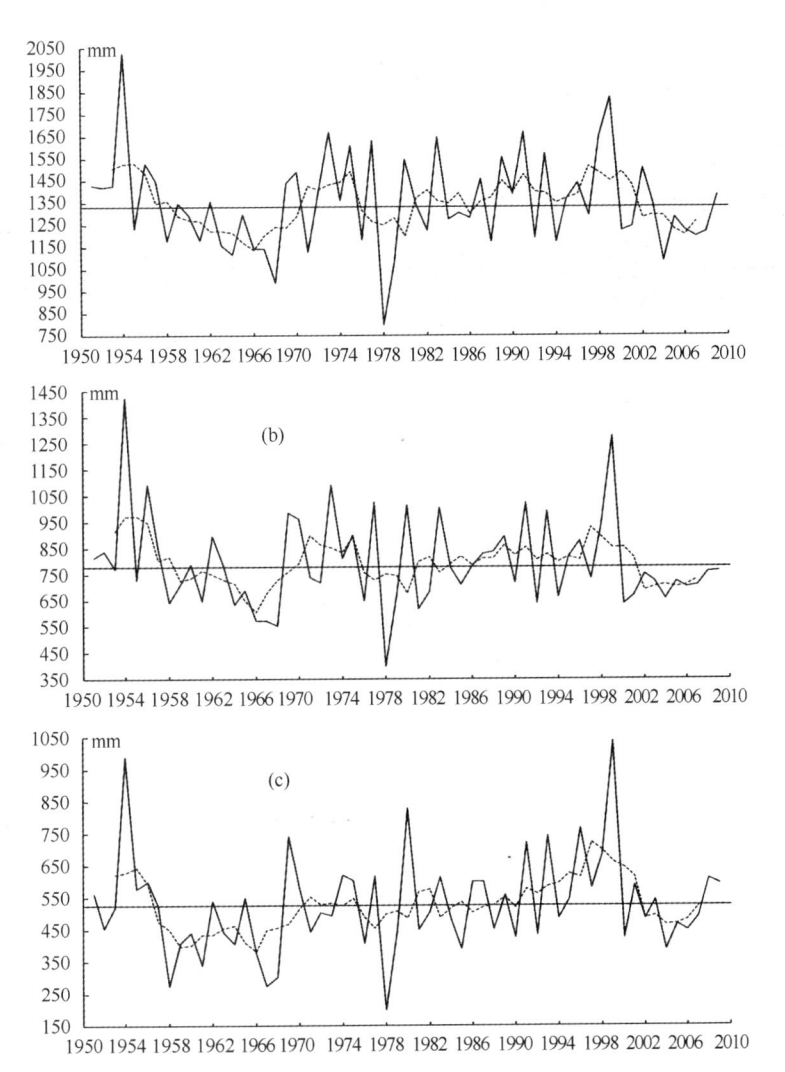

图 6.11　1951—2009 年长江下游区(8 点平均)年降水量(a)汛期(5—9 月)降水量(b)主汛期(6—8 月)降水量(c)的年际变化曲线图(虚线是 5 年滑动平均降水量)

Fig. 6.11　As in Fig. 6.5, but for the Lower Reaches of the Yangtze River sub-region (mean of the 8 stations, the 7th sub-region)

长江下游区年降水量持续较常年偏多的持续多雨期有:1951—1954 年(4 年)、1956—1957 年(2 年)、1969—1970 年(2 年)、1972—1975 年(4 年)、1980—1981(2 年)、1989—1991(3 年)、1995—1996 年(2 年)、1998—1999 年(2 年)、2002—2003 年(2 年)。年降水量持续较常年偏少

的持续少雨期有:1958—1968年(11年,其中有2个正常略多年)、1978—1979年(2年)、1984—1986年(3年)、2000—2001年(2年)、2004—2008年(5年)。

如图6.11(b)所示,长江下游区近50年平均汛期(5—9月,下同)降水量(汛期常年降水量)有779 mm。在1951—2009年期间,正异常年的气候概率是42%(25/59);负异常年的气候概率是56%(33/59);正常年的气候概率是2%(1/59)。汛期降水量较常年同期偏多20%以上的异常多雨洪涝年有12个:1954年有1424 mm,偏多83%;1956年有1091 mm,偏多40%;1969年有984 mm,偏多26%;1970年有961 mm,偏多23%;1973年有1090 mm,偏多40%;1977年有1024 mm,偏多31%;1980年有1013 mm,偏多30%;1983年有1003 mm,偏多29%;1991年有1023 mm,偏多31%;1993年有990 mm,偏多27%;1998年有939 mm,偏多21%;1999年有1277 mm,偏多64%。较常年同期偏少20%以上的异常少雨干旱年有5个:1966年只有573 mm,偏少26%;1967年只有572 mm,偏少27%;1968年只有552 m,偏少29%;1978年只有398 mm,偏少49%;1981年只有616 mm,偏少21%。最多年(1954年)是最少年(1978年)的3.58倍。

长江下游区汛期降水量持续较常年同期偏多的持续多雨期有:1951—1954年(4年,其中有1个正常略少年)、1956—1957年(2年)、1962—1963年(2年)、1969—1970年(2年)、1973—1975年(3年)、1987—1989年(3年)、1995—1996年(2年)、1998—1999年(2年)。汛期降水量持续较常年同期偏少的持续少雨期有:1958—1959年(2年)、1964—1968年(5年)、1971—1972年(2年)、1978—1979年(2年)、1981—1982年(2年)、1984—1985年(2年)、2000—2009年(10年)。

如图6.11(c)所示,长江下游区近50年平均主汛期(6—8月,下同)降水量(主汛期常年降水量)有525 mm。在1951—2009年期间,正异常年的气候概率是46%(27/59);负异常年的气候概率是52%(31/59);正常年的气候概率是2%(1/59)。主汛期降水量较常年同期偏多20%以上的异常多雨洪涝年有8个:1954年有989 mm,偏多88%;1969年有742 mm,偏多41%;1980年有828 mm,偏多58%;1991年有722 mm,偏多38%;1993年有743 mm,偏多42%;1996年有767 mm,偏多46%;1998年有685 mm,偏多30%;1999年有1037 mm,偏多98%。较常年同期偏少20%以上的异常少雨干旱年有11个:1958年只有275 mm,偏少48%;1959年只有409 mm,偏少22%;1961年只有340 mm,偏少35%;1964年只有405 mm,偏少23%;1966年只有377 mm,偏少28%;1967年只有275 mm,偏少48%;1968年只有303 mm,偏少42%;1976年只有407 mm,偏少22%;1978年只有200 mm,偏少62%;1985年只有390 mm,偏少26%;2004年只有388 m,偏少26%。最多年(1999年)是最少年(1978年)的5.19倍。

长江下游区主汛期降水量持续较常年同期偏多的持续多雨期有:1954—1956年(3年)、1969—1970年(2年)、1974—1975年(2年)、1986—1987年(2年)、1995—1999年(5年)、2008—2009年(2年)。主汛期降水量持续较常年同期偏少的持续少雨期有:1952—1953年(2年)、1958—1968年(11年,其中有7个异常偏少年,有2个正常略偏多年)、1971—1973年(3年)、1978—1979年(2年)、1981—1982年(2年)、1984—1985年(2年)、2004—2007年(4年)。

6.3.8 淮河流域区降水年际变化特征的统计分析

如图6.12(a)所示,淮河流域区(9点平均,下同)的近50年(1960—2009年,下同)平均年降水量(常年降水量)有900 mm。在1951—2009年期间,正异常年的气候概率是49%(29/59);负异常年的气候概率是51%(30/59);正常年的气候概率是0%(0/59)。年降水量较常年偏多

20%以上的异常多雨年有9个：1954年有1190 mm，偏多32%；1956年有1191 mm，偏多32%；1963年有1116 mm，偏多24%；1964年有1113 mm，偏多24%；1991年有1115 mm，偏多24%；1998年有1079 mm，偏多20%；2000年有1170 mm，偏多30%；2003年有1264 mm，偏多40%；2005年有1144 mm，偏多27%。较常年偏少20%以上的异常少雨年有7个：1953年只有674 mm，偏少25%；1966年只有582 mm，偏少35%；1978年只有562 mm，偏少38%；1986年只有711 mm，偏少21%；1988年只有659 mm，偏少27%；1999年只有724 mm，偏少20%；2001年只有652 mm，偏少28%。最多年(2003年)是最少年(1978年)的2.25倍。

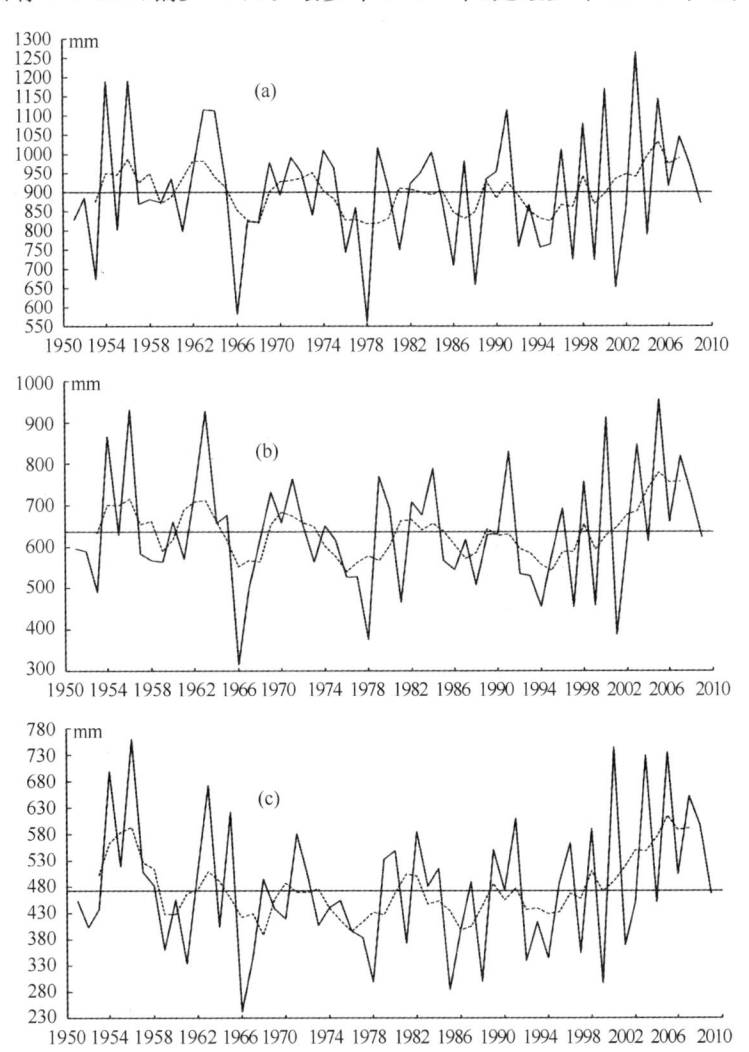

图 6.12　1951—2009年淮河流域区(9点平均)年降水量(a)汛期(5—9月)降水量(b)主汛期(6—8月)降水量(c)的年际变化曲线图(虚线是5年滑动平均降水量)

Fig. 6.12　As in Fig. 6.5, but for the Huaihe River Basin sub-region (mean of the 9 stations, the 8th sub-region)

淮河流域区年降水量持续较常年偏多的持续多雨期有：1962—1965年(4年)、1971—1972年(2年)、1974—1975年(2年)、1979—1980年(2年)、1982—1984(3年)、1989—1991(3年)、2005—2008年(4年)。年降水量持续较常年偏少的持续少雨期有：1951—1953年(3年)、1957—1959年(3年)、1966—1968年(3年)、1976—1978年(3年)、1985—1986年(2年)、

1992—1995年(4年)、2001—2002年(2年)。

如图6.12(b)所示,淮河流域区近50年平均汛期(5—9月,下同)降水量(汛期常年降水量)有636 mm。在1951—2009年期间,正异常年的气候概率是44%(26/59);负异常年的气候概率是56%(33/59);正常年的气候概率是0%(0/59)。汛期降水量较常年同期偏多20%以上的异常多雨洪涝年有11个:1954年有866 mm,偏多36%;1956年有932 mm,偏多47%;1963年有928 mm,偏多46%;1971年有764 mm,偏多20%;1979年有770 mm,偏多21%;1984年有789 mm,偏多24%;1991年有830 mm,偏多31%;2000年有913 mm,偏多44%;2003年有847 mm,偏多33%;2005年有956 mm,偏多50%;2007年有819 mm,偏多29%。较常年同期偏少20%以上的异常少雨干旱年有10个:1953年只有490 mm,偏少23%;1966年只有316 mm,偏少50%;1967年只有499 m,偏少22%;1978年只有377 mm,偏少41%;1981年只有466 mm,偏少27%;1988年只有507 mm,偏少20%;1994年只有456 m,偏少28%;1997年只有455 mm,偏少28%;1999年只有459 mm,偏少28%;2001年只有389 mm,偏少39%。最多年(2005年)是最少年(1966年)的3.03倍。

淮河流域区汛期降水量持续较常年同期偏多的持续多雨期有:1962—1965年(4年)、1969—1972年(4年)、1979—1980年(2年)、1982—1984年(3年)、2005—2008年(4年)。汛期降水量持续较常年同期偏少的持续少雨期有:1951—1953年(3年)、1957—1959年(3年)、1966—1968年(3年)、1975—1978年(4年)、1985—1990年(6年)、1992—1995年(4年)、2001—2002年(2年)。

如图6.12(c)所示,淮河流域区近50年平均主汛期(6—8月,下同)降水量(主汛期常年降水量)有472 mm。在1951—2009年期间,正异常年的气候概率是47%(28/59);负异常年的气候概率是51%(30/59);正常年的气候概率是2%(1/59)。主汛期降水量较常年同期偏多20%以上的异常多雨洪涝年有13个:1954年有699 mm,偏多48%;1956年有760 mm,偏多61%;1963年有672 mm,偏多42%;1965年有622 mm,偏多32%;1971年有581 mm,偏多23%;1982年有585 mm,偏多24%;1991年有610 mm,偏多29%;1998年有590 mm,偏多25%;2000年有744 mm,偏多58%;2003年有729 mm,偏多54%;2005年有735 mm,偏多56%;2007年有652 mm,偏多38%;2008年有596 mm,偏多26%。较常年同期偏少20%以上的异常少雨干旱年有13个:1959年只有360 mm,偏少24%;1961年只有334 mm,偏少29%;1966年只有242 mm,偏少49%;1967年只有348 mm,偏少26%;1978年只有300 mm,偏少36%;1981年只有373 mm,偏少21%;1985年只有284 mm,偏少40%;1988年只有301 mm,偏少36%;1992年只有340 mm,偏少28%;1994年只有345 mm,偏少27%;1997年只有355 m,偏少25%;1999年只有297 mm,偏少37%;2001年只有370 m,偏少22%。最多年(1956年)是最少年(1966年)的3.14倍。

淮河流域区主汛期降水量持续较常年同期偏多的持续多雨期有:1954—1958年(5年)、1962—1963年(2年)、1971—1972年(2年)、1979—1980年(2年)、1982—1984年(3年)、1989—1991年(3年,其中有1个正常年)、1995—1996年(2年)、2005—2008年(4年)。主汛期降水量持续较常年同期偏少的持续少雨期有:1951—1953年(3年)、1959—1961年(3年)、1966—1967年(2年)、1969—1970年(2年)、1973—1978年(6年)、1985—1988年(4年,其中有1个正常略多年)、1992—1994年(3年)、2001—2002年(2年)。

6.3.9 长江汉水流域区降水年际变化特征的统计分析

如图 6.13(a)所示,长江汉水流域区(4 点平均,下同)的近 50 年(1960—2009 年,下同)平均年降水量(常年降水量)有 862 mm。在 1951—2009 年期间,正异常年的气候概率是 51%(30/59);负异常年的气候概率是 49%(29/59);正常年的气候概率是 0%(0/59)。年降水量较常年偏多 20% 以上的异常多雨年有 4 个:1954 年有 1106 mm,偏多 28%;1964 年有 1092 mm,偏多 27%;1980 年有 1146 mm,偏多 33%;1983 年有 1257 mm,偏多 46%。较常年偏少 20% 以上的异常少雨年有 9 个:1953 年只有 641 mm,偏少 26%;1957 年只有 684 mm,偏少 21%;1959 年只有 662 mm,偏少 23%;1966 年只有 559 mm,偏少 35%;1976 年只有 640 mm,偏少 26%;1978 年只有 692 mm,偏少 20%;1995 年只有 638 mm,偏少 26%;1999 年只有 648 mm,偏少 25%;2001 年只有 633 mm,偏少 27%。最多年(1983 年)是最少年(1966 年)的 2.25 倍。

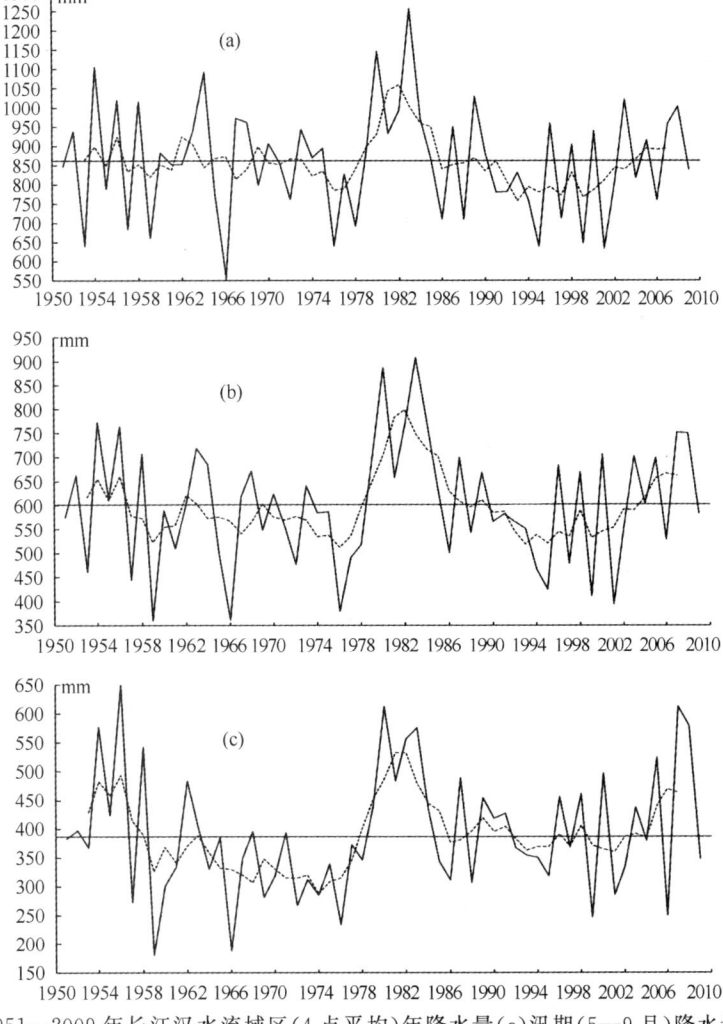

图 6.13 1951—2009 年长江汉水流域区(4 点平均)年降水量(a)汛期(5—9 月)降水量(b)主汛期(6—8 月)降水量(c)的年际变化曲线图(虚线是 5 年滑动平均降水量)

Fig. 6.13 As in Fig. 6.5, but for the Yangtze-Hanshui Basin River sub-region (mean of the 4 stations, the 9th sub-region)

长江汉水流域区年降水量持续较常年偏多的持续多雨期有:1963—1964年(2年)、1967—1968年(2年)、1973—1975年(3年)、1979—1985年(7年)、1989—1990年(2年)、2007—2008年(2年)。年降水量持续较常年偏少的持续少雨期有:1961—1962年(2年)、1965—1966年(2年)、1971—1972年(2年)、1976—1978年(3年)、1991—1995年(5年)、2001—2002年(2年)。

如图6.13(b)所示,长江汉水流域区近50年平均汛期(5—9月,下同)降水量(汛期常年降水量)有601 mm。在1951—2009年期间,正异常年的气候概率是46%(27/59);负异常年的气候概率是51%(30/59);正常年的气候概率是3%(2/59)。汛期降水量较常年同期偏多20%以上的异常多雨洪涝年有9个:1954年有773 mm,偏多29%;1956年有764 mm,偏多27%;1963年有719 mm,偏多20%;1980年有887 mm,偏多48%;1982年有766 mm,偏多27%;1983年有908 mm,偏多51%;1984年有775 mm,偏多29%;2007年有752 mm,偏多25%;2008年有750 mm,偏多25%。较常年同期偏少20%以上的异常少雨干旱年有11个:1953年只有462 mm,偏少23%;1957年只有445 mm,偏少26%;1959年只有361 m,偏少40%;1966年只有362 mm,偏少40%;1972年只有476 mm,偏少21%;1976年只有380 mm,偏少37%;1994年只有467 mm,偏少22%;1995年只有425 mm,偏少29%;1997年只有479 mm,偏少20%;1999年只有411 mm,偏少32%;2001年只有395 mm,偏少34%。最多年(1983年)是最少年(1959年和1966年)的2.51倍。

长江汉水流域区汛期降水量持续较常年同期偏多的持续多雨期有:1954—1956年(3年)、1963—1964年(2年)、1967—1968年(2年)、1979—1985年(7年)、2007—2008年(2年)。汛期降水量持续较常年同期偏少的持续少雨期有:1959—1961年(3年)、1965—1966年(2年)、1969—1978年(10年,其中有2个正常略多年)、1990—1995年(6年)、2001—2002年(2年)。

如图6.13(c)所示,长江汉水流域区近50年平均主汛期(6—8月,下同)降水量(主汛期常年降水量)有387 mm。在1951—2009年期间,正异常年的气候概率是44%(26/59);负异常年的气候概率是56%(33/59);正常年的气候概率是0%(0/59)。主汛期降水量较常年同期偏多20%以上的异常多雨洪涝年有13个:1954年有577 mm,偏多49%;1956年有649 mm,偏多68%;1958年有542 mm,偏多40%;1962年有484 mm,偏多25%;1980年有612 mm,偏多58%;1981年有484 mm,偏多25%;1982年有556 mm,偏多44%;1983年有576 mm,偏多49%;1987年有489 mm,偏多26%;2000年有497 mm,偏多28%;2005年有525 mm,偏多36%;2007年有612 mm,偏多58%;2008年有579 mm,偏多50%。较常年同期偏少20%以上的异常少雨干旱年有12个:1957年只有273 mm,偏少29%;1959年只有181 mm,偏少53%;1960年只有301 mm,偏少22%;1966年只有189 mm,偏少51%;1969年只有282 mm,偏少27%;1972年只有268 mm,偏少31%;1974年只有285 mm,偏少26%;1976年只有234 mm,偏少40%;1986年只有311 mm,偏少20%;1988年只有307 mm,偏少21%;1999年只有247 mm,偏少36%;2001年只有286 m,偏少26%;2006年只有249 mm,偏少36%。最多年(1956年)是最少年(1959年)的3.59倍。

长江汉水流域区主汛期降水量持续较常年同期偏多的持续多雨期有:1954—1956年(3年)、1962—1963年(2年)、1979—1984年(6年,其中有4年持续异常多雨)、1989—1991年(3年)、2007—2008年(2年)。主汛期降水量持续较常年同期偏少的持续少雨期有:1959—1961年(3年)、1964—1978年(15年,其中有2个正常略多年)、1985—1986年(2年)、1992—1995年(4年)、2001—2002年(2年)。

6.3.10 海河流域区降水年际变化特征的统计分析

如图 6.14(a)所示,海河流域区(11 点平均,下同)的近 50 年(1960—2009 年,下同)平均年降水量(常年降水量)有 514 mm。在 1951—2009 年期间,正异常年的气候概率是 51%(30/59);负异常年的气候概率是 49%(29/59);正常年的气候概率是 0%(0/59)。年降水量较常年偏多 20% 以上的异常多雨年有 11 个:1954 年有 705 mm,偏多 37%;1956 年有 775 mm,偏多 51%;1958 年有 617 mm,偏多 20%;1959 年有 664 mm,偏多 29%;1963 年有 709 mm,偏多 38%;1964 年有 791 mm 偏多 54%;1973 年有 680 mm,偏多 32%;1977 年有 642 mm,偏多 25%;1990 年有 626 mm,偏多 22%。1996 年有 653 mm,偏多 27%;2003 年有 635 mm,偏多 24%。较常年偏少 20% 以上的异常少雨年有 7 个:1965 年只有 335 mm,偏少 35%;1972 年只有 360 mm,偏少 30%;1986 年只有 411 mm,偏少 20%;1997 年只有 357 mm,偏少 31%;1999 年只有 373 mm,偏少 27%;2001 年只有 413 mm,偏少 20%;2002 年只有 393 mm,偏少 24%。最多年(1964 年)是最少年(1965 年)的 2.36 倍。

海河流域区年降水量持续较常年偏多的持续多雨期有:1953—1956 年(4 年)、1958—1959 年(2 年)、1963—1964 年(2 年)、1966—1967 年(2 年)、1975—1979(5 年)、1990—1991(2 年)、1994—1996 年(3 年)。年降水量持续较常年偏少的持续少雨期有:1951—1952 年(2 年)、1980—1987 年(8 年,其中有 1 个略偏多年)、1992—1993 年(2 年)、2001—2002 年(2 年)、2004—2008 年(5 年)。

如图 6.14(b)所示,海河流域区近 50 年平均汛期(5—9 月,下同)降水量(汛期常年降水量)有 424 mm。在 1951—2009 年期间,正异常年的气候概率是 56%(33/59);负异常年的气候概率是 42%(25/59);正常年的气候概率是 2%(1/59)。汛期降水量较常年同期偏多 20% 以上的异常多雨洪涝年有 9 个:1954 年有 590 mm,偏多 39%;1955 年有 528 mm,偏多 25%;1956 年有 672 mm,偏多 58%;1959 年有 584 mm,偏多 38%;1963 年有 641 mm,偏多 51%;1964 年有 602 mm,偏多 42%;1973 年有 574 mm,偏多 35%;1977 年有 533 mm,偏多 26%;1996 年有 574 mm,偏多 35%。较常年同期偏少 20% 以上的异常少雨干旱年有 9 个:1957 年只有 338 mm,偏少 20%;1965 年只有 242 mm,偏少 43%;1968 年只有 291 m,偏少 31%;1972 年只有 289 mm,偏少 32%;1980 年只有 336 mm,偏少 21%;1997 年只有 262 mm,偏少 38%;1999 年只有 305 m,偏少 28%;2001 年只有 324 mm,偏少 24%;2002 年只有 316 mm,偏少 25%。最多年(1956 年)是最少年(1965 年)的 2.78 倍。

海河流域区汛期降水量持续较常年同期偏多的持续多雨期有:1953—1956 年(4 年)、1958—1959 年(2 年)、1961—1964 年(4 年)、1966—1967 年(2 年)、1973—1978(6 年,其中有 1 个正常略少年)、1984—1985 年(2 年)、1990—1991(2 年)、1994—1996 年(3 年)、2003—2004 年(2 年)。汛期降水量持续较常年同期偏少的持续少雨期:1951—1952 年(2 年)、1979—1981 年(3 年)、1986—1987 年(2 年)、1992—1993 年(2 年)、2001—2002 年(2 年)、2006—2008 年(3 年)。

如图 6.14(c)所示,海河流域区近 50 年平均主汛期(6—8 月,下同)降水量(主汛期常年降水量)有 332 mm。在 1951—2009 年期间,正异常年的气候概率是 54%(32/59);负异常年的气候概率是 46%(27/59);正常年的气候概率是 0%(0/59)。主汛期降水量较常年同期偏多 20% 以上的异常多雨洪涝年有 15 个:1953 年有 408 mm,偏多 23%;1954 年有 500 mm,偏多

51%;1956年有586 mm,偏多77%;1958年有410 mm,偏多23%;1959年有487 mm,偏多47%;1963年有491 mm,偏多48%;1964年有446 mm,偏多34%;1966年有428 mm,偏多29%;1971年有416 mm,偏多25%;1973年有481 mm,偏多45%;1976年有411 mm,偏多24%;1977年有436 mm,偏多31%;1988年有408 mm,偏多23%;1995年有407 mm,偏多23%;1996年有516 mm,偏多55%。较常年同期偏少20%以上的异常少雨干旱年有9个:1965年只有209 mm,偏少37%;1968年只有210 mm,偏少37%;1972年只有225 mm,偏少32%;1980年只有254 mm,偏少23%;1983年只有215 mm,偏少35%;1997年只有172 mm,偏少48%;1999年只有240 mm,偏少28%;2002年只有220 mm,偏少34%;2007年只有255 mm,偏少23%。最多年(1956年)是最少年(1997年)的3.41倍。

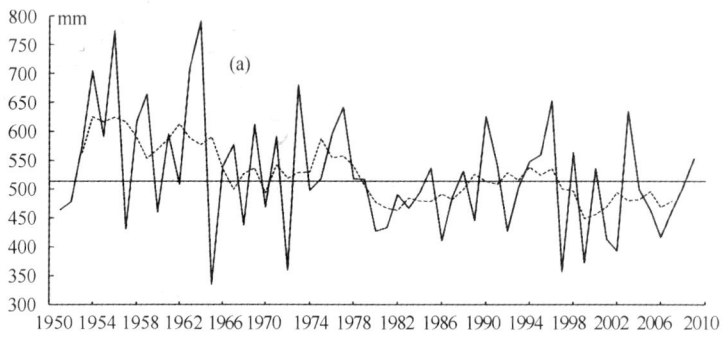

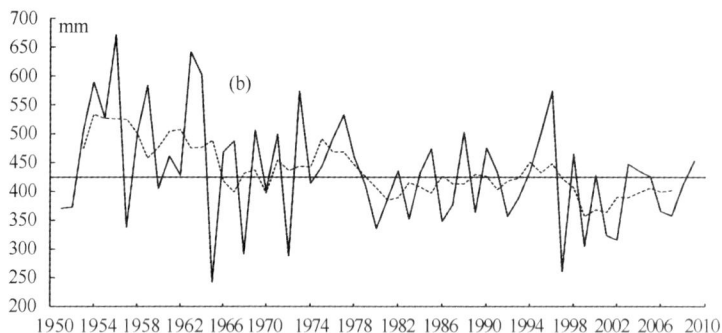

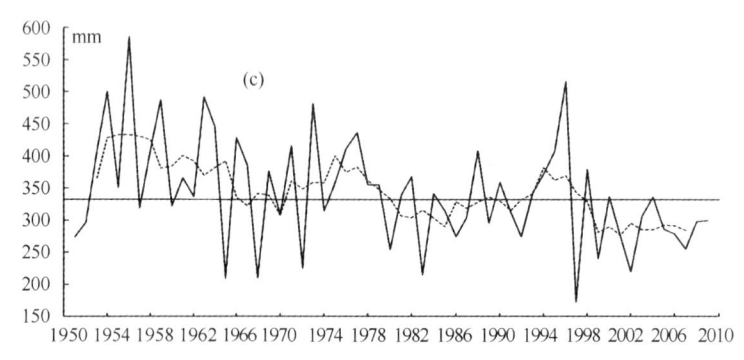

图6.14 1951—2009年海河流域区(11点平均)年降水量(a)汛期(5—9月)降水量(b)主汛期(6—8月)降水量(c)的年际变化曲线图(虚线是5年滑动平均降水量)

Fig. 6.14 As in Fig. 6.5, but for the Haihe River Basin sub-region (mean of the 11 stations, the 10th sub-region)

海河流域区主汛期降水量持续较常年同期偏多的持续多雨期有:1953—1956年(4年)、1958—1959年(2年)、1961—1964年(4年)、1966—1967年(2年)、1975—1979年(5年)、1981—1982年(2年)、1993—1996年(4年)。主汛期降水量持续较常年同期偏少的持续少雨期有:1951—1952年(2年)、1985—1987年(3年)、1991—1992年(2年)、1999—2009年(11年,其中有2个正常略多年)。

6.3.11 黄河河套区降水年际变化特征的统计分析

如图6.15(a)所示,黄河河套区(6点平均,下同)的近50年(1960—2009年,下同)平均年降水量(常年降水量)有294 mm。在1951—2009年期间,正异常年的气候概率是54%(32/59);负异常年的气候概率是42%(25/59);正常年的气候概率是3%(2/59)。年降水量较常年偏多20%以上的异常多雨年有8个:1958年有442 mm,偏多50%;1959年有364 mm,偏多24%;1961年有461 mm,偏多57%;1964年有480 mm,偏多63%;1967年有412 mm,偏多40%;1973年有358 mm,偏多22%;1988年有359 mm,偏多22%;2003年有367 mm,偏多25%。较常年偏少20%以上的异常少雨年有10个:1957年只有222 mm,偏少24%;1965年只有169 mm,偏少43%;1972年只有221 mm,偏少25%;1974年只有184 mm,偏少37%;1980年只有216 mm,偏少27%;1983年只有217 mm,偏少26%;1986年只有223 mm,偏少24%;1999年只有229 mm,偏少22%;2000年只有207 mm,偏少30%;2005年只有179 mm,偏少39%。最多年(1964年)是最少年(1965年)的2.84倍。

黄河河套区年降水量持续较常年偏多的持续多雨期有:1953—1954年(2年)、1958—1961年(4年)、1967—1968年(2年)、1975—1979年(5年)、1983—1985(3年)、1988—1990年(3年,其中有1个正常年)、2001—2003年(3年)。年降水量持续较常年偏少的持续少雨期有:1962—1963年(2年)、1965—1966年(2年)、1971—1972年(2年)、1986—1987年(2年)、1999—2000年(2年)、2005—2006年(2年)、2008—2009年(2年)。

如图6.15(b)所示,黄河河套区近50年平均汛期(5—9月,下同)降水量(汛期常年降水量)有241 mm。在1951—2009年期间,正异常年的气候概率是49%(29/59);负异常年的气候概率是48%(28/59);正常年的气候概率是3%(2/59)。汛期降水量较常年同期偏多20%以上的异常多雨洪涝年有10个:1958年有378 mm,偏多57%;1959年有318 mm,偏多32%;1961年有370 mm,偏多54%;1964年有364 mm,偏多51%;1967年有345 mm,偏多43%;1973年有292 mm,偏多21%;1978年有300 mm,偏多24%;1985年有307 mm,偏多27%;1988年有336 mm,偏多39%;2003年有297 mm,偏多23%。较常年同期偏少20%以上的异常少雨年有14个:1957年只有171 mm,偏少29%;1965年只有105 mm,偏少56%;1971年只有192 mm,偏少20%;1973年只有173 mm,偏少28%;1974年只有150 mm,偏少38%;1980年只有177 mm,偏少27%;1983年只有183 mm,偏少24%;1986年只有178 mm,偏少26%;1987年只有191 mm,偏少21%;1991年只有174 mm,偏少28%;1993年只有185 mm,偏少23%;1999年只有191 mm,偏少21%;2000年只有173 mm,偏少28%;2005年只有157 mm,偏少35%。最多年(1958年)是最少年(1965年)的3.60倍。

黄河河套区汛期降水量持续较常年同期偏多的持续多雨期有:1958—1961年(4年中有3年异常多雨,1年正常略少)、1967—1968年(2年)、1976—1979年(4年)、1983—1985年(3年)、1994—1996年(3年)、2001—2004年(4年)。汛期降水量持续较常年同期偏少的持续少雨期有:1952—1953年(2年)、1962—1963年(2年)、1965—1966年(2年)、1971—1972年(2年)、1974—1975年(2年)、1986—1987年(2年)、1989—1991年(3年)、1999—2000年(2年)、2005—2008年(4年,其中有1个正常年)。

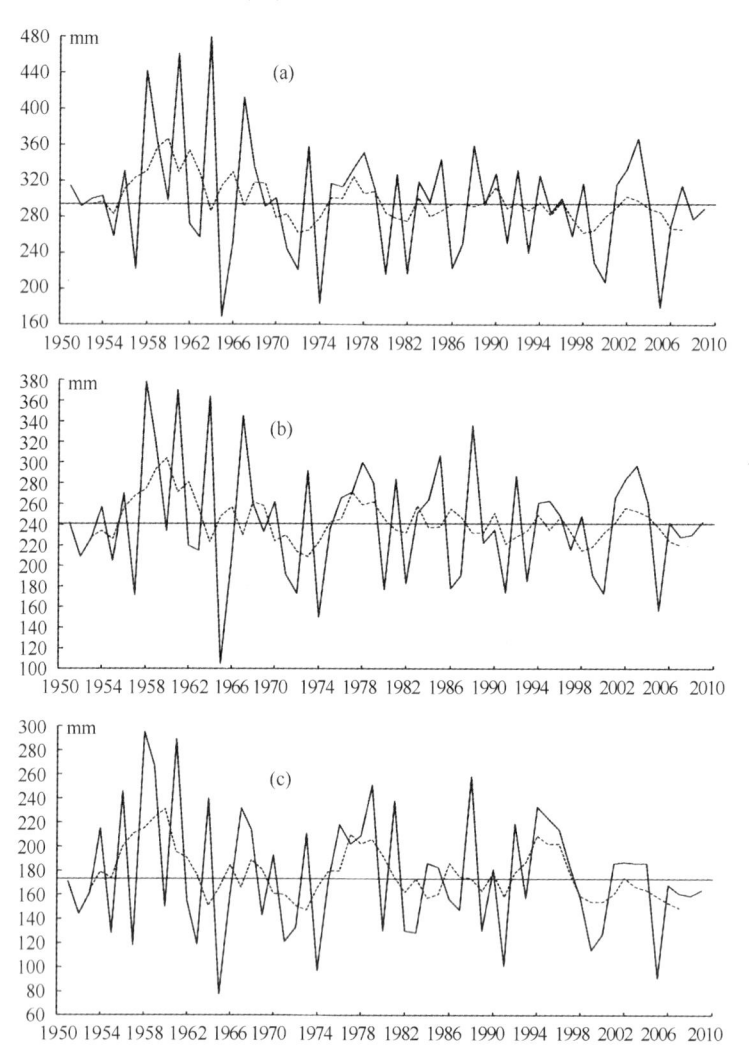

图6.15 1951—2009年黄河河套区(9点平均)年降水量(a)汛期(5—9月)降水量(b)主汛期(6—8月)降水量(c)的年际变化曲线图(虚线是5年滑动平均降水量)

Fig.6.15 As in Fig.6.5, but for the Great Bend of the Yellow (Hetao) River sub-region (mean of the 9 stations, the 11th sub-region)

如图6.15(c)所示,黄河河套区近50年平均主汛期(6—8月,下同)降水量(主汛期常年降水量)有173 mm。在1951—2009年期间,正异常年的气候概率是48%(28/59);负异常年的气候概率是52%(31/59);正常年的气候概率是0%(0/59)。主汛期降水量较常年同期偏多20%以上的异常多雨洪涝年有18个:1954年有215 mm,偏多24%;1956年有246 mm,偏多42%;1958年有295 mm,偏多71%;1959年有267 mm,偏多54%;1961年有289 mm,偏多67%;1964年有240 mm,偏多39%;1967年有232 mm,偏多34%;1968年有214 mm,偏多24%;1973年有211 mm,偏多22%;1976年有218 mm,偏多26%;1978年有209 mm,偏多

21%;1979年有251 mm,偏多45%;1981年有238 mm,偏多38%;1988年有258 mm,偏多49%;1992年有219 mm,偏多27%;1994年有233 mm,偏多35%;1995年有223 mm,偏多29%;1996年有214 mm,偏多24%。较常年同期偏少20%以上的异常少雨年有15个:1955年只有128 mm,偏少26%;1957年只有118 mm,偏少32%;1963年只有119 mm,偏少31%;1965年只有78 mm,偏少55%;1971年只有121 mm,偏少30%;1972年只有133 mm,偏少23%;1974年只有97 mm,偏少44%;1980年只有130 mm,偏少25%;1982年只有130 mm,偏少25%;1983年只有128 mm,偏少26%;1989年只有130 mm,偏少25%;1991年只有101 mm,偏少42%;1999年只有114 mm,偏少34%;2000年只有127 mm,偏少27%;2005年只有91 mm,偏少47%。最多年(1958年)是最少年(1965年)的3.78倍。

黄河河套区主汛期降水量持续较常年同期偏多的持续多雨期有:1958—1959年(2年)、1967—1968年(2年)、1976—1979年(4年)、1984—1985(2年)、1994—1997年(4年)、2001—2004年(4年)。主汛期降水量持续较常年同期偏少的持续少雨期有:1951—1953年(3年)、1962—1963年(2年)、1965—1966年(2年)、1971—1972年(2年)、1974—1975年(2年)、1982—1983年(2年)、1986—1987年(2年)、1998—2000年(3年)、2005—2009年(5年)。

6.3.12 黄河渭河区域降水年际变化特征的统计分析

如图6.16(a)所示,黄河渭河流域区(4点平均,下同)的近50年(1960—2009年,下同)平均年降水量(常年降水量)有551 mm。在1951—2009年期间,正异常年的气候概率是44%(26/59);负异常年的气候概率是49%(29/59);正常年的气候概率是7%(4/59)。年降水量较常年偏多20%以上的异常多雨年有8个:1961年有670 mm,偏多22%;1964年有745 mm,偏多35%;1967年有674 mm,偏多22%;1975年有666 mm,偏多21%;1983年有711 mm,偏多29%;1984年有660 mm,偏多20%;1988年有671 mm,偏多22%;2003年有809 mm,偏多47%。较常年偏少20%以上的异常少雨年有4个:1982年只有433 mm,偏少21%;1986年只有407 mm,偏少26%;1995年只有389 mm,偏少29%;1997年只有353 mm,偏少36%。最多年(2003年)是最少年(1997年)的2.29倍。

黄河渭河流域区年降水量持续较常年偏多的持续多雨期有:1951—1952年(2年)、1956—1958(3年,其中有1个正常年)、1963—1964年(2年)、1966—1968年(3年)、1973—1975(3年,其中有1个正常年)、1983—1985年(3年)、1988—1990年(3年,其中有1个正常年)、2005—2007年(3年)。年降水量持续较常年偏少的持续少雨期有:1959—1960年(2年)、1971—1972年(2年)、1979—1980年(2年)、1986—1987年(2年)、1993—2002年(10年)、2008—2009年(2年)。

如图6.16(b)所示,黄河渭流域区近50年平均汛期(5—9月,下同)降水量(汛期常年降水量)有409 mm。在1951—2009年期间,正异常年的气候概率是48%(28/59);负异常年的气候概率是51%(30/59);正常年的气候概率是2%(1/59)。汛期降水量较常年同期偏多20%以上的异常多雨洪涝年有9个:1964年有535 mm,偏多31%;1966年有506 mm,偏多24%;1967年有511 mm,偏多25%;1970年有514 mm,偏多26%;1981年有528 mm,偏多29%;1983年有512 mm,偏多25%;1984年有553 mm,偏多35%;1988年有518 mm,偏多27%;2003年有593 mm,偏多45%。较常年同期偏少20%以上的异常少雨年有9个:1965年只有315 mm,偏少23%;1969年只有314 mm,偏少23%;1971年只有322 mm,偏少21%;1972年只有324 mm,偏少21%;1982年只有313 mm,偏少23%;1986年只有314 mm,偏少23%;

1994年只有268 mm,偏少34%;1995年只有270 mm,偏少34%;1997年只有224 mm,偏少45%。最多年(2003年)是最少年(1997年)的2.65倍。

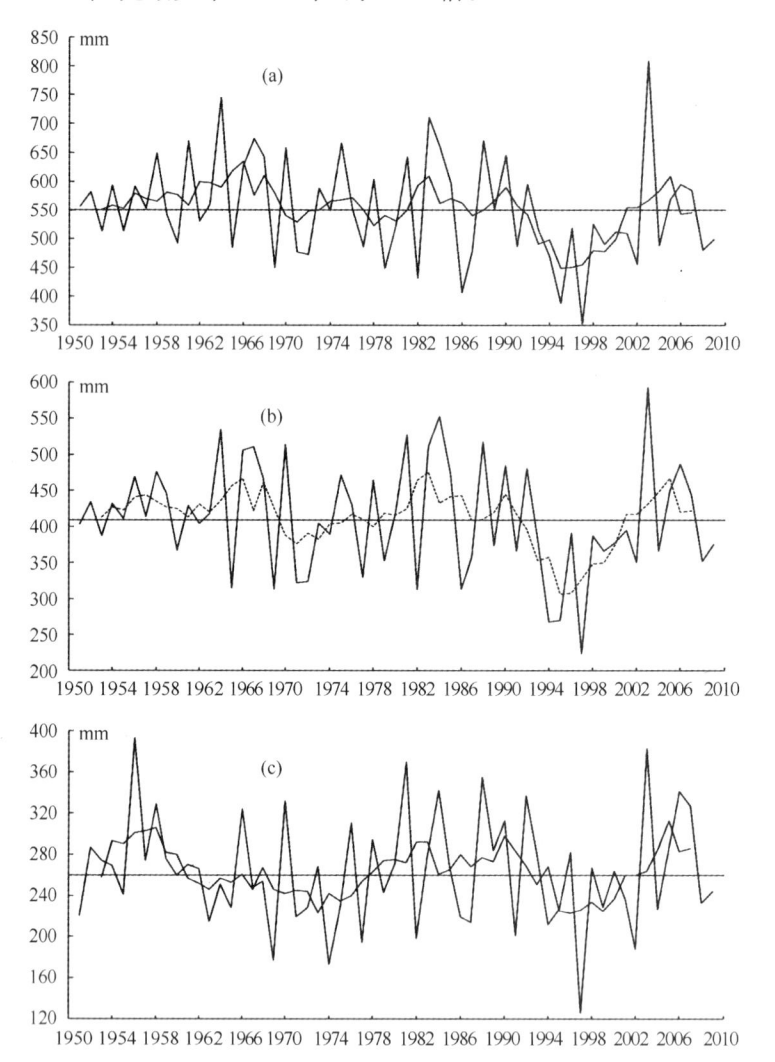

图 6.16　1951—2009年黄河渭河流域区(9点平均)年降水量(a)汛期(5—9月)降水量(b)主汛期(6—8月)降水量(c)的年际变化曲线图(虚线是5年滑动平均降水量)

Fig. 6.16　As in Fig. 6.5, but for the Yellow-Weihe River Basin sub-region (mean of the 9 stations, the 12th sub-region)

黄河渭流域区汛期降水量持续较常年同期偏多的持续多雨期有:1954—1959年(6年,其中有1个正常年)、1963—1964年(2年)、1966—1968年(3年)、1975—1976年(2年)、1980—1981年(2年)、1983—1985年(3年)、2005—2007年(3年)。汛期降水量持续较常年同期偏少的持续少雨期有:1971—1974年(4年)、1986—1987年(2年)、1993—2002年(10年)、2008—2009年(2年)。

如图6.16(c)所示,黄河渭流域区近50年平均主汛期(6—8月,下同)降水量(主汛期常年降水量)有260 mm。在1951—2009年期间,正异常年的气候概率是52%(31/59);负异常年的气候概率是46%(27/59);正常年的气候概率是2%(1/59)。主汛期降水量较常年同期偏多

20%以上的异常多雨洪涝年有 13 个：1956 年有 393 mm，偏多 51%；1958 年有 329 mm，偏多 27%；1966 年有 324 mm，偏多 25%；1970 年有 332 mm，偏多 28%；1976 年有 311 mm，偏多 20%；1981 年有 370 mm，偏多 42%；1984 年有 342 mm，偏多 32%；1988 年有 355 mm，偏多 37%；1990 年有 313 mm，偏多 20%；1992 年有 337 mm，偏多 30%；2003 年有 383 mm，偏多 47%；2006 年有 341 mm，偏多 31%；2007 年有 327 mm，偏多 26%。较常年同期偏少 20% 以上的异常少雨年有 7 个：1969 年只有 177 mm，偏少 32%；1974 年只有 173 mm，偏少 33%；1977 年只有 194 mm，偏少 25%；1982 年只有 198 mm，偏少 24%；1991 年只有 201 mm，偏少 23%；1997 年只有 126 mm，偏少 52%；2002 年只有 188 mm，偏少 28%。最多年(1956 年)是最少年(1997 年)的 3.12 倍。

黄河渭流域区主汛期降水量持续较常年同期偏多的持续多雨期有：1952—1954 年(3 年)、1956—1962 年(7 年，其中有 1 个正常年)、1980—1981 年(2 年)、1983—1985 年(3 年)、1988—1990(3 年)、1992—1993 年(2 年)、2005—2007 年(3 年)。主汛期降水量持续较常年同期偏少的持续少雨期有：1963—1965 年(3 年)、1967—1969 年(3 年)、1971—1975 年(5 年，其中有 1 个正常略多年)、1986—1987 年(2 年)、1994—1995 年(2 年)、1997—2002 年(6 年，其中有 2 个正常略偏多)、2008—2009 年(5 年)。

6.3.13 山东区降水年际变化特征的统计分析

如图 6.17(a)所示，山东区(6 点平均，下同)的近 50 年(1960—2009 年，下同)平均年降水量(常年降水量)有 694 mm。在 1951—2009 年期间，正异常年的气候概率是 51%(30/59)；负异常年的气候概率是 46%(27/59)；正常年的气候概率是 3%(2/59)。年降水量较常年偏多 20% 以上的异常多雨年有 9 个：1963 年有 832 mm，偏多 20%；1964 年有 1099 mm，偏多 58%；1970 年有 857 mm，偏多 23%；1971 年有 902 mm，偏多 30%；1974 年有 850 mm，偏多 22%；1990 年有 891 mm，偏多 28%；2003 年有 846 mm，偏多 22%；2007 年有 885 mm，偏多 28%；2008 年有 836 mm，偏多 20%。较常年偏少 20% 以上的异常少雨年有 12 个：1968 年只有 490 mm，偏少 29%；1977 年只有 534 mm，偏少 23%；1981 年只有 408 mm，偏少 41%；1983 年只有 543 mm，偏少 22%；1986 年只有 448 mm，偏少 35%；1988 年只有 466 mm，偏少 33%；1989 年只有 483 mm，偏少 30%；1992 年只有 554 mm，偏少 20%；1997 年只有 540 mm，偏少 22%；1999 年只有 548 mm，偏少 21%；2002 年只有 433 mm，偏少 38%；2006 年只有 546 mm，偏少 21%。最多年(1964 年)是最少年(1981 年)的 2.69 倍。

山东区年降水量持续较常年偏多的持续多雨期有：1953—1954 年(2 年)、1956—1957 年(2 年)、1960—1964 年(5 年)、1970—1976 年(7 年)、1984—1985 年(2 年)、1993—1994(2 年)、2003—2005 年(3 年)、2007—2008 年(2 年)。年降水量持续较常年偏少的持续少雨期有：1965—1969 年(5 年，其中有 1 个正常年)、1977—1983 年(7 年，其中有 1 个正常略多年)、1986—1989 年(4 年，有 1 个正常略多年)、1991—1992 年(2 年)、1995—1997 年(3 年)、1999—2002 年(4 年)。

如图 6.17(b)所示，山东区近 50 年平均汛期(5—9 月，下同)降水量(汛期常年降水量)有 549 mm。在 1951—2009 年期间，正异常年的气候概率是 48%(28/59)；负异常年的气候概率是 52%(31/59)；正常年的气候概率是 0%(0/59)。汛期降水量较常年同期偏多 20% 以上的异常多雨洪涝年有 12 个：1953 年有 663 mm，偏多 21%；1960 年有 729 mm，偏多 33%；1963 年有 709 mm，偏多 29%；1964 年有 831 mm，偏多 51%；1970 年有 738 mm，偏多 34%；1971

年有772 mm,偏多41%;1974年有665 mm,偏多21%;1990年有739 mm,偏多35%;2004年有691 mm,偏多26%;2005年有711 mm,偏多30%;2007年有739 mm,偏多35%;2008年有704 mm,偏多28%。较常年同期偏少20%以上的异常少雨年有13个:1958年只有422 mm,偏少23%;1966年只有419 mm,偏少24%;1968年只有348 mm,偏少37%;1977年只有391 mm,偏少29%;1981年只有317 mm,偏少42%;1983年只有391 mm,偏少29%;1986年只有373 mm,偏少32%;1988年只有418 mm,偏少24%;1989年只有347 mm,偏少37%;1992年只有437 mm,偏少20%;1997年只有400 mm,偏少27%;1999年只有431 mm,偏少21%;2002年只有324 mm,偏少41%。最多年(1964年)是最少年(1981年)的2.62倍。

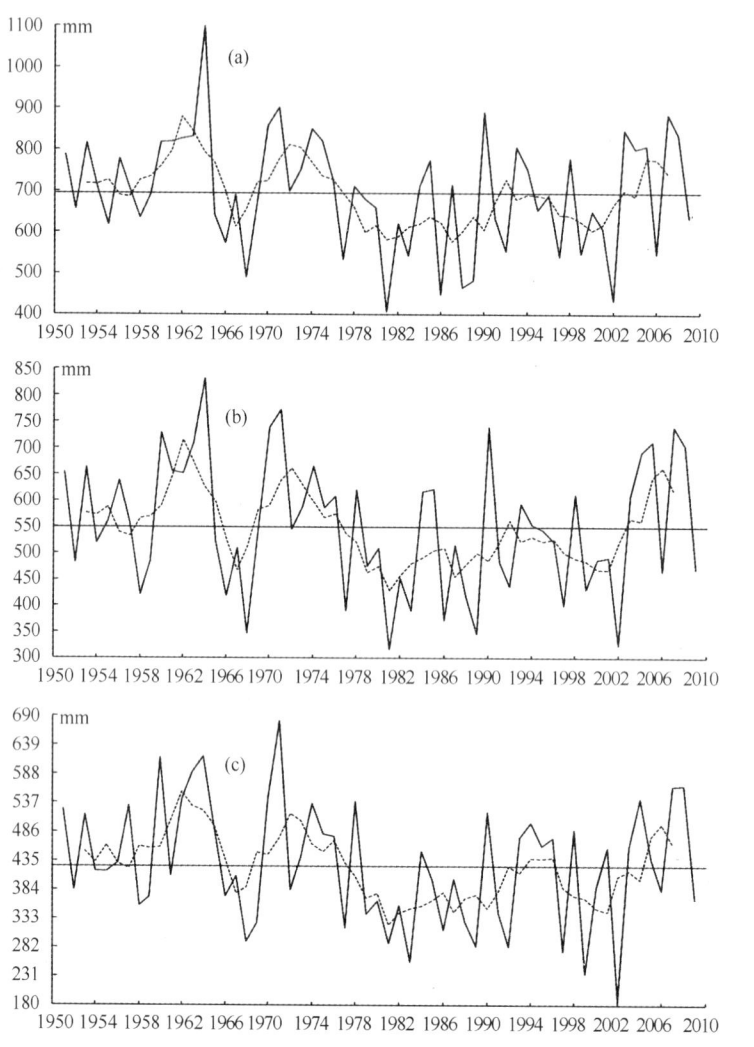

图6.17 1951—2009年山东区(6点平均)年降水量(a)汛期(5—9月)降水量(b)主汛期(6—8月)降水量(c)的年际变化曲线图(虚线是5年滑动平均降水量)

Fig. 6.17 As in Fig. 6.5, but for the Shandong sub-region (mean of the 6 stations, the 13th sub-region)

山东区汛期降水量持续较常年同期偏多的持续多雨期有:1955—1957年(3年)、1960—1964年(5年)、1970—1976(7年,其中有1个正常略少年)、1984—1985(2年)、1993—1994年

(2年)、2003—2005年(3年)、2007—2008年(2年)。汛期降水量持续较常年同期偏少的持续少雨期有：1958—1959年(2年)、1965—1969年(5年)、1979—1983年(5年)、1986—1989年(4年)、1991—1992年(2年)、1995—1997年(3年)、1999—2002年(4年)。

如图6.17(c)所示,山东区近50年平均主汛期(6—8月,下同)降水量(主汛期常年降水量)有425 mm。在1951—2009年期间,正异常年的气候概率是49%(29/59);负异常年的气候概率是51%(30/59);正常年的气候概率是0%(0/59)。主汛期降水量较常年同期偏多20%以上的异常多雨洪涝年有15个：1951年有526 mm,偏多24%;1953年有516 mm,偏多21%;1957年有532 mm,偏多25%;1960年有617 mm,偏多45%;1962年有543 mm,偏多28%;1963年有591 mm,偏多39%;1964年有619 mm,偏多46%;1970年有545 mm,偏多28%;1971年有681 mm,偏多60%;1974年有536 mm,偏多26%;1978年有539 mm,偏多27%;1990年有520 mm,偏多22%;2004年有544 mm,偏多28%;2007年有566 mm,偏多33%;2008年567 mm,偏多33%。较常年同期偏少20%以上的异常少雨年有13个：1968年只有292 mm,偏少31%;1969年只有325 mm,偏少24%;1977年只有316 mm,偏少26%;1979年只有341 mm,偏少20%;1981年只有289 mm,偏少32%;1983年只有256 mm,偏少40%;1986年只有312 mm,偏少27%;1988年只有327 mm,偏少23%;1989年只有284 mm,偏少33%;1992年只有283 mm,偏少33%;1997年只有275 mm,偏少35%;1999年只有236 mm,偏少44%;2002年只有187 mm,偏少56%。最多年(1971年)是最少年(2002年)的3.64倍。

山东区主汛期降水量持续较常年同期偏多的持续多雨期有：1956—1957年(2年)、1960—1965年(6年,其中有1个正常略少年)、1970—1971(2年)、1973—1976年(4年)、1993—1996年(4年)、2003—2005年(3年)、2007—2008年(2年)。主汛期降水量持续较常年同期偏少的持续少雨期有：1954—1955年(2年)、1958—1959年(2年)、1966—1969年(4年)、1979—1989年(11年,其中有1个正常略多年)、1991—1992年(2年)、1999—2002年(4年,其中有1个正常稍多年)。

6.3.14 辽河流域区年降水年际变化特征的统计分析

如图6.18(a)所示,辽河流域区(9点平均,下同)的近50年(1960—2009年,下同)平均年降水量(常年降水量)有637 mm。在1951—2009年期间,正异常年气候概率是46%(27/59);负异常年的气候概率是49%(29/59);正常年的气候概率是5%(3/59)。年降水量较常年偏多20%以上的异常多雨年有9个：1951年有772 mm,偏多21%;1953年有822 mm,偏多29%;1954年有767 mm,偏多20%;1956年有787 mm,偏多24%;1959年有793 mm,偏多24%;1964年有856 mm,偏多34%;1985年有847 mm,偏多33%;1994年有784 mm,偏多23%;1995年有768 mm,偏多21%。较常年偏少20%以上的异常少雨年有2个：1952年只有505 mm,偏少21%;1980年只有504 mm,偏少21%。最多年(1964年)是最少年(1952年和1980年)的1.70倍。

辽河流域区年降水量持续较常年偏多的持续多雨期有：1953—1954年(2年)、1956—1957年(2年)、1959—1964年(6年)、1973—1974年(2年)、1985—1987年(3年)、1990—1991年(2年)、1994—1996年(3年)。年降水量持续较常年偏少的持续少雨期有：1967—1968年(2年)、1976—1983年(8年,其中有1个正常年)、1988—1989年(2年)、1992—1993年(2年)、1999—2004年(6年)、2008—2009年(2年)。

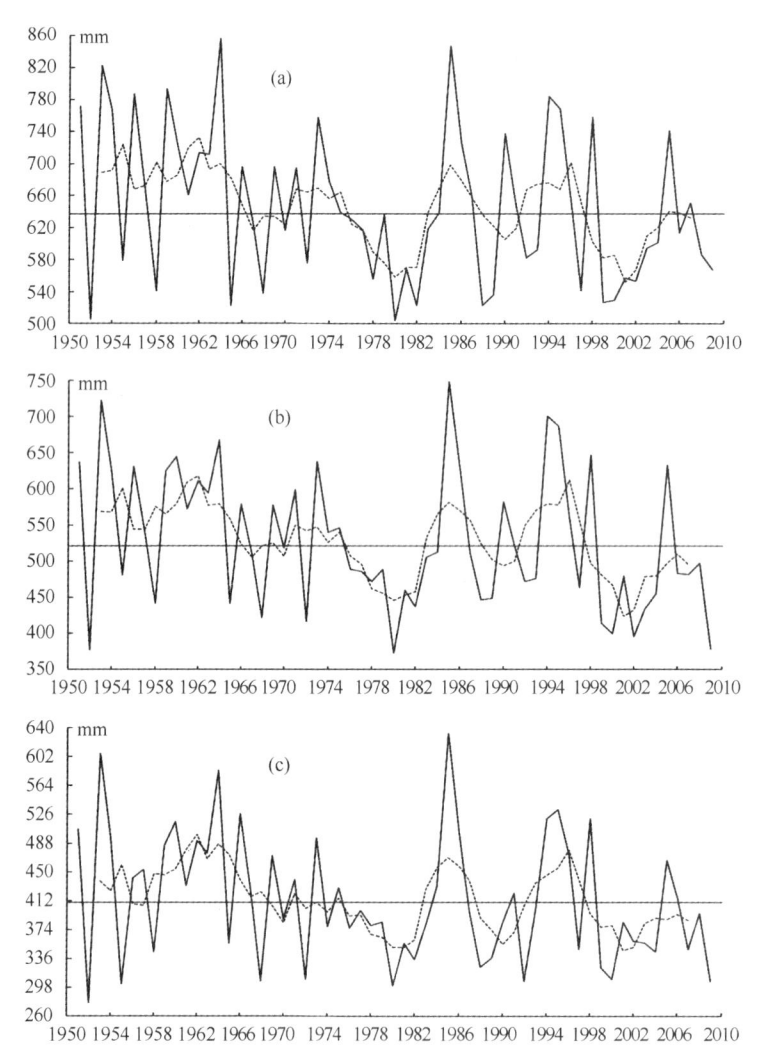

图 6.18　1951—2009 年辽河流域区(9 点平均)年降水量(a)汛期(5—9 月)降水量(b)主汛期
(6—8 月)降水量(c)的年际变化曲线图(虚线是 5 年滑动平均降水量)

Fig. 6.18　As in Fig. 6.5, but for the Liaohe River Basin sub-region (mean of the 9 stations, the 14th sub-region)

如图 6.18(b)所示,辽河流域区近 50 年平均汛期(5—9 月,下同)降水量(汛期常年降水量)有 521 mm。在 1951—2009 年期间,正异常年的气候概率是 42%(25/59);负异常年的气候概率是 56%(33/59);正常年的气候概率是 2%(1/59)。汛期降水量较常年同期偏多 20% 以上的异常多雨洪涝年有 14 个:1951 年有 637 mm,偏多 22%;1953 年有 723 mm,偏多 39%;1954 年有 627 mm,偏多 20%;1956 年有 631 mm,偏多 21%;1959 年有 625 mm,偏多 20%;1960 年有 644 mm,偏多 24%;1964 年有 668 mm,偏多 28%;1973 年有 638 mm,偏多 22%;1985 年有 748 mm,偏多 44%;1986 年有 628 mm,偏多 21%;1994 年有 701 mm,偏多 35%;1995 年有 687 mm,偏多 32%;1998 年有 647 mm,偏多 24%;2005 年有 633 mm,偏多 21%。较常年同期偏少 20% 以上的异常少雨年有 7 个:1952 年只有 377 mm,偏少 28%;1972 年只有 416 mm,偏少 20%;1980 年只有 373 mm,偏少 28%;1999 年只有 414 mm,偏少 21%;2000 年

只有399 mm,偏少23%;2002年只有395 mm,偏少24%;2009年只有378 mm,偏少27%。最多年(1985年)是最少年(1980年)的2.01倍。

辽河流域区汛期降水量持续较常年同期偏多的持续多雨期有:1953—1954年(2年)、1956—1957年(2年)、1959—1964年(6年)、1973—1975年(3年)、1985—1986(2年)、1994—1996年(3年)。年降水量持续较常年同期偏少的持续少雨期有:1967—1968年(2年)、1976—1984年(9年)、1987—1989年(3年)、1992—1993年(2年)、1999—2004年(6年)、2006—2009年(4年)。

如图6.18(c)所示,辽河流域区近50年平均主汛期(6—8月,下同)降水量(主汛期常年降水量)有410 mm。在1951—2009年期间,正异常年的气候概率是46%(27/59);负异常年的气候概率是54%(32/59);正常年的气候概率是0%(0/59)。主汛期降水量较常年同期偏多20%以上的异常多雨洪涝年有13个:1951年有507 mm,偏多24%;1953年有606 mm,偏多48%;1954年有495 mm,偏多21%;1960年有516 mm,偏多26%;1962年有492 mm,偏多20%;1964年有584 mm,偏多42%;1966年有527 mm,偏多29%;1973年有495 mm,偏多21%;1985年有633 mm,偏多54%;1986年有502 mm,偏多22%;1994年有520 mm,偏多27%;1995年有532 mm,偏多30%;1998年有520 mm,偏多27%。较常年同期偏少20%以上的异常少雨年有10个:1952年只有278 mm,偏少32%;1955年只有303 mm,偏少26%;1968年只有307 mm,偏少25%;1972年只有309 mm,偏少25%;1980年只有300 mm,偏少27%;1988年只有325 mm,偏少21%;1992年只有306 mm,偏少25%;1999年只有324 mm,偏少21%;2000年只有309 mm,偏少25%;2009年只有306 mm,偏少25%。最多年(1985年)是最少年(1952年)的2.78倍。

辽河流域区主汛期降水量持续较常年同期偏多的持续多雨期有:1953—1954年(2年)、1956—1957年(2年)、1959—1964年(6年)、1966—1967年(2年)、1984—1986年(3年)、1994—1996年(3年)、2005—2006年(2年)。主汛期降水量持续较常年同期偏少的持续少雨期有:1976—1983年(8年)、1987—1993年(7年,其中有1个正常略多年)、1999—2004年(6年)、2007—2009年(3年)。

6.3.15 松嫩江流域区降水年际变化特征的统计分析

如图6.19(a)所示,松花江流域和嫩江流域及黑龙江流域简称松嫩江流域区(9点平均,下同)的近50年(1960—2009年,下同)平均年降水量(常年降水量)有503 mm。在1951—2009年期间,正异常年的气候概率是51%(30/59);负异常年的气候概率是47%(28/59);正常年的气候概率是2%(1/59)。年降水量较常年偏多20%以上的异常多雨年有6个:1957年有623 mm,偏多24%;1959年有637 mm,偏多27%;1960年有611 mm,偏多21%;1981年有619 mm,偏多23%;1987年有611 mm,偏多21%;1994年有631 mm,偏多25%。较常年偏少20%以上的异常少雨年有4个:1975年只有392 mm,偏少22%;1979年只有386 mm,偏少23%;1999年只有401 mm,偏少20%;2001年只有368 mm,偏少27%。最多年(1959年)是最少年(2001年)的1.73倍。

松嫩江流域区年降水量持续较常年偏多的持续多雨期有:1951—1952年(2年)、1955—1957年(3年)、1959—1966年(8年,其中有1个正常略少年)、1971—1972年(2年)、1983—1988年(6年,其中有1个正常略少年)、1990—1994年(5年,其中有1个正常略少年)、2002—2003年(2年)。年降水量持续较常年偏少的持续少雨期有:1953—1954年(2年)、1967—1968年(2年)、1975—1979年(5年)、1995—1997年(3年)、1999—2001年(3年)、2004—2008年(5年)。

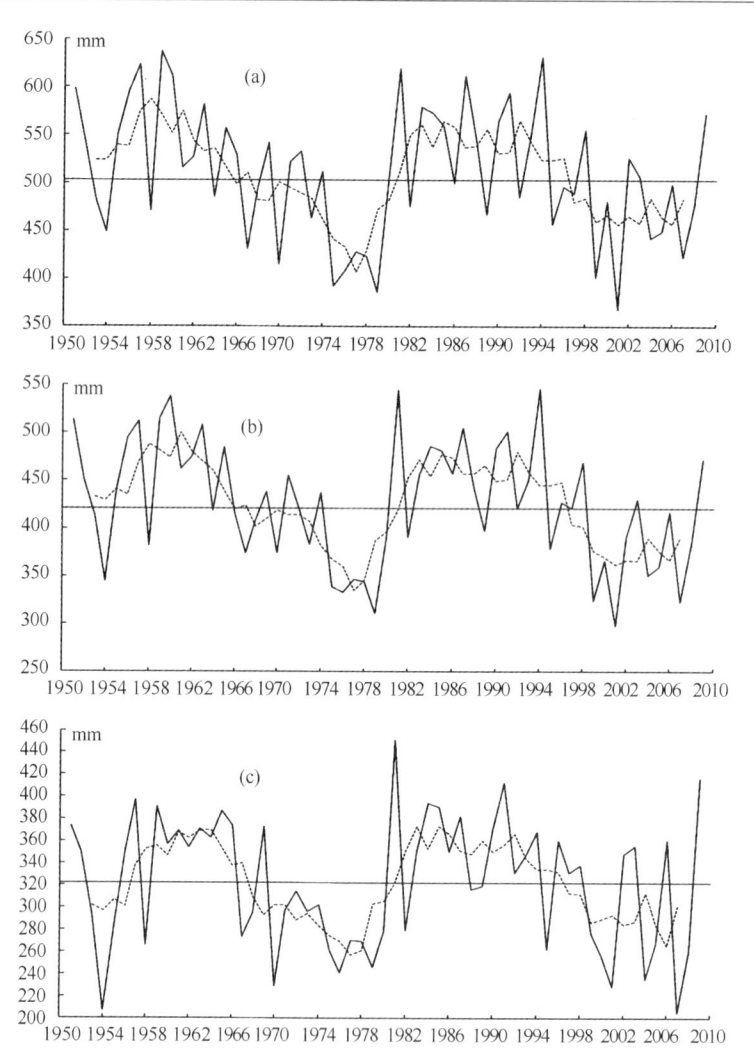

图 6.19 1951—2009 年松嫩江区(9 点平均)年降水量(a)、汛期(5—9 月)降水量(b)、主汛期(6—8 月)降水量(c)的年际变化曲线图(虚线是 5 年滑动平均降水量)

Fig. 6.19 As in Fig. 6.5, but for the Songhua-Nengjiang River Basin sub-region (mean of the 9 stations, the 15th sub-region)

如图 6.19(b)所示,松嫩江流域区近 50 年平均汛期(5—9 月,下同)降水量(汛期常年降水量)有 421 mm。在 1951—2009 年期间,正异常年的气候概率是 49%(29/59);负异常年的气候概率是 46%(27/59);正常年的气候概率是 5%(3/59)。汛期降水量较常年同期偏多 20%以上的异常多雨洪涝年有 8 个;1951 年有 514 mm,偏多 22%;1957 年有 512 mm,偏多 22%;1959 年有 515 mm,偏多 22%;1960 年有 538 mm,偏多 28%;1963 年有 508 mm,偏多 21%;1981 年有 544 mm,偏多 29%;1987 年有 505 mm,偏多 20%;1994 年有 546 mm,偏多 30%。较常年同期偏少 20%以上的异常少雨年有 5 个:1976 年只有 333 mm,偏少 21%;1979 年只有 311 mm,偏少 26%;1999 年只有 325 mm,偏少 23%;2001 年只有 298 mm,偏少 29%;2007 年只有 323 mm,偏少 23%。最多年(1994 年)是最少年(2001 年)的 1.83 倍。

松嫩江流域区汛期降水量持续较常年同期偏多的持续多雨期有:1951—1952 年(2 年)、

1955—1957年(3年)、1959—1965年(7年,其中有1个正常略少年)、1983—1988年(6年)、1990—1994(5年,其中有1个正常年)、1996—1998年(3年,其中有1个正常年)。汛期降水量持续较常年同期偏少的持续少雨期有:1953—1954年(2年)、1966—1970年(5年,其中有1个正常略多年)、1975—1980年(6年)、1999—2008年(10年,其中有1个正常略多年)。

如图6.19(c)所示,松嫩江流域区近50年平均主汛期(6—8月,下同)降水量(主汛期常年降水量)有322 mm。在1951—2009年期间,正异常年的气候概率是53%(31/59);负异常年的气候概率是47%(28/59);正常年的气候概率是0%(0/59)。主汛期降水量较常年同期偏多20%以上的异常多雨洪涝年有8个:1957年有397 mm,偏多23%;1959年有391 mm,偏多21%;1965年有387 mm,偏多20%;1981年有451 mm,偏多40%;1984年有394 mm,偏多22%;1985年有390 mm,偏多21%;1991年有412 mm,偏多28%;2009年有416 mm,偏多29%。较常年同期偏少20%以上的异常少雨年有8个:1954年只有207 mm,偏少36%;1970年只有229 mm,偏少29%;1976年只有241 mm,偏少25%;1979年只有246 mm,偏少24%;2000年只有256 mm,偏少20%;2001年只有228 mm,偏少29%;2004年只有235 mm,偏少27%;2007年只有205 mm,偏少36%。最多年(1981年)是最少年(2007年)的2.20倍。

松嫩江流域区主汛期降水量持续较常年同期偏多的持续多雨期有:1951—1952年(2年)、1956—1957年(2年)、1959—1966年(8年)、1983—1987年(5年)、1990—1994年(5年)、1996—1998年(3年)、2002—2003年(2年)。主汛期降水量持续较常年同期偏少的持续少雨期有:1953—1955年(3年)、1967—1968年(2年)、1970—1980年(11年)、1988—1989年(2年)、1999—2001年(3年)、2004—2005年(2年)、2007—2008年(2年)。由统计结果可见,松嫩江流域区主汛期降水量的距平趋势有异常明显的持续性。

6.3.16 内蒙东北区降水年际变化特征的统计分析

如图6.20(a)所示,内蒙东北区(4点平均,下同)的近50年(1960—2009年,下同)平均年降水量(常年降水量)有417 mm。在1951—2009年期间,正异常年的气候概率是51%(30/59);负异常年的气候概率是46%(27/59);正常年的气候概率是3%(2/59)。年降水量较常年偏多20%以上的异常多雨年有8个:1954年有504 mm,偏多21%;1960年有522 mm,偏多25%;1984年有550 mm,偏多32%;1988年有529 mm,偏多27%;1990年有606 mm,偏多45%;1991年有508 mm,偏多22%;1993年有503 mm,偏多21%;1998年有598 mm,偏多43%。较常年偏少20%以上的异常少雨年有4个:1999年只有328 mm,偏少21%;2001年只有306 mm,偏少27%;2004年只有299 mm,偏少28%;2007年只有275 mm,偏少34%。最多年(1990年)是最少年(2007年)的2.20倍。

内蒙东北区年降水量持续较常年偏多的持续多雨期有:1952—1960年(9年,其中有1个正常年)、1969—1970年(2年)、1976—1978年(3年)、1982—1985年(4年)、1988—1991(4年)、1993—1994(2年)。年降水量持续较常年偏少的持续少雨期有:1964—1968年(5年)、1971—1972年(2年)、1974—1975年(2年)、1986—1987年(2年)、1999—2008年(10年,其中有1个正常略多年)。

如图6.20(b)所示,内蒙东北区近50年平均汛期(5—9月,下同)降水量(汛期常年降水量)有365 mm。在1951—2009年期间,正异常年的气候概率是49%(29/59);负异常年的气候概率是49%(29/59);正常年的气候概率是2%(1/59)。汛期降水量较常年同期偏多20%以上的异常多雨洪涝年有10个:1954年有437 mm,偏多20%;1957年有437 mm,偏多20%;

1960 年有 479 mm,偏多 31%;1984 年有 501 mm,偏多 37%;1985 年有 450 mm,偏多 23%;1988 年有 484 mm,偏多 33%;1990 年有 562 mm,偏多 54%;1991 年有 451 mm,偏多 24%;1993 年有 464 mm,偏多 27%;1998 年有 598 mm,偏多 43%。汛期较常年同期偏少 20% 以上的异常少雨年有 9 个:1968 年只有 292 mm,偏少 20%;1979 年只有 291 mm,偏少 20%;1995 年只有 290 mm,偏少 21%;1999 年只有 263 mm,偏少 28%;2000 年只有 266 mm,偏少 27%;2001 年只有 260 mm,偏少 29%;2002 年只有 262 mm,偏少 28%;2004 年只有 224 mm,偏少 39%;2007 年只有 222 mm,偏少 39%。最多年(1990 年)是最少年(2007 年)的 2.53 倍。

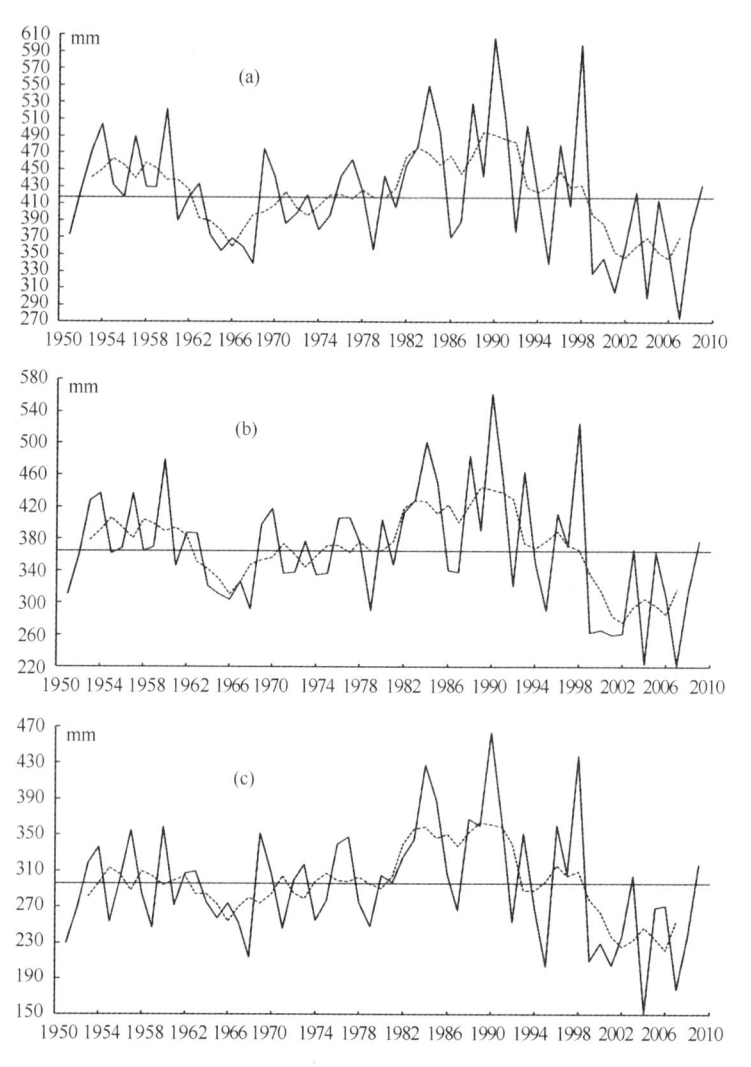

图 6.20　1951—2009 年内蒙东北区(4 点平均)年降水量(a)汛期(5—9 月)降水量(b)主汛期(6—8 月)降水量(c)的年际变化曲线图(虚线是 5 年滑动平均降水量)

Fig. 6.20　As in Fig. 6.5, but for the Northeast Inner Mongolia sub-region (mean of the 4 stations, the 16th sub-region)

内蒙东北区汛期降水量持续较常年同期偏多的持续多雨期有:1953—1954 年(2 年)、1956—1960 年(5 年,其中有 1 个正常年)、1962—1963 年(2 年)、1969—1970 年(2 年)、1976—1978 年(3 年)、1982—1985(4 年)、1988—1991 年(4 年)、1996—1998 年(3 年)。汛期降水量

持续较常年同期偏少的持续少雨期有：1951—1952 年（2 年）、1964—1968 年（5 年）、1971—1972 年（2 年）、1974—1975 年（2 年）、1986—1987 年（2 年）、1994—1995 年（2 年）、1999—2008 年（10 年，其中有 1 个正常略多年）。

如图 6.20(c)所示，内蒙东北区近 50 年平均主汛期（6—8 月，下同）降水量（主汛期常年降水量）有 296 mm。在 1951—2009 年期间，正异常年的气候概率是 49%（29/59）；负异常年的气候概率是 49%（29/59）；正常年的气候概率是 2%（1/59）。主汛期降水量较常年同期偏多 20% 以上的异常多雨洪涝年有 10 个：1957 年有 355 mm，偏多 20%；1960 年有 359 mm，偏多 21%；1984 年有 428 mm，偏多 45%；1985 年有 389 mm，偏多 31%；1988 年有 368 mm，偏多 24%；1989 年有 360 mm，偏多 22%；1990 年有 464 mm，偏多 57%；1991 年有 364 mm，偏多 23%；1996 年有 361 mm，偏多 22%；1998 年有 438 mm，偏多 48%。主汛期较常年同期偏少 20% 以上的异常少雨年有 10 个：1951 年只有 230 mm，偏少 22%；1968 年只有 214 mm，偏少 28%；1995 年只有 204 mm，偏少 31%；1999 年只有 210 mm，偏少 29%；2000 年只有 230 mm，偏少 22%；2001 年只有 205 mm，偏少 31%；2002 年只有 237 mm，偏少 20%；2004 年只有 152 mm，偏少 49%；2007 年只有 179 mm，偏少 40%；2008 年只有 237 mm，偏少 20%。最多年（1990 年）是最少年（2004 年）的 3.05 倍。

内蒙东北区主汛期降水量持续较常年同期偏多的持续多雨期有：1953—1954 年（2 年）、1956—1957 年（2 年）、1962—1963 年（2 年）、1969—1970 年（2 年）、1972—1973 年（2 年）、1976—1977 年（2 年）、1980—1986 年（7 年，其中有 1 个正常年）、1988—1991 年（4 年）、1996—1998 年（3 年）。主汛期降水量持续较常年同期偏少的持续少雨期：1951—1952 年（2 年）、1958—1959 年（2 年）、1964—1968 年（5 年）、1974—1975 年（2 年）、1978—1979 年（2 年）、1994—1995 年（2 年）、1999—2008 年（10 年，其中有 1 个正常略多年）。由统计结果可见，内蒙东北区主汛期降水量的距平趋势有异常明显的持续性。

6.3.17 内蒙中部区降水年际变化特征的统计分析

如图 6.21(a)所示，内蒙中部区（8 点平均，下同）的近 50 年（1960—2009 年，下同）平均年降水量（常年降水量）有 301 mm。在 1951—2009 年期间，正异常年的气候概率是 54%（32/59）；负异常年的气候概率是 44%（26/59）；正常年的气候概率是 2%（1/59）。年降水量较常年偏多 20% 以上的异常多雨年有 9 个：1954 年有 363 mm，偏多 21%；1958 年有 418 mm，偏多 39%；1959 年有 511 mm，偏多 70%；1961 年有 381 mm，偏多 27%；1964 年有 365 mm，偏多 21%；1979 年有 407 mm，偏多 35%；1992 年有 368 mm，偏多 22%；1998 年有 421 mm，偏多 40%；2003 年有 386 mm，偏多 28%。较常年偏少 20% 以上的异常少雨年有 8 个：1965 年只有 202 mm，偏少 33%；1972 年只有 233 mm，偏少 23%；1980 年只有 213 mm，偏少 29%；1989 年只有 228 mm，偏少 24%；2001 年只有 231 mm，偏少 23%；2005 年只有 211 mm，偏少 30%；2007 年只有 233 mm，偏少 23%；2009 年只有 217 mm，偏少 28%。最多年（1959 年）是最少年（1965 年）的 2.53 倍。

内蒙中部区年降水量持续较常年偏多的持续多雨期有：1954—1959 年（6 年，其中有 1 个正常偏少年）、1969—1970 年（2 年）、1975—1979 年（5 年）、1983—1986 年（4 年，其中有 1 个正常年）、1990—1998 年（9 年）、2003—2004 年（2 年）。年降水量持续较常年偏少的持续少雨期有：1951—1953 年（3 年）、1962—1963 年（2 年）、1965—1966 年（2 年）、1971—1972 年（2 年）、1987—1989 年（3 年）、1999—2002 年（4 年）、2005—2009 年（5 年，其中有 1 个正常偏多年）。

如图 6.21(b)所示,内蒙中部区近 50 年平均汛期(5—9 月,下同)降水量(汛期常年降水量)有 261 mm。在 1951—2009 年期间,正异常年的气候概率是 51%(30/59);负异常年的气候概率是 49%(29/59)。汛期降水量较常年同期偏多 20% 以上的异常多雨有涝年有 10 个:1954 年有 321 mm,偏多 23%;1958 年有 366 mm,偏多 40%;1959 年有 458 mm,偏多 75%;1961 年有 340 mm,偏多 30%;1979 年有 362 mm,偏多 39%;1992 年有 321 mm,偏多 23%;1994 年有 319 mm,偏多 22%;1996 年有 313 mm,偏多 20%;1998 年有 354 mm,偏多 36%;2003 年有 328 mm,偏多 26%。汛期较常年同期偏少 20% 以上的异常少雨年有 8 个:1965 年只有 173 mm,偏少 34%;1972 年只有 193 mm,偏少 26%;1980 年只有 169 mm,偏少 35%;1989 年只有 186 mm,偏少 29%;2001 年只有 202 mm,偏少 23%;2005 只有 193 mm,偏少 26%;2007 只有 178 mm,偏少 32%;2009 只有 177 mm,偏少 32%。最多年(1959 年)是最少年(1980 年)的 2.71 倍。

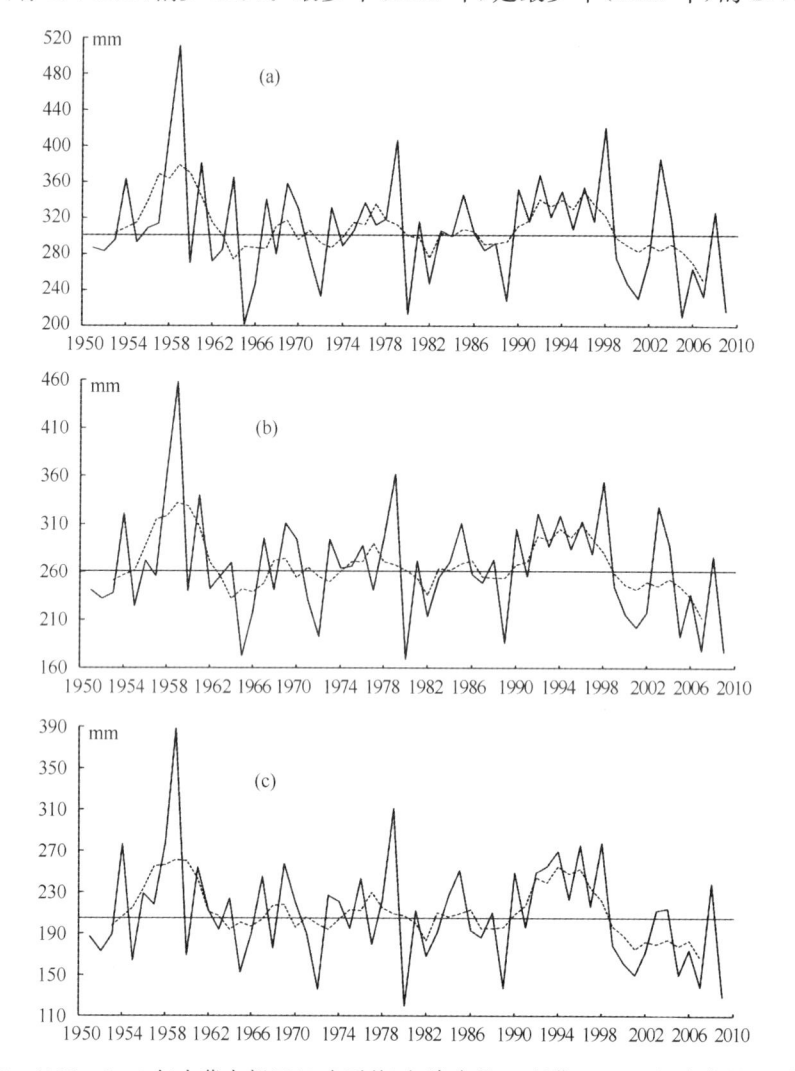

图 6.21 1951—2009 年内蒙中部区(8 点平均)年降水量(a)汛期(5—9 月)降水量(b)主汛期(6—8 月)降水量(c)的年际变化曲线图(虚线是 5 年滑动平均降水量)

Fig. 6.21 As in Fig. 6.5, but for the Middle Inner Mongolia sub-region (mean of the 8 stations, the 17th sub-region)

内蒙中部区汛期降水量持续较常年偏多的持续多雨期有：1958—1959年(2年)、1969—1970年(2年)、1973—1976年(4年)、1978—1979年(2年)、1984—1985年(2年)、1990—1998年(9年,其中有1个正常略少年)、2003—2004年(2年)。汛期降水量持续较常年同期偏少的持续少雨期有：1951—1953年(3年)、1962—1963年(2年)、1965—1966年(2年)、1971—1972年(2年)、1982—1983年(2年)、1986—1987年(2年)、1999—2002年(4年)、2005—2009年(5年,其中有1个正常略多年)。

如图6.21(c)所示,内蒙中部区近50年平均主汛期(6—8月,下同)降水量(主汛期常年降水量)有205 mm。在1951—2009年期间,正异常年的气候概率是53%(31/59);负异常年的气候概率是48%(28/59)。主汛期降水量较常年同期偏多20%以上的异常多雨有涝年有14个：1954年有277 mm,偏多35%;1958年有278 mm,偏多36%;1959年有388 mm,偏多89%;1961年有254 mm,偏多24%;1967年有245 mm,偏多20%;1969年有257 mm,偏多25%;1979年有311 mm,偏多52%;1985年有251 mm,偏多22%;1990年有249 mm,偏多21%;1992年有249 mm,偏多21%;1993年有255 mm,偏多24%;1994年有270 mm,偏多32%;1996年有276 mm,偏多35%;1998年有278 mm,偏多36%。主汛期降水量较常年同期偏少20%以上的异常少雨年有10个：1955年只有164 mm,偏少20%;1965年只有153 mm,偏少25%;1972年只有136 mm,偏少34%;1980年只有120 mm,偏少41%;1989年只有137 mm,偏少33%;2000年只有161 mm,偏少21%;2001年只有150 mm,偏少27%;2005年只有150 mm,偏少27%;2007年只有138 mm,偏少33%;2009年只有129 mm,偏少37%。最多年(1959年)是最少年(1980年)的3.23倍。

内蒙中部区主汛期降水量持续较常年同期偏多的持续多雨期有：1956—1959年(4年)、1961—1962年(2年)、1969—1970年(2年)、1973—1974年(2年)、1978—1979年(2年)、1984—1985年(2年)、1990—1998年(9年,其中有1个正常略少年)、2003—2004年(2年)。主汛期降水量持续较常年同期偏少的持续少雨期有：1951—1953年(3年)、1965—1966年(2年)、1971—1972年(2年)、1982—1983年(2年)、1986—1987年(2年)、1999—2002年(4年)、2005—2007年(3年)。

6.3.18 甘北区降水年际变化特征的统计分析

如图6.22(a)所示,甘北区(4点平均,下同)的近50年(1960—2009年,下同)平均年降水量(常年降水量)为106 mm。在1951—2009年期间,最大年(2007年)降水量为169 mm,最小年(1956年)降水量只有63 mm,最大年是最小年的2.68倍。正异常年的气候概率是42%(25/59);负异常年的气候概率是53%(31/59);正常年的气候概率是5%(3/59)。年降水量较常年偏多20%以上的异常多雨年有11个：1952年有137 mm,偏多29%;1964年有136 mm,偏多28%;1967年有128 mm,偏多21%;1971年有132 mm,偏多25%;1977年有127 mm,偏多20%;1979年有166 mm,偏多57%;1983年有135 mm,偏多27%;1993年有165 mm,偏多56%;1995年有131 mm,偏多24%;2002年有138 mm,偏多30%;2007年有169 mm,偏多59%。较常年偏少20%以上的异常少雨年有10个：1956年(63 mm)、1957年(69 mm)、1959年(74 mm)、1962年(64 mm)、1965年(74 mm)、1978年(83 mm)、1980年(81 mm)、1984年(84 mm)、1991年(75 mm)、1997年(79 mm),分别较常年偏少21%至41%。

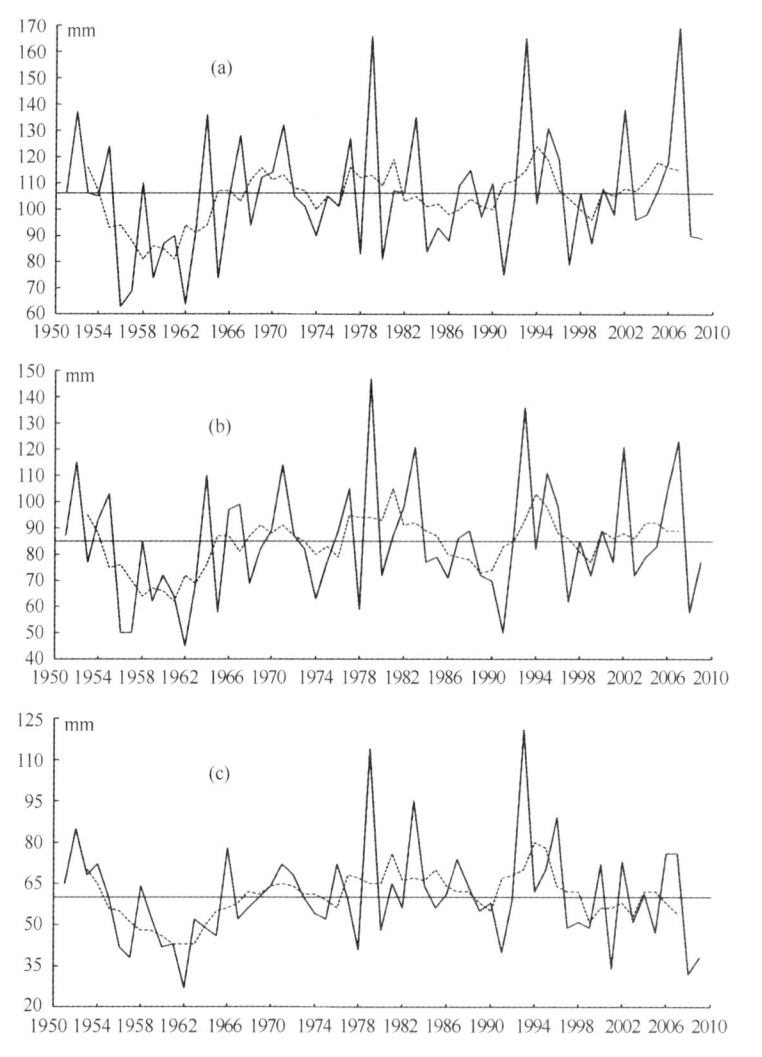

图 6.22　1951—2009 年甘北区(4 点平均)年降水量(a)、汛期(5—9 月)降水量(b)、主汛期(6—8 月)降水量(c)的年际变化曲线图(虚线是 5 年滑动平均降水量)

Fig. 6.22　As in Fig. 6.5, but for the North Gansu sub-region (mean of the 4 stations, the 18th sub-region)

甘北区年降水量持续较常年偏多的持续多雨期有:1969—1972 年(4 年)、1987—1988 年(2 年)、1993—1996 年(4 年,其中有 1 个正常略少年)、2000—2002 年(3 年)、2005—2007 年(3 年)。年降水量持续较常年偏少的持续少雨期有:1956—1963 年(8 年,其中有 1 个正常稍多年)、1965—1966 年(2 年)、1973—1976 年(4 年)、1984—1986 年(3 年)、1991—1992(2 年)、2003—2004 年(2 年)、2008—2009 年(2 年)。

如图 6.22(b,c)所示,甘北区汛期(5—9 月,下同)降水量的近 50 年(1960—2009 年,下同)平均汛期降水量(常年降水量)为 85 mm,50 年平均主汛期(6—8 月,下同)只有 60 mm。在 1951—2009 年期间,汛期最大年(1979 年)降水量为 147 mm,最小年(1962 年)只有 45 mm,最大年是最小年的 3.27 倍。正异常年的气候概率是 44%(26/59);负异常年的气候概率是 53%(31/59),正常年的气候概率是 3%(2/59)。汛期降水量较常年同期偏多 20% 以上的异常多雨年有 12 个,其中较常年同期偏多 50% 以上的洪涝年只有 2 个:1979(147 mm)、1993 年

(136 mm)。较常年同期偏少20%以上的异常少雨年有11个;主汛期最大(1993年)降水量为121 mm,最小(1962年)降水量只有27 mm,最大年是最小年的4.48倍。主汛期正异常年的气候概率是44%(26/59);负异常年的气候概率是51%(30/59);正常年的气候概率是5%(3/59)。主汛期降水量较常年同期偏多20%以上的多雨年有14个,其中偏多50%以上的洪涝年只有3个:1979(114 mm)、1983年(95 mm)、1993年(121 mm);偏少20%以上的异常少雨年有13个。在1951—2009年期间,汛期降水量和年期降水量的距平百分率的同号几率达到85%(50/59);汛期降水量和主汛期降水量的距平百分率的同号几率达到76%(45/59);主汛期降水量和年期降水量的距平百分率的同号几率达到73%(43/59)。由此可见,甘北区的主汛期、汛期和年降水量的距平百分率的一致率很高。由于甘北区在内陆干旱地区,全年降水量很少,经常以干旱少雨为主。

6.3.19 黄河上游区降水年际变化特征的统计分析

如图6.23(a)所示,黄河上游区(4点平均,下同)的近50年(1960—2009年,下同)平均年降水量(常年降水量)有379 mm。在1951—2009年期间,最大年(1967年)降水量为527 mm,最小年(1962年)降水量只有276 mm,最大年是最小年的1.91倍。正异常年的气候概率是49%(29/59);负异常年的气候概率是49%(29/59);正常年的气候概率是2%(1/59)。年降水量较常年偏多20%以上的异常多雨年有6个:1958年有483 mm,偏多27%;1961年有483 mm,偏多27%;1964年有507 mm,偏多34%;1967年有527 mm,偏多39%;1978年有462 mm,偏多22%;2007年有518 mm,偏多37%。较常年偏少20%以上的异常少雨年有6个:1956年(294 mm)、1962年(276 mm)、1965年(284 mm)、1966年(280 mm)、1969年(303 mm)、1980年(278 mm),分别较常年偏少20%至27%。

黄河上游区年降水量持续较常年偏多的持续多雨期有:1958—1959年(2年)、1970—1971年(2年)、1975—1976年(2年)、1978—1979年(2年)、1984—1985年(2年)、1992—1996年(5年,其中有1个正常年)、1998—1999年(2年)、2007—2009年(3年)。年降水量持续较常年偏少的持续少雨期有:1951—1953年(3年)、1956—1957年(2年)、1962—1963年(2年)、1965—1966年(2年)、1968—1969年(2年)、1982—1983年(2年)、1986—1988(3年)、1990—1991(2年)、2000—2002年(3年)。

如图6.23(b)所示,黄河上游区的近50年(1960—2009年,下同)平均汛期(5—9月,下同)降水量(常年降水量)有312 mm。在1951—2009年期间,最大年(1967年)汛期降水量为437 mm,最小年(1965年)汛期降水量只有195 mm,最大年是最小年的2.24倍。正异常年的气候概率是48%(28/59);负异常年的气候概率是48%(28/59);正常年的气候概率是5%(3/59)。汛期降水量较常年同期偏多20%以上的异常多雨年有7个:1958年有424 mm,偏多36%;1961年有380 mm,偏多22%;1964年有435 mm,偏多39%;1967年有437 mm,偏多40%;1976年有382 mm,偏多22%;1978年有375 mm,偏多20%;2007年有406 mm,偏多30%。汛期降水量较常年同期偏少20%以上的异常少雨年有7个:1956年(237 mm)、1962年(216 mm)、1965年(195 mm)、1966年(235 mm)、1977年(245 mm)、1980年(243 mm)、1982年(238 mm),分别较常年偏少21%至38%。

黄河上游区汛期降水量持续较常年同期偏多的持续多雨期有:1958—1959年(2年)、1970—1971年(2年)、1975—1976年(2年)、1978—1979年(2年)、1984—1985年(2年)、

1992—1994年(3年)、1998—1999年(2年)、2007—2009年(3年)。汛期降水量持续较常年同期偏少的持续少雨干旱期有：1953—1954年(2年)、1956—1957年(2年)、1962—1963年(2年)、1965—1966年(2年)、1968—1969年(2年)、1982—1983年(2年)、1986—1988(3年)、1990—1991(2年)、2000—2002年(3年)。黄河上游汛期降水量距平百分率与年降水量距平百分率的同号率达到98%(58/59)。

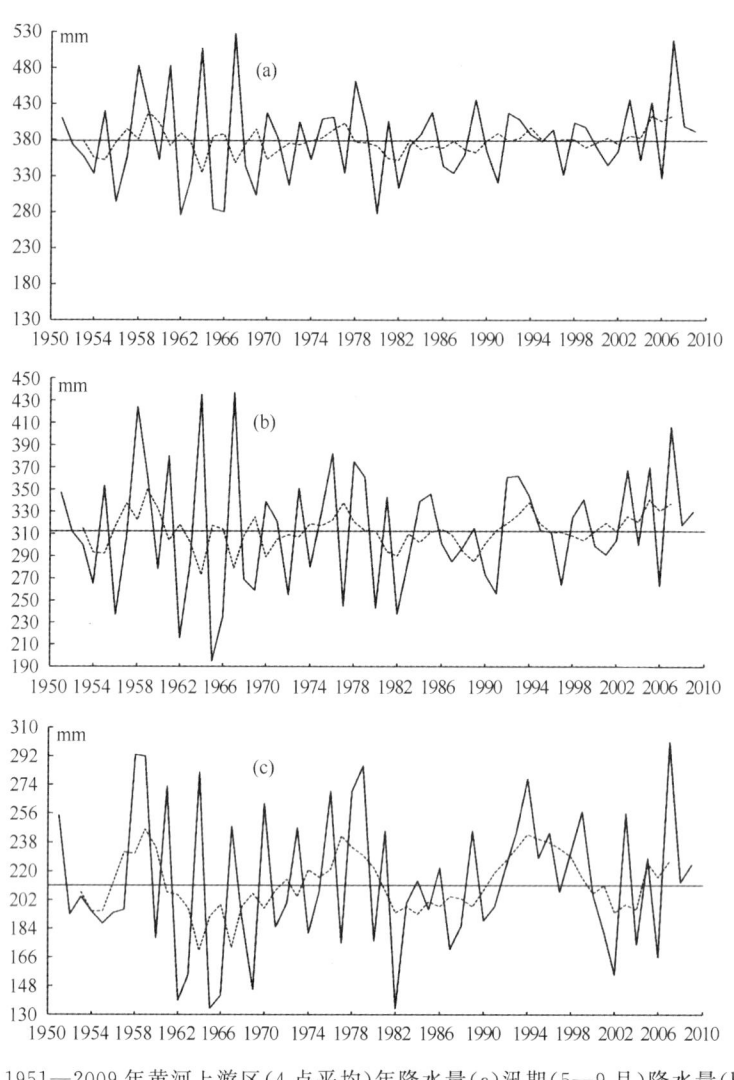

图6.23 1951—2009年黄河上游区(4点平均)年降水量(a)汛期(5—9月)降水量(b)主汛期(6—8月)降水量(c)的年际变化曲线图(虚线是5年滑动平均降水量)

Fig.6.23 As in Fig.6.5, but for the Upper Reaches of the Yellow River sub-region (mean of the 4 stations, the 19th sub-region)

如图6.23(c)所示，黄河上游区的近50年(1960—2009年，下同)平均主汛期(6—8月，下同)降水量(常年降水量)有211 mm。在1951—2009年期间，最大年(2007年)主汛期降水量为301 mm，最小年(1965年和1982年)主汛期降水量只有134 mm，最大年是最小年的2.25倍。正异常年的气候概率是46%(27/59)；负异常年的气候概率是54%(32/59)。主汛期降水量较常年同期偏多20%以上的异常多雨年有13个：1951年有255 mm，偏多21%；1958年有

293 mm,偏多39%;1959年有292 mm,偏多38%;1961年有273 mm,偏多29%;1964年有282 mm,偏多34%;1970年有262 mm,偏多24%;1976年有270 mm,偏多28%;1978年有270 mm,偏多28%;1979年有286 mm,偏多36%;1994年有278 mm,偏多32%;1999年有257 mm,偏多22%;2003年有256 mm,偏多21%;2007年有301 mm,偏多43%。主汛期降水量较常年同期偏少20%以上的异常少雨年有8个:1962年(139 mm)、1963年(155 mm)、1965年(134 mm)、1966年(142 mm)、1969年(146 mm)、1982年(134 mm)、2002年(155 mm)、2006年(166 mm),分别较常年同期偏少21%至36%。

黄河上游区主汛期降水量持续较常年同期偏多的持续多雨期有:1958—1959年(2年)、1978—1979年(2年)、1992—1996年(5年)、1998—1999年(2年)、2007—2009年(3年)。主汛期降水量持续较常年同期偏少的持续少雨期有:1952—1957年(6年)、1962—1963年(2年)、1965—1966年(2年)、1968—1969年(2年)、1971—1972年(2年)、1974—1975年(2年)、1982—1983年(2年)、1987—1988年(2年)、1990—1991年(2年)、2000—2002年(3年)。黄河上游主汛期降水量距平百分率与汛期降水量距平百分率的同号率达到90%(53/59)。

6.3.20 长江金沙江流域区年降水年际变化特征的统计分析

如图6.24(a)所示,长江金沙江流域区(8点平均,下同)的近50年(1960—2009年,下同)平均年降水量(常年降水量)有774 mm。在1951—2009年期间,最大年(1998年)降水量为970 mm,最小年(1992年)降水量只有623 mm,最大年是最小年的1.56倍。正异常年的气候概率是44%(26/59);负异常年的气候概率是51%(30/59);正常年的气候概率是5%(3/59)。除了最大年的年降水量较常年偏多25%和最小的年降水量较常年偏少20%外,其余57年的年降水量为636~904 mm,较常年偏少18%至偏多16%。与常年降水量相比,长江金沙江流域区年降水量持续较常年偏多的持续多雨期有:1954—1957年(4年)、1965—1966年(2年)、1990—1991年(2年)、1997—2002(6年)。年降水量持续较常年偏少的持续少雨期有:1960—1964年(5年)、1971—1973年(3年)、1975—1977年(3年)、1981—1984年(4年)、2005—2009年(5年,其中有1个正常年)。

如图6.24(b)所示,长江金沙江流域区(8点平均,下同)的近50年(1960—2009年,下同)平均汛期(5—9月,下同)降水量(常年降水量)有636 mm。在1951—2009年期间,最大年(1968年)汛期降水量为800 mm,最小年(1992年)汛期降水量只有457 mm,最大年是最小年的1.75倍。正异常年的气候概率是48%(28/59);负异常年的气候概率是49%(29/59);正常年的气候概率是3%(2/59)。汛期降水量较常年同期偏多20%以上的异常多雨洪涝年有3个:1954年有762 mm,偏多20%;1968年有800 mm,偏多26%;1998年有794 mm,偏多25%。汛期降水量较常年同期偏少20%以上的异常少雨干旱年有2个:1983年只有509 mm,偏少20%;1992年只有457 mm,偏少28%。与常年同期汛期降水量相比,长江金沙江流域区汛期降水量持续较常年同期偏多的持续多雨期有:1951—1952年(2年)、1954—1957年(4年)、1965—1966年(2年)、1990—1991年(2年)、1997—2004(8年)。汛期降水量持续较常年同期偏少的持续少雨期有:1958—1959年(2年)、1963—1964年(2年)、1969—1973年(5年,其中有1个正常年)、1975—1977年(3年)、1981—1983年(3年)、1988—1989(2年)、2005—2009年(5年)。长江金沙江流域区汛期降水量距平百分率与年降水量距平百分率的同号率有90%(53/59)。

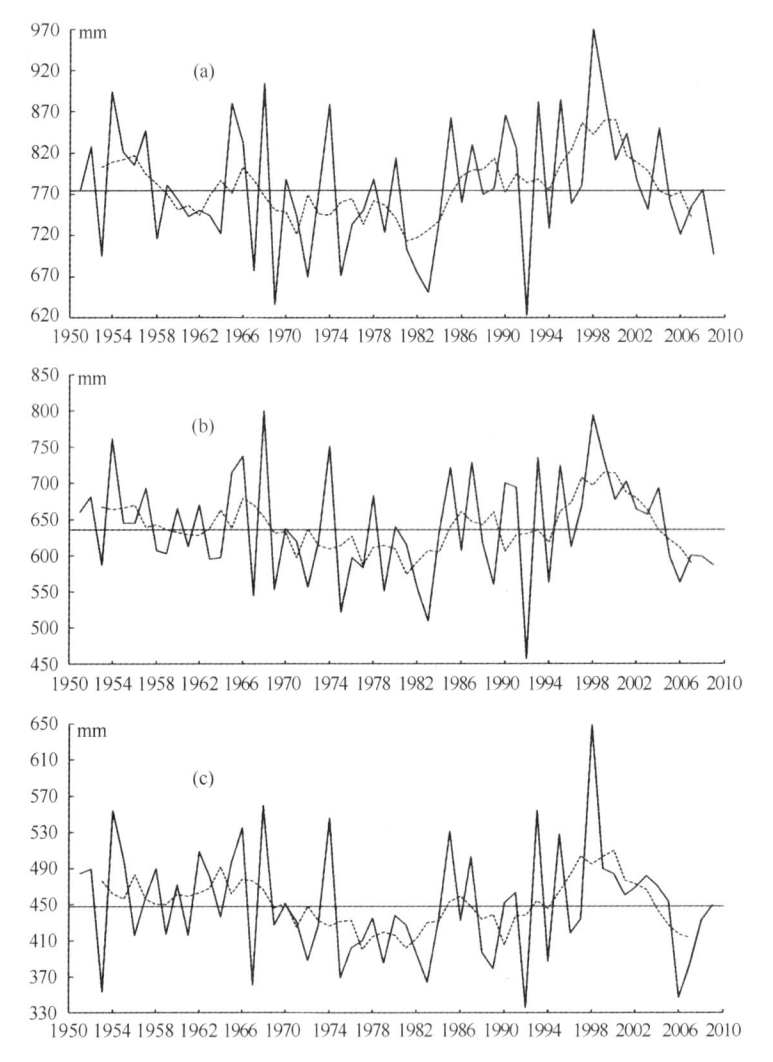

图 6.24　1951—2009 年金沙江流域(8 点平均)年降水量(a)、汛期(5—9 月)降水量(b)、主汛期(6—8 月)降水量(c)的年际变化曲线图(虚线是 5 年滑动平均降水量)

Fig. 6.24　As in Fig. 6.5, but for the Yangtze-Jinsha River Basin sub-region (mean of the 8 stations, the 20th sub-region)

如图 6.24(c)所示,长江金沙江流域区(8 点平均,下同)的近 50 年(1960—2009 年,下同)平均主汛期(6—8 月,下同)降水量(常年降水量)有 448 mm。在 1951—2009 年期间,最大年(1998 年)主汛期降水量为 649 mm,最小年(1992 年)主汛期降水量只有 336 mm,最大年是最小年的 1.93 倍。正异常年的气候概率是 46%(27/59);负异常年的气候概率是 51%(30/59);正常年的气候概率是 3%(2/59)。主汛期降水量较常年同期偏多 20% 以上的异常多雨洪水年有 5 个:1954 年有 554 mm,偏多 24%;1968 年有 560 mm,偏多 25%;1974 年有 546 mm,偏多 22%;1993 年有 554 mm,偏多 24%;1998 年有 649 mm,偏多 45%。主汛期降水量较常年同期偏少 20% 以上的异常少雨干旱年有 3 个:1953 年只有 354 mm,偏少 21%;1992 年只有 336 mm,偏少 25%;2006 年只有 347 mm,偏少 23%。与常年主汛期降水量相比,长江金沙江流域区主汛期降水量持续较常年同期偏多的持续多雨期有:1951—1952 年(2 年)、1954—1955 年

(2年)、1957—1958年(2年)、1962—1963年(2年)、1966—1967年(2年)、1990—1991(2年)、1998—2005年(8年)。主汛期降水量持续较常年同期偏少的持续少雨期有：1969—1973年(5年，其中有1个正常年)、1975—1984年(10年)、1988—1989年(2年)、1996—1997年(2年)、2006—2008年(3年)。长江金沙江流域区主汛期降水量距平百分率与汛期降水量距平百分率的同号率有85%(50/59)。

6.3.21 云南区年降水年际变化特征的统计分析

如图6.25(a)所示，云南区(6点平均，下同)的近50年(1960—2009年，下同)平均年降水量(常年降水量)有1040 mm。在1951—2009年期间，最大年(2001年)降水量为1289 mm，最小年(2009年)降水量只有820 mm，最大年是最小年的1.57倍。正异常年的气候概率是49%(29/59)；负异常年的气候概率是49%(29/59)；正常年的气候概率是2%(1/59)。除了最大年(2001年)和次大年(1970年)的年降水量分别较常年偏多24%和22%，最小年(2009年)和次小年(2003年)的年降水量分别较常年偏少21%和20%外，其余55年的年降水量为847~1201 mm，较常年偏少19%至偏多15%。与常年降水量相比，云南区年降水量持续较常年偏多的持续多雨期有：1965—1966年(2年)、1970—1971年(2年)、1985—1986(2年)、1994—2002年(9年，其中有1个正常年)、2007—2008年(2年)。年降水量持续较常年偏少的持续少雨期有：1953—1954年(2年)、1962—1964年(3年)、1974—1975年(2年)、1979—1980年(2年)、1987—1990年(4年)、1992—1993年(2年)、2005—2006年(2年)。

如图6.25(b)所示，云南(6点平均，下同)的近50年(1960—2009年，下同)平均汛期(5—9月，下同)降水量(常年降水量)有790 mm。在1951—2009年期间，最大年(1966年)汛期降水量为1012 mm，最小年(1992年)汛期降水量只有589 mm，最大年是最小年的1.72倍。正异常年的气候概率是44%(26/59)；负异常年的气候概率是53%(31/59)；正常年的气候概率是3%(2/59)。汛期降水量较常年同期偏多20%以上的异常多雨有涝年只有2个：1966年有1012 mm，偏多28%；2001年有1002 mm，偏多27%；其余年份的汛期降水量都在932 mm以下，最小年(1992年)为589 mm，偏少25%，其余年份都在646 mm以上。与常年同期汛期降水量相比，云南区汛期降水量持续较常年同期偏多的持续多雨期有：1970—1971年(2年)、1984—1986年(3年)、1990—1991年(2年)、1994—1995年(2年)、1999—2002(4年)、2007—2008年(2年)。汛期降水量持续较常年同期偏少的持续少雨期有：1953—1954年(2年)、1963—1965年(3年)、1974—1975年(2年)、1979—1983年(5年)、1987—1989年(3年)、1992—1993年(2年)、2005—2006年(2年)。云南区汛期降水量距平百分率与年降水量距平百分率的同号率有88%(52/59)。

如图6.25(c)所示，云南区(6点平均，下同)的近50年(1960—2009年，下同)平均主汛期(6—8月，下同)降水量(常年降水量)有561 mm。在1951—2009年期间，最大年(1966年)主汛期降水量为765 mm，最小年(1987年)主汛期降水量只有408 mm，最大年是最小年的1.88倍。正异常年的气候概率是51%(30/59)；负异常年的气候概率是49%(29/59)。主汛期降水量较常年同期偏多20%以上的异常多雨洪水年有3个：1966年有765 mm，偏多36%；1971年有697 mm，偏多24%；1986年有692 mm，偏多23%。主汛期降水量较常年同期偏少20%以上的异常少雨干旱年有4个：1987年只有408 mm，偏少27%；1989年只有428 mm，偏少24%；1992年只有409 mm，偏少27%；2003年只有444 mm，偏少21%。与常年主汛期降水量相比，云南区主汛期降水量持续较常年同期偏多的持续多雨期有：1957—1958年(2年)、

1961—1963年(3年)、1965—1966年(2年)、1968—1971(4年)、1978—1980年(3年)、1984—1986年(3年)、1994—1995年(2年)、1997—1999年(3年)、2001—2002年(2年)。主汛期降水量持续较常年同期偏少的持续少雨期有：1953—1954年(2年)、1959—1960年(2年)、1974—1975年(2年)、1981—1983年(3年)、1987—1993年(7年，其中有1个正常略多年)、1992—1993年(2年)、2003—2007年(5年)。云南区主汛期降水量距平百分率与汛期降水量距平百分率的同号率有80%(47/59)。

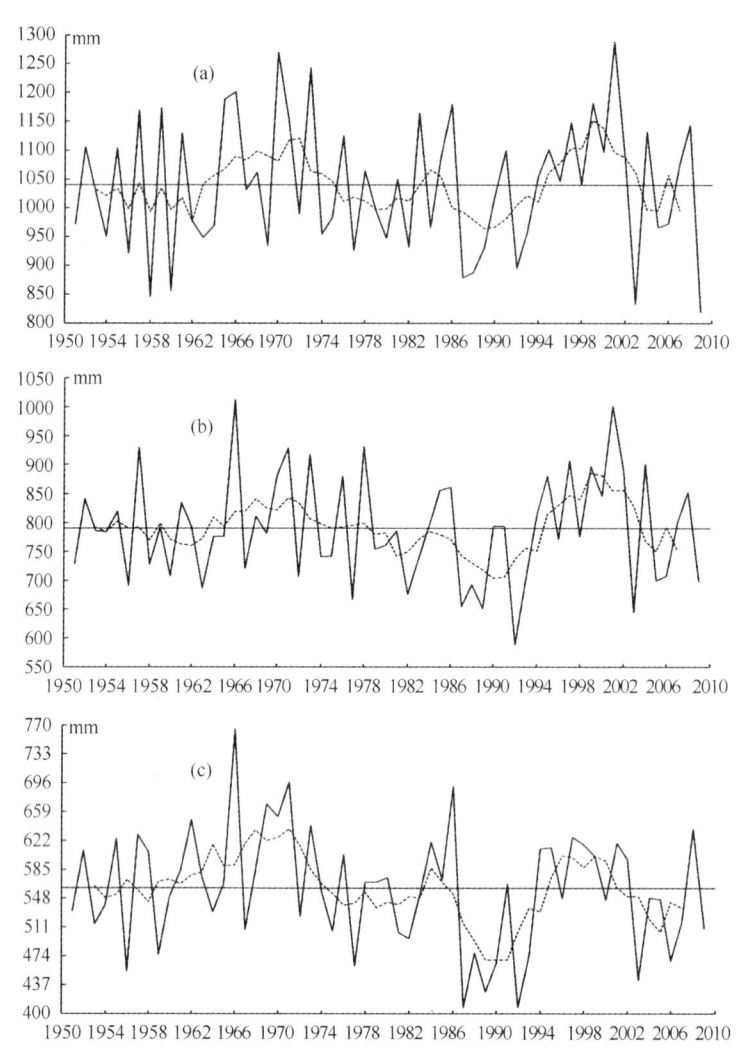

图6.25　1951—2009年云南区(6点平均)年降水量(a)汛期(5—9月)降水量(b)主汛期
(6—8月)降水量(c)的年际变化曲线图(虚线是5年滑动平均降水量)

Fig.6.25　As in Fig.6.5, but for the Yunnan sub-region (mean of the 6 stations, the 21st sub-region)

6.3.22　西藏区降水年际变化特征的统计分析

如图6.26(a)所示，西藏区(拉萨站，下同)的近50年(1960—2009年，下同)平均年降水量(常年降水量)有445 mm。在1951—2009年期间，最大年(1962年)降水量为795 mm，最小年(1983年)降水量只有229 mm，最大年是最小年的3.47倍。正异常年的气候概率是53%(31/

59);负异常年的气候概率是44%(26/59);正常年的气候概率是3%(2/59)。年降水量较常年偏多20%以上的多雨年有12个:1951年有551 mm,偏多24%;1952年有605 mm,偏多36%;1954年有574 mm,偏多29%;1962年有795 mm,偏多79%;1968年有589 mm,偏多32%;1990年有624 mm,偏多40%;1998年有579 mm,偏多30%;1999年有533 mm,偏多20%;2002年有538 mm,偏多21%;2003年有550 mm,偏多24%;2004年有556 mm,偏多25%;2008年有533 mm,偏多20%。年降水量较常年偏少20%以上的有14个:1953年只有352 mm,偏少21%;1956年只有350 mm,偏少21%;1967年只有263 mm,偏少41%;1975年只有334 mm,偏少25%;1976年只有346 mm,偏少22%;1981年只有330 mm,偏少26%;1982年只有311 mm,偏少30%;1983年只有229 mm,偏少49%;1986年只有288 mm,偏少35%;1992年只有292 mm,偏少34%;1994年只有357 mm,偏少20%;1997年只有319 mm,偏少28%;2006年只有318 mm,偏少29%;2009年只有343 mm,偏少23%。

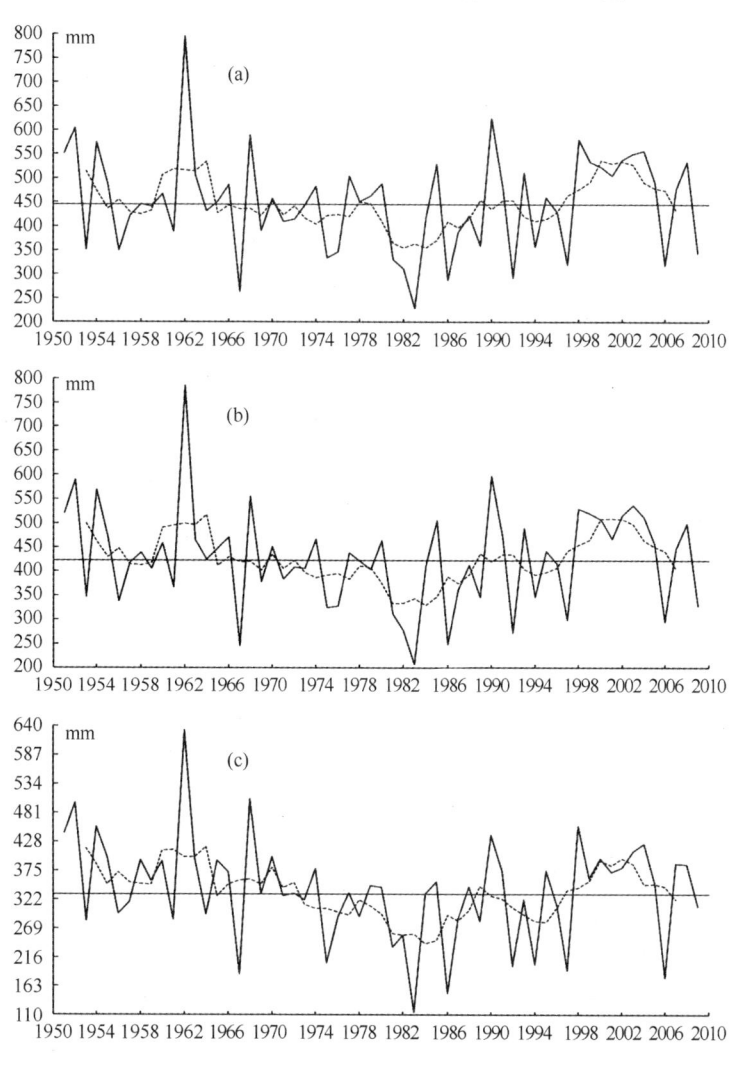

图6.26 1951—2009年近59年西藏(拉萨站)年降水量(a)汛期(5—9月)降水量(b)主汛期(6—8月)降水量(c)的年际变化曲线图(虚线是5年滑动平均降水量)

Fig. 6.26 As in Fig. 6.5, but for the Tibet sub-region (Lhasa station only, the 22nd sub-region)

与常年降水量相比,西藏区年降水量持续较常年偏多的持续多雨期有:1951—1952年(2年)、1954—1955年(2年)、1962—1963年(2年)、1965—1966年(2年)、1977—1980年(4年)、1990—1991年(2年)、1998—2005年(8年)、2007—2008年(2年)。年降水量持续较常年偏少的持续少雨期有:1956—1960年(4年,其中有1个正常年)、1971—1972年(2年)、1975—1976年(2年)、1981—1984年(4年)、1986—1989年(4年)、1996—1997年(2年)。

如图6.26(b)所示,西藏区(拉萨站,下同)的近50年(1960—2009年,下同)平均汛期(5—9月,下同)降水量(常年降水量)有422 mm。在1951—2009年期间,最大年(1962年)降水量为785 mm,最小年(1983年)降水量只有208 mm,最大年是最小年的3.77倍。正异常年的气候概率是51%(30/59);负异常年的气候概率是46%(27/59);正常年的气候概率是3%(2/59)。汛期降水量较常年同期偏多20%以上的多雨年有13个:1951年有521 mm,偏多23%;1952年有590 mm,偏多40%;1954年有569 mm,偏多35%;1962年有785 mm,偏多86%;1968年有555 mm,偏多32%;1985年有506 mm,偏多20%;1990年有597 mm,偏多41%;1998年有530 mm,偏多26%;1999年有521 mm,偏多23%;2000年有508 mm,偏多20%;2002年有517 mm,偏多23%;2003年有537 mm,偏多27%;2004年有513 mm,偏多22%。汛期降水量较常年同期偏少20%以上的有12个:1956年只有338 mm,偏少20%;1967年只有246 mm,偏少42%;1975年只有324 mm,偏少23%;1976年只有327 mm,偏少23%;1981年只有312 mm,偏少26%;1982年只有278 mm,偏少34%;1983年只有208 mm,偏少51%;1986年只有249 mm,偏少41%;1992年只有273 mm,偏少35%;1997年只有299 mm,偏少29%;2006年只有296 mm,偏少30%;2009年只有328 mm,偏少22%。

与常年同期相比,西藏区汛期降水量持续较常年同期偏多的持续多雨期有:1951—1952年(2年)、1954—1955年(2年)、1962—1966年(5年,其中有1个正常年)、1990—1991年(2年)、1998—2005年(8年)、2007—2008年(2年)。汛期降水量持续较常年同期偏少的持续少雨期有:1956—1957年(2年)、1971—1973年(3年)、1975—1976年(2年)、1981—1984年(4年)、1986—1989年(4年)、1996—1997年(2年)。汛期降水量距平百分率与年降水量距平百分率的同号率达到95%(56/59)。

如图6.26(c)所示,西藏区(拉萨站,下同)的近50年(1960—2009年,下同)平均主汛期(6—8月,下同)降水量(常年降水量)有331 mm。在1951—2009年期间,最大年(1962年)降水量为633 mm,最小年(1983年)降水量只有115 mm,最大年是最小年的5.50倍。正异常年的气候概率是56%(33/59);负异常年的气候概率是41%(24/59);正常年的气候概率是3%(2/59)。主汛期降水量较常年同期偏多20%以上的多雨年有13个:1951年有443 mm,偏多34%;1952年有500 mm,偏多51%;1954年有455 mm,偏多37%;1955年有400 mm,偏多21%;1962年有633 mm,偏多91%;1963年有397 mm,偏多20%;1968年有506 mm,偏多53%;1970年有400 mm,偏多21%;1990年有440 mm,偏多33%;1998年有456 mm,偏多38%;2000年有397 mm,偏多20%;2003年有410 mm,偏多24%;2004年有424 mm,偏多28%。主汛期降水量较常年同期偏少20%以上的有10个:1967年只有185 mm,偏少44%;1975年只有205 mm,偏少38%;1981年只有235 mm,偏少29%;1982年只有257 mm,偏少22%;1983年只有115 mm,偏少65%;1986年只有149 mm,偏少55%;1992年只有199 mm,偏少40%;1994年只有202 mm,偏少39%;1997年只有191 mm,偏少42%;2006年只有178 mm,偏少46%。

与常年主汛期相比,西藏区主汛期降水量持续较常年同期偏多的持续多雨期有:1951—1952年(2年)、1954—1955年(2年)、1958—1960年(3年)、1962—1963年(2年)、1965—1966年(2年)、1968—1970年(3年,其中有1个正常年)、1979—1980(2年)、1990—1991年(2年)、1998—2005年(8年)、2007—2008年(2年)。主汛期降水量持续较常年同期偏少的持续少雨期有:1956—1957年(2年)、1975—1976年(2年)、1981—1983年(3年)、1986—1987年(2年)、1992—1994年(3年)、1996—1997年(2年)。主汛期降水量距平百分率与汛期降水量距平百分率的同号率达到85%(50/59)。

6.3.23 南疆区降水年际变化特征的统计分析

如图6.27(a)所示,南疆区(7站平均,下同)的近50年(1960—2009年,下同)平均年降水量(常年降水量)只有41 mm。在1951—2009年期间,最大年(2005年)降水量为75 mm,最小年(1963、1980、1985年)降水量只有22 mm,最大年是最小年的3.41倍。正异常年的气候概率是34%(20/59);负异常年的气候概率是63%(37/59);正常年的气候概率是3%(2/59)。年降水量较常年偏多20%以上的多雨年有14个:1958年有58 mm,偏多41%;1964年有53 mm,偏多29%;1974年有49 mm,偏多20%;1981年有62 mm,偏多51%;1987年有68 mm,偏多66%;1988有57 mm,偏多39%;1992年有69 mm,偏多68%;1993年有56 mm,偏多37%;1996年有53 mm,偏多29%;1998年有52 mm,偏多27%;2002年有55 mm,偏多34%;2003年有73 mm,偏多78%;2004年有58 mm,偏多41%;2005年有75 mm,偏多83%。年降水量较常年偏少20%以上的有20个:1951、1955—1957、1960—1963、1965、1967、1969—1970、1975、1980、1983、1985—1986、1994、1997、2009年,年降水量只有22~33 mm,偏少20%至46%。

与常年相比,南疆区年降水量持续较常年偏多的持续多雨期有:1953—1954年(2年)、1981—1982年(2年)、1987—1989年(3年)、1992—1993年(2年)、1995—1996(2年)、2002—2005年(4年)。年降水量持续较常年偏少的持续少雨期有:1951—1952年(2年)、1955—1957年(3年)、1959—1963年(5年)、1965—1971年(7年)、1975—1980年(6年,其中有1个正常年)、1983—1986年(4年)、1990—1991年(2年)、1999—2001年(3年)、2006—2009年(4年,其中有1个正常年)。

如图6.27(b)所示,南疆区(7站平均,下同)的近50年(1960—2009年,下同)平均汛期(5—9月,下同)降水量(常年降水量)只有29 mm。在1951—2009年期间,最大年(1992年)降水量为57 mm,最小年(1961年)降水量只有11 mm,最大年是最小年的5.18倍。正异常年的气候概率是37%(22/59);负异常年的气候概率是63%(37/59)。汛期降水量较常年同期偏多20%以上的多雨年有17个:1958年(53 mm)、1968年(36 mm)、1972年(36 mm);1981年(55 mm)、1984年(35 mm)、1987年(43 mm)、1988年(44 mm)、1989年(31 mm)、1992年(57 mm)、1993年(43 mm)、1996年(36 mm)、1998年(38 mm)、2002年(36 mm)、2003年(49 mm)、2004年(45 mm)、2005年(53 mm)、2007年(35 mm),较常年同期偏多21%至97%。汛期降水量较常年同期偏少20%以上的有26个:1951、1953、1955—1957、1961、1963、1965—1967、1969—1970、1975—1978、1980、1983、1985—1986、1990、1994、2001、2006、2008—2009年,汛期降水量只有11~32 mm,较常年同期偏少21%至62%。

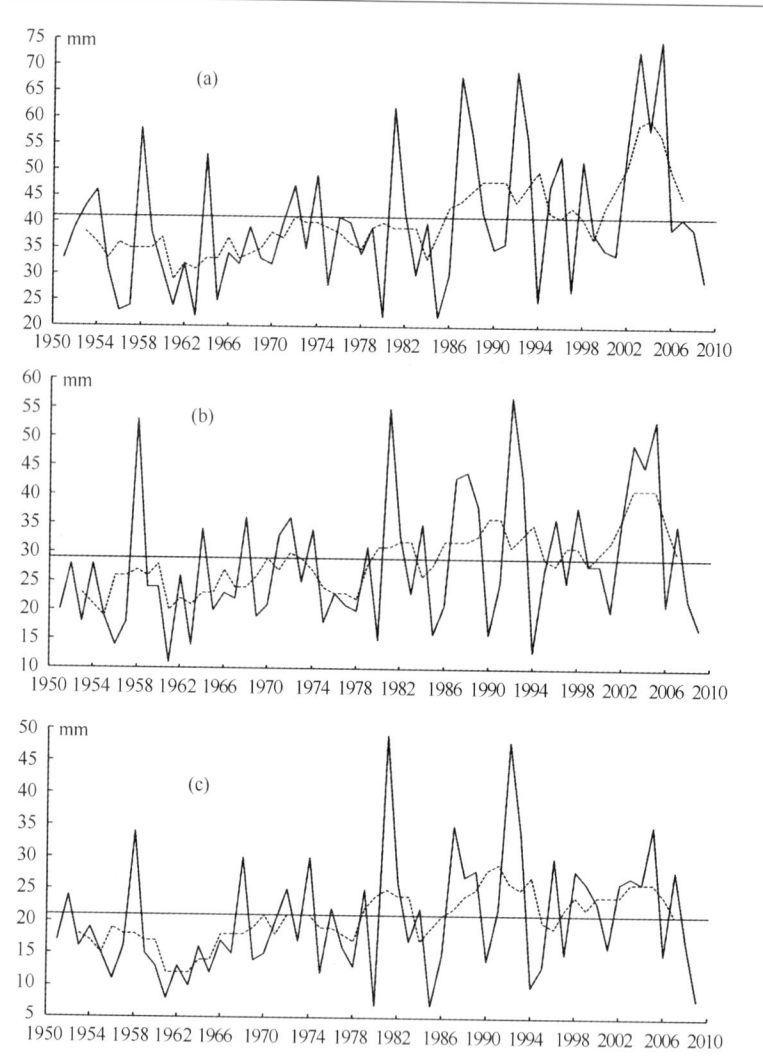

图 6.27　1951—2009 年南疆区(7 点平均)年降水量(a)、汛期(5—9 月)降水量(b)、主汛期(6—8 月)降水量(c)的年际变化曲线图(虚线是 5 年滑动平均降水量)

Fig. 6.27　As in Fig. 6.5, but for the South Xinjiang sub-region (mean of the 7 stations, the 23rd sub-region)

与常年同期相比,南疆区汛期降水量持续较常年同期偏多的持续多雨期有:1971—1972 年(2 年)、1981—1982 年(2 年)、1987—1989 年(3 年)、1992—1993 年(2 年)、2002—2005(4 年)。汛期降水量持续较常年同期偏少的持续少雨期有:1951—1957 年(7 年)、1959—1963 年(5 年)、1965—1967 年(3 年)、1969—1970 年(2 年)、1975—1978 年(4 年)、1985—1986 年(2 年)、1990—1991 年(2 年)、1994—1995 年(2 年)、1999—2001 年(3 年)、2008—2009 年(2 年)。汛期降水量距平百分率与年降水量距平百分率的同号率为 86%(51/59)。

如图 6.27(c)所示,南疆区(7 站平均,下同)的近 50 年(1960—2009 年,下同)平均主汛期(6—8 月,下同)降水量(常年降水量)只有 21 mm。在 1951—2009 年期间,最大年(1981 年)降水量为 49 mm,最小年(1961、2009 年)降水量只有 8 mm,最大年是最小年的 6.13 倍。正异常年的气候概率是 42%(25/59);负异常年的气候概率是 58%(34/59)。主汛期降水量较常年同期偏多 20% 以上的多雨年有 18 个:1958 年(34 mm)、1968 年(30 mm)、1974 年(30 mm)、

1981年(49 mm)、1982年(26 mm)、1987年(35 mm)、1988年(27 mm)、1989年(28 mm)、1992年(48 m)、1993年(34 mm)、1996年(30 mm)、1998年(28 mm)、1999年(26 mm)、2002年(26 mm)、2003年(27 mm)、2004年(26 mm)、2005年(35 mm)、2007年(28 mm),较常年同期偏多24%至133%。主汛期降水量较常年同期偏少20%以上的有27个:1953、1955—1957、1959—1965、1967、1969—1970、1975、1977—1978、1980、1985—1986、1990、1994—1995、1997、2001、2006、2009年,主汛期降水量只有8~16 mm,较常年同期偏少24%至62%。

与常年同期相比,南疆区主汛期降水量持续较常年同期偏多的持续多雨期有:1981—1982年(2年)、1987—1989年(3年)、1991—1993年(3年)、1998—2000(3年)、2002—2005年(4年)。主汛期降水量持续较常年同期偏少的持续少雨期有:1953—1957年(5年)、1959—1967年(9年)、1969—1971年(3年)、1977—1978年(2年)、1985—1986年(2年)、1994—1995年(2年)、2008—2009年(2年)。主汛期降水量距平百分率与汛期降水量距平百分率的同号率为88%(52/59)。

由此可见,1970年以前南疆地区以少雨干旱为主要趋势,主汛期、汛期、年降水量的少雨(较常年同期偏少)概率分别为85%(17/20)、85%(17/20)、80%(16/20);1987—2005年则以多雨(较常年同期偏多)为主要趋势,主汛期、汛期、年降水量的偏多概率分别为74%(14/19)、58%(11/19)、63%(12/19);1971—1986年期间则以1—2年偏多与1—2年偏少交替出现为主要变化趋势;最近4年(2006年以来)中只有2007年偏多,其余3年则偏少。

6.3.24 北疆区降水年际变化特征的统计分析

如图6.28(a)所示,北疆区(5站平均,下同)的近50年(1960—2009年,下同)平均年降水量(常年降水量)有236 mm。在1951—2009年期间,最大年(1998年)降水量为368 mm,最小年(1962年)降水量只有145 mm,最大年是最小年的2.54倍。正异常年的气候概率是54%(32/59);负异常年的气候概率是46%(27/59)。年降水量较常年偏多20%以上的多雨年有11个:1958年有334 mm,偏多42%;1959年有288 mm,偏多22%;1966年有308 mm,偏多31%;1969年有297 mm,偏多26%;1987年有345 mm,偏多46;1988有307 mm,偏多30%;1993年有313 mm,偏多33%;1998年有368 mm,偏多56%;2002年有316 mm,偏多34%;2004年有315 mm,偏多33%;2009年有283 mm,偏多20%。年降水量较常年偏少20%以上的有12个:1962年(145 mm)、1963年(179 mm)、1965年(165 mm)、1967年(150 mm)、1974年(159 mm)、1975年(163 mm)、1977年(184 mm)、1982年(163 mm)、1991年(168 mm)、1995年(189 mm)、1997年(174 mm)、2008年(162 mm),年降水量只有145~189 mm,偏少20%至39%。

北疆区年降水量较常年偏多的持续多雨年是:1952—1960年(9年,其中有1个正常略少年)、1971—1972年(2年)、1987—1988年(2年)、1992—1994年(3年)、1998—2007年(10年)。北疆区年降水量较常年偏少的持续少雨年是:1961—1965年(5年)、1967—1968年(2年)、1973—1983年(11年,其中有1个正常略多年)、1985—1986年(2年)。显然,北疆地区在1960年以前和1987年以来是以多雨(较常年偏多)为主要趋势特征;在1961—1986年的26年期间则以少雨(较常年偏少)为主要趋势特征。

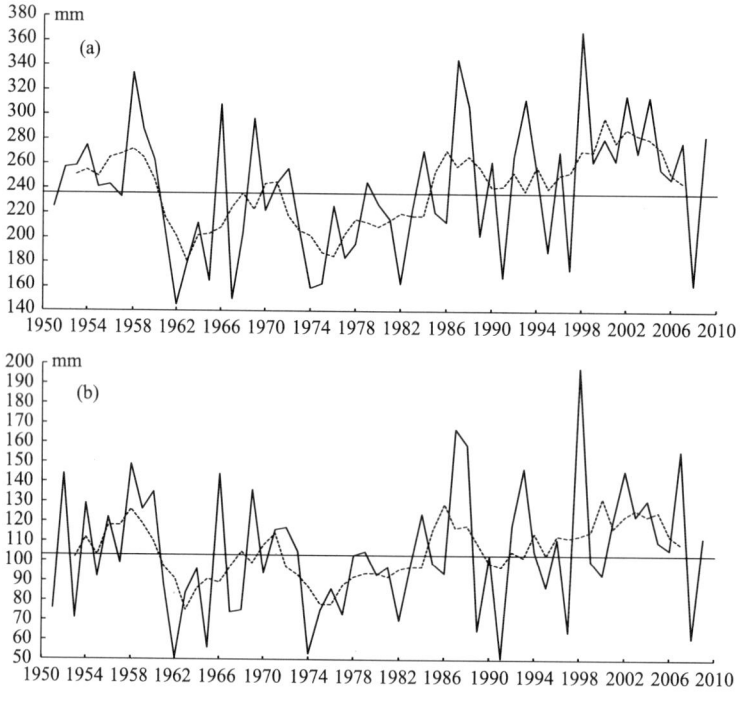

图 6.28　1951—2009 年北疆区(5 点平均)年降水量(a)和汛期(4—7 月)降水量(b)的年际变化曲线图(虚线是 5 年滑动平均降水量)

Fig. 6.28　As in Fig. 6.5, but for the North Xinjiang sub-region (mean of the 5 stations, the 24th sub-region)

北疆地区 1—12 月各个月的 50 年平均降水量在 25 mm 及其以上的月份是：4 月(25 mm)、5 月(27 mm)、6 月(25 mm)、7 月(26 mm)，其余各月 50 年平均降水量只有 12～22 mm。由此可见，北疆地区汛期是 4—7 月。

如图 6.28(b)所示，北疆地区汛期(4—7 月)降水量的 50 年(1960—2009 年)平均降水量只有 103 mm。其年际变化特征是：在 1951—2009 年期间，汛期最大年(1998 年)降水量为 198 mm，最小年(1962 年)降水量只有 51 mm，汛期降水量最大年是最小年的 3.88 倍。正异常年的气候概率是 48%(28/59)；负异常年的气候概率是 49%(29/59)；正常年的气候概率是 3%(2/59)。汛期降水量较常年同期偏多 20% 以上的多雨年有 15 个：1952 年有 144 mm，偏多 40%；1954 年有 129 mm，偏多 25%；1958 年有 149 mm，偏多 45%；1959 年有 126 mm，偏多 22%；1960 年有 135 mm，偏多 31%；1966 年有 144 mm，偏多 40%；1969 年有 136 mm，偏多 32%；1984 有 124 mm，偏多 20%；1987 年有 167 mm，偏多 62%；1988 年有 159 mm，偏多 54%；1993 年有 147 mm，偏多 43%；1998 年有 198 mm，偏多 92%；2002 年有 146 mm，偏多 42%；2004 年有 131 mm，偏多 27%；2007 年有 156 mm，偏多 51%。汛期降水量较常年偏少 20% 以上的有 14 个：1951 年(76 mm)、1953 年(71 mm)、1962 年(51 mm)、1965 年(56 mm)、1967 年(74 mm)、1968 年(75 mm)、1974 年(53 mm)、1975 年(75 mm)、1977 年(73 mm)、1982 年(70 mm)、1989 年(65 mm)、1991 年(51 mm)、1997 年(64 mm)、2008 年(61 mm)，汛期降水量只有 51～76 mm，偏少 26% 至 50%。

北疆区汛期降水量较常年同期偏多的持续多雨年是：1958—1960 年(3 年)、1971—1973

年(3年)、1987—1988年(2年)、1992—1994年(3年)、2001—2007年(7年)。北疆区汛期降水量较常年同期偏少的持续少雨年是：1961—1965年(5年)、1967—1968年(2年)、1974—1977年(4年)、1980—1983年(4年)、1985—1986年(2年)、1999—2000年(2年)。北疆汛期(4—7月)降水量只有年降水量的44%，但是汛期降水量距平百分率与年降水量距平百分率的同号率达到90%(53/59)。

6.3.25 台湾区降水变化特征的统计分析

台湾地区降水量的观测资料比较长，但是各个地区的降水观测资料数据的开始年不同，花莲从1901年开始，高雄从1932年开始，台中和台北两个地区从1897年开始就有降水观测资料。为了与全国分区降水量变化特征的统计分析取得一致性，我们将首先对台湾地区近59年降水变化特征进行统计分析。又为了让广大读者能够对台湾各地区降水的不同变化特征有一个较细的了解，我们对台湾地区降水在近59年的变化特征和在近百年的变化特征将将分别进行统计和分析。我们首先对台湾地区近59年降水变化特征进行统计分析。如图6.29(a)所示，台湾区(4站平均，下同)的近50年(1960—2009年，下同)平均年降水量(常年降水量)有1956 mm。在1951—2009年期间，正异常(偏多，下同)年的气候概率是47%(28/59)；负异常(偏少，下同)年的气候概率是51%(30/59)；正常年的气候概率是2%(1/59)。年降水量较常年偏多20%以上的异常多雨年有7个：1974年有2443 mm，偏多25%；1990年有2448 mm，偏多25%；1998年有3144 mm，偏多61%；2001年有2492 mm，偏多27%；2005年2800 mm，偏多43%；2007年有2542 mm，偏多30%；2008年有2588 mm，偏多32%。较常年偏少20%以上的异常少雨年有8个：1963年只有1395 mm，偏少29%；1964年只有1469 mm，偏少25%；1971年只有1449 mm，偏少26%；1976年只有1533 mm，偏少22%；1980年只有1369 mm，偏少30%；1993年只有1231 mm，偏少37%；2002年只有1191 mm，偏少39%；2003年只有1200 mm，偏少39%。最多年(1998年)是最少年(2002年)的2.64倍。

台湾地区年降水量持续较常年偏多的持续多雨期有：1959—1960年(2年)、1974—1975年(2年)、1984—1986年(3年)、1997—2001年(5年，其中有1个正常年)、2004—2009年(6年)；年降水量持续较常年偏少的持续少雨期有：1954—1955年(2年)、1957—1958年(2年)、1961—1967年(7年)、1969—1971年(3年)、1978—1980年(3年)、1982—1983年(2年)、1995—1996年(2年)、2002—2003年(2年)。

如图6.29(b)所示，台湾地区近50年平均汛期(5—9月，下同)降水量(汛期常年降水量)有1370 mm。在1951—2009年期间，正异常年的气候概率是46%(27/59)；负异常年的气候概率是51%(30/59)；正常年的气候概率是3%(2/59)。汛期降水量较常年同期偏多20%以上的异常多雨洪涝年有8个：1972年有1791 mm，偏多31%；1977年有2012 mm，偏多47%；1981年有1838 mm，偏多34%；1990年有1765 mm，偏多29%；2001年有2065 mm，偏多51%；2005年有2194 mm，偏多60%；2007年有1822 mm偏多33%；2008年有2588 mm偏多32%。汛期降水量较常年同期偏少20%以上的异常少雨干旱年有9个：1954年只有884 mm，偏少35%；1964年只有899 mm，偏少34%；1971年只有848 mm，偏少38%；1978年只有935 mm，偏少32%；1980年只有783 mm，偏少43%；1983年只有995 mm，偏少27%；1993年只有786 mm，偏少43%；2002年只有920 mm，偏少33%；2003年只有796 mm，偏少42%。最多年(2005年)是最少年(1980年)的2.80倍。

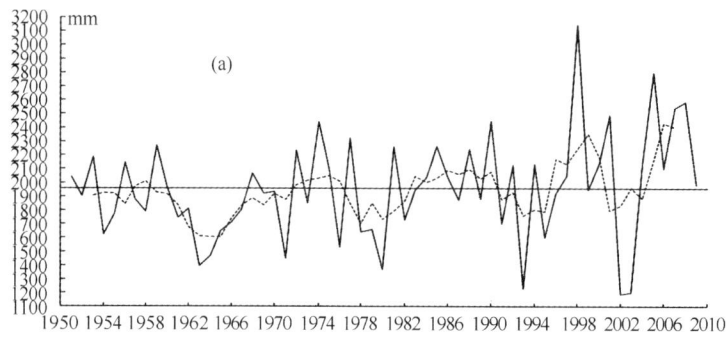

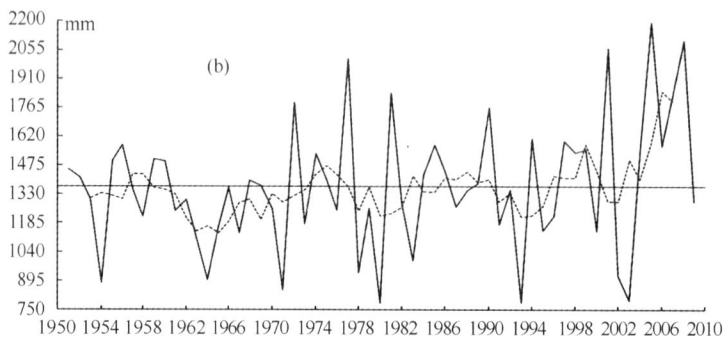

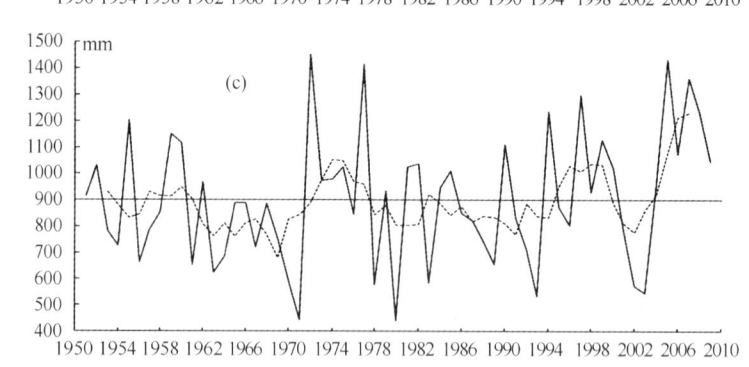

图 6.29　1951—2009 年台湾区(4 点平均)年降水量(a)、汛期(5—9 月)降水量(b)、主汛期
(6—8 月)降水量(c)的年际变化曲线图(虚线是 5 年滑动平均降水量)

Fig. 6.29　As in Fig. 6.5, but for the Taiwan sub-region (mean of the 4 stations, the 25th sub-region)

台湾地区汛期降水量持续较常年同期偏多的持续多雨期有:1951—1952 年(2 年)、1955—1956 年(2 年)、1959—1960 年(2 年)、1974—1975 年(2 年)、1984—1986 年(3 年)、1989—1990 年(2 年)、1997—1999 年(3 年)、2004—2008 年(5 年);汛期降水量持续较常年同期偏少的持续少雨期有:1953—1954 年(2 年)、1957—1958 年(2 年)、1961—1967 年(7 年,其中有 1 个正常年)、1970—1971 年(2 年)、1978—1980 年(3 年)、1982—1983 年(2 年)、1987—1988 年(2 年)、1991—1993 年(3 年)、1995—1996 年(2 年)、2002—2003(2 年)。

如图 6.29(c)所示,台湾地区近 50 年平均主汛期(6—8 月,下同)降水量(主汛期常年降水量)有 900 mm。在 1951—2009 年期间,正异常年的气候概率是 48%(28/59);负异常年的气候概率是 52%(31/59)。主汛期降水量较常年同期偏多 20% 以上的异常多雨洪涝年有 12 个:1955 年有 1204 mm,偏多 34%;1959 年有 1152 mm,偏多 28%;1960 年有 1116 mm,偏多 24%;1972 年有 1451 mm,偏多 61%;1977 年有 1415 mm,偏多 57%;1990 年有 1112 mm,偏多 24%;1994 年有 1236 mm,偏多 37%;1997 年有 1298 mm,偏多 44%;1999 年有 1129 mm,偏多 25%;2005 年有 1433 mm,偏多 59%;2007 年有 1361 mm,偏多 51%;2008 年有 1234 mm,偏多 37%。主汛期降水量较常年同期偏少 20% 以上的异常少雨干旱年有 15 个:1956 年只有 662 mm,偏少 26%;1961 年只有 653 mm,偏少 27%;1963 年只有 624 mm,偏少 31%;1964 年只有 685 mm,偏少 24%;1967 年只有 720 mm,偏少 20%;1970 年只有 597 mm,偏少 34%;1971 年只有 443 mm,偏少 51%;1978 年只有 578 mm,偏少 36%;1980 年只有 441 mm,偏少 51%;1983 年只有 586 mm,偏少 35%;1989 年只有 655 mm,偏少 27%;1992 年只有 710 mm,偏少 21%;1993 年只有 536 mm,偏少 40%;2002 年只有 574 mm,偏少 36%;2003 年只有 547 mm,偏少 39%。最多年(1972 年)是最少年(1980 年)的 3.29 倍。

台湾地区主汛期降水量持续较常年同期偏多的持续多雨期有:1951—1952 年(2 年)、1959—1960 年(2 年)、1972—1975 年(4 年)、1981—1982 年(2 年)、1984—1985 年(2 年)、1997—2000 年(4 年)、2004—2009 年(6 年);主汛期降水量持续较常年偏少的持续少雨期有:1953—1954(2 年)、1956—1958 年(3 年)、1961—1971 年(11 年,其中有 1 个正常略多年)、1986—1989 年(4 年)、1991—1993 年(3 年)、1995—1996 年(2 年)、2001—2003 年(3 年)。

6.4 近百年台湾地区年降水量年代际和年际变化特征的统计分析

6.4.1 近百年台湾地区年降水量年代际变化特征的统计分析

花莲与台中的纬度十分接近,花莲与台中相隔一个中央山脉,仅比台中偏东约 1 个经度。可是这两个地区的年降水量却有显著的差异,花莲地区 60 年(1949—2008 年)平均年降水量有 2161 mm。在 20 世纪元年代到 30 年代持续 4 个年代少雨,40 年代到 50 年代基本正常,60 年代多雨,70 年代少雨,80 年代到 90 年代多雨,21 世纪元年代又少雨。最近 7 个年代的年代际变化比较频繁;高雄站从 1932 年才开始有全年的降水观测记录,高雄地区 60 年(1949—2008 年)平均年降水量有 1749 mm。在 20 世纪 30 年代到 50 年代持续偏多,60 年代偏少,70 年代偏多,80 年代偏少,20 世纪 90 年代到 21 世纪元年代持续偏多;台中地区 60 年(1949—2008 年)平均年降水量只有 1701 mm。台中年代平均降水量也有明显的持续性,20 世纪元年代到 10 年代持续少雨,20 年代到 50 年代持续 4 个年代多雨,60 年代到 90 年代持续 4 个年代少雨,21 世纪元年代又多雨;台北地区 60 年(1949—2008 年)平均年降水量有 2235 mm。年代平均降水量有鲜明的持续性,20 世纪 70 年代以前持续少雨,20 世纪 80 年代到 21 世纪元年代持续多雨。这 4 个地区年降水量的年代际变化规律和特征有几个特点:

(1)从 60 年(1949—2008 年)平均年降水量的比较可知,台北地区(北部)最多(2235 mm),花莲地区(东部)次多(2161 mm),台中地区(西部)最少(1701 mm),高雄地区(南部)次少(1749 mm);

(2)高雄和花莲两个地区年降水量的年代平均距平趋势的年代际变化趋势基本上是相反的,只有 20 世纪 40 年代和 90 年代均偏多,其余 6 个年代的年代平均降水距平趋势都相反;

(3)台中和台北两个地区年降水量的年代平均距平趋势都有较明显的持续性;

表 6.1 台湾 4 个地区年(1—12月)降水量的年代际变化特征(单位:mm)
Table 6.1 Interdecadal changes of annual (Jan.—Dec.) precipitation (mm) for mean of 4 stations of Taiwan

地区	花 莲(东)	高 雄(南)	台 中(西)	台 北(北)	4站平均
1949—2008	2161	1749	1701	2235	1962
1900—1909	1798*		1670	1991	
1910—1919	1920		1632	2182	
1920—1929	2031		1874	2140	
1930—1939	1893	2303*	1749	2082	2007*
1940—1949	2161	1807	1883	2127	1995
1950—1959	2158	1841	1813	2079	1973
1960—1969	2190	1373	1491	1963	1754
1970—1979	2056	1786	1693	2136	1918
1980—1989	2185	1690	1592	2386	1963
1990—1999	2195	1873	1632	2424	2031
2000—2008	2106*	1955*	1994*	2476*	2133*

注:* 为1901—1909年9年平均值、* 为高雄1932—1939年平均值与2000—2008年的9年平均值

(4)台湾地区(4站平均)年降水量的年代平均距平变化趋势与高雄地区比较一致,其中只有20世纪70年代到80年代平均距平趋势相反,其余6个年代基本一致;

(5)20世纪元年代到10年代花莲、台中和台北的年代平均降水量都偏少;20年代台中偏多,花莲和台北偏少;30年代花莲和台北偏少,高雄和台中偏多;40年代台北偏少,其余地区偏多;50年代花莲和台北偏少,高雄和台中偏多;60年代花莲偏多,其余地区偏少;70年代高雄偏多,其余地区偏少;80年代花莲和台北偏多,高雄和台中偏少;90年代台中偏少,其余地区偏多;本世纪元年代花莲偏少,其余地区偏多。

6.4.2 近百年台湾及各地区年降水量年际变化特征的统计分析

台湾地区年降水量的年际变化规律和特征分析:台湾地区(4站平均)年降水量的60年(1949—2008年)平均降水量有1962 mm。由图6.30可见,在1932—1937年的6年期间,出现1年多雨和2年少雨交替出现的3年周期规律;在1938—1941年持续4年多雨;1942年少雨;1943—1945持续3年多雨;1946年和1948年异常和明显少雨,1947年异常多雨;1949—1951年持续3年多雨;在1952—1960年的9年期间,1—2个少雨年和1—2个多雨年交替出现;在1961—1971年期间,前7年持续少雨,1968年多雨,后3年又持续少雨;在1972—1977年的6年期间,以多雨为主,6年中有4年偏多,只有1973年和1976年少雨;在1978—1983年期间,6年中有5年偏少,只有1981年多雨;1984—1986年持续3年多雨;在1987—1994年的8年期间,出现了1年少雨和1年多雨交替出现的两年周期规律特征;1995—2003年,基本上出现了2年持续少雨和2年持续多雨交替出现的准4年周期特征,其中只有1999年少雨没有持续;2004—2008年持续5年多雨,其中有3个异常多雨年。台湾地区(4站平均)历史上最长多雨期只持续了4年(1938—1941年),持续3年的多雨期也只有3个(1943—1945、1949—

1951、1984—1986年),但是在最近5年(2004—2008年),是持续多雨时段最长年雨量最大的时期,这是近百年来出现在台湾地区的一个极端异常气候现象。

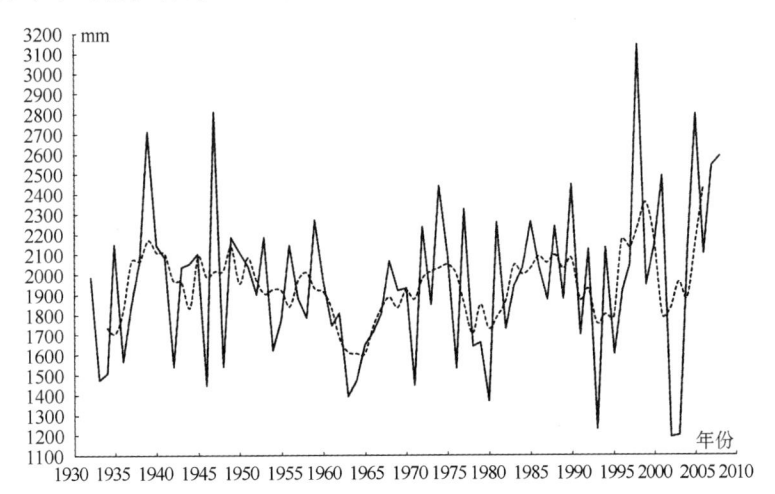

图 6.30 1932—2008 年台湾地区(4 站平均)年降水量历史演变特征曲线图

Fig.6.30 Annual precipitation (mm) interannual changes in the Taiwan sub-region (mean of the 4 stations, the 25th sub-region) during 1932—2008

(1)花莲地区年降水量的年际变化规律和特征分析:

花莲地区年降水量的 60 年(1949—2008 年)平均降水量有 2161 mm。由图 6.31 可见,花莲地区 1901 年降水偏多;1902—1903 年持续偏少;1904 年明显偏多;1905—1916 年的 12 年持续偏少;在 1917—1918 年持续偏多;1919—1921 年持续偏少;1922—1927 年的 6 年中只有 1923 年和 1926 年偏少,其余 4 年均偏多;1928—1937 年的 10 年期间,只有 1931 年多雨,其余 9 年均少雨;1938—1939 年持续 2 年多雨;1940—1942 年持续 3 年少雨;在 1943—1948 年的 6 年期间,呈现 1 个多雨年和 1 年少雨年交替出现的 2 年周期;1949—1954 年只有 1952 年少雨,其余 5 年均多雨;1955—1958 年呈现 1 个少雨年和 1 年多雨年交替出现的 2 年周期;1959—1960 年持续 2 年少雨;1961—1974 年的 14 年中只有 1963、1966、1970、1972 年少雨,其余 10 年均是多雨年;1975—1983 年的 9 年期间,只有 1981 年多雨,其余 8 年均为少雨干旱年;在 1984—1990 年持续 7 年多雨;在 1991—1994 年期间只有 1992 年多雨,其余 3 年为少雨;在 1995—2001 年的 7 年期间,只有 1997 年和 1999 年少雨,其余 5 年均多雨;2002—2004 年持续 3 年少雨;在 2005—2008 年的 4 年中,只有 2006 年少雨,其余 3 年均多雨。最长多雨期出现在 1984—1990 年,持续 7 年多雨;最长少雨期出现在 1905—1916 年,持续 12 年少雨。次长少雨期出现在 1932—1937 年和 1975—1980 年,均持续 6 年少雨。极大年是 1998 年(3560 mm),极小年是 1993 年(989 mm),极大年比极小年偏多 2.6 倍。

(2)高雄地区年降水量的年际变化规律和特征分析:

高雄地区年降水量的 60 年(1949—2008 年)平均降水量有 1749 mm。由图 6.32 可见,高雄地区在 1932—1934 年持续 3 年少雨;在 1935—1940 年持续 6 年多雨;1941—1942 持续 2 年少雨;1943—1948 年的 6 年期间出现 1 年多雨和 1 年少雨交替出现的 2 年周期规律;1949—1956 年的 8 年只有 1953 年少雨,其余 7 年均多雨;在 1957—1971 年的 15 年期间,只有 1959 年和 1968 年多雨,其余 13 年均少雨,在 1962—1971 年的 10 年中,有 9 个异常少雨干旱年;

1972—1977 年的 6 年中,只有 1976 年少雨,其余 5 年都是明显和异常多雨年;1978—1980 年持续 3 年少雨干旱;1981—1989 年出现 1 年多雨和 1 年少雨交替出现的 2 年周期性,其中只有 1986—1987 年持续 2 年少雨;1990—1992 年持续 3 年偏多;1993—1996 年的 4 年中,只有 1994 年异常多雨,其余 3 年均异常少雨;1997—2001 年的 5 年中,只有 2000 年少雨,其余 4 年均明显和异常多雨;2002—2004 年持续 3 年明显和异常少雨;2005—2008 年持续 4 年多雨。最长多雨期出现在 1935—1940 年,持续 6 年多雨;最长少雨期出现在 1960—1967 年,持续 8 年少雨。极大年是 1939 年(3239 mm),极小年是 1980 年(574 mm),极大年比极小年偏多 4.6 倍多。

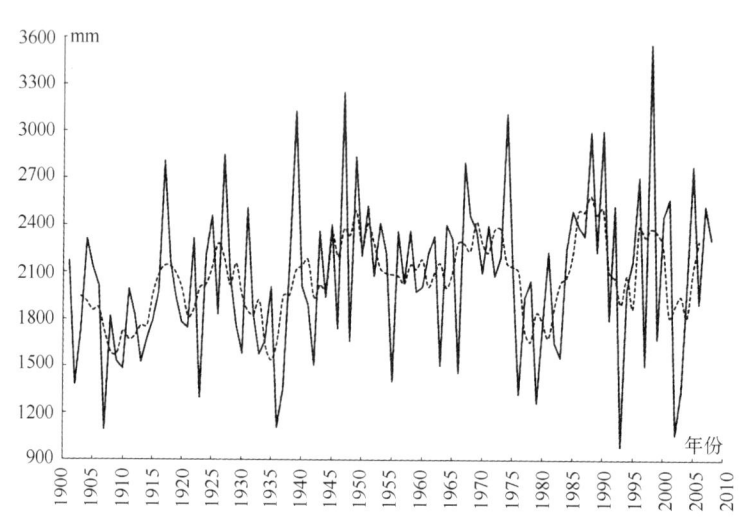

图 6.31 1901—2008 年花莲地区年降水量历史演变特征曲线图

Fig. 6.31 Annual precipitation (mm) interannual changes at Hualien station during 1901—2008

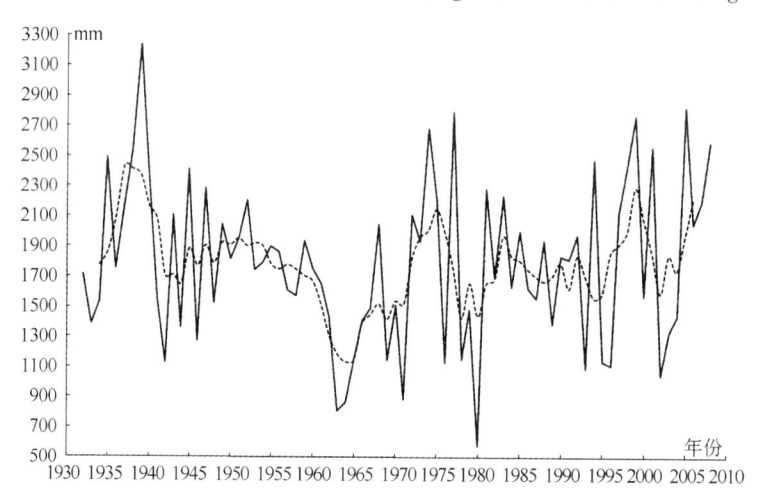

图 6.32 1932—2008 年高雄地区年降水量历史演变特征曲线图

Fig. 6.32 Annual precipitation (mm) interannual changes at kaohsiung station during 1932—2008

(3)台中地区年降水量的年际变化规律和特征分析:

台中地区年降水量的 60 年(1949—2008 年)平均降水量有 1701 mm。由图 6.33 可见,台中地区 1897—1900 年的 4 年是 1 年少 1 年多;1901—1902 年持续 2 年少雨;1903—1905 年持续3年多雨;1906—1910年持续5年明显少雨;1911—1913年持续3年异常多雨;在1914—1919年的6年中只有1915年正常略偏多,其余5年均明显和异常少雨;在1920—1924年的5年中,只有1923年异常少雨,其余4年均多雨;1925—1927年持续3年少雨;1928—1932年持续5年多雨;1933—1934年持续2年少雨,1935—1938年为1年多雨和1年少雨交替出现;1939—1945年持续7年多雨;在1946—1948年期间的3年中,只有1947年多雨,其余2年少雨;1949—1951年持续3年多雨;在1952—1960年期间,基本上是1～2年少雨和1～2年多雨交替出现;1961—1967年持续7年少雨,1968—1980年的13年期间,出现1～2年多雨和3年少雨交替出现的4～5年周期规律性特征;在1981—1985年是1年多雨和1年少雨交替出现的2年周期;1986—1989年4年持续少雨;1990—2003年是1～2年多雨和1～2年少雨交替出现的3—4年周期性;2004—2008年持续5年多雨。最长多雨期出现在1939—1945年,持续7年多雨;最长少雨期出现在1961—1967年,持续7年少雨。极大年是1920年(3046 mm),极小年是1923年(841 mm),极大年比极小年偏多2.6倍多。

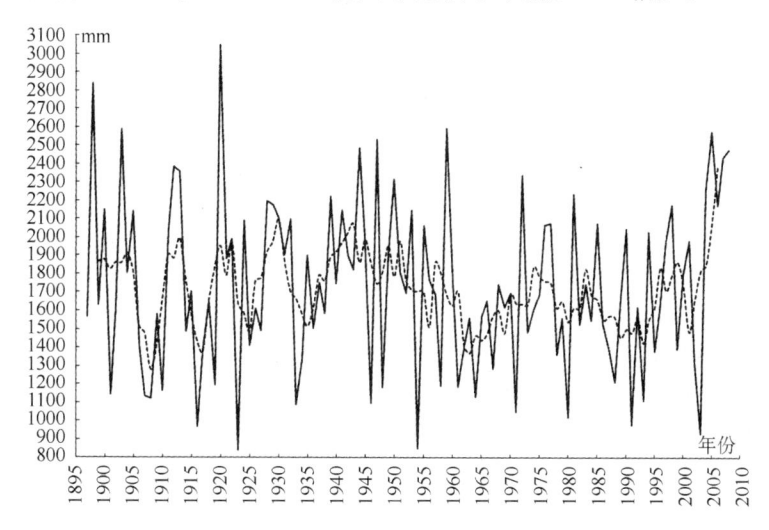

图6.33 1900—2008年台中地区年降水量历史演变特征曲线图

Fig. 6.33 Annual precipitation (mm) interannual changes at Taichung station during 1900—2008

(4)台北地区年降水量的年际变化规律和特征分析:

台北地区年降水量的60年(1949—2008年)平均降水量有2235 mm。由图6.34可见,台北地区在1897—1900年的4年是1年少1年多;1901—1902年持续少雨;1903年多雨;1904—1911年持续8年少雨干旱;1912—1917年,是1年多雨和1—2年少雨交替出现;1918—1921年持续4年少雨;1922—1929年,是1—2年多雨和1—2年少雨交替出现;1930—1932年持续3年多雨年;1933—1938年持续6年少雨;1939—1941年持续3年多雨;在1942—1947年是2年少雨和1年多雨交替出现的3年周期;1948—1952年持续5年少雨;1953—1958年,是1年多雨和2年少雨交替出现的3年周期规律;1959—1960年持续多雨;1961—1968年的8年,只有1966年多雨,其余7年均少雨;在1969—1987年的18年,出现了1～2年多雨和1年少雨交替出现的2～3年周期规律性;1988—1992年的5年中,只有1991年正常略少,其余4年均多雨;1993—1995年持续少雨;1996—1998年持续多雨;1999年少雨;2000—2001年持续异常多雨;2002—2003年持续异常少雨;2004—2008年持续5年多雨,其中有 4 年异常多雨。最长多雨期出现在 2004—2008 年，持续 5 年多雨；最长少雨期出现在 1904—1911 年，持续 8 年少雨。极大年是 1998 年(4405 mm)，极小年是 2003 年(1193 mm)，极大年比极小年偏多 2.7 倍。

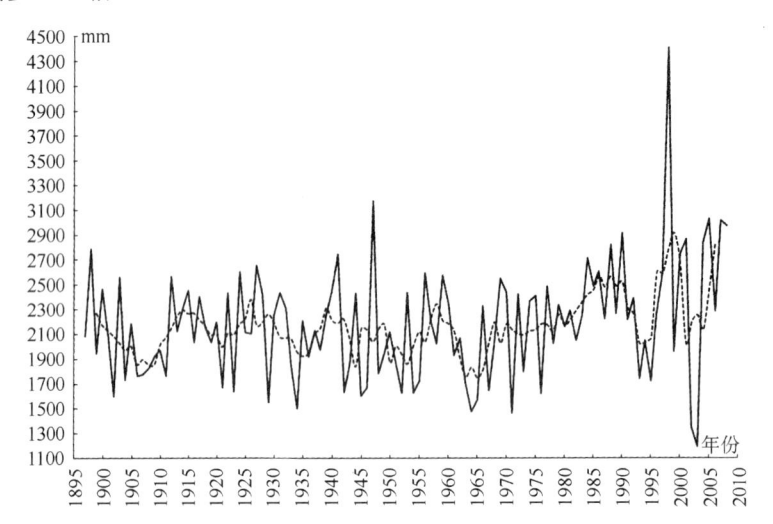

图 6.34　1901—2008 年台北地区年降水量历史演变特征曲线图

Fig. 6.34　Annual precipitation (mm) interannual changes at Taipei station during 1901—2008

1901 年以来，4 个地区(1931 年以前是 3 个地区)都是少雨的年是：1902、1906—1910、1914、1916、1919、1923、1926、1933—1934、1946、1948、1957、1963、1966、1978、1980、1982、1993、2002—2003 年共计 24 个，气候概率是 22%；1901 年以来，4 个地区(1931 年以前是 3 个地区)都是多雨的年是：1922、1924、1931、1939、1947、1956、1981、1985、1990、1998、2001、2005、2007—2008 年共计 14 个，气候概率是 13%；1901 年以来台湾 4 个地区有 65% 的年份的年雨量距平趋势是不一致的。

6.4.3　近百年台湾地区的前 10 个异常多雨洪涝年和少雨干旱年的分布特征

在 1901—2008 年期间(高雄地区从 1932 年才开始有年降水量)，台湾及其 4 个分区前 10 个特多雨年和前 10 个特少雨年及其年降水量如表 6.2 所示。1901 年以来，台湾地区(4 站平均)的前 10 个特多雨年的年降水量有 2324～3144 mm，比常年偏多 1.8～6.0 成；前 10 个特多雨年和前 10 个特少雨及其年降水量如表 6.2 所示。1901 年以来，台湾地区(4 站平均)的前 10 个特多雨年的年降水量有 2324～3144 mm，比常年偏多 1.8～6.0 成；前 10 个特少雨年的年降水量只有 1191～1510 mm，比常年偏少 2.3～3.9 成；最大年(1998 年)比最小年(2002 年)偏多 1.6 倍。花莲地区的前 10 个特多雨年的年降水量有 2803～3560 mm，比常年偏多 3.0～6.5 成；前 10 个特少雨年的年降水量只有 989～1382 mm，比常年偏少 3.6～5.4 成；最大年(1998 年)比最小年(1993 年)偏多 2.6 倍。高雄地区的前 10 个特多雨年的年降水量有 2434～3239 mm，比常年偏多 3.9～8.5 成；前 10 个特少雨年的年降水量只有 574～1135 mm，比常年偏少 3.5～6.7 成；最大年(1939 年)比最小年(1980 年)偏多 4.6 倍多。台中地区的前 10 个特多雨年的年降水量有 2356～3046 mm，比常年偏多 3.9～7.9 成；前 10 个特少雨年的年降水量只有 841～1111 mm，比常年偏少 3.5～5.1 成；最大年(1920 年)比最小年(1923 年)偏多

2.6倍。台北地区的前10个特多雨年的年降水量有2744～4405 mm,比常年偏多2.3～9.7成;前10个特少雨年的年降水量只有1193～1620 mm,比常年偏少2.8～4.7成;最大年(1998年)比最小年(2002年)偏多2.64倍。

表6.2 1901—2008年期间台湾各地区前10个特多雨年和前10个特少雨年的年降水量 (单位:mm)

Table 6.2　Annual precipitation (mm) at various areas of Taiwan in the top ten rich and scarce precipitation years during 1901—2008

花莲	特多雨年	1917	1927	1939	1947	1949	1967	1974	1988	1990	1998	60年
	年降水量	2811	2850	3128	3248	2837	2803	3117	2997	3003	3560	2161
	特少雨年	1902	1907	1923	1936	1937	1976	1979	1993	2002	2003	
	年降水量	1382	1093	1295	1106	1358	1322	1266	989	1064	1350	
高雄	特多雨年	1938	1939	1974	1977	1994	1998	1999	2001	2005	2008	60年
	年降水量	2544	3239	2681	2794	2471	2434	2765	2558	2823	2593	1749
	特少雨年	1942	1963	1964	1971	1976	1980	1993	1995	1996	2002	
	年降水量	1127	805	864	885	1126	574	1084	1135	1107	1039	
台中	特多雨年	1903	1912	1913	1920	1944	1947	1959	2005	2007	2008	60年
	年降水量	2588	2383	2356	3046	2483	2533	2591	2574	2434	2478	1701
	特少雨年	1916	1923	1933	1946	1954	1971	1980	1991	1993	2003	
	年降水量	968	841	1089	1096	852	1051	1017	979	1111	932	
台北	特多雨年	1941	1947	1988	1990	1998	2001	2004	2005	2007	2008	60年
	年降水量	2744	3174	2815	2916	4405	2863	2831	3029	3017	2969	2235
	特少雨年	1902	1929	1934	1945	1964	1965	1971	1976	2002	2003	
	年降水量	1603	1549	1499	1598	1475	1569	1463	1620	1346	1193	
4站平均	特多雨年	1939	1947	1974	1977	1990	1998	2001	2005	2007	2008	60年
	年降水量	2713	2810	2443	2324	2449	3144	2494	2801	2544	2588	1962
	特少雨年	1933	1934	1946	1963	1964	1971	1980	1993	2002	2003	
	年降水量	1474	1510	1446	1395	1469	1450	1369	1232	1191	1201	

台湾及其各个地区的特多雨年和特少雨年的年代际分布特征如表6.3所示。花莲地区前10个特多雨年份的年代际分布相对比较均匀,20世纪40年代和90年代分别出现了2个,20世纪元年代、20世纪50年代和21世纪元年代没有出现,其他年代各出现了1个;高雄地区前10个特多雨年份的年代际分布相对比较集中,10个特多雨年有6个集中分布在20世纪90年代至21世纪元年代,只有4个分别分布在20世纪30年代和70年代,其他年代没有出现;台中地区前10个特多雨年份集中分布在20世纪50年代以前和21世纪元年代;台北地区前10个特多雨年份有8个集中分布在20世纪80年代以来,其中有5个非常集中地出现在最近这个年代,只有2个出现在20世纪40年代。台湾地区(4站平均)10个特多雨年中有6个集中出现在最近2个年代里,只有4个分别出现在20世纪70年代和30—40年代。

表 6.3 1901—2008 年期间台湾各地区前 10 个特多雨年和前 10 个特少雨年的年代分布特征　　（单位:年数）

Table 6.3　Interdecadal distributions (number of year) of the top ten rich and scarce precipitation years for various areas of Taiwan during 1901—2008

地区	年代	1901—1909	1910—1919	1920—1929	1930—1939	1940—1949	1950—1959	1960—1969	1970—1979	1980—1989	1990—1999	2000—2008
花莲	特多年数	0	1	1	1	2	0	1	1	1	2	0
	特少年数	2	0	1	2	0	0	0	2	0	1	2
高雄	特多年数	0	0	0	0	2	0	0	2	0	3	3
	特少年数	0	0	0	0	1	0	2	2	1	3	1
台中	特多年数	1	2	1	0	2	1	0	0	0	0	3
	特少年数	0	1	1	1	1	1	0	1	1	2	1
台北	特多年数	0	0	0	0	2	0	0	0	1	2	5
	特少年数	1	0	1	1	1	0	2	2	0	0	2
平均	特多年数	0	0	0	0	2	0	0	0	0	2	4
	特少年数	0	0	0	2	1	0	2	1	1	1	2

各个地区的前 10 个特少雨年份的年代际分布特征是:花莲地区前 10 个特少雨年份的年代际分布有相对集中性,在 20 世纪元年代、30 年代、70 年代和 21 世纪元年代各有 2 个,20 世纪 20 年代和 90 年代各有 1 个;高雄地区前 10 个特少雨年份的年代际分布比较集中,10 个特少雨年有 9 个集中分布在 20 世纪 60 年代以来的 50 年里,在 20 世纪 50 年代以前只有 40 年代出现了 1 个;台中地区前 10 个特少雨年份的年代际分布相对比较均匀,只有 20 世纪元年代和 60 年代没有出现,90 年代有 2 个,其他年代均出现了 1 个;台北地区前 10 个特少雨年份在 20 世纪 60—70 年代出现了 4 个,21 世纪元年代出现了 2 个,20 世纪元年代、20 年代、30 年代、40 年代各有 1 个;台湾地区(4 站平均)10 个特少雨年,在 20 世纪 30 年代、60 年代和 21 世纪元年代各有 2 个,20 世纪 40 年代、70 年代、80 年代、90 年代各有 1 个。

由此可见,21 世纪元年代每个地区都发生了 1～2 个特少雨年。除花莲地区在 21 世纪元年代没有出现特多雨年外,其他地区在 21 世纪元年代都出现了 3～5 个特多雨年。高雄地区在 20 世纪 90 年代就发生了 3 个特多雨年和 3 个特少雨年,从 1901 年以来的 20 个特多雨年和特少雨年的 50% 发生在最近 20 年中。台北地区有 80%(8/10)的特多雨年发生在最近 40 年中。总的来说,台湾大部地区年降水量的年际变化越来越剧烈,旱涝现象越来越频繁。

6.4.4　近百年台湾四个地区汛期降水量的年代际和年际变化特征

由台湾地区年降水量的空间分布特征表明,台北地区的年降水量最多,台中地区的年降水量最少,不同地区的年降水量的年代际变化规律和特点也有明显差异。我们再来看看台湾地区年降水量在各月的分布特征。由表 6.4 可见,由最近 60 年(1949—2008 年)平均降水量表明,台湾地区(4 站平均)冬半年 5 个月(11—3 月)的降水量只有 31～94 mm,夏半年 5 个月(5—9 月)的降水量有 200～320 mm,4 月和 10 月是过渡季节,分别为 113 mm 和 129 mm。这表明台湾地区的汛期即雨季出现在 5—9 月。但是,在各个地区的逐月降水量分布特征存在明显的差异。花莲地区:枯季(12—3 月)的月降水量只有 73～91 mm,雨季(6—10 月)的月降水量有 198～388 mm,4—5 月和 11 月是过渡季节,分别为 104～190 mm 和 168 mm;高雄地区:

枯季比较长(10—4月),枯季的月降水量只有13~64 mm,雨季比较短(6—8月),但雨季的降水比较集中,雨季月降水量有365~411 mm,5月和9月是过渡季节,分别为180 mm和194 mm;台中地区:枯季(10—3月)的月降水量只有17~85 mm,雨季(5—8月)的月降水量有229~359 mm,4月和9月是过渡季节,分别为120 mm和153 mm;台北地区:枯季比较短(11—1月),枯季的月降水量只有12~92 mm,雨季(5—9月)的月降水量有226~319 mm,2—4月和10月是过渡季节,过渡季节的月降水量为146~168 mm。各个地区主汛期的降水量峰值月也不同,高雄和台中两地区的峰值月是6月,60年(1949—2008年)平均降水量分别有411 mm和359 mm,花莲和台北两地区的峰值月是9月,60年(1949—2008年)平均降水量分别有388 mm和319 mm。

表6.4 台湾(4站平均)及其4个地区近60年(1949—2008年)平均各月降水量　(单位:mm)

Table 6.4　Monthly mean precipitation (mm) at Taiwan (mean of the 4 stations) and its 4 areas in the 60 years (1949—2008)

月份	1	2	3	4	5	6	7	8	9	10	11	12
花莲	73	91	88	104	190	213	198	253	388	320	168	76
高雄	17	18	36	64	180	411	365	388	194	42	21	13
台中	34	72	85	120	229	359	272	315	153	21	17	23
台北	92	146	168	162	226	298	245	288	319	131	83	76
平均	54	82	94	113	206	320	270	311	264	129	72	47

由表6.5可见,花莲、高雄、台中和台北4个地区的各月降水量的年际变化都是很大,花莲地区各个月的极大降水量有323~1700 mm,各个月的极小降水量只有1~26 mm;高雄地区各个月的极大降水量有84~1571 mm,各个月的极小降水量只有0~23 mm;台中地区各个月的极大降水量有98~1246 mm,各个月的极小降水量只有0~39 mm;台北地区各个月的极大降水量有262~1491 mm,各个月的极小降水量只有1~29 mm。

1901年以来花莲地区有4个月的极大降水量出现在1983年以来的26年中,1931年以来高雄地区有5个月的极大降水量出现在1983年以来的26年中,1901年以来台中地区有6个月的极大降水量出现在1983年以来的26年中,1901年以来台北地区有7个月的极大降水量出现在1983年以来的26年中。特别是最近十几年频繁地出现极大降水量,例如花莲地区6月、8月和10月的极大降水量出现在1990—2007年期间,高雄地区的5月、6月、8月和12月的极大降水量出现在1994—2008年期间,台中地区的4月、7月、9月和10月的极大降水量出现在1990—2008年期间,台北地区的5月、6月、9月、10月和11月的极大降水量出现在1991—2001年期间。

有记录以来,月降水量超过1000 mm的年月份分别是:花莲地区的1917年7月(1339 mm)、1950年10月(1145 mm)、1956年9月(1210 mm)、1974年10月(1148 mm)、1988年10月(1315 mm)、1998年10月(1700 mm);高雄地区的1938年8月(1299 mm)、1939年7月(1571 mm)、1940年7月(1107 mm)、1977年6月(1082 mm)、1994年8月(1376 mm)、1998年6月(1004 mm)、2005年6月(1030 mm)、2008年6月(1200 mm);台中地区的1898年8月(1315 mm)、1912年6月(1225 mm)、1947年6月(1246 mm)、2004年7月(1025 mm);台北地区的2001年9月(1491 mm)。

表 6.5 1901—2008 年期间台湾各个地区各月极端年降水量及其年份　　（单位：mm）

（高雄是 1932 年开始）

Table 6.5　Monthly distributions of the extreme precipitation years and their precipitation amounts (mm) at various areas of Taiwan during 1901—2008 (except Kaohsiung during 1932—2008)

地区	月份	1	2	3	4	5	6	7	8	9	10	11	12
花莲地区	极大量	362	338	323	404	940	698	1339	929	1210	1700	910	349
	极大年	1971	1983	1933	1925	1927	1990	1917	2007	1956	1998	1947	1953
	极小量	12	9	11	10	7	26	5	1	12	12	4	5
	极小年	1918	2007	1929	2002	2003	1983	1912	1909	1907	2个	1997	2006
高雄地区	极大量	84	103	182	275	727	1200	1571	1376	795	238	128	158
	极大年	1972	1936	1983	1959	2001	2008	1939	1994	1956	1973	1952	2004
	极小量	0	0	0	0	0	14	23	13	19	0	0	0
	极小年	8个	12个	5个	5个	1962	1938	2003	1933	2个	7个	17个	17个
台中地区	极大量	180	384	352	473	635	1246	1025	988	830	290	98	105
	极大年	1905	1983	1983	1990	1951	1947	2004	1959	2008	2007	1914	1902
	极小量	0	1	3	0	6	39	21	1	1	0	0	0
	极小年	1932	2个	3个	2个	2个	1910	1980	2个	2个	25个	17个	7个
台北地区	极大量	280	518	507	596	553	758	798	739	1491	998	289	262
	极大年	1951	1983	1983	1931	1998	1991	1930	1972	2001	1998	2000	1902
	极小量	5	16	10	1	33	29	17	9	12	12	2	2
	极小年	1981	1999	1948	1964	1954	1989	1978	1934	1972	2个	1968	2003

为了比较各个地区的主汛期降水量的年代际变化特征，我们统一取 5—9 月的降水总量为汛期降水总量，台湾地区汛期降水量的年代际变化特征如表 6.6 所示。由表 6.6 可见，台湾地区（4 站平均）最近 60 年（1949—2008 年）平均主汛期（5—9 月）降水量是 1371 mm。

从 4 站平均汛期（5—9 月）降水量的年代际变化趋势来看，20 世纪 30 年代偏少，40 年代偏多，50 年代到 80 年代持续偏少，90 年代正常略多，21 世纪元年代异常偏多。从各个地区的汛期（5—9 月）降水量的年代际变化趋势来看，高雄地区最多（1538 mm），花莲地区最少（1242 mm），台北和台中地区分别为次多（1376 mm）和次少（1328 mm）。花莲地区在 20 世纪元年代到 30 年代持续少雨，20 世纪 40 年代到 21 世纪元年代，呈现 1 个年代多雨和 1 个年代少雨交替出现的年代际周期性规律特征；高雄地区在 20 世纪 30 年代到 50 年代持续多雨，60 年代少雨，70 年代多雨，80 年代少雨，20 世纪 90 年代到 21 世纪元年代持续多雨；台中地区在 20 世纪元年代到 10 年代持续少雨，20 年代多雨，30 年代正常偏少，40 年代至 50 年代持续多雨，60 年代少雨，70 年代多雨，80 年代到 90 年代持续少雨，21 世纪元年代又异常多雨；台北地区在 20 世纪 70 年代以前持续少雨，在 20 世纪 80 年代到 21 世纪元年代持续异常多雨。这 4 个地区汛期降水量的年代际变化规律和特征有几个特点：

(1) 从 60 年（1949—2008 年）平均汛期降水量的比较可知，高雄地区（南部）最多，花莲地区（东部）最少，台北地区（北部）和台中地区（西部）分别为次多和次少；

(2) 高雄和花莲两个地区汛期降水量的年代平均距平趋势基本上是相反的，只有 20 世纪

40年代和21世纪元年代均偏多,其余6个年代的距平趋势都相反;

(3)台北地区汛期降水量的年代平均距平趋势有较明显的持续性;

(4)21世纪元年代4个地区都异常多雨,在20世纪的各个年代都没有出现4个地区都多雨和都少雨的现象。

表6.6 台湾4个地区汛期(5—9月)降水量的年代际变化特征　　　　(单位:mm)

Table 6.6　Interdecadal changes of the flood season (May-September) precipitation (mm) in the four areas of Taiwan

地区	花莲(东)	高雄(南)	台中(西)	台北(北)	4站平均
1949—2008	1242	1538	1328	1376	1371
1900—1909	943*		1231	1116	
1910—1919	1157		1267	1343	
1920—1929	1221		1428	1331	
1930—1939	1057	1896*	1322	1192	1345*
1940—1949	1312	1618	1473	1349	1438
1950—1959	1194	1599	1435	1200	1357
1960—1969	1322	1199	1216	1256	1248
1970—1979	1067	1597	1390	1332	1347
1980—1989	1289	1491	1141	1417	1334
1990—1999	1209	1597	1197	1495	1375
2000—2008	1339	1994	1585	1598	1629

注:* 1932—1939年平均值(高雄)

由上面的统计分析结果可知,如果以最近60年平均的月降水量超过200 mm的月份为主汛期的气候平均始月和终月,则台湾各地区的主汛期开始早晚和持续长短有较大差异:高雄主汛期只有3个月(6—8月),台中有4个月(5—8月),台北有5个月(5—9月),花莲主汛期有5个月(6—10月)。由此可见,在台湾南部的高雄主汛期最短,只有3个月。在台湾中东部的花莲主汛期结束得最晚。在台湾中西部的台中和北部的台北的主汛期分别为4个月和5个月;台中和台北的主汛期在5月开始,高雄和花莲的主汛期在6月开始;高雄和台中的主汛期持续到8月,台北的汛期持续到9月,花莲的主汛期要持续到10月。

由表6.7可见,花莲地区主汛期(6—10月)的前10个特多雨年的降水量有1757~2473 mm,比常年同期偏多2.8~8.0成。前10个特少雨年的降水量只有439~765 mm,比常年同期偏少4.4~6.8成;最大年(1998年)比最小年(1993年)偏多4.6倍多。高雄地区主汛期(6—8月)的前10个特多雨年的降水量有1820~2347 mm,比常年同期偏多5.6成~1倍多;前10个特少雨年的降水量只有314~689 mm,比常年同期偏少4.1~7.3成;最大年(1939年)比最小年(1980年)偏多6.5倍。台中地区主汛期(5—8月)的前10个特多雨年的降水量有1830~2086 mm,比常年偏多5.6~7.8成;前10个特少雨年的降水量只有404~688 mm,比常年同期偏少4.1~6.6成;最大年(1912年)比最小年(1954年)偏多4.2倍。台北地区主汛期(5—9月)的前10个特多雨年的降水量有1873~2154 mm,比常年同期偏多3.6~5.7成;前10个特少雨年的降水量只有559~905 mm,比常年同期偏少3.4~5.9成;最大年(2008年)比最小年(1934年)偏多2.9倍。

表6.7 1901—2008年期间台湾各地区主汛期的前10个多雨年和前10个少雨年的雨量对比

(注:雨量单位:mm,高雄的雨量序列是1931—2008年)

Table 6.7 Comparison of major flood season precipitation (mm) at various areas of Taiwan in the top ten rich and scarce precipitation years during 1901—2008; Major flood season is during June-October for Hualien, June-August for Kaohsiung, May-August for Taichung, and May-September for Taipei

花莲	特多雨年	1917	1939	1949	1969	1974	1988	1990	1998	2001	2005	60年
	主汛期雨量	2152	1862	2369	1959	1973	2201	2058	2473	1757	2144	1371
	特少雨年	1902	1907	1908	1936	1937	1959	1966	1979	1983	1993	
	主汛期雨量	653	701	765	581	680	744	707	678	544	439	
高雄	特多雨年	1935	1937	1938	1939	1943	1977	1994	1999	2005	2008	60年
	主汛期雨量	1942	1820	2016	2347	1991	2267	2111	1974	2137	2015	1164
	特少雨年	1963	1969	1970	1971	1978	1980	1989	1993	1996	2002	
	主汛期雨量	605	615	534	505	689	314	649	528	656	556	
台中	特多雨年	1903	1912	1920	1929	1944	1947	1950	1959	1972	2005	60年
	主汛期雨量	2038	2086	1928	2018	1895	1988	1830	1957	2003	1915	1175
	特少雨年	1908	1910	1923	1948	1954	1961	1971	1980	1991	2003	
	主汛期雨量	633	627	503	668	404	575	675	629	626	688	
台北	特多雨年	1940	1972	1977	1997	1998	2001	2004	2005	2007	2008	60年
	主汛期雨量	1957	1873	1928	1967	2021	2144	1888	2036	1908	2154	1376
	特少雨年	1906	1934	1945	1954	1965	1971	1978	1983	2002	2003	
	主汛期雨量	774	559	905	734	878	811	813	817	847	751	

注:各个地区的主汛期分别是:花莲(6—10月)、高雄(6—8月)、台中(5—8月)、台北(5—9月)

台湾各个地区的主汛期特多雨年和特少雨年的年代际分布特征如表6.8所示。花莲地区主汛期的前10个特多雨年份中有4个集中分布在最近两个年代中,其他年代只有0~1个;高雄地区主汛期的前10个特多雨年份的分布比较集中,有4个集中分布在20世纪30年代,另有4个集中分布在最近两个年代中;台中地区主汛期的前10个特多雨年份有4个集中分布在20世纪40—50年代,另有4个分布在20世纪20年代及其以前;台北地区主汛期的前10个特多雨年份分布特别集中,在20世纪70年代有2个,另有7个集中分布在最近2个年代中,有50%集中出现在最近一个年代。除了台中外,其余3个地区的主汛期特多雨年在最近20年中出现的频率都很高,尤其台北地区在最近10年中主汛期降水特别集中。

由表6.8可见,花莲地区前10个主汛期特少雨年份有50%集中在20世纪元年代和30年代,其他年代只有0~1个;高雄地区主汛期的前10个特少雨年份全部出现在20世纪60年代以来的50年中,在20世纪50年代及其以前的60年中没有出现过;台中地区主汛期的前10个特少雨年份的年代际分布比较均匀,除了20世纪30年代外,其他年代均出现了1个特少雨年;台北地区主汛期的前10个特少雨年份在20世纪70出现了2个,21世纪元年代出现了2

个,其他年代只有 0~1 个。

表 6.8 1901—2008 年台湾各地区(高雄是 1931—2008 年)主汛期的前 10 个多雨年和
主汛期的前 10 个少雨年的年代分布特征　　　　　　(单位:年)

Table 6.8 Interdecadal distributions (number of year) of the top ten rich and scarce precipitation years of the major flood seasons for various areas of Taiwan during 1901—2008 (except Kaohsiung during 1931—2008)

地区	年代	1901—1909	1910—1919	1920—1929	1930—1939	1940—1949	1950—1959	1960—1969	1970—1979	1980—1989	1990—1999	2000—2008
花莲	特多年数	0	1	0	1	1	0	1	1	1	2	2
花莲	特少年数	3	0	0	2	0	1	1	1	1	1	0
高雄	特多年数	0	0	0	4	1	0	0	1	0	2	2
高雄	特少年数	0	0	0	0	0	0	2	3	2	2	1
台中	特多年数	1	1	2	0	2	2	0	1	0	0	1
台中	特少年数	1	1	1	0	1	1	1	1	1	1	1
台北	特多年数	0	0	0	0	1	0	0	2	0	2	5
台北	特少年数	1	0	0	1	1	1	1	2	1	0	2

注:各个地区的主汛期分别是:花莲(6—10 月)、高雄(6—8 月)、台中(5—8 月)、台北(5—9 月)

(1)由图 6.35 可见,花莲地区主汛期(6—10 月,下同)降水的年际变化特征是:在 1901—1916 年的 16 年期间以少雨为主,16 年中有 13 年较常年同期偏少,其中有 3 年(1902、1907、1908 年)特少,1905—1911 年持续 7 年少雨,1913—1916 年持续 4 年少雨,16 年中只有 3 年(1901、1904、1912 年)较常年同期偏多;1917—1918 年持续 2 年异常多雨,1917 年特多;1919—1942 年的 24 年期间,仍然以少雨为主,24 年中有 20 年较常年同期偏少,其中有 2 年(1936、1937 年)为特少,1923—1930 年持续 8 年少雨,24 年中只有 4 年(1922、1931、1935、1939 年)较常年同期偏多,1939 年特多;1943—1948 年的 6 年期间,呈现 1 年偏多和 1 年偏少交替出现的 2 年周期规律特征;1949—1951 年持续 3 年多雨,1949 年特多;1952—1955 年持续 4 年较常年同期偏少;1956—1967 年的 12 年期间,仍以偏少为主,12 年中有 8 年较常年同期偏少,其中有 2 年(1959、1966 年)特少,12 年中只有 4 年(1956、1958、1962、1964 年)较常年同期偏多;1968—1969 年持续 2 年较常年同期偏多,1969 年特多;1970—1972 年持续 3 年较常年同期偏少;1973—1975 年持续 3 年较常年同期偏多,1974 年特多;1976—1983 年以少雨为主,8 年中有 6 年较常年同期偏少,其中有 2 年(1979、1983 年)特少,8 年中只有 2 年(1977、1981 年)较常年同期偏多;1984—1988 年持续 5 年较常年同期偏多,1988 年特多;1989 年较常年同期略偏少;1990 年特多;1991—1994 年持续 4 年较常年同期偏多,1993 年特少;1995—2001 年以偏多为主,7 年中有 5 年较常年同期偏多,只有 2 年(1997、1999 年)较常年同期偏少;2002—2004 年持续 3 年较常年同期偏少;最近 4 年(2005—2008 年)以多雨为主,4 年中只有 2006 年较常年同期偏少,其余 3 年均较常年同期偏多,2005 年特多。

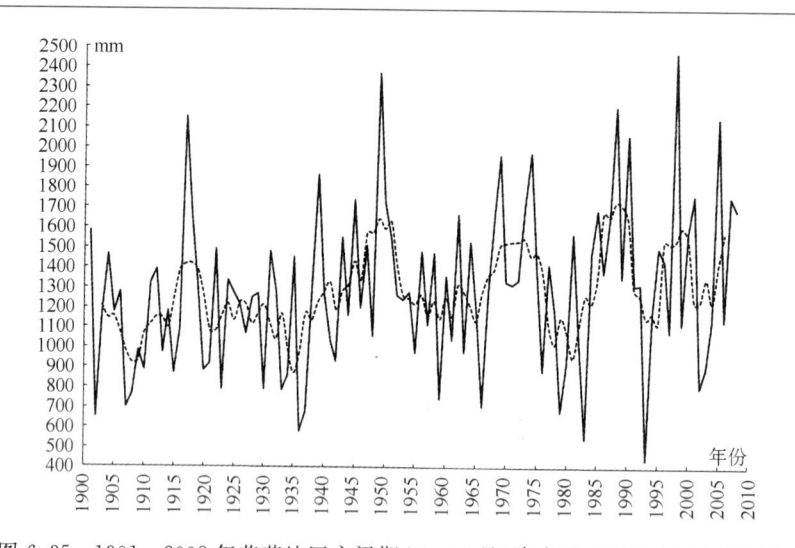

图 6.35　1901—2008 年花莲地区主汛期(6—10 月)降水量历史演变特征曲线图
Fig. 6.35　Interannual variations of major flood season (June-October) precipitation (mm) in Huailien area during 1901—2009

(2) 由图 6.36 可见,高雄地区主汛期(6—8 月,下同)降水的年际变化特征是:1931—1933 年持续 3 年较常年同期偏少;1934—1940 年持续 7 年多雨,其中有 4 年(1935、1937、1938、1939 年)特多;1941—1942 年持续 2 年明显偏少;1943—1948 年呈现 1 年多雨和 1 年少雨交替出现的 2 年周期;1949—1955 年在 7 年中只有 1 年(1953 年)较常年同期偏少,其余 6 年均较常年同期偏多;1956—1958 年持续 3 年较常年同期偏少;1959—1962 年的 4 年以偏多为主,只有 1961 年较常年同期偏少,其余 3 年均偏多;1963—1967 年持续 5 年少雨,其中 1963 年特少;1968 年较常年同期偏多;1969—1971 年持续 3 年特少;1972—1975 年持续 4 年较常年同期偏多;1976 年较常年同期偏少;1977 年特多;1978—1980 年持续 3 年较常年同期偏少,其中有 2 年(1978、1980 年)特少;1981—1983 年持续 3 年较常年同期偏多;1984 年较常年同期偏少;1985—1996 年呈现 1 年偏多和 2 年持续偏少交替出现的 3 年周期规律,其中有 3 年(1989、1993、1996 年)特少;1997—2000 年持续 4 年较常年同期偏多,1999 年特多;2001—2004 年持续 4 年较常年同期偏少,2002 年特少;2005—2008 年持续 4 年较常年同期偏多,有 2 年(2005、2008 年)特多。

(3) 由图 6.37 可见,台中地区主汛期(5—8 月,下同)降水的年际变化特征是:1897 年较常年同期偏少;1898—1904 年以偏多为主,7 年中只有 1901 年明显偏少,1898—1900 年和 1902—1904 年的都是持续 3 年较常年同期偏多,其中 1898、1903 年为特多;1905—1910 年持续 6 年较常年同期偏少,1908 年和 1910 年为特少;1911—1934 年的 24 年的分布特征是: 1911—1915 年、1920—1924 年、1928—1932 年的 3 个 5 年主汛期降水距平趋势分布特征很相似,前 3 年持续较常年同期偏多,第 4 年较常年同期偏少,第 5 年较常年同期偏多,在每个 5 年中都有 1 年(1912、1920、1929 年)特多,跟在 3 个具有相似特征的 5 年后的年份分别是 1916—1919 年、1925—1927 年、1933—1934 年,其主汛期降水分别是持续 4 年、持续 3 年、持续 2 年较常年同期偏少;1935—1938 年的 4 年是 1 年多雨和 1 年少雨交替出现;1939—1945 年的 7 年中只有 1941 年较常年同期偏少,其余 6 年均较常年同期偏多;1946 年偏少;1947 年特多; 1948 年明显偏少;1949—1953 年持续 5 年偏多;1954—1958 年的 5 年呈现 1 年少雨和 1 年多雨交替出现的特征,其中1954年特少;1959—1960年持续2年偏多,1959年特多;1961—1964年持续4年偏少,1961年特少;1965—1969年的5年只有1967年较常年同期偏少,其余4年均较常年同期偏多;1970—1971年持续2年较常年同期偏少,1971年特少;1972—1982年的11年是1~2年偏多和1年偏少交替出现,即1973、1975、1978、1980年较常年同期偏少,其余7年较常年同期偏多;1983—1993年的11年以偏少为主,11年中只有2年(1985、1990年)较常年同期偏多,其余9年均较常年同期偏少,1991年特少;1994—1997年的4年有3年较常年同期偏多,只有1995年较常年同期偏少;1998—2003持续6年较常年同期偏少,2003年特少;2004—2008年持续5年较常年同期偏多,2005年特多。

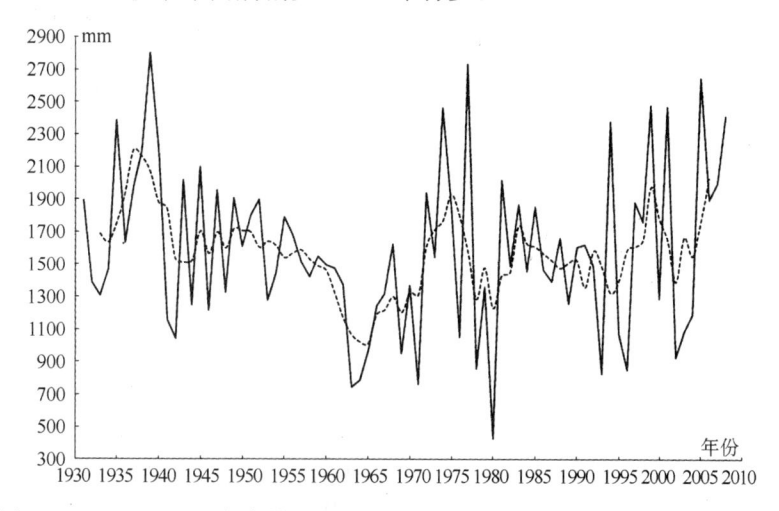

图6.36 1931—2008年高雄地区主汛期(5—9月)降水量历史演变特征曲线图

Fig. 6.36 Interannual variations of major flood season (May-September) precipitation (mm) in Kaohsiung area during 1931—2008

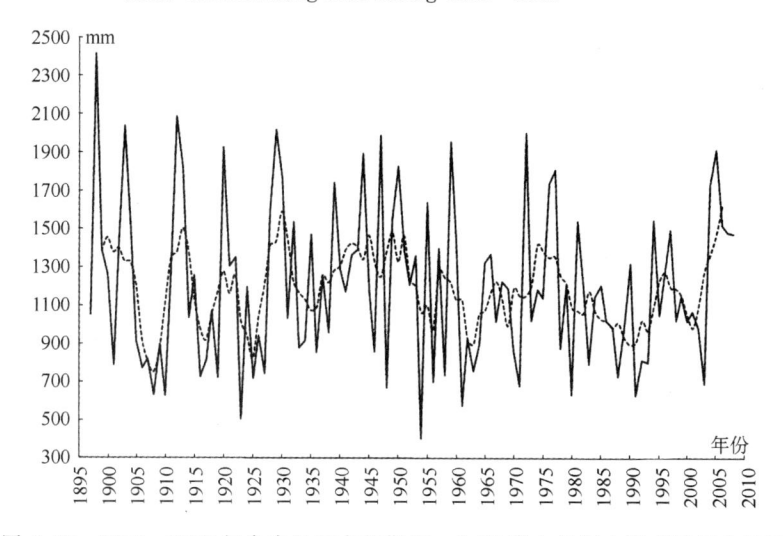

图6.37 1897—2008年台中地区主汛期(5—8月)降水量历史演变特征曲线图

Fig. 6.37 Interannual variations of major flood season (May-August) precipitation (mm) in Taichung area during 1897—2008

(4) 由图 6.38 可见,台北地区主汛期(5—9 月)降水的年际变化特征是:1897—1903 年主汛期降水的距平趋势分布特征是 1~2 年偏少和 1 年偏多交替出现,7 年中有 4 年较常年同期偏少,有 3 年(1898、1900、1903 年)较常年同期偏多;1904—1911 年持续 8 年较常年同期偏少;1912—1917 年的 6 年期间有 4 年较常年同期偏多,只有 2 年(1913、1916 年)较常年同期偏少;1918—1926 年的 9 年以少雨为主,9 年中只有 2 年较常年同期偏多,其余 7 年均较常年同期偏少;1927—1928 年持续较常年同期偏多;1929—1968 年的 40 年期间的以偏少为主,40 年中只有 10 年(1930、1935、1940、1944、1947、1953、1956、1959、1960、1966 年)较常年同期偏多,其余 30 年均较常年同期偏少;1969—1987 年的 19 年期间的主汛期降水距平趋势分布特征,呈现 1~2 个多雨年和 1~2 个少雨年交替出现的 2~3 年准周期规律;1988—1991 年持续 4 年较常年同期偏多;1992—1995 年持续 4 年较常年同期偏少;1996—1999 年持续 4 年较常年同期偏多;2000 年较常年同期偏少;2001 年特多;2002—2003 年持续 2 年特少;2004—2008 年持续 5 年较常年同期偏多,其中有 4 年特多。特别值得注意的是,1901 年以来的主汛期的前 10 个特多雨年有 7 个出现在最近的 12 年内。而且在最近 8 年的主汛期降水只有 1 年正常,其余 7 年不是特多就是特少。

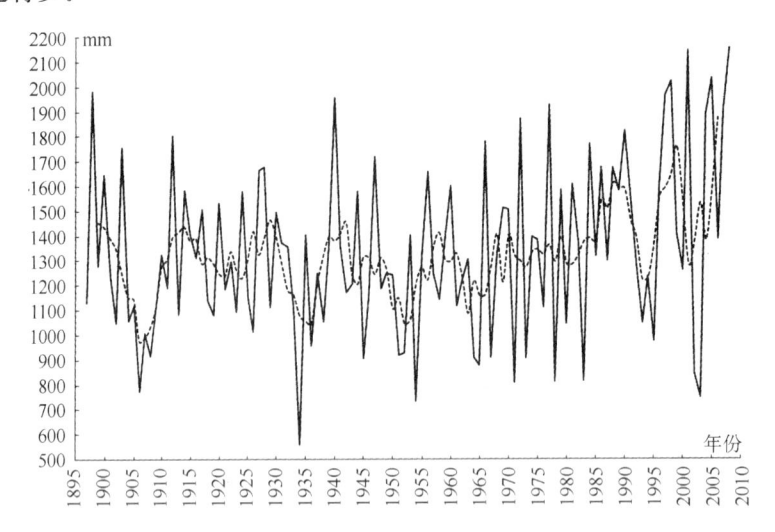

图 6.38　1901—2008 年台北地区主汛期(5—9 月)降水量历史演变特征曲线图

Fig. 6.38　Interannual variations of major flood season (May-September) precipitation (mm) in Taipei area during 1901—2008

(5) 台湾地区(4 站平均)汛期(5—9 月)降水量的年际变化特征是:1931 年较常年同期偏多;1932—1934 年持续 3 年较常年同期偏少;1935 年异常多雨;1936—1945 年是 2 年持续少雨和 3 年持续多雨交替出现的 5 年周期规律;1946—1949 年是 1 年异常少雨和 1 年异常多雨交替出现的 2 年周期;1950 年为正常偏少;1951—1960 年出现了 2 年持续较常年同期偏多和 2 年持续较常年同期偏少交替出现的 4 年周期规律;1961—1967 年持续 7 年偏少,其中 1964 年为特少;1968—1977 年为 1~2 年较常年同期持续偏多和 1~2 年较常年同期偏少交替出现的特征;1978—1983 年的 6 年间,只有 1981 年异常多雨,其余 5 年均少雨;1984—1986 年持续 3 年明显多雨;1987—1988 年持续 2 年较常年同期偏少;1989—1990 年持续 2 年较常年同期偏多;1991—1996 年的 6 年与 1978—1983 年的 6 年变化趋势非常相似,前 3 年持续偏少(第 3

年特少),第 4 年多雨,后 2 年又持续偏少;1997—1999 年持续明显多雨;2000 年明显少雨;2001 年异常多雨;2002—2003 年持续 2 年异常少雨(这 2 年都是在前 10 个少雨年之中的);2004—2008 年持续 5 年明显多雨和异常多雨。

6.5 中国 25 个分区降水的自相关性统计和各区域降水年际变特征的对比分析

在上面对中国及其 25 个分区降水的近 59 年(台湾近百年)的年际变化特征分别进行了统计分析,使我们对中国及其 25 个分区降水量的变化特征和旱涝的气候分布概率有了基本了解。本节将对中国及其 25 个分区降水的年际变化幅度进行一个综合对比分析,对每个分区的近 59 年的年降水量、汛期降水量和主汛期降水量之间的分布关系也进行了统计。

由表 6.9 可见,中国(大陆 160 站平均)的近 59 年(1951—2009 年)平均年(1—12 月)降水量为 845 mm,最大年降水量有 983 mm,出现在 1954 年,最小年降水量只有 760 mm,出现在 1986 年,最大年是最小年的 1.29 倍,即最大年比最小年偏多 29%,也就是说最大年际变率为 0.29。25 个分区年降水量的年际变化特征,若以 59 年平均年降水量的大小来排列,常年(59 年平均)年降水量超过 1000 mm 的多雨区域有:台湾(1956 mm)、华南(1601 mm)、江南(1583 mm)、湘南(1365 mm)、长江下游(1331 mm)、长江中游(1274 mm)、贵州(1162 mm)、长江上游(1108 mm)、云南(1040 mm)9 个区;常年年降水量不足 500 mm 的少雨区域有:西藏(445 mm)、内蒙东北部(417 mm)、黄河上游(379 mm)、内蒙中部(301 mm)、黄河河套(294 mm)、北疆(236 mm)、甘北(106 mm)、南疆(41 mm)8 个区;常年年降水量在 500~999 mm 之间的区域有:淮河流域(900 mm)、长江的汉水流域(862 mm)、长江金沙江流域(774 mm)、山东(694 mm)、辽河流域(637 mm)、黄河的渭河流域(551 mm)、海河流域(514 mm)、松嫩江流域(503 mm)8 个区。其中,最大年降水量(Rmax)和最小年降水量(Rmax)均在 1000 mm 以上的多雨区有:台湾、华南、江南和湘南 4 个区;最大年降水量(Rmax)和最小年降水量(Rmin)均不足 500 mm 的少雨区有:黄河的河套、甘肃北部、北疆和南疆 4 个区。

年降水量的年际变化幅度大于 1 倍的年际变化剧烈区,即 Rmax/Rmin≥2.00 的年际变化异常大的干旱和洪涝频发区有:长江中下游和汉水流域、淮河流域、海河流域、黄河流域的河套和渭河流域、山东、台湾、内蒙古中部和东北部以及西部内陆地区的甘北、新疆和西藏等地区。年降水量的年际变化比较小的地区有:即 Rmax/Rmin≤1.70 的年际变化相对小的旱涝少发区有西南的长江金沙江流域和长江上游、云南、华南和东北的辽河流域等地区。

1951—2009 年期间的 25 个分区的主汛期(6—8 月)降水量和汛期(5—9 月)降水量的 59 年自相关系数(r-AB)都很高:r-AB≥0.90 的区有长江中游、淮河流域、海河流域、辽河流域、内蒙东北部和中部、新疆北部和南部、西藏 9 个区;0.85≤r-AB≤0.89 的区有湘南、贵州、长江下游、黄河河套、山东、松嫩江流域、长江的金沙江流域 7 个;0.77≤r-AB≤0.84 的区有华南、江南、长江上游、长江汉水流域、黄河渭河流域、黄河上游、甘北、云南、台湾 9 个区。

1951—2009 年期间的 25 个分区的汛期(5—9 月)降水量和年(1—12 月)降水量的 59 年自相关系数(r-BC)也都很高:0.74≤r-BC≤0.85 的区只有华南、江南、湘南、贵州、云南、北疆和台湾 7 个区,其余 18 个区的 r-BC 都在 0.90 以上。

表 6.9 1951—2009 年期间中国 25 个分区的常年降水量(59 年平均年降水量＝59Ra)、最大年降水量(Rmax)及其年份(Ymax)、最小年降水量(Rmin)及其年份(Ymin),最大年和最小年的比(Rmax/Rmin)的统计表　　　（降水量单位：mm）

Table 6.9　Precipitation statistic characteristics in the 25 sub-regions of China during 1951—2009: 59Ra—59-year mean annual precipitation, Rmax—maximal annual precipitation and its year (Ymax), Rmin—minimal annual precipitation and its year (Ymin), Rmax/Rmin—ratio of maximal to minimal annual precipitation, r-AB—correlation coefficient of major flood season precipitation with flood season precipitation during 59 years; r-BC—that for major flood season precipitation with annual precipitation; r-AC—that for major flood season precipitation with annual precipitation

区号	区名	59Ra	Ymax	Rmax	Ymin	Rmin	Rmax/Rmin	r-AB	r-BC	r-AC
	中国	845	1954	983	1986	760	1.29	0.77	0.78	0.56
1	华南	1601	1997	1986	2004	1195	1.66	0.84	0.76	0.53
2	江南	1583	1975	2139	1971	1134	1.89	0.77	0.83	0.67
3	湘南	1365	2002	1906	2003	1042	1.83	0.86	0.74	0.58
4	贵州	1162	1954	1512	2009	902	1.68	0.87	0.85	0.67
5	长上游	1108	1973	1394	2006	837	1.67	0.83	0.93	0.74
6	长中游	1274	1954	1891	1966	979	1.93	0.93	0.90	0.85
7	长下游	1331	1954	2025	1978	798	2.54	0.85	0.91	0.80
8	淮河	900	2003	1264	1978	562	2.25	0.90	0.92	0.83
9	长汉水	862	1983	1257	1966	559	2.25	0.84	0.93	0.75
10	海河	514	1964	791	1965	335	2.36	0.94	0.95	0.88
11	黄河套	294	1964	480	1965	169	2.84	0.89	0.96	0.83
12	黄渭河	551	2003	809	1997	353	2.29	0.78	0.94	0.68
13	山东	694	1964	1099	1981	408	2.69	0.89	0.95	0.85
14	辽河	637	1964	856	1980	504	1.70	0.94	0.95	0.90
15	松嫩江	503	1959	637	2001	368	1.73	0.87	0.96	0.84
16	内蒙北	417	1990	606	2007	275	2.20	0.94	0.98	0.93
17	内蒙中	301	1959	511	1965	202	2.53	0.96	0.97	0.93
18	甘北	106	2007	169	1956	63	2.68	0.82	0.95	0.77
19	黄上游	379	1967	527	1962	276	1.91	0.83	0.95	0.81
20	长金沙	774	1998	970	1992	623	1.56	0.88	0.92	0.80
21	云南	1040	2001	1289	2009	820	1.57	0.76	0.83	0.59
22	西藏	445	1962	795	1983	229	3.47	0.94	0.99	0.93
23	南疆	41	2005	75	1985	22	3.41	0.91	0.91	0.82
24	北疆	236	1998	368	1962	145	2.54	0.90	0.81	0.70
25	台湾	1956	1998	3144	2002	1191	2.64	0.77	0.83	0.62

（注：r-AB：主汛期和汛期降水量的 59 年相关系数，r-BC：汛期和年降水量的 59 年相关系数，r-AC：主汛期和年降水量的 59 年相关系数）

1951—2009 年期间的 25 个分区的主汛期(6—8 月)降水量和年(1—12 月)降水量的 59 年自相关系数(r-AC)相对偏低些：r-AC≥0.90 的只有辽河流域、内蒙中北和西藏等 4 个区；0.80≤r-AC≤0.89 的区有长江中下游、淮河流域、海河流域、黄河河套、山东、松嫩江流域、黄河上游、长江金沙江流域、南疆 10 个区；0.70≤r-AC≤0.79 的区有长江上游、长江汉水流域、甘北、北疆 4 个区；0.60≤r-AC≤0.69 的区有江南、贵州、黄河渭河流域、台湾 4 个区；0.50≤r-AC≤0.59 的区有华南、湘南、云南 3 个区。

6.6 主汛期各个区域性极端降水事件与全国雨型的对应关系

气候异常可能造成的极端气候事件包括干旱、洪涝、冷害、热浪等，本节主要分析研究我国东部区域性异常多雨大水年和异常少雨干旱年与汛期雨型的对应关系。对全国汛期旱涝趋势预报的重点主要是主汛期雨型和主要多雨带的位置以及主汛期是否有区域性极端降水事件发生？如果有则强度有多大？就要对主要区域主汛期降水量的量级做预报。如果预报主汛期降水等级异常偏大和异常偏小的区域与全国汛期主要多雨带位置和明显少雨区域比较一致，那么这年的汛期旱涝预报就会获得较大的成功。如果不一致，就要进一步做分析研究。

由表 6.10 可见，中国东部 10 个主要区域的主要旱涝年的主汛期雨量及其所对应的全国主汛期雨型如下：

(1)华南地区前 6 个主汛期(6—8 月)多雨大水年有 906～1214 mm，较常年同期偏多 2.6～6.8 成，其中 67% 发生在全国主汛期的雨型为 1 型和 8 型年；前 6 个少雨干旱年只有 422～561 mm，较常年同期偏少 2.2～4.2 成，没有发生在全国主汛期雨型为 1 型、7 型和 8 型年。

(2)江南地区前 6 个主汛期(6—8 月)多雨大水年有 691～810 mm，较常年同期偏多 2.6～4.8 成，均发生在全国主汛期的雨型为 1 型、2 型和 3 型年；前 6 个少雨干旱年只有 304～359 mm，较常年同期偏少 3.4～4.4 成，67% 发生在全国主汛期的雨型为 4 型、5 型和 6 型年。

(3)长江中游前 6 个主汛期(6—8 月)多雨大水年有 714～992 mm，较常年同期偏多 4.2～9.7 成，均发生在全国主汛期的雨型为 2 型和 3 型年；前 6 个少雨干旱年只有 177～331 mm，较常年同期偏少 3.4～6.2 成，83% 发生在全国主汛期的雨型为 1 型、7 型和 8 型年。

(4)长江下游前 6 个主汛期(6—8 月)多雨大水年有 742～1037 mm，较常年同期偏多 4.1～9.8 成，均发生在全国主汛期的雨型为 2 型和 3 型年；前 6 个少雨干旱年只有 200～377 mm，较常年同期偏少 2.8～6.2 成，83% 发生在全国主汛期的雨型为 7 型和 8 型年。

(5)淮河流域前 6 个主汛期(6—8 月)多雨大水年有 672～760 mm，较常年同期偏多 4.2～6.1 成，83% 发生在全国主汛期的雨型为 4 型和 5 型年；前 6 个少雨干旱年只有 242～334 mm，较常年同期偏少 2.9～4.9 成，83% 发生在全国主汛期的雨型为 6 型、7 型和 8 型年。

(6)海河流域前 6 个主汛期(6—8 月)多雨大水年有 481～586 mm，较常年同期偏多 4.5～7.7 成，均发生在全国主汛期的雨型为 3 型、5 型和 8 型年；前 6 个少雨干旱年只有 172～225 mm，较常年同期偏少 3.2～4.8 成，83% 发生在全国主汛期的雨型为 1 型和 4 型年。

表 6.10　1951—2009 年期间主汛期(6—8 月)中国东部 10 个主要区域的前
6 个多雨大水年和前 6 个少雨大旱年与主汛期雨型的对应关系　　　　　（单位：mm）

Table 6.10　The corresponding relationships of major flood (JJA) seasons precipitation with precipitation patterns in the top six rich and scarce precipitation years in the 10 sub-regions of eastern China during 1951—2009

地区		多雨大水年						少雨大旱年					
华南区 (722 mm)	年份	1994	2001	2008	1997	1959	1995	1989	1956	1953	1983	2004	1954
	雨量	1214	1077	992	932	910	906	422	511	514	523	539	561
	雨型	8	1	4	1	8	3	4	5	6	2	3	3
江南区 (547 mm)	年份	1954	1997	2002	1968	1998	1999	1991	1956	2003	1971	1986	1967
	雨量	810	789	764	735	726	691	304	318	332	348	350	359
	雨型	3	1	1	1	3	2	2	5	4	5	6	8
长江中游 (503 mm)	年份	1954	1969	1980	1998	1983	1996	1972	1959	2001	1966	1981	1974
	雨量	992	919	869	819	714	714	177	293	314	323	327	331
	雨型	3	3	2	3	2	3	4	8	1	8	7	1
长江下游 (525 mm)	年份	1999	1954	1980	1996	1993	1969	1978	1958	1967	1968	1961	1966
	雨量	1037	989	828	767	743	742	200	275	275	303	340	377
	雨型	2	3	2	3	3	3	7	7	8	1	8	8
淮河流域 (472 mm)	年份	1956	2000	2005	2003	1954	1963	1966	1985	1999	1978	1988	1961
	雨量	760	744	735	729	699	672	242	284	297	300	301	334
	雨型	5	4	4	4	3	5	8	6	2	7	7	8
海河流域 (332 mm)	年份	1956	1996	1954	1963	1959	1973	1997	1968	1965	1983	2002	1972
	雨量	586	516	500	491	487	481	172	210	209	215	220	225
	雨型	5	2	3	5	8	8	1	1	4	2	1	4
山东区 (425 mm)	年份	1971	1964	1960	1963	2008	2007	2002	1999	1983	1997	1992	1989
	雨量	681	619	617	591	567	566	187	236	256	275	283	284
	雨型	5	8	6	5	4	4	1	2	2	1	7	4
辽河流域 (410 mm)	年份	1985	1953	1964	1995	1966	1998	1952	1980	1955	1992	2009	1968
	雨量	633	606	584	532	527	520	278	300	303	306	306	307
	雨型	6	6	8	3	8	3	1	2	1	7	3	1
松嫩流域 (322 mm)	年份	1981	2009	1991	1957	1984	1959	2007	1954	1970	2001	2004	1976
	雨量	451	416	412	397	394	391	205	207	229	228	235	241
	雨型	7	3	2	6	4	8	4	3	8	1	3	8
台湾区 (900 mm)	年份	1972	2005	1977	2007	1997	1994	1980	1971	1993	2003	2002	1978
	雨量	1451	1433	1415	1361	1298	1236	441	443	536	547	574	578
	雨型	4	4	3	4	1	3	2	5	3	4	1	7

（注：区名下括号内是该区平均主汛期(6—8 月)的常年(1951—2009 年平均)降水量）

（7）山东区前 6 个主汛期(6—8 月)多雨大水年有 566～681 mm，较常年同期偏多 3.3～6.0 成，83% 发生在全国主汛期的雨型为 4 型、5 型和 6 型年；前 6 个少雨干旱年只有 187～

284 mm,较常年同期偏少3.3～5.6成,67%发生在全国主汛期的雨型为1型、2型年。

(8)辽河流域前6个主汛期(6—8月)多雨大水年有520～633 mm,较常年同期偏多2.7～5.4成,均发生在全国主汛期的雨型为3型、6型和8型年;前6个少雨干旱年只有278～307 mm,较常年同期偏少2.5～3.2成,50%发生在全国主汛期的雨型为1型年。

(9)松嫩江流域前6个主汛期(6—8月)多雨大水年有391～451 mm,较常年同期偏多2.1～4.0成,没有发生在全国主汛期的雨型为1型和5型年;前6个少雨干旱年只有205～241 mm,较常年同期偏少2.5～3.6成,67%发生在全国主汛期的雨型为3型和8型年。

(10)台湾地区前6个主汛期(6—8月)多雨大水年有1236～1451 mm,较常年同期偏多3.7～6.1成,其中50%发生在全国主汛期的雨型为4型年;前6个少雨干旱年只有441～578 mm,较常年同期偏少3.6～5.1成,没有发生在全国主汛期雨型为6型和8型年。

第7章　中国主汛期雨型和区域旱涝的长期预报技术研究

由于对降水的影响因子很多,影响关系错综复杂,所以任何单因子和单因素对中国主汛期雨型和各区域旱涝的影响不可能都占主导地位。例如,仅用海温因子是很难对中国主汛期(6—8月)8种雨型的形成机理讲得很清楚,仅用海温因子也不能对大多数年的主汛期雨型和主要区域旱涝事件取得成功预报。同理,用任何其他单因子来预报主汛期雨型和主要区域旱涝的预报准确率也不可能很高。只有用多种高相关物理因子的有机综合预报模型才能对多数年份的主汛期雨型和旱涝做出相对比较准确的成功预报。当然,由于每年的各种影响因子强弱变化不定,所以每年主汛期雨型的预报难度也是有大有小。在主要影响因子异常强大又比较一致的年份,预报难度就相对较小,预报成功的可能性也相对大些。但是,给预报员们的感受是每年的预报都很难做,难就难在每年的主要影响因子的预报意见往往是矛盾的,如何合理综合各种预报因子的矛盾预报意见,是每年主汛期旱涝预报中的一个最棘手问题。下面就针对如何综合应用多因子的异常特征来预报中国主汛期雨型和旱涝的这个重要课题举例剖析。

最近10年(2000—2009年),中国主汛期雨型的主要特征是:主要雨带位于中部地区,淮河流域频繁地出现异常多雨和大洪水,华南地区汛期也是以多雨洪涝为主要趋势;长江中下游地区则以少雨干旱为主要趋势。与20世纪90年代的主汛期主要雨带基本稳定在长江流域,与长江频繁地发生大洪水和特大洪水的气候特征相比,21世纪的主汛期雨带和洪涝区域有了明显的北移。在过去20多年中,国际国内的大多数气象学家和海洋学家的注意力放在了海气相互作用上,但21世纪中国主汛期雨型的变异,使得过去应用得比较好的一些预报因子在21世纪的应用效果大大降低,特别是在过去研究得到的海气相互作用对中国汛期降水的影响关系,也解释不了21世纪中国主汛期雨型为什么会北移?

近几年来作者发现中国陆地气温对主汛期雨型的滞后热力效应:中国陆地气温长期异常偏高对次年中国主汛期降水和雨型的影响关系比较明显,可以说最近10年全球异常变暖是21世纪中国主汛期雨型变化的主因之一。海洋温度的变化(特别是El Nino事件和La Nina事件)通过感热对大气产生加热或冷却作用,而大气受到海洋的感热后大气环流会逐步调整,大气环流在不断地运动中还要受到其他许多外强迫因子的影响。每个地区的降水多少还与当地的气温高低关系密切,如果在做中国主汛期雨型和区域性旱涝的预测预报时,能够同时综合考虑到海温和陆地气温的异常特征,其预测预报的成功率就会比单用海温或单用其他单因子的效果有显著提高。

7.1 全球和中国气温的变化特征及其主因简析

由于全球和中国的前期和同期气温是对降水有重要影响的物理要素,前期气温变化不但会对后期气温产生重要影响,而且会对后期降水和旱涝造成重要影响。所以在对中国主汛期雨型和区域性旱涝的预测预报技术进行分析研究之前,我们在本节要用一定篇幅对全球气温特别是中国气温的年际变化特征和年代际变化特征及其主要原因做一个简要的统计和分析。

近20多年,全球变得异常温暖,中国也不例外。1987年以来全球气温明显地呈波动式上升,中国气温也呈波动式增高。中国(大陆160站平均,下同)年平均气温与全球年平均气温的近53年(1951—2003年)相关系数达到0.82,这个统计结果说明中国气温变化趋势与全球气温变化趋势的关系十分密切。全球年平均气温从1979年以来呈波动式较常年偏高,中国年平均气温也从1987年以来呈波动式较常年偏高。1951—2009年期间中国年平均气温的年际变化特征如图7.1所示,在近20多年来中国年平均气温的年际变化主要特征是持续波动式较常年偏高,但是每年的偏高幅度有大有小。

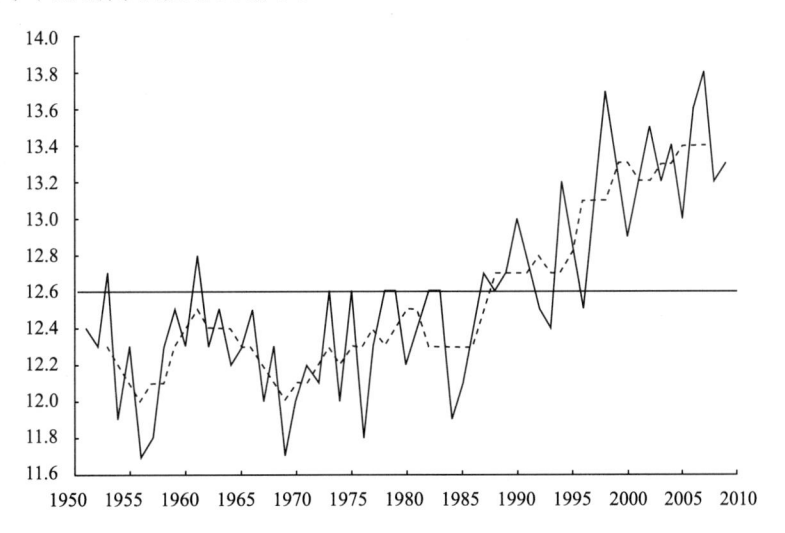

图7.1 1951—2009年中国(160点平均)年平均气温(单位:℃)的年际变化(实曲线)和5年滑动平均(虚曲线)图

Fig. 7.1　Interannual changes (solid) and 5-year smoothing averages (dashed) of China's (mean of the 160 stations) annual mean temperature (unit:℃)

中国年平均气温的年际变化特征是:年平均气温相对30年(1971—2000年)平均气温的偏高年的概率是35%,偏低年的概率是55%,正常年的概率是10%。在1986年以前的36年中,中国年平均气温只有1953年和1961年较常年偏高,其余34年较常年偏低或接近正常,其中,1956年和1969年为最低,只有11.7℃;在1987年以后的22年中,中国年平均气温只有1992—1993年和1996年较常年偏低,1988年接近正常,其余18年均较常年偏高,其中,2007年达到最高,有13.8℃,1998年为次高,有13.7℃。在20世纪50年代以来的6个年代中,最大年际变化幅度分别是:20世纪50年代是1.0℃,20世纪60年代是1.1℃、20世纪70年代是0.8℃、20世纪80年代是0.8℃、20世纪90年代是1.3℃,21世纪元年代是0.9℃。由此可见,在每个年代里的年际变化幅度最小是0.8℃,最大是1.3℃。

中国年代平均气温的年代际变化特征如图7.2所示,20世纪50年代至80年代在12.2℃至12.4℃之间变化;90年代就升到12.9℃,90年代比80年代增高了0.5℃;21世纪元年代达到13.3℃,比20世纪90年代又增高了0.4℃。

在20世纪50年代到21世纪元年代的6个年代期间,中国年代平均气温上升了1.1℃,这是无可争议的观测事实。但是对于全球增暖的主要原因,在世界和国内的气候变化学术界一直存在争议。联合国政府间气候变化专门委员会(IPCC)把全球增暖的主要原因归结为人类活动,他们认为由于人类活动引起了二氧化碳增加,二氧化碳的增加又引起了全球气温不断升高,全球气温不断地升高就会使海冰和陆地冰川不断地消融,海冰和冰川的消融就会使海平面不断地上升,海平面不断地上升的结果就会导致不少海洋岛国被淹没,……,因此全球增暖问题就引起了世界各国政府首脑的十分关注。IPCC的基本着眼点是人类活动促使二氧化碳增加,二氧化碳增加气温就升高,所以只要减少二氧化碳的排放量,就能使全球气温降下来,全球气温降下来后,就不会有那么多气候异常事件出现了。于是如何减少碳排放问题就变成了一个国际上的重大政治问题,发达国家要求发展中国家减少碳排放,实际上就是借助气候变化问题来限制发展中国家的发展,在2009年底的"哥本哈根"气候大会上,发达国家和发展中国家对此问题的争论变得尤其激烈,到底哪个国家应该减排?到底该减多少?这已经变成了一个争论不休的政治问题。

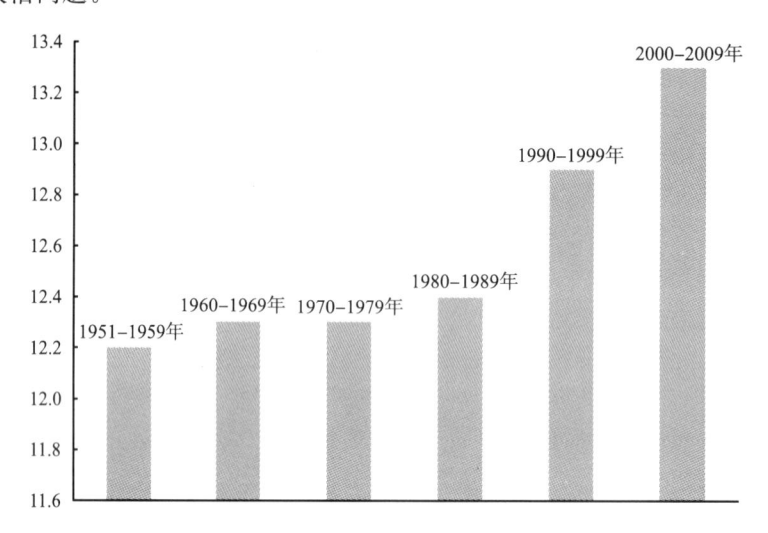

图 7.2　1951—2009年中国(160点平均)年代平均气温(单位:℃)变化示意图

Fig.7.2　Interdecadal changes of China's (mean of the 160 stations) decadal mean temperature (unit:℃) during 1951—2009

作者认为近20多年来全球呈波动式增暖是观测事实,人类活动对全球观测气温的增高确实有一定影响,但是并不能简单地认为:人类活动是全球气温升高的主因。人类活动对观测气温的影响主要有三个方面:(1)人类不断地从乡村向城市集居的过程,即城市化引起的城市温室效应是有目共睹的。许多原来设在空旷地区的气象观测站,在城市化的过程中逐步地被不断建筑起来的高楼大厦层层包围,使得城市里面的通风条件越来越差,温室效应明显增加,市区气温比市郊和农村气温明显偏高。所以城市化是人类活动影响全球观测气温升高的一个重要原因。(2)最近20年来的全球卫星气象事业的迅速发展和自动观测站的猛增,给全球信息化提供了客观条件,也给全球气温和海温的监测提供了很多方便条件。所以近20年来全球气温和海温观测数据的增加速度是过去任何时代无法相比的。由于过去和现代的气象观测条件相差甚远,在长序列气温资料数据的同化问题的处理上,也有可能存在一定的人为误差。(3)发达国家在过去150多年的工业革命中,对自然生态环境造成的破坏和污染是十分严重的,发达国家在过去主要依靠工业革命来发展的进程中,同时也对地球表面绿色植物覆盖面积的减少和裸地的增加造成了严重影响。工业革命以后,发达国家的环境已经整治得比较好了,但是他们高水平生活又依靠高能耗来维持,高能耗就会高排放,高能耗高排放就会使大气中的碳成分增加。地球是人类的共同家园,人类应该共同爱护这个家园,保护和美化环境、节省和合理地利用地球赋予人类的自然资源是人类的共同神圣天责。发展中国家不能再重复发达国家的"先破坏后整治的高碳发展和高排放高水平生存"模式。中国首先提出"低碳发展"是正确的科学发展观,"低碳发展"既节省自然资源,又对人们的生存环境和身体健康有利。

作者认为,过去的人类活动大多是对自然生态环境造成严重破坏和污染的主因。但是人类活动并不是全球变暖的主因。二氧化碳增加也不是气温增高的主因,二氧化碳和气温在某个时期的同步变化现象并不能证明二氧化碳增加是气温增高的主因。简单地说,在二氧化碳浓度很大的沼气池中的气温并不比南方夏季烈日下的气温高。再对同一个地方来说,夏季的气温比冬季高,但夏季的二氧化碳浓度并不比冬季的二氧化碳浓度大。二氧化碳和气温都有各自的变化规律和变化原因。天体运动周期的变化导致地球大气产生周期变化,天文因子中最主要的影响因子是太阳辐射和日月对地球大气的引力周期变化。太阳是一个炽热的气体球,太阳有自转运动,在银河系中也有公转运动。相对于地球来说,太阳的自转周期约为27天。太阳围绕银河系中心公转的速度是每秒250 km。太阳中心核里不断地在进行着氢核聚变成氦核的热核反应,产生巨大的能量向宇宙空间辐射,影响地球大气。1990年科学家们在用科学仪器做探空试验时,在太阳极区遇到了高速太阳风,平均风速达到每秒750 km。太阳风暴就是太阳活动引起的太阳光辐射和粒子发射增强,天文学家已经发现太阳风暴具有11年周期性,太阳的各种活动集中出现在以太阳黑子为中心的局部区域即太阳活动区,在黑子较多时,太阳的各种活动现象(如出现日珥、谱斑、耀斑爆发、日冕物质抛射等)也多。天文学家们在进行天文观测中发现:在可见光波段,太阳黑子看起来像一个个黝黑的岛屿;在远紫外线光波段时,活动区变成明亮区,而太阳的表面是暗黑的;在X射线波段,在黑子群的上方可以看见壮丽、明亮的等离子体环。太阳的日冕物质抛射对太阳附近的"空间天气"有重大的影响,尤其是直接冲向地球的抛射事件,会对地球大气造成很严重的影响。另外,日月大潮、电磁场等对地球上的海洋和地球周围的大气也会产生非常重要影响,而这些影响又存在各种长度的周期性变化。

据作者初步的统计分析和研究结果来看,天体运动规律和周期变化可能是全球大气温度变化的主因之一,在全球气温偏高的20世纪40年代和最近20多年的天文背景与气温偏低时期的天文背景有较大差异,未来20—30年的天文背景与前20—30年的天文背景将有一个大的调整和转折,这种天文大背景特征的转变有可能会影响到全球气温变化位向的转折。由此预计未来20—30年的气温不会再像前20多年那么大幅度攀升了,甚至有可能与20世纪中叶接近。近几年来在2008年1月南方地区的严重冰冻雨雪灾害和2009年以来在中国北方和欧洲等地频繁发生了暴雪冰冻冷害事件。这种异常冷害事件的出现,是强冷空气对暖空气的突然侵入并取胜的结果。在过去20多年的强冷空气活动很少,冷害事件在最近几年突然活跃起来是一个值得从事气候变化的科学家们去深入研究的重要课题。与IPCC持相反观点中的部分科技人员则认为未来可能要进入一个新的"小冰期"了,作者认为从全球气温变化规律来看,从暖高峰突然降到"小冰期"的可能性是很小的。但是未来20—30年全球和区域性月季平均气温的年际变化将会变得比过去20多年激烈,出现异常冰雪冷害事件的概率将会比过去20多年明显增加。有关气温变化的预测问题还要在今后作进一步研究。本专著主要研究对象是降水和旱涝,气温只是作为对降水和旱涝有重要影响的物理因子来进行分析和研究的。

7.2 中国主汛期雨型对前期太平洋海温和中国陆地气温的综合响应关系

为了在每年11月做中国次年主汛期旱涝趋势的年度预报时,既能够考虑到前期海洋温度的主要特征,同时也能考虑到前期中国大陆气温的主要特征,又考虑到在11月做次年主汛期旱涝趋势的年度预报时,能够及时得到海温和气温因子的实时资料,所以取用中国(160点平均)1—10月平均气温代表中国陆地气温(ZGT_{1-10}),取用Nino3区(39个格点平均)1—10月平均海表温度($Nino3T_{1-10}$)代表太平洋主要海区的海温。中国主汛期雨型对上一年Nino3区1—10月的海温($Nino3T_{1-10}$)和1—10月中国气温(ZGT_{1-10})的综合响应关系:

1. 在满足$Nino3T_{1-10} \geq 26.6$℃(偏高):即满足上一年1—10月平均的Nino3区平均海温较常年同期偏高0.3℃的条件下:中国主汛期雨型和主要多雨洪涝区的分布特征与上一年ZGT_{1-10}关系比较密切:

(1)上一年$ZGT_{1-10} \geq 14.6$℃(偏高)的年份只有3个(1954、1998、1999年),主汛期主要多雨带在长江流域(2型和3型),长江流域有大洪水和特大洪水(3/3)。其中,上一年ZGT_{1-10}和上一年$Nino3T_{1-10}$均异常偏高(即上一年$Nino3T_{1-10} \geq 27.5$℃且$ZGT_{1-10} \geq 15.2$℃)的1999年汛期雨型为2型。1999年中国主汛期(6—8月)降水量距平百分率分布特征如图7.3所示,主汛期主要多雨带在长江流域,长江中下游发生了特大洪水;上一年ZGT_{1-10}为一般偏高年(即上一年14.9℃$\geq ZGT_{1-10} \geq 14.6$℃)的1954、1998年主汛期为3型(2/2),1954年和1998年的中国主汛期均是长江和北方两支多雨型(3型)。这两年的中国主汛期(6—8月)降水量距平百分率合成分布特征如图7.4所示。主汛期主要雨带在长江流域,次要雨带在北方地区。全国主汛期以多雨洪涝为主,这两年长江流域均发生了特大洪水。

(2)上一年$ZGT_{1-10} \leq 14.5$℃(正常和偏低)的年份有12个(1958、1959、1964、1966、1970、1973、1977、1984、1988、1992、1993、1994年),这12年中有9年(1958、1959、1964、1966、1970、1973、1988、1992、1994年)中国主汛期雨型为北方与华南两支型(8型)和西北型(7型),即主要雨带在北方的概率是75%(9/12)。其中,北方与华南两支类雨型(8型)占50%(6/12)、西北类雨型占25%(3/12)。这12年中国(160点)汛期(6—8月)降水量距平百分率合成分布特征如图7.5所示,主汛期主要雨带在北方地区,次要雨带在华南地区。

2. 在满足$Nino3T_{1-10} \leq 26.5$℃(正常和偏低)的条件下:次年中国主汛期雨型和主要多雨洪涝区的分布特征也与ZGT_{1-10}关系比较密切:

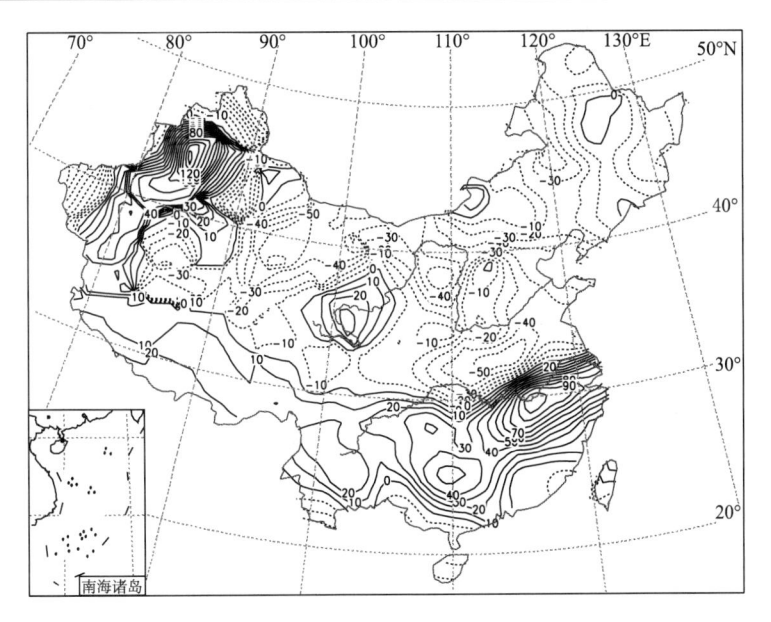

图 7.3　Nino3T_{1-10}≥27.0℃(异常偏高)且 ZGT$_{1-10}$≥15.2℃(异常偏高)的次年(1999 年)中国主汛期(6—8 月)降水量距平百分率分布图

Fig. 7.3　Anomaly percentage distribution of the major flood season (JJA) precipitation in Chian in 1999, next to the year with Nino3 T_{1-10}≥27.0℃ and ZGT$_{1-10}$≥15.2℃

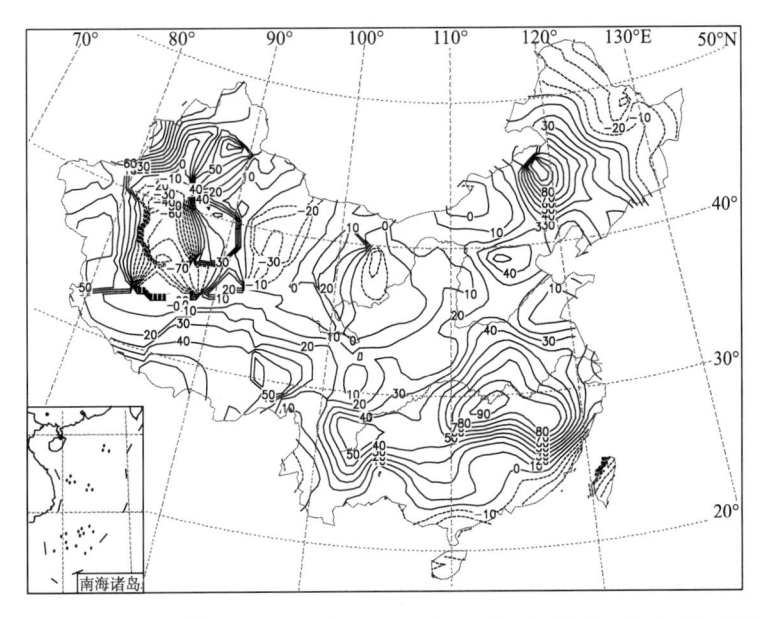

图 7.4　Nino3T_{1-10}≥26.6℃(偏高)且 14.6℃≤ZGT$_{1-10}$≤15.0℃(偏高)的次年(1954、1998 年)平均的中国主汛期(6—8 月)降水量距平百分率合成分布图

Fig. 7.4　Composite anomaly percentage distribution of the major flood season (JJA) precipitation in China averaged over 1954 and 1998, which are next to the year with Nino3 T_{1-10}≥26.6℃ and 14.6℃≤ZGT$_{1-10}$≤15.0℃

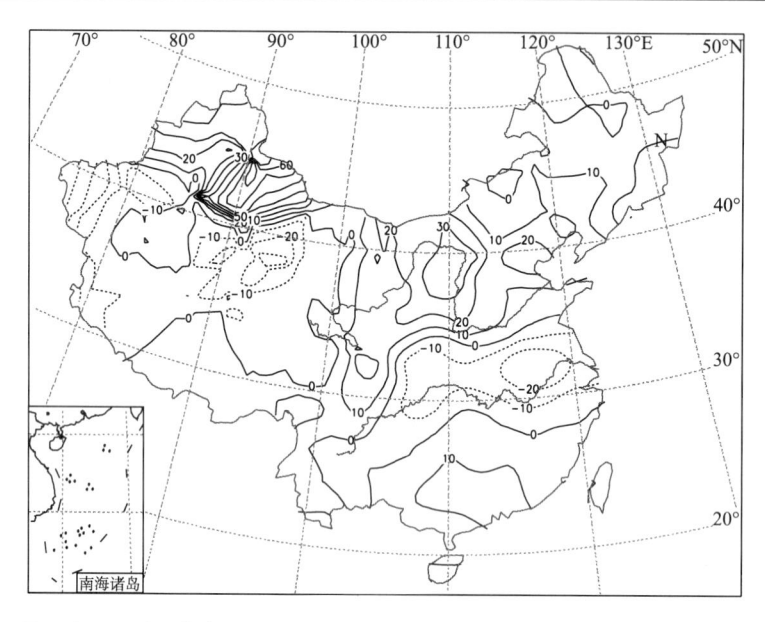

图 7.5　Nino3T$_{1-10}$≥26.6℃(偏高)且 ZGT$_{1-10}$≤14.5℃(正常和偏低)的 12 个年的次年平均中国主汛期(6—8月)降水量距平百分率合成分布图

Fig. 7.5　Composite anomaly percentage distribution of the major flood season (JJA) precipitation in China averaged over 12 years, which are next to the year with Nino3 T$_{1-10}$≥26.6℃ and ZGT$_{1-10}$≤14.5℃

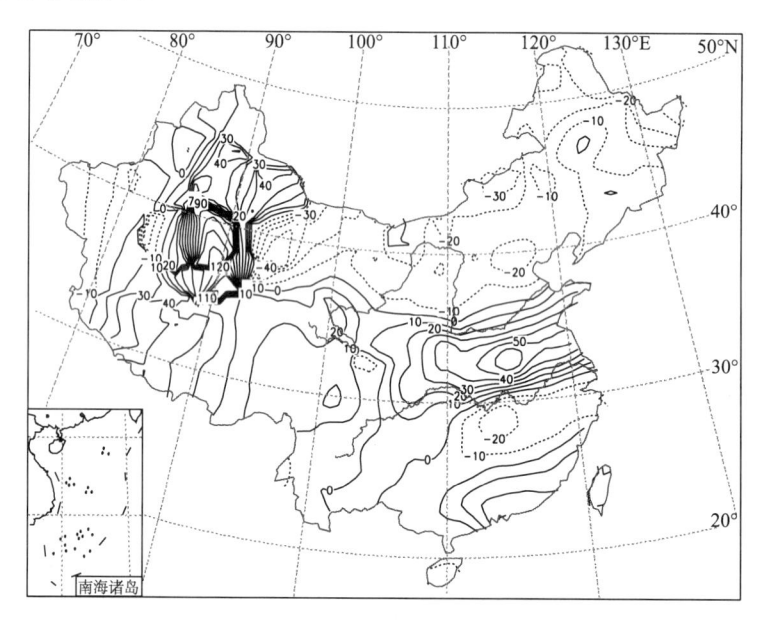

图 7.6　ZGT$_{1-10}$≥15.2℃(异常偏高)且 Nino3T$_{1-10}$≤26.5℃(正常和偏低)的 5 年的次年平均中国主汛期(6—8月)降水量距平百分率合成分布图

Fig. 7.6　Composite anomaly percentage distribution of the major flood season (JJA) precipitation in China averaged over 5 years, which are next to the year with Nino3 T$_{1-10}$≤26.5℃ and ZGT$_{1-10}$≥15.2℃

(1)上一年 $ZGT_{1-10} \geqslant 15.2℃$（异常偏高）的年份只有 5 个（2000、2003、2005、2007、2008 年），这 5 年中国主汛期都是中部类多雨型（4 型），其概率为 100%（5/5）。这 5 年中国（160 点）主汛期（6—8 月）降水量距平百分率合成分布特征如图 7.6 所示，主汛期主要雨带在长江与黄河之间的中部地区，次雨带在华南地区。由此可见，2000 年以来中国主汛期雨型（以中部类多雨型为主要特征）与 20 世纪 90 年代的主汛期雨型（以长江类多雨型为主要特征）的主要差异，主要是因为 Nino3 区海温在 1999 年以来以正常和偏低为主要趋势而中国陆地气温则持续异常偏高所致。

(2)满足上一年 $Nino3T_{1-10} \leqslant 26.2℃$（明显偏低）且 $15.1℃ \geqslant ZGT_{1-10} \geqslant 14.6℃$（正常偏高）的年只有 4 个（1962、1976、2001、2002 年），这 4 年中有 3 年（3/4）中国主汛期雨型是南方类多雨型（1 型）。这 4 年的中国（160 点）主汛期（6—8 月）降水量距平百分率合成分布特征如图 7.7 所示，主汛期主要雨带在长江以南地区。

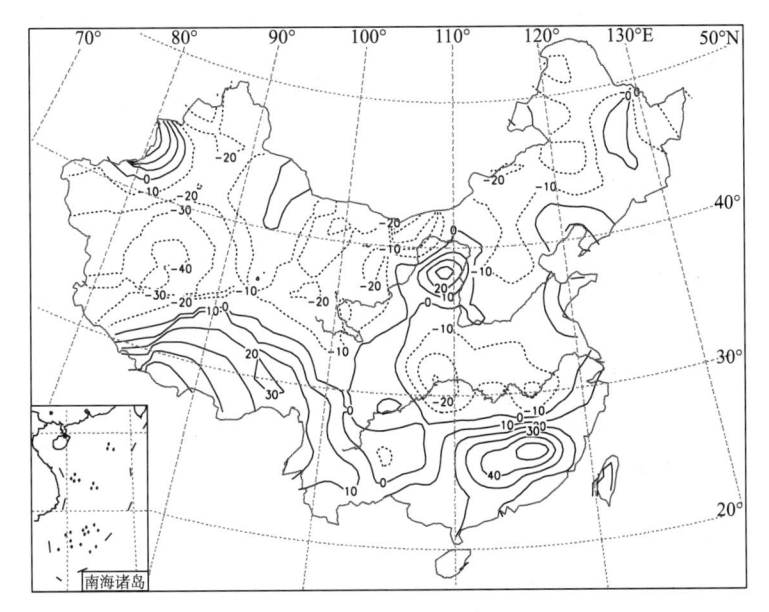

图 7.7 $14.5℃ \leqslant ZGT_{1-10} \leqslant 15.1℃$（偏高）且 $Nino3T_{1-10} \leqslant 26.2℃$（偏低）的 4 年的次年平均中国主汛期（6—8 月）降水量距平百分率合成分布图

Fig. 7.7 Composite anomaly percentage distribution of the major flood season (JJA) precipitation in China averaged over 4 years, which are next to the year with $Nino3\ T_{1-10} \leqslant 26.2℃$ and $14.5℃ \leqslant ZGT_{1-10} \leqslant 15.1℃$

在 1951—2008 年期间，太平洋 Nino3 区海温和中国陆地气温能够满足上述 4 种条件的年份只占全部年份的 29%（17/58）。对其余 71%（41/58）的年份来说，对太平洋海温和中国陆地气温这两个热力因子的综合相应关系不明显。每年 11 月在做主汛期雨型和旱涝的年度预报时，对满足上述 4 种综合条件的年份，要考虑海温和气温这两个大环境的前兆因子作用，再适当考虑其他前兆强信号因子。对不能满足上述综合条件的年份，就要更多地考虑到其他前兆因子的综合影响。在每年 3 月做当年的主汛期（6—8 月）预报时，要综合考虑上一年中国年平均气温（ZGTa）和上一年 Nino3 区年平均海温（Nino3a）对中国主汛期雨型的综合影响关系，ZGTa 与 Nino3a 对次年主汛期雨型的综合影响关系与 1—10 月的 ZGT_{1-10} 与 $Nino3T_{1-10}$ 对次年汛期雨型的综合影响关系比较相近。

7.3 中国主汛期雨型对前期陆地气温和副高异常特征的综合响应关系

每年3月在做主汛期雨型和旱涝预报时,不但要综合考虑到上一年中国年平均气温(ZGTa)的异常特征,还要考虑到上一年秋季(9—11月)平均西太平洋副高西伸($45H_{9-11}$)位置等特征对中国主汛期雨型的综合影响关系:

1. 1951年以来,上一年秋季(9—11月)平均西太平洋副高西伸脊点达到异常偏西条件($45H_{9-11}$≤95°E)的年份仅有7个(1954、1980、1995、1996、1998、1999、2004年),这7年主汛期主要多雨带都是在长江流域(7/7),这7年中有6年在长江发生了大洪水和特大洪水(6/7),只有2004年例外。这7年中的主汛期雨型有5年是3型(5/7),有2年是2型(2/7)。到底是2型还是3型?还可以结合上一年ZGTa的特征来进一步判别:

(1) $45H_{9-11}$≤93°E(异常偏西)且13.2℃≥ZGTa≥12.7℃(偏高)的年份有5个(1954、1995、1996、1998、2004年),这5年主汛期雨型均为3型(5/5)。这5年平均主汛期(6—8月)降水量距平百分率合成分布特征如图7.8所示。这5年主汛期主要雨带在长江流域,其中有4年长江发生了大水和特大洪水;在北方有一个次雨带。

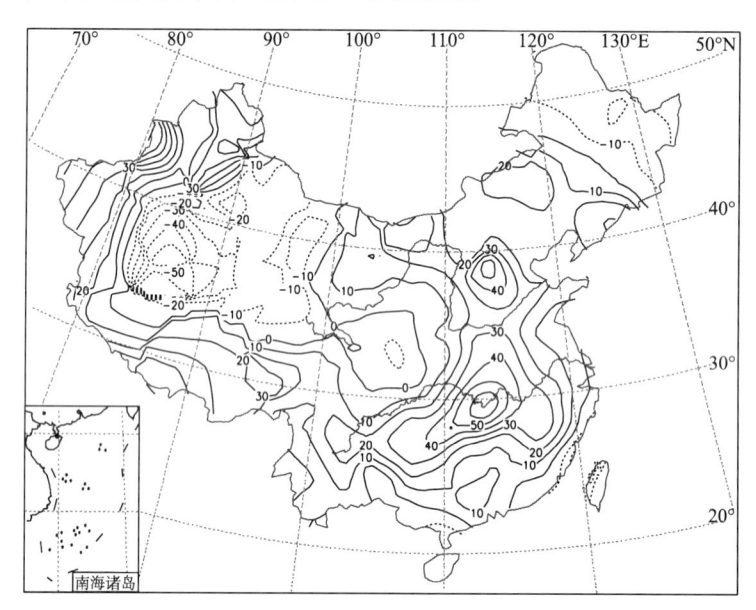

图7.8 同时满足条件:上一年$45H_{9-11}$≤93°E(异常偏西)且12.7℃≤ZGTa≤13.2℃(偏高)的5年平均中国主汛期(6—8月)降水量距平百分率合成分布图

Fig. 7.8 Composite anomaly percentage distribution of the major flood season (JJA) precipitation in China averaged over 5 years, which are next to the year with $45H_{9-11}$≤93°E and 12.7℃≤ZGTa≤13.2℃

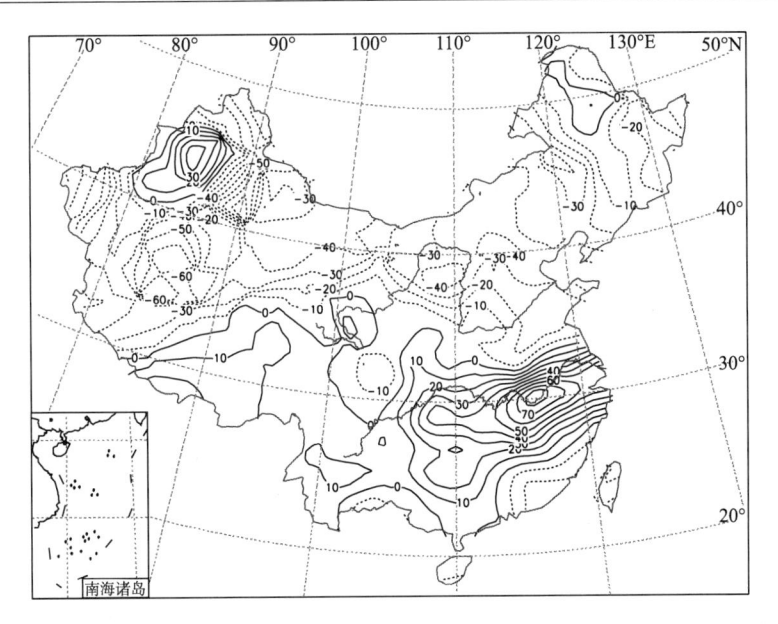

图 7.9 满足上一年 $45H_{9-11}=95°E$(明显偏西)且 $12.7℃≤ZGTa≤13.2℃$(偏高)的 2 年平均中国主汛期(6—8 月)降水量距平百分率合成分布图

Fig. 7.9 Composite anomaly percentage distribution of the major flood season (JJA) precipitation in China averaged over 2 years, which are next to the year with $45H_{9-11}=95°E$ and $12.7℃≤ZGTa≤13.2℃$

(2)1951 年以来,上一年中国气温异常偏高($ZGTa≥13.3℃$)和上一年秋季西太平洋副高西伸脊点明显偏西($45H_{9-11}=95°E$)的 2 年(1980、1999 年)主汛期雨型均为 2 型(2/2),这两年平均主汛期(6—8 月)降水量距平百分率合成分布特征如图 7.9 所示。主汛期主要雨带在长江流域,北方则以少雨干旱为主。

2. 在近 58 年来,上一年中国年平均气温异常偏高($ZGTa≥13.3℃$)且上一年秋季西太平洋副高西伸脊点不是异常偏西($45H_{9-11}≥97°E$)的年份有 5 个(2000、2003、2005、2007、2008 年),这 5 年平均主汛期(6—8 月)降水量距平百分率合成分布特征如图 7.10 所示,主汛期雨型都是在中部地区多雨即属于 4 型(5/5),淮河流域异常多雨有洪涝。

3. 在近 58 年来,上一年中国年平均气温正常略偏高或偏低($ZGTa≤12.7℃$)且上一年秋季西太平洋副高西伸脊点正常($110°E≤45H_{9-11}≤115°E$)的年份有 5 个(1955、1957、1960、1986、1990 年),这 5 年中有 4 年(4/5)主汛期主要雨带在东北地区(6 型),只有 1955 年例外。这 5 年平均主汛期(6—8 月)降水量距平百分率合成分布特征如图 7.11 所示。

4. 在近 58 年来,同时满足条件:上一年中国年平均气温偏高而不是异常偏高($12.8℃≤ZGTa≤13.2℃$)且上一年秋季西太平洋副高西伸脊点正常或偏东($45H_{9-11}≥106°E$)的年份有 4 个(1962、1991、2001、2002 年),这 4 年中有 3 年(3/4)的主汛期主要雨带在南方地区(1 型),只有 1991 年主汛期主要雨带在江淮地区。这 4 年主汛期(6—8 月)降水量距平百分率合成分布特征如图 7.12 所示

1951 年以来能够满足上述综合响应关系的年份只有 36%(21/58),对其余 64%(37/58)的年份来说,此关系不明显。但是,此关系对江淮流域的主要大洪水年和特大洪水年的预报具有特别重要的参考价值。

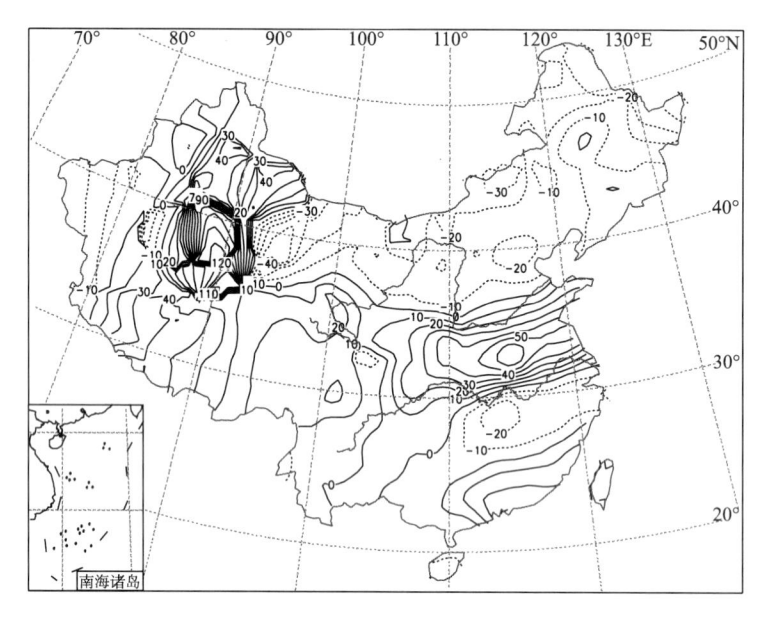

图 7.10 同时满足条件:上一年 45H$_{9-11}$≥97°E(不是异常偏西)且 ZGTa≥13.3℃(异常偏高)的 5 年平均中国主汛期(6—8 月)降水量距平百分率合成分布图

Fig. 7.10 As in Fig. 7.9, but for averaged over 5 years, which are next to the year with 45H$_{9-11}$≥97°E and ZGTa≥13.3℃

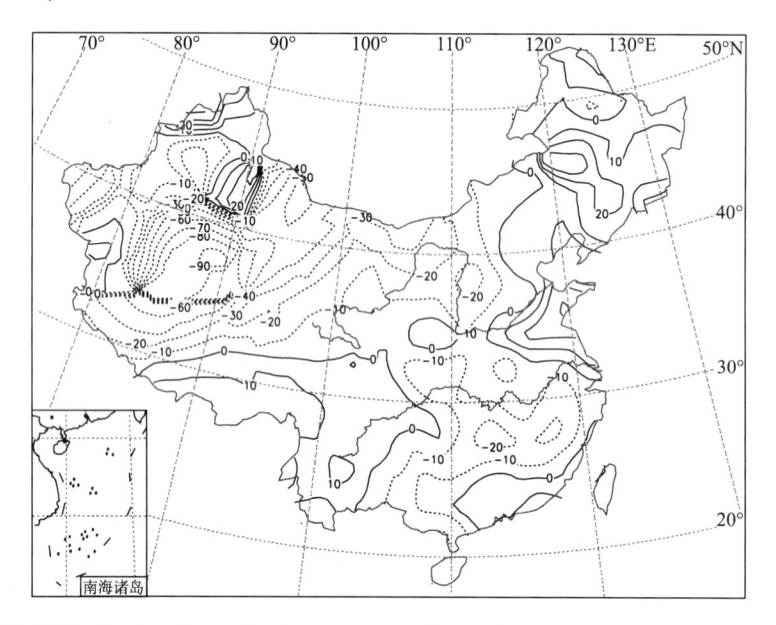

图 7.11 同时满足条件:上一年 110°E≤45H$_{9-11}$≤115°E(正常)且 ZGTa≤12.7℃(正常和偏低)的 5 年平均中国主汛期(6—8 月)降水量距平百分率合成分布图

Fig. 7.11 As in Fig. 7.9, but for averaged over 5 years, which are next to the year with 110°E≤45H$_{9-11}$≤115°E and ZGTa≤12.7℃

图7.12 同时满足条件：上一年 13.2℃≥ZGTa≥12.8℃（偏高）且 45H_{9-11}≥106°E（正常和偏东）的4年平均中国主汛期（6—8月）降水量距平百分率合成分布图

Fig. 7.12 As in Fig. 7.9, but for averaged over 4 years, which are next to the year with 45H_{9-11}≥106°E and 12.8℃≤ZGTa≤13.2℃

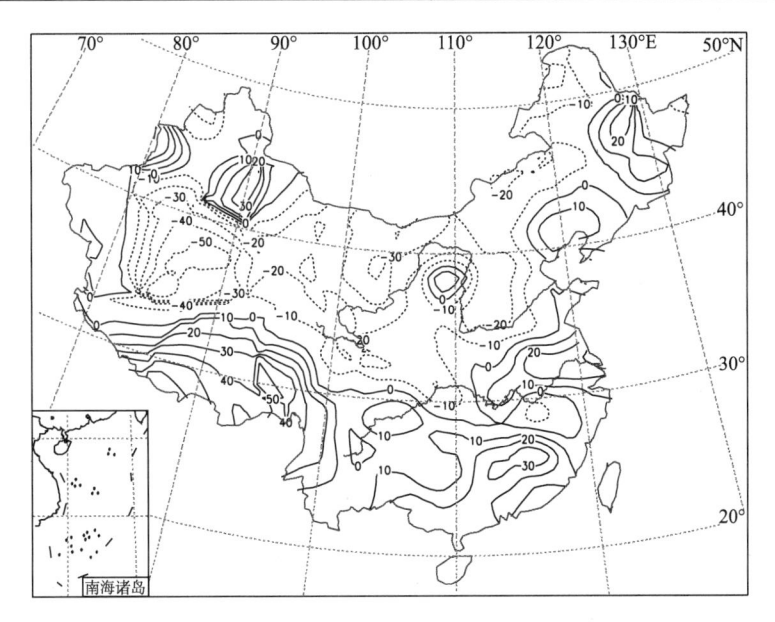

上面仅举由两个前兆物理因子组成的主汛期雨型预报模型为例，在做实际预报中要综合考虑到更多的前兆物理因子和异常信号。

7.4 区域性极端降水事件的可预报技术途径

气候异常可能造成的极端气候事件包括干旱、洪涝、冷害、热浪等，本节主要分析研究我国东部区域性异常多雨大水年和异常少雨干旱年与主汛期雨型的对应关系。对全国主汛期旱涝趋势预报的重点主要是主汛期雨型和主要雨带的位置，对主汛期是否有区域性极端降水事件发生？如果有则强度有多大？就要对主要区域主汛期降水量的量级做预报。如果预报主汛期降水等级异常偏大和异常偏小的区域与全国主汛期主要多雨带位置和明显少雨区域比较一致，那么这年的主汛期旱涝预报就会获得较大的成功。如果不一致，就要进一步做分析研究。由表6.10的统计结果可见，对于同一个区域的主汛期大水年和大旱年来说，它们所发生的年份与全国主汛期雨型关系比较密切。但是同一个区域性大水年并不都发生在同一个雨型里，大旱年也不是发生在同一个雨型里。所以，在雨型预报的基础上，还要做主汛期各个区域降水量的等级预报，如果主汛期区域性降水量出现异常多雨的可能性较大，又与主要雨带的中心区域比较一致，那么预报该区域主汛期有大水的成功几率就较大。

当今国内外的常规气候预报方法主要是动力气候数值模式、时间序列数理统计、物理因子统计和相似相关分析等方法。区域性大水年和大旱年形成的主要原因是区域性降水量异常偏多和异常偏少。对于区域性极端异常降水事件来说，用常规预报方法是很难预报准确的。对于物理因子的统计分析也是有深有浅，其预报效果也是因人而异和因年而异的，这个方法在多数情况下也是报不出极端降水事件的。因为各种预报物理因子对每年的预报意见都是有矛盾的,如何合理处理各种预报因子的矛盾预报意见,一直是长期天气预报或短期气候预测领域中的关键和棘手问题。

作者在近40多年中,紧紧围绕区域性降水异常变化的机理与预测预报关键技术的研究和实践,在对区域性极端降水事件的预测预报中,经历了十几次的成功预报经验和数次失败预报的教训,在客观分析各种预测因子的机理和矛盾中,在对区域性极端降水事件有预测预报功能的统计预报物理模型的研制方面积累了较为丰富的技术基础。并在研制海河流域及其9个分区降水量和两个水库的来水量与长江流域11个分区降水量和三个水库来水量的能客观操作的高分辨(分4—6级)统计预报物理模型系统中,积累了较多的感性认识和技术经验。预报物理模型就是指有物理意义的预报模型,区域性高分辨预报物理模型就是指能够将区域性大水年和大旱年分离得很清楚的有物理意义的可客观操作的预报模型,即有物理意义的对区域性大水年和大旱年有较强预报功能的预报模型。我们研制的区域性旱涝预报物理模型在海河和长江两个水利委员会水文局的多年业务预报中得到了实际应用,每年的区域平均降水量距平趋势预报与实况的一致率能够稳定在70%左右,区域降水量的等级预报与实况等级的一致率达到70%~80%,预报与实况相差1级的有20%~30%,预报和实况相差2级的极少。显然,这种物理统计预报模型对区域性极端降水事件的预报功能比常规预报方法要强。但是要研制优质高分辨物理统计预报模型,首先要有一批预报对象的高相关前兆物理因子,如何寻找预报对象的高相关前兆物理因子?可以到对降水有直接和间接影响的大气内部和大气外部强迫因子资料源中去普查寻找,并在预测预报中不断使用和考核,前兆预报因子不是越多越好,而是越精越好。对普查出来的每个有前兆意义的预报因子都要经过仔细的再分析,达到去粗取精,去伪存真后才能录用。对各种交叉学科的预报因子的集成方法有定量和定性两种,定量集成是考虑到每个前兆因子的量和强度,定性集成就是考虑到预报模型不会因个别前兆因子出现极端现象而造成假象,最后客观地将历年的定量集成预报量和定性集成预报量分别做纵坐标和横坐标,将每年区域性主汛期降水量距平百分率作为预报对象,再有机地进行客观分析和分级分区,经过合理调整后才能得到一个区域性降水的预报物理模型图。在下面就举几个区域性降水预报物理模型图为例,来分析其对区域性极端降水事件的特殊预报功能。

7.5 区域性旱涝的高分辨预报物理模型的十个案例解析

在中国东部地区的华南地区、长江中下游地区、淮河流域、海河流域等地区出现极端降水事件的频率相对其他地区要高。但是对每个具体区域来说,极端降水事件是属于小概率事件,预报难度很大。在前面讨论主汛期雨型时,已经对主要雨带在淮河流域的旱涝特征作了较多的分析研究。所以,在下面主要举华南前汛期(4—6月)降水量、长江中下游主汛期(6—8月)降水量、三峡水库主汛期(6—8月)来水量、新安江流域汛期(5—9月)降水量、海河流域汛期(6—9月)和主汛期(6—8月)降水量、滦河流域汛期(6—9月)降水量、密云水库汛期(6—9月)降水量、台湾汛期(5—9月)降水量、云南玉溪雨季开始早晚的10个预报对象的预报物理模型为例,对各种预报物理模型的各种交叉学科前兆因子的各种客观综合方法、技术路线和预报物理模型结果进行解析如下。

7.5.1 华南地区前汛期(4—6月)降水量预报物理模型解析

华南地区(桂林、柳州、韶关、梅县、厦门、百色、梧州、广州、河源、汕头、南宁、北海、湛江、阳江、海口等15站平均)华南地区前汛期(4—6月)降水量的年际变化特征如图7.13所示。

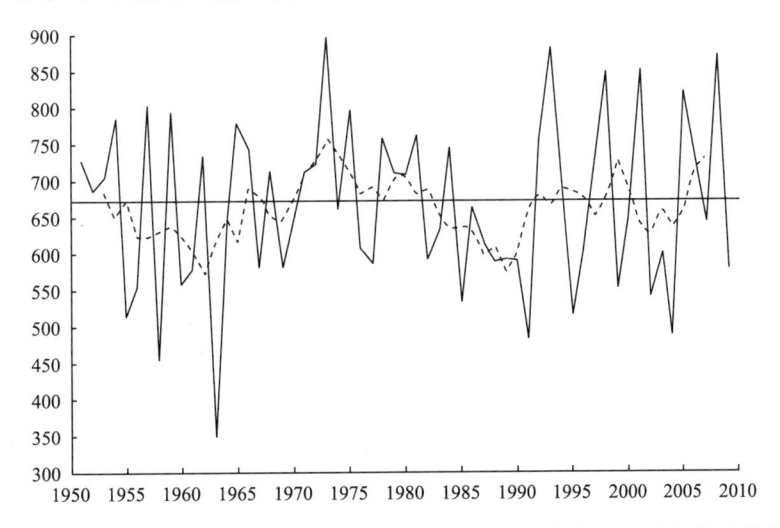

图7.13 1951—2009年华南地区前汛期(4—6月)降水量(单位:mm)的年际变化曲线图
(虚线为5年滑动平均降水量)

Fig. 7.13 Interannual variations of the early flood season (April-June) precipitation (unit: mm) in South China during 1951—2009(dash for the 5-year smoothing mean precipitation)

华南地区前汛期(4—6月)降水量的预报物理模型之一,如图7.14所示。该预报物理模型由上一年1月至12月的13个高相关(置信水平为0.01~0.001)预报因子和华南地区前汛期(4—6月)降水量的历年观测资料组成。这13个预报因子分别是9个大气环流特征指数、2个区域平均气温指数、2个区域降水指数。模型的纵坐标是这13个预报因子对华南地区前汛期降水量的回归方程预报量,即定量集成预报量($13Y_{4-6}$),横坐标是这13个预报因子相对于华南地区前汛期降水量的最佳相关界值的正贡献指数一元回归方程预报量,即定性集成预报量($13NY_{4-6}$)。图中点下面的数字是年份(为制图方便起见将年份简化,例如55就是1955年,203就是2003年,207就是2007年),图中点上面的数字是华南地区(15站平均)前汛期(4—6月)降水量相对于30年(1971—2000年)平均降水量的距平百分率(HNR'_{4-6})。13个预报因子的定量集成回归预报方程和13个预报因子的定性集成一元(正贡献指数)回归方程分别是:

$$13Y_{4-6}=1.269-9.837X_1-7.350X_2-1.723X_3+13.766X_4+8.198X_5+8.176X_6+0.969X_7 \\ +6.217X_8-0.080X_9+1.283X_{10}+0.907X_{11}-0.804X_{12}+0.056X_{13} \quad (7.1)$$

$$13NY_{4-6}=494.210+31.392X \quad (7.2)$$

公式(7.1)中的$X_1,\cdots,X_{13}$分别是上述13个预报物理因子的自变量,公式(7.2)中的X是上述13个预报物理因子相对于最佳相关界值的正贡献综合指数。

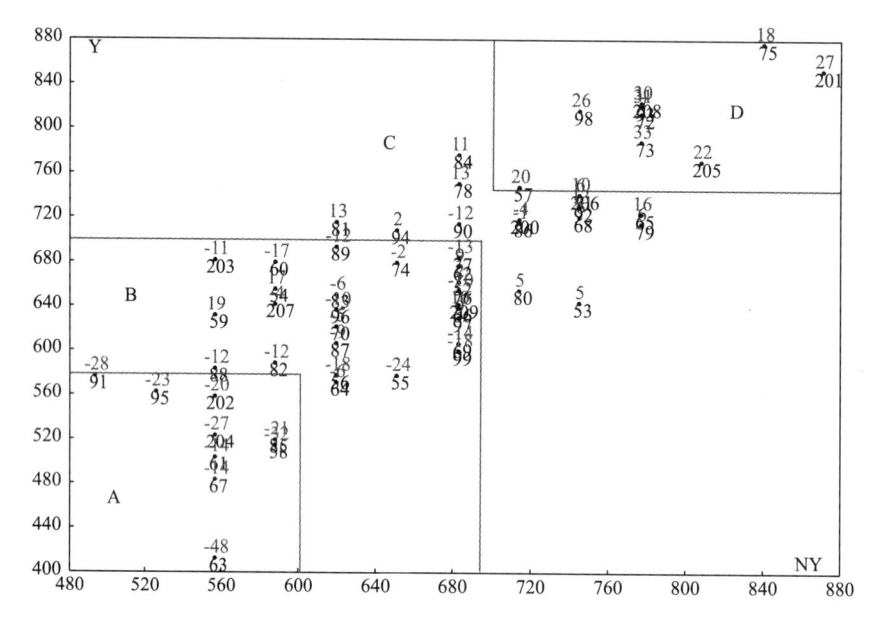

图 7.14　华南地区(15 站平均)前汛期(4—6 月)降水量距平百分率等级预报物理模型图

Fig. 7.14　The physical model diagram of the early flood season (April-June) precipitation anomaly percentage graded prediction in South China (mean of the 15 stations)

该预报物理模型将华南地区前汛期(4—6月)降水量距平百分率(HNR'_{4-6})客观地划分为 A、B、C、D 共 4 个等级：

(1)落在 A 区的年份有 9 个(1958、1961、1963、1967、1985、1991、1995、2002、2004 年)，这 9 年的华南地区前汛期降水量均较常年同期偏少(9/9)，其中偏少 2 成(—20%)以上的概率有 78%(7/9)。这 9 年中有 7 年(78%)的全年最大月降水量出现在 7—8 月，只有 1991、1995 年的全年最大月降水量出现在 6 月。

(2)落在 B 区的年份有 24 个，这 24 年中有 18 年(概率为 75%)较常年同期偏少 0.2～2.4 成(—24%～—2%)，其中偏少 0.2～1.8 成(—2%～—18%)的概率有 71%(17/24)。

(3)落在 C 区的年份有 15 个，这 15 年中有 12 年(概率为 80%)较常年同期偏多 0.2～1.6 成(2%～16%)。

(4)落在 D 区的年份有 9 个(1957、1972、1973、1975、1993、1998、2001、2005、2008 年)，这 9 年的华南地区前汛期降水量均较常年同期偏多(概率为 100%)；偏多 1.8 成以上的概率有 89%(8/9)；偏多 2 成(20%)以上的概率有 78%(7/9)。其中 1957、1972、1973、1975 年的全年最大月降水量出现在 5 月，5 月降水量分别较常年同期偏多 4.7 成、2.3 成、5.2 成、5.4 成。1993、1998、2001、2005、2008 年的全年最大月降水量出现在 6 月，6 月降水量分别较常年同期偏多 4.8 成、4.3 成、6.9 成、8.5 成、1.1 倍。

该预报物理模型将华南地区前汛期(4—6月)的 7 个异常少雨(偏少 20%以上)年和 7 个异常多雨(偏多 20%以上)年分离得很清楚，对华南地区前汛期降水量的异常少雨(偏少 20%以上)年的分离概率达到 93%(54/57)；对异常多雨(偏多 20%以上)年的分离概率达到 97%(55/57)。该预报物理模型在当年 1 月能得到 13 个预报物理因子的全部实时资料，所以在 1 月就能对华南前汛期(4—6月)是否有旱涝发生做出预报意见。该预报物理模型对 2002 年以来华南地区前汛期2个极端少雨年(2002、2004年)和3个极端多雨年(2001、2005、2008年)均有较强的预报功能。

7.5.2 长江中下游地区主汛期(6—8月)洪涝年的年度预报物理模型解析

长江中下游地区(钟祥、恩施、宜昌、常德、长沙、岳阳、武汉、九江、安庆、南京、上海、屯溪、杭州、南昌等14站平均,下同)主汛期(6—8月)降水量的预报物理模型之一,如图7.15所示。该预报物理模型由8个高相关预报物理因子、夏季最北月赤纬与历年长江中下游地区(14站平均)主汛期(6—8月,下同)降水量组成,这8个预报物理因子分别是上一年3月至11月的4个大气环流特征指数、2个区域平均热力差指数、1个区域平均气温指数和1个区域降水指数。预报模型图的纵坐标是夏季最北月赤纬(MDM = the Maximum Declination of the Moon)的纬度(°N),横坐标是8个预报物理因子的回归预报量(Y_{6-8})。图中点下面的数字是年份,图中点上面的数字是长江中下游地区主汛期降水量(R_{6-8})的实际观测值(单位为mm)。这8个预报物理因子的定量集成回归预报方程是:

$$Y_{6-8} = 2501.414 - 0.771X_1 + 1.078X_2 + 2.897X_3 - 5.861X_4 - 2.146X_5 - 1.874X_6 - 1.015X_7 - 30.072X_8 \tag{7.3}$$

由图7.15可见,该预报物理模型客观地将长江中下游地区主汛期降水量划分成A、B、C、D、E共5个区:

(1) 落在A区的有6年(1958、1959、1972、1976、1978、1992年),这6年长江中下游地区主汛期降水量较常年同期明显偏少($R_{6-8} \leqslant 408$ mm,偏少24%以上)有干旱的概率是100%(6/6),较常年同期异常偏少(271 mm $\leqslant R_{6-8} \leqslant$ 390 mm,偏少28%至50%)有中旱至大旱的概率是83%(5/6)。

(2) 落在B区的有41年,长江中下游地区主汛期降水较常年同期明显偏少至正常偏多(偏少22%至偏多5%)的概率是83%(34/41)。其中正常年(偏少19%至偏多10%)有71%(29/41)。

(3) 落在C区的有3年(1969、2008、2009年),这3年中有2年,长江中下游地区主汛期降水量较常年同期明显偏多($R_{6-8} \geqslant 600$ mm,较常年同期偏多11%以上)的概率是67%(2/3)。其中1969年主汛期异常多雨有大洪水,2008年明显多雨没有发生大洪水,2009年降水接近常年,太湖流域出现了持续时间较长的超警戒水位洪水。

(4) 落在D区的有6年(1980、1983、1991、1995、1996、1999年),这6年长江中下游地区主汛期降水量较常年同期明显偏多至异常偏多(599 mm $\leqslant R_{6-8} \leqslant$ 847 mm,较常年同期偏多11%至57%),这6年长江中下游地区主汛期均发生了大洪水。

(5) 落在E区有2年(1954、1998年),这两年长江中下游地区主汛期异常多雨(762 mm $\leqslant R_{6-8} \leqslant$ 999 mm,较常年同期偏多42%至86%),这两年不单是长江中下游地区主汛期发生了特大洪水,也是长江50年至100年一遇的全流域性特大洪水年(2/2)。2010年的8HG = 713 mm,MDM = 25.01°N,2010年落在D区,预报长江中下游地区主汛期有大洪水发生,目前主汛期尚未结束,但由已经出来的暴雨和大洪水证实此预报模型对2010年的预测也是准确成功的。

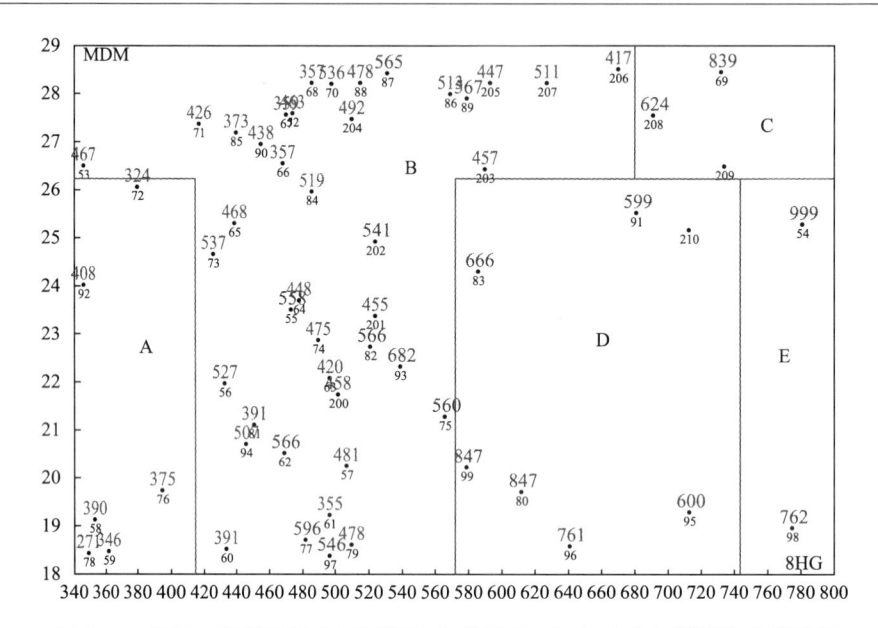

图 7.15 长江中下游地区(14 站平均)主汛期(6—8 月)大水年预报物理模型图
(注 8HG 单位:mm,MDM 单位:°N)

Fig. 7.15 The physical model diagram of the major flood season (JJA) precipitation prediction in rich flood years in the Lower and Middle Reaches of the Yangtze River (mean of the 14 stations, unit for 8HG:mm, unit for MDM:°N)

由上面的统计分析结果可知,该预报物理模型对长江流域的大水事件和特大洪水事件具有较强的预报功能。而且,该预报物理模型在上一年 12 月就能够得到上述 8 个预报物理因子的全部实时资料,所以在 12 月就能预报次年主汛期长江中下游地区是否有大洪水和特大洪水发生,预报时效长达半年,具有年度预报的实际应用价值。在每年 3—4 月做主汛期预报时,在考虑主汛期其他预报模型的预测意见时,也不要忽视这个预报模型的预测意见,要进行综合研究和对比分析。

7.5.3 新安江流域汛期(5—9 月)旱涝预报物理模型解析

新安江流域又名"千岛湖"是新安江水力发电厂的重要绿色能源,新安江水力发电厂是由我国自己设计和自己在 1958 年建造的大型水力发电厂,新安江水力发电厂的厂址建在浙西北的新安江下游建德市的紫塘滩,新安江以下就是富春江,富春江以下就是钱塘江了。所以新安江流域的来水经过新安江水力发电厂发电后,又经过富春江水力发电厂发电后再通过钱塘江入东海。新安江流域水资源比较丰沛,其源头在黄山及其周围区县,新安江流域降水量的观测代表站原有 10 个站,现有 18 个(包括自动测报站),其中黄山附近的屯溪站是新安江上游观测资料最长的代表站之一。据统计分析对比结果可知,新安江流域 10 个站平均的月季降水量和 18 个站平均的月季降水量差异最大的年份不足 10 mm。所以,新安江流域的历年月季降水量的序列资料还是比较可靠的。新安江流域汛期(5—9 月)降水量的多年平均值有 951 mm。但是汛期降水量的年际变化非常大,最多的 1954 年达到 1805 mm,最少的 1978 年只有 469 mm,最多年是最少年的 3.8 倍。其中,6 月降水量的多年平均值是 307 mm,最多的 1999 年为 844 mm,最少的 2005 年只有 48 mm,最多年是最少年的 17.6 倍,由于新安江流域月季降水的年际变化非常大,所以新安江流域旱涝事件也不少。准确预报能够在新安江电厂的正确调度和防灾减灾中起到重要作用。

因为新安江流域月季降水的年际变化非常大,所以新安江流域的月季降水量的预报难度也异常大。由于新安江水力发电厂调度的需要,我们从1989年以来与华东电力管理部门和新安江水力发电厂一直保持友好的协作关系。他们需要气象部门提供准确的月季降水量预报信息,并根据气象部门的预报意见对发电计划进行调度。我们也一直把新安江流域的月季降水量变化特征的机理研究和业务预报服务当作理论紧密结合业务的试验平台。在20世纪90年代中后期,我们与华东电网(原华东电力管理局)和新安江水力发电厂合作完成了《新安江流域月季降水量和旱涝强度时段预报方法》研究项目,并且根据每年出现的新情况,不断地改进新安江流域月季降水量的预报物理模型。下面就举其中一个新安江流域汛期(5—9月)和6月降水量的年度预报物理模型(图略)为例,来说明大型水库的极端月季降水量的可预报性:

新安江流域汛期(5—9月)和6月降水量的实际观测值(XR_{5-9})和(XR_6)的预报物理模型是由上一年1月至10月的11个预报物理因子的定性集成回归预报量(XNY_{5-9})和上一年1—10月Nino3区平均海表温度($3 SSTA_{1-10}$)组成。这11个预报因子分别是上一年2个大气环流特征指数、1个南方涛动指数(SOI)、1个区域降水、1个气温指数和6个区域间月季热力差异指数。

$$NY_{5-9} = 684.534 + 75.615X \tag{7.4}$$

公式(7.4)式中的变量X是上一年3月至10月的11个预报物理因子相对于最佳相关界值的定性正贡献集成指数,公式(7.4)中的$X = IN_{11} = N_1 + N_2 + \cdots + N_{11}$。

NY_{5-9}和$3SSTA_{1-10}$与XR_{5-9}的复相关关系是:

(1)在上一年是特强El Nino年(即$3SSTA_{1-10} \geqslant 0.9$℃)的背景下:$NY_{5-9} \geqslant 1365$ mm的2年(1998、1999年),则1110 mm$\leqslant XR_{5-9} \leqslant 1701$ mm(汛期异常偏多)和525 mm$\leqslant XR_6 \leqslant 844$ mm(6月异常偏多)的概率是100%(2/2);而$NY_{5-9} \leqslant 1065$ mm的2年(1984、1988年),则$XR_{5-9} \leqslant 945$ mm(汛期偏少)和334 mm$\leqslant XR_6 \leqslant 337$ mm(6月正常偏多)的概率也是100%(2/2)。

(2)在上一年是偏强El Nino年(即0.6℃$\leqslant 3 SSTA_{1-10} \leqslant 0.7$℃)的背景下:$NY_{5-9} \geqslant 1060$ mm的3年(1970、1973、1993年),则1250 mm$\leqslant XR_{5-9} \leqslant 1421$ mm(汛期异常偏多)和340 mm$\leqslant XR_6 \leqslant 444$ mm(6月偏多)的概率是100%(3/3);而$NY_{5-9} \leqslant 990$ mm的2年(1958、1966年),则722 mm$\leqslant XR_{5-9} \leqslant 729$ mm(汛期异常偏少)和81 mm$\leqslant XR_6 \leqslant 259$ mm(6月异常偏少)的概率也是100%(2/2)。

(3)在上一年是弱El Nino年和正位相正常年(即0.0℃$\leqslant 3 SSTA_{1-10} \leqslant 0.5$℃)的背景下:$NY_{5-9} \geqslant 910$ mm的9年,则$XR_{5-9} \geqslant 950$ mm(正常偏多)的概率是100%(9/9),其中$XR_{5-9} \geqslant 1050$ mm(汛期明显偏多)和$XR_6 \geqslant 389$ mm(6月明显偏多)的概率是89%(8/9);而$NY_{5-9} \leqslant 840$ mm的14年,则$XR_{5-9} \leqslant 950$ mm(汛期正常和偏少)的概率也是100%(14/14),其中$XR_{5-9} \leqslant 900$ mm(汛期偏少)的概率是86%(12/14);$XR_6 \leqslant 275$ mm(6月偏少)的概率是79%(11/14),$XR_6 \leqslant 333$ mm(偏少和正常偏多)的概率是93%(13/14)。

(4)在上一年是La Nina年和负位相正常年(即$3 SSTA_{1-10} \leqslant -0.1$℃)的背景下:$NY_{5-9} \geqslant 1060$ mm的7年,则$XR_{5-9} \geqslant 975$ mm(汛期偏多)的概率是100%(7/7),其中$XR_{5-9} \geqslant 1040$ mm(明显偏多)的概率是71%(5/7);而$NY_{5-9} \leqslant 990$ mm的18年,则$XR_{5-9} \leqslant 945$ mm(汛期偏少)的概率是89%(16/18)。

(5)其实在该预报物理模型中:$NY_{5-9} \geqslant 1138$ mm 的年份,则 $XR_{5-9} \geqslant 980$ mm(汛期偏多)的概率是 100%(14/14),其中 $XR_{5-9} \geqslant 1040$ mm(汛期明显偏多)的概率是 93%(13/14);$NY_{5-9} \leqslant 840$ mm 的 23 年,则 $XR_{5-9} \leqslant 950$ mm(汛期偏少)的概率也是 100%(23/23),其中 $XR_{5-9} \leqslant 900$ mm(明显偏少)的概率是 87%(20/23)。也就是说,在上一年 11 个预报因子的定性集成正贡献指数一元回归汛期预报雨量(NY_{5-9})明显偏大(明显偏小)的年份,实际观测汛期雨量也明显偏大(明显偏小)的概率是 100%(37/37),NY_{5-9} 与 XR_{5-9} 的关系非常密切,而与上一年 $3SSTA_{1-10}$ 的关系不大。在 NY_{5-9} 不是明显异常的年份,则 XR_{5-9} 与上一年的 NY_{5-9} 和 $3SST_{1-10}$ 的复合关系比较明显。

(6)NY_{5-9} 与 XR_6 的关系是:$NY_{5-9} \geqslant 1289$ mm 的年份,则 420 mm$\leqslant XR_6 \leqslant$ 844 mm(6 月异常偏大)的概率是 100%(7/7),其中 $XR_6 \geqslant 500$ mm(6 月特大)的概率是 71%(5/7),比 6 月特大年的气候概率(14%)偏高 57%;$NY_{5-9} \leqslant 840$ mm 的 23 年,则 $XR_6 \leqslant 279$ mm(6 月偏少)的概率是 87%(20/23)。也就是说,NY_{5-9} 异常偏大(明显偏小)的年份,6 月实际观测雨量也异常偏大(偏小)。只有 NY_{5-9} 不是明显异常的年份,XR_{5-9} 和 XR_6 就与上一年 NY_{5-9} 和 $3SST_{1-10}$ 的复合关系比较明显。

该预报物理模型的 11 个预报物理因子和 3 $SSTA_{1-10}$ 的实时资料在上一年 11 月可以全部得到,所以该预报物理模型可以用于新安江流域汛期(5—9 月)和 6 月降水量的年度预报和汛期预报,该预报物理模型对新安江流域汛期(5—9 月)和汛期高峰月(6 月)的异常极端事件的预报功能较强,应用价值较大。我们曾应用该预报物理模型和其他预报物理模型的综合分析和创新预报技术方法,对 1995、1998、1999、2008 年等新安江流域汛期(5—9 月)降水明显偏多和 6 月降水量异常偏多做出来了准确的年度预报和汛期预报。例如,我们在 1998 年的年度预报和汛期预报中都预报 6 月降水量有 500 mm(异常偏大),1998 年 6 月实际观测新安江雨量为 525 mm,预报与实况相当接近。又如,我们在年度预报和汛期预报中预报 2008 年新安江流域 6 月降水量为 350 mm(偏多),在月预报(5 月底)中预报 6 月降水量将会超过 500 mm,在中期预报(6 月 10 日)中,预报 6 月可能会突破 600 mm。6 月实际观测降水量是 621 mm,在 2008 年的年度预报、季度预报、月预报和中期预报的逐步补充中,对 6 月极端降雨事件的预报一次比一次更加接近实际观测记录。

特别要指出的是,新安江流域 6 月降水量在 100 hPa 高度场上还有 9 个高相关前兆高度因子,虽然 9 个 100 hPa 高度因子对新安江流域 6 月极端降水量来说,并不具备独立预报功能,但有辅助预报作用。即当该预报模型与 100 hPa 高度因子的预报意见都对新安江流域 6 月降水量的预报意见一致的年份,则对新安江流域 6 月降水量的定量预报成功几率就比较大;即当该预报模型与 100 hPa 高度因子预报意见都预报新安江流域 6 月可能有极端降水事件出现,则新安江流域 6 月降水量的极端定量预报成功率就相对大。如果不一致,则新安江流域 6 月降水量的极端定量预报成功率就相对要小。

对极端降水的预报物理模型来说,要对经过收集、精心普查、认真筛选、仔细分析和在实际应用中经得起考验的交叉学科物理因子进行合理的综合研制,才能得到对极端降水事件具有较强较稳定预报功能的预报物理模型。有了这种具有特殊预报功能的预报物理模型,也就有了对极端降水事件的预报工具。如何科学地使用这种特殊预报工具和结合每年出来的新异常前兆做好补充预报也是一种很深的学问。

7.5.4 三峡水库主汛期(6—8月)来水量分级预报物理模型解析

长江水利委员会水文局(委托)与我们气科院在 2005—2007 年协作完成的研究课题成果《长江 11 区汛期各季降水量和来水量预报物理模型系统》中的 11 个分区是：长江上游、汉江上游、金沙江、乌江、洞庭湖、鄱阳湖、岷沱江、嘉陵江(降水分区)和三峡水库、丹江口水库、屏山站(来水分区)，汛期不同时段是指：汛期(5—10 月)、主汛期(6—8 月)、秋汛期(9—10 月)。我们为 8 个区域的降水量和三个大型水库来水量研制了 24 个高分辨统计物理预报模型。这整套高分辨统计物理预报模型在最近几年业务预报中的应用效果要高于常规预报方法。在这里，我们仅举三峡水库主汛期(6—8 月)来水量的预报物理模型来解析。三峡水库主汛期(6—8 月)来水量的预报物理模型如图 7.16 所示。该预报物理模型由 28 个预报因子和三峡水库主汛期(6—8 月)来水量组成，28 个预报因子是：上一年 2 月至当年 2 月的 9 个大气系统特征指数、上一年 6 月和当年 1 月的 2 个降水因子和上一年 8 月的 2 个气温因子、上一年 2 月至 7 月的 13 个 100 hPa 敏感区高度因子、上一年 4 月和 7 月的 2 个地面气压因子，各类预报因子与三峡水库主汛期(6—8 月)来水量的回归预报方程如下：

$$9Y = 646.749 - 5.040X_1 + 21.046X_2 + 0.978X_3 + 13.067X_4 + 22.660X_5 + 10.721X_6 + 1.350X_7 + 4.478X_8 + 16.374X_9 \quad (7.5)$$

$$4Y = -1916.484 + 1.654X_1 + 6.839X_2 + 6.420X_3 + 9.348X_4 \quad (7.6)$$

$$13Y = 353.212 + 5.953X_1 + 0.319X_2 + 4.996X_3 + 15.360X_4 - 13.832X_5 + 10.718X_6 - 4.238X_7 + 13.634X_8 + 17.188X_9 + 10.498X_{10} + 9.342X_{11} - 15.645X_{12} + 2.062X_{13} \quad (7.7)$$

$$2Y = 1785.941 + 9.887X_1 - 19.918X_2 \quad (7.8)$$

再分别令公式(7.5)~(7.8)中的回归预报量 $9Y = X_1, 4Y = X_2, 13Y = X_3, 2Y = X_4$，求得二次回归方程：

$$YY = -1389.509 + 0.615X_1 + 0.256X_2 + 0.535X_3 + 0.348X_4 \quad (7.9)$$

YY 是三峡水库主汛期(6—8 月)来水量的 28 个预报因子的二次定量集成预报量，

三峡水库主汛期(6—8 月)来水量的 28 个预报因子的定性集成预报量是 28NY，28NY 的一元线性回归方程是：

$$NY = 1412.607 + 36.937X \quad (7.10)$$

公式(7.10)中的 X 是上述 28 个预报因子相对于最佳相关界值的正贡献指数。

三峡水库主汛期(6—8 月)来水量距平百分率($SXSKWP_{6-8}$)的预报物理模型如图 7.16 所示，模型图的纵坐标是 YY，横坐标是 NY，图中点下方是年份，图中点上方是三峡水库主汛期(6—8 月)来水量的距平百分率。该预报物理模型将三峡水库主汛期(6—8 月)来水量的距平百分率客观地划分为 A、B、C、D、E、F 共 6 个等级：

(1)落在 A 区中的 2002 年是异常少水年($SXSKWP_{6-8} \leqslant -40\%$)。

(2)落在 B 区中的 5 年(1970、1972、1992、1996、1997 年)中有 4 年(除 1970 年外)是明显少水年($-32\% \leqslant SXSKWP_{6-8} \leqslant -28\%$)，其集中概率是 80%(4/5)。少水年($-32\% \leqslant SXSKWP_{6-8} \leqslant -11\%$))的概率是 100%(5/5)。

(3)落在 C 区中的年份来水量属于偏少和正常略多年($-19\% \leqslant SXSKWP_{6-8} \leqslant 3\%$)，其集中概率是 73%(11/15)。

(4)落在 D 区中的年份来水量为正常偏大至明显偏大年($1\% \leqslant SXSKWP_{6-8} \leqslant 32\%$)的概率

是 94%(16/17)。

(5)落在 E 区中的 4 年(1965、1966、1968、1974 年)来水量异常偏大(35%≤$SXSKWP_{6-8}$≤39%)的概率是 100%(4/4)。

(6)落在 F 区中的 1964 年是来水量特大($SXSKWP_{6-8}$=57%)年。

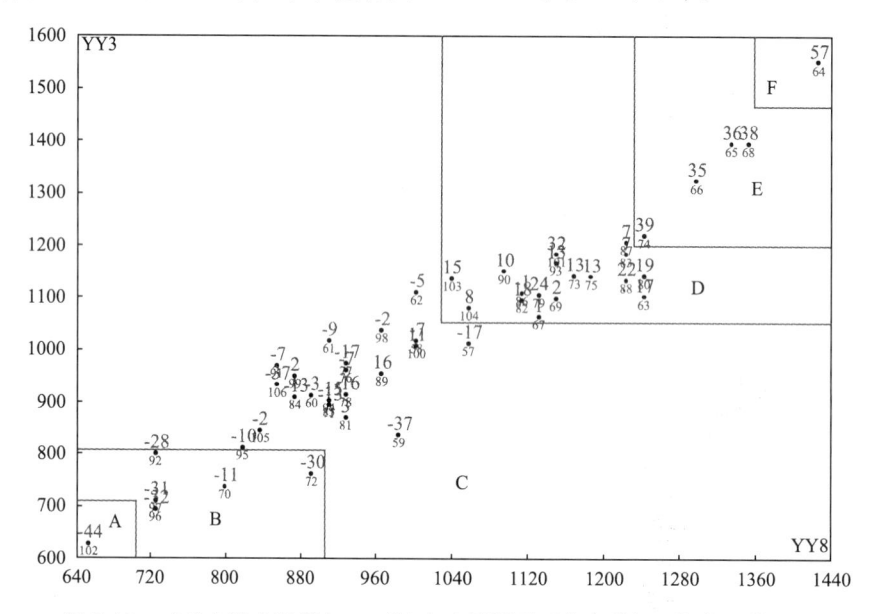

图 7.16 三峡水库主汛期(6—8 月)来水量距平百分率等级预报物理模型图

Fig. 7.16 The physical model diagram of the major flood season (JJA) incoming flood anomaly percentage graded prediction in the Yangtze Three-Gorges Reservoir

7.5.5 海河流域汛期(6—9 月)和主汛期(6—8 月)旱涝预报物理模型解析

海河流域水利委员会水文局(委托)和中国气象科学研究院在 1989—1990 年和 2003—2004 年两次协作分别完成和取得了两个研究课题(横向课题)成果《海河流域四分区汛期降水量的预报方法研究》和《海河流域 10 分区汛期旱涝和潘(潘家口)岳(岳城)两水库来水量的预报物理模型系统》，前一个课题成果在海河水利委员会水文局应用了十几年，在海河流域的防汛减灾中发挥了重要作用，该成果也在海河流域的六省和二个直辖市气象和水文部门得到了广泛参考和应用；后一个课题的分区比前一个分区更加细化，是海河委领导与水文局和防汛办的领导一起根据海河流域的水文特点和水系特征将海河分成 10 个分区：滦河流域(潘家口水库库区)、密云水库库区、官厅水库库区、岗南水库库区、白洋淀区、京津唐区、东部平原区、滏阳河流域、岳城水库库区和海河流域全区。我们为海河流域 10 个分区研制了两套汛期预报物理模型，即 3 月可以做出汛期预报意见的 12 个预报模型和 5 月可以做出汛期补充预报意见的 12 个补充汛期预报物理模型。后一个课题比前一个课题内容更加丰富、研究更加深入、分区更加细化、预报模型更加完善，对大旱大涝更具预报功能。这套预报物理模型在 2004—2009 年的业务预报应用中取得了显著的社会效益和经济效益。特别是在最近 6—7 年，社会上的有关人员多次预测海河要有大洪水发生，气象部门也有几种方法预报汛期主要雨带在华北。但是我们研制的这套多学科交叉预报物理因子的综合预报物理模型在 2004 年—2010 年一直预报海河流域各分区汛期降水量与常年同期相比,为偏少和正常偏多,没有大洪水发生,预报与实况一致。而且对海河流域10个分区降水量距平趋势的预报准确率也一直保持在70%以上(明显高于常规预报方法),分级(4—6级)预报水平保持预报和实况的级别一致率为70%~80%以上。

(1)海河流域(82个水文和气象站平均)汛期(6—9月)旱涝预报物理模型解析:

我们先举海河流域汛期旱涝预报物理模型进行解析,海河流域(82个水文和气象站平均,下同)(6—9月,下同)汛期降水量距平百分率($HH82RP_{6-9}$)的预报物理模型如图7.17所示。$HH82RP_{6-8}$的旱涝预报物理模型由45个预报物理因子和海河流域(82个水文和气象站平均)汛期(6—9月)序列降水量组成。这45个预报物理因子是:上一年7月至11月的5个大气环流特征指数因子、上一年1月至当年1月的北半球500 hPa高度场上的9个敏感区高度因子、上一年2月至12月的北半球100 hPa高度场上的14个敏感区高度因子、上一年1月至7月的2个太平洋敏感区海温因子、上一年1月至当年2月的3个北半球敏感区地面气压因子、上一年5月至当年2月的9个中国敏感区气温因子、上一年3月至当年2月的3个中国敏感区降水因子。各类因子与$HH82RP_{6-8}$的回归预报方程分别是:

$$5Y=473.4-1.95X_1+1.19X_2+6.54X_3-0.65X_4-2.27X_5 \quad (7.11)$$

$$9Y=-1334.1-1.12X_1+0.43X_2-1.50X_3-0.83X_4+2.25X_5+3.80X_6$$
$$-1.82X_7+2.26X_8+0.36X_9 \quad (7.12)$$

$$14Y=476.87+0.98X_1-4.24X_2+5.99X_3-8.07X_4-2.51X_5-3.62X_6-2.73X_7$$
$$+2.08X_8-5.44X_9+9.91X_{10}-2.81X_{11}-4.19X_{12}+1.41X_{13}-6.29X_{14} \quad (7.13)$$

$$2Y=1652.27-9.05X_1+3.27X_2 \quad (7.14)$$

$$3Y=677.41-0.19X_1-0.37X_2-1.25X_3 \quad (7.15)$$

$$9Y=914.44-2.04X_1-2.24X_2+0.19X_3+2.82X_4-4.74X_5+2.29X_6$$
$$-1.14X_7-2.11X_8+0.33X_9 \quad (7.16)$$

$$3Y=269.42+0.18X_1-3.06X_2+6.68X_3 \quad (7.17)$$

令公式(7.11)的$5Y=X_1$,公式(7.12)的$9Y=X_2$,公式(7.13)的$14Y=X_3$,公式(7.14)的$2Y=X_4$,公式(7.15)的$3Y=X_5$,公式(7.16)的$9Y=X_6$,公式(7.17)的$3Y=X_7$,再求二次回归方程得到海河流域(82个水文和气象站平均,下同)汛期(6—9月,下同)降水综合预报方程:

$$YY=278.91+0.30X_1+0.32X_2+0.42X_3+0.12X_4+0.27X_5+0.26X_6+0.01X_7 \quad (7.18)$$

再求45个预报因子的正贡献指数($X=N_1+N_2+\cdots+N_{45}$)的一元回归预报方程:

$$NY=240.76+8.50X \quad (7.19)$$

分别将45个预报因子的定量回归预报量(YY)和定性回归预报量(NY)做纵坐标和横坐标,得到海河流域(82个水文和气象站平均)汛期(6—9月)降水量距平百分率($HH82RP_{6-9}$)的预报物理模型,如图7.17所示。

该预报模型将1954—2003年的海河流域(82个水文气象站平均)汛期(6—9月)降水量距平百分率($HHRP_{6-9}$)客观地划分成A、B、C、D、E、F共6个等级(加上2004—2008年的5个实际预报年共计55年)的分辨率是:

1)落在A区的年份有2个(1965、1997年),汛期异常少雨($HH82RP_{6-9}=-36\%$)的概率是100%(2/2)。

2)落在B区的年份有4个(1968、1972、1999、2002年),汛期降水较常年同期明显偏少($-25\%\leqslant HH82RP_{6-9}\leqslant -26\%$)的概率为100%(4/4)。

3) 落在 C 区的年份有 24 个,汛期降水较常年同期正常偏少和略偏多($-19\% \leqslant$ HH82RP$_{6-9} \leqslant 5\%$)的概率是 92%(22/24)。

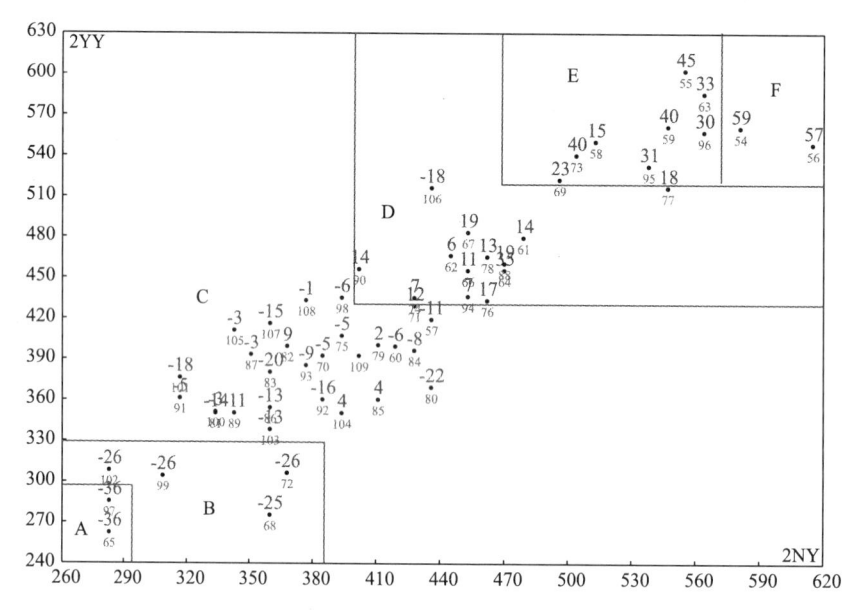

图 7.17　海河流域(82 个水文站和气象站平均)汛期(6—9 月)降水量距平百分率等级预报物理模型图

Fig. 7.17　The physical model diagram of the flood season (June-September) precipitation anomaly percentage graded prediction in the Huaihe River Basin (mean of the 82 hydrological and meteorological stations)

4) 落在 D 区的年份有 15 个,汛期降水较常年同期正常偏多($6\% \leqslant$ HH82RP$_{6-9} \leqslant 19\%$)的概率是 87%(13/15)。

5) 落在 E 区的年份有 8 个(1955、1958、1959、1963、1969、1973、1995、1996 年),汛期异常多雨($23\% \leqslant$ HH82RP$_{6-9} \leqslant 45\%$)的概率是 88%(7/8),汛期降水较常年同期偏多($15\% \leqslant$ HH82RP$_{6-9} \leqslant 45\%$)的概率是 100%(8/8)。

6) 落在 F 区的年份有 2 个(1954、1956 年),汛期降水特别多($57\% \leqslant$ HH82RP$_{6-9} \leqslant 59\%$)的概率是 100%(2/2)。

2004、2005、2007、2008、2009 年都是落在 C 区,预报汛期降水较常年同期正常偏少和略偏多,实况也是与预报一致;2006 年落在 D 区,预报汛期降水较常年同期正常偏多,实际是正常偏少,预报与实况相差一级。同级预报准确率是 83%。

(2) 海河流域(8 个气象站平均)主汛期(6—8 月)旱涝预报物理模型解析:

海河流域(北京、天津、承德、张家口、石家庄、邢台、安阳、德州等 8 站平均)主汛期(6—8 月)降水量距平百分率预报物理模型如图 7.18 所示。该预报物理模型由上一年 1 月至当年 1 月的 25 个高相关预报物理因子的历年资料和海河流域 8 个气象观测站的历年主汛期(6—8 月)降水量的观测资料组成。这 25 个预报因子分别是上一年 7 月至 11 月的 2 个大气环流特征指数因子、上一年 1 月至 12 月的 500 hPa 等压面上 7 个敏感区高度因子、上一年 2 月至 12 月的 100 hPa 等压面上 10 个敏感区高度因子、上一年 5 月至当年 1 月的 5 个区域平均气温因子和 1 个 SST 因子。

预报模型图中的纵坐标是这 25 个预报因子的二次定量集成主汛期预报雨量(YY),横坐标是这 25 个预报因子相对于最佳相关界值的正贡献定性集成指数(X)—元回归主汛期预报雨量(NY)。具体集成办法是:首先分别求出 2 个大气环流特征指数因子的回归预报雨量(2Y)、7 个 500 hPa 高度因子回归预报雨量(7Y)、10 个 100 hPa 高度因子回归预报雨量(10Y)与 1 个 SST 因子和 5 个气温因子的回归预报雨量(6Y)的回归方程:

$$2Y=385.171-1.629X_1+6.151X_2 \tag{7.20}$$

$$7Y=1129.083-0.321X_1-1.818X_2-1.521X_3+2.662X_4+0.364X_5+3.049X_6+1.126X_7 \tag{7.21}$$

$$10Y=805.378+0.048X_1+1.846X_2+0.102X_3-3.785X_4-7.362X_5-6.638X_6 \\ +1.755X_7-4.346X_8-1.509X_9-3.876X_{10} \tag{7.22}$$

$$6Y=1849.242-1.289X_1-4.618X_2-1.855X_3-1.787X_4-0.033X_5-0.635X_6 \tag{7.23}$$

再对这 4 个回归预报量进行二次集成,即令 2Y=X_1、7Y=X_2、10Y=X_3、6Y=X_4,然后求这 4 个回归预报量的二次回归预报方程:

$$YY=-175.042+0.206X_1+0.265X_2+0.730X_3+0.292X_4 \tag{7.24}$$

$$NY=214.494+12.373X \tag{7.25}$$

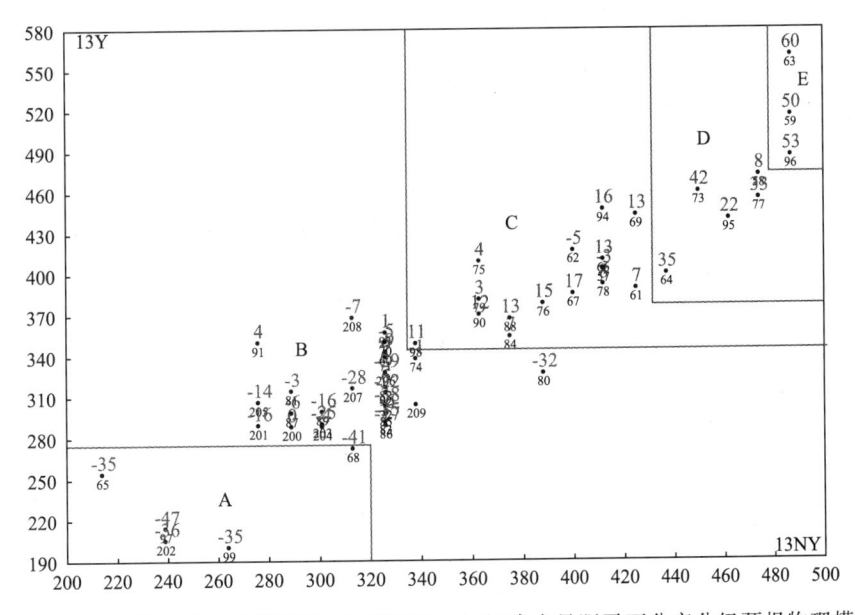

图 7.18　海河流域(8 个气象站平均)主汛期(6—8 月)降水量距平百分率分级预报物理模型图

(13Y,13NY 的单位:mm)

Fig. 7.18　The physical model diagram of the major flood season (JJA) precipitation anomaly percentage graded prediction in the Haihe River Basin (mean of the 8 meteorological stations, unit for 13Y and 13NY: mm)

该预报模型将海河流域(8 个气象站平均)主汛期(6—8 月)降水量距平百分率(HH8RP$_{6-8}$)客观地划分成 A、B、C、D、E 共 5 个等级:

(1)落在 A 区的年份有 5 个(1965、1968、1997、1999、2002 年),主汛期降水较常年同期异常偏少(-47%≤HH8RP$_{6-8}$≤-35%)有大旱的概率是 100%(5/5)。

(2)落在 B 区的年份有 24 个,较常年同期偏少和正常略多(-32%≤HH8RP$_{6-8}$≤1%)的概率为 79%(19/24),较常年同期偏少(HH8RP$_{6-8}$≤-1%)的概率为 79%(19/24)。

(3)落在 C 区的年份有 15 个,较常年同期正常偏多(3%≤HH8RP$_{6-8}$≤17%)的概率是

88%(15/17)。

(4)落在 D 区的年份有 5 个(1958、1964、1973、1977、1995 年),较常年同期明显偏多有洪涝($22\% \leqslant HH8RP_{6-8} \leqslant 42\%$)的概率是 80%(4/5),偏多的概率是 100%(5/5)。

(5)落在 E 区的年份有 3 个(1959、1963、1996 年),较常年同期异常偏多有大洪水($HH8RP_{6-8} \geqslant 50\%$)的概率是 100%(3/3)。

落在 D 区和 E 区的 8 年中有 7 年海河流域发生了异常多雨有较大洪水至特大洪水事件,其中在 E 区中的 3 年海河流域均发生了大洪水和特大洪水。该预报物理模型对海河流域主汛期大暴雨和大洪水的异常降水事件具有较强的预报功能。例如,1996 年海河流域发生的大洪水,我们就做出了准确的预报,预报海河流域 8 月降水量较常年同期偏多 50% 以上,与实况比较一致。我们为海河流域水利委员会在 1996 年的成功防洪减灾中做出了重要贡献。

7.5.6 滦河流域汛期(6—9 月)旱涝预报物理模型解析

滦河流域是潘家口水库发电和引滦工程的主要水资源,潘家口水库的水既为潘家口发电所用,又要供天津市(引滦)居民用水、工业用水和农业灌溉用水,所以滦河流域的降水是十分宝贵的。滦河流域(潘家口、围场、迁将营等 11 个水文站平均)汛期(6—9 月)降水量距平百分率预报物理模型如图 7.19 所示。该预报物理模型由上一年 1 月至当年 2 月的 40 个高相关预报物理因子和滦河流域(11 站平均,下同)历年汛期(6—9 月,下同)降水量组成。这 40 个预报物理因子分别是 5 个大气环流特征指数、500 hPa 等压面上的 10 个敏感区的相对位势高度和 100 hPa 等压面上的 14 个敏感区的相对位势高度(为高相关格点的平均相对高度)、3 个敏感区平均 SST、6 个气温和 2 个降水因子。预报模型图中的纵坐标是这 40 个预报因子的二次定量集成汛期预报雨量(YY),横坐标是这 40 个预报因子相对于最佳相关界值的正贡献集成指数(X)的一元回归(定性集成)汛期预报雨量(NY)。具体集成办法是:首先分别求出 5 个大气环流特征指数因子的回归预报雨量(5Y)、10 个 500 hPa 高度因子回归预报雨量(10Y)、14 个 100 hPa 高度因子回归预报雨量(14Y)、3 个 SST 因子回归预报雨量(3Y)、6 个气温因子的回归预报雨量(6Y)和 2 个降水因子的回归预报雨量(2Y),5Y、10Y、14Y、3Y、6Y、2Y 这 6 个汛期雨量预报量的回归预报方程分别是:

$$5Y = 90.33 + 0.53X_1 + 0.53X_2 + 7.42X_3 - 1.52X_4 + 0.96X_5 \tag{7.26}$$

$$10Y = 1668.87 - 0.14X_1 - 0.32X_2 + 1.10X_3 - 0.53X_4 - 1.44X_5 - 0.24X_6$$
$$- 0.08X_7 - 0.44X_8 - 0.27X_9 - 1.26X_{10} \tag{7.27}$$

$$14Y = 1336.89 - 6.44X_1 + 1.00X_2 - 13.31X_3 + 3.55X_4 - 6.44X_5 + 14.19X_6$$
$$- 2.77X_7 - 2.31X_8 - 1.20X_9 - 5.60X_{10} - 4.04X_{11} - 5.49X_{12} - 2.57X_{13} + 3.77X_{14}$$
$$\tag{7.28}$$

$$3Y = -1665.3 + 0.60X_1 + 2.29X_2 + 4.90X_3 \tag{7.29}$$

$$6Y = 324.43 - 1.28X_1 - 1.36X_2 - 4.09X_3 + 0.32X_4 - 0.56X_5 - 1.26X_6 \tag{7.30}$$

$$2Y = 325.24 + 2.78X_1 + 5.93X_2 \tag{7.31}$$

再对这 6 个回归预报量进行二次集成,即令 $5Y = X_1, 10Y = X_2, 14Y = X_3, 3Y = X_4, 6Y = X_5, 2Y = X_6$,然后分别求出这 6 个回归预报量的二次定量(YY)和定性(NY)集成预报方程:

$$YY = -219.73 + 0.19X_1 + 0.62X_2 + 0.50X_3 + 0.01X_4 + 0.16X_5 + 0.03X_6 \tag{7.32}$$

$$NY = 258.65 + 9.56X \tag{7.33}$$

再将40YY和40NY分别做纵坐标(2YY＝40YY,2表示最晚的因子是2月,3月能够得到全部预报因子的实时资料做出汛期预报)和横坐标(2NY＝40NY,2的含义同上),做出预报物理模型图(图7.19)。预报物理模型图中点旁的数字分别是滦河流域(11站平均)汛期(6—9月)降水量距平百分率(LHR'_{6-9})和相应的年份。

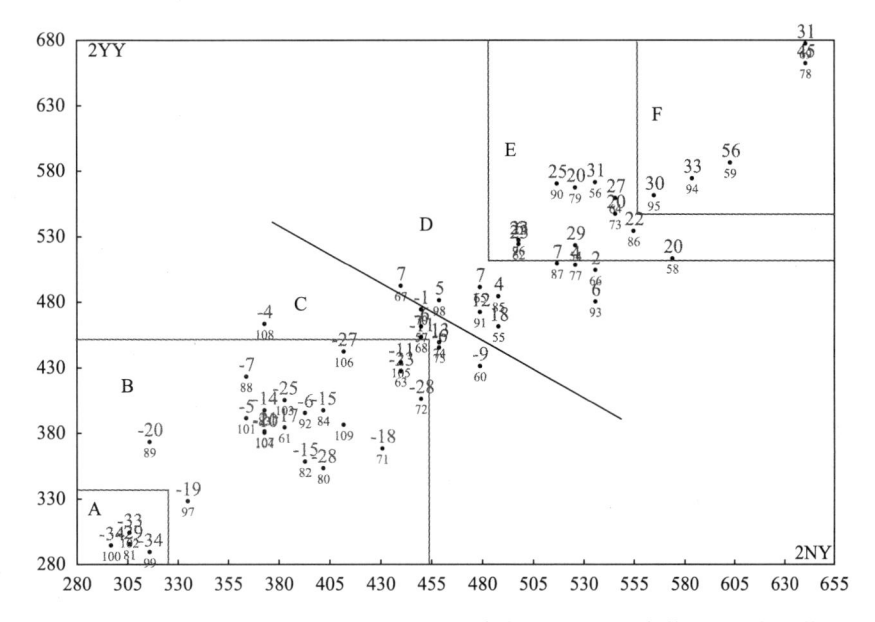

图7.19 滦河流域(11站平均)汛期(6—9月)降水量距平百分率等级预报物理模型图

Fig. 7.19 The physical model diagram of the flood season (June-September) precipitation anomaly percentage graded prediction in the Ruanhe River Basin (mean of the 11 stations)

由图7.19可见,该预报物理模型将滦河流域汛期降水量距平百分率(LHR'_{6-9})客观地划分成A、B、C、D、E、F共6个等级：

(1)落在A区的年份有4个(1981、1999、2000、2002年),汛期降水较常年同期异常偏少($-35\% \leqslant LHR'_{6-9} \leqslant -29\%$),概率是100%(4/4)。

(2)落在B区的年份有19个,汛期降水较常年同期偏少($-28\% \leqslant LHR'_{6-9} \leqslant -4\%$),概率为100%(19/19),其中明显偏少($-28\% \leqslant LHR'_{6-9} \leqslant -10\%$)的概率是79%(15/19)。

(3)落在C区的年份有7个,汛期降水正常偏少($-9\% \leqslant LHR'_{6-9} \leqslant -1\%$),概率为71%(5/7),或偏少($-LH\% \leqslant LHR'_{6-9} \leqslant -1\%$),概率是86%(6/7)。

(4)落在D区的年份有10个,汛期降水正常偏多($2\% \leqslant LHR'_{6-9} \leqslant 7\%$)的概率是80%(8/10),或偏多($2\% \leqslant LHR'_{6-9} \leqslant 18\%$)的概率是100%(10/10)。

(5)落在E区的年份有11个,汛期明显多雨($20\% \leqslant LHR'_{6-9} \leqslant 29\%$)的概率为82%(9/11),较常年同期偏多的概率是100%(11/11)。

(6)落在F区的年份有5个(1959、1969、1978、1994、1995年),汛期异常多雨($30\% \leqslant LHR'_{6-9} \leqslant 56\%$)的概率是100%(5/5),这5年滦河流域都发生了较大洪水。

该预报物理模型是在2003年研制成的,在2004—2008年投入了实际业务预报应用。其中,2004—2007年都是落在B区,均预报汛期降水明显偏少($-28\% \leqslant LHR'_{6-9} \leqslant -10\%$),这4年的实测降水量距平百分率($-27\% \leqslant LHR'_{6-9} \leqslant -10\%$)的量级与汛期预报降水量的量级都比较一致(4/4);2008年落在C区,预报正常偏少($-9\% \leqslant LHR'_{6-9} \leqslant -1\%$),2008年的6—9月实测降水量的距平百分率是$-4\%$,预报和实测的降水量级一致。由此可见,该预报物理模型在历史上的6个量级分辨率较高,在近5年的实际业务预报中的应用效果也很好。

7.5.7 密云水库区汛期(6—9月)降水预报物理模型解析

密云水库是北京市民饮用水的主要来源,密云库区(4站平均)汛期(6—9月)降水量预报物理模型如图7.20所示。该预报物理模型由上一年1月至当年3月的47个高相关预报物理因子的历年资料和密云库区(4站平均)的历年汛期(6—9月)降水量距平百分率(MYR'_{6-9})组成。这47个预报因子分别是上一年3月至当年3月的8个大气环流特征指数、上一年1月至当年2月500 hPa等压面上的10个敏感区的相对位势高度和100 hPa等压面上的10个敏感区的相对位势高度(为高相关格点的平均相对高度)及1个敏感区平均SST因子、上一年1月至当年3月的5个地面气压的敏感区、上一年冬季至当年3月的11个气温、上一年2月和当年冬季的2个降水因子。

预报模型图中的纵坐标是这47个预报因子的二次定量集成汛期预报雨量(47YY),横坐标是这47个预报因子相对于最佳相关界值的正贡献指数(X)一元回归(定性集成)汛期预报雨量(47NY)。具体集成办法同上,首先分别求出8个大气环流特征指数因子的回归预报雨量(8Y)、10个500 hPa高度因子回归预报雨量(10Y)、10个100 hPa高度因子回归预报雨量(10Y)、1个SST因子回归预报雨量(1Y)、5个地面气压因子回归预报雨量(5Y)、11个气温因子的回归预报雨量(5Y)和2个降水因子的回归预报雨量(2Y)。8Y、10Y、10Y、1Y、5Y、11Y、2Y这7个汛期雨量预报量的回归预报方程分别是:

$$8Y = -77.15 + 0.82X_1 + 3.05X_2 + 1.15X_3 + 1.62X_4 + 23.06X_5 + 4.96X_6 - 15.90X_7 + 4.42X_8 \tag{7.34}$$

$$10Y = 111.60 - 0.54X_1 - 1.86X_2 - 0.59X_3 - 0.08X_4 + 0.42X_5 - 0.52X_6 - 0.65X_7 + 1.01X_8 + 6.14X_9 - 0.77X_{10} \tag{7.35}$$

$$10Y = 1475.64 + 1.89X_1 - 5.87X_2 - 2.41X_3 + 0.73X_4 + 0.53X_5 - 3.08X_6 - 5.34X_7 - 3.12X_8 - 2.42X_9 + 1.59X_{10} \tag{7.36}$$

$$1Y = 3493.35 - 12.31X \tag{7.37}$$

$$5Y = 379.23 - 1.13X_1 - 0.35X_2 - 0.54X_3 + 6.85X_4 - 0.32X_5 \tag{7.38}$$

$$11Y = 1466.88 - 7.12X_1 + 8.70X_2 - 1.82X_3 - 0.97X_4 - 2.82X_5 - 4.93X_6 + 7.90X_7 - 10.53X_8 + 3.91X_9 - 3.74X_{10} - 1.01X_{11} \tag{7.39}$$

$$2Y = 313.23 + 11.04X_1 + 4.05X_2 \tag{7.40}$$

再对这7个回归预报量进行二次集成,即令$8Y = X_1$、$10Y = X_2$、$10Y = X_3$、$1Y = X_4$、$5Y = X_5$、$11Y = X_6$、$2Y = X_7$,然后分别求出这7个回归预报量的二次定量(47YY)和定性(47NY)集成回归预报方程:

$$47YY = -149.28 + 0.35X_1 + 0.57X_2 + 0.06X_3 - 0.03X_4 + 0.35X_5 - 0.09X_6 + 0.14X_7 \tag{7.41}$$

$$47NY = 229.61 + 9.63X \tag{7.42}$$

再将47YY和47NY分别做纵坐标(3YY=47YY,3表示最晚的因子是3月,4月能够得到全部预报因子的实时资料做出汛期预报)和横坐标(3NY=47NY,3的含义同上)做出预报物理模型图(图7.20)。预报物理模型图中点旁的数字分别是密云库区(4站平均)汛期(6—9

月)降水量距平百分率(MYR′₆₋₉)和相应的年份。

该预报物理模型将密云库区(4 站平均)汛期(6—9 月)降水量距平百分率(MYR′₆₋₉)客观地划分成 A、B、C、D、E 共 5 个等级。落在 A 区的年份有 5 个(1997、1999、2000、2001、2003 年),汛期降水较常年同期异常偏少($-46\% \leqslant \text{MYR}'_{6-9} \leqslant -29\%$)的概率是 80%(4/5)或偏少($-46\% \leqslant \text{MYR}'_{6-9} \leqslant -19\%$)的概率是 100%(5/5);落在 B 区的年份有 22 个,汛期降水较常年同期偏少($-21\% \leqslant \text{MYR}'_{6-9} \leqslant -2\%$)的概率为 91%(20/22);落在 C 区的年份有 21 个,汛期降水较常年同期偏多($7\% \leqslant \text{MYR}'_{6-9} \leqslant 28\%$)的概率为 86%(18/21);落在 D 区的年份有 5 个(1955、1958、1964、1969、1973 年),汛期降水较常年同期明显偏多($38\% \leqslant \text{MYR}'_{6-9} \leqslant 49\%$)的概率是 100%(5/5);落在 E 区的年份有 3 个(1954、1956、1959 年),汛期降水异常偏多($72\% \leqslant \text{MYR}'_{6-9} \leqslant 82\%$)的概率是 100%(3/3)。该预报物理模型在 2003 年完成后,在 2004—2008 年的实际业务预报中的应用效果是:2004—2008 年都是落在 B 区,都是预报较常年同期偏少($-21\% \leqslant \text{MYR}'_{6-9} \leqslant -2\%$),其中 2004—2007 年预报降水量与实测降水量的量级一致(4/4),2008 年预报降水量的量级比实测降水量小一级。密云水库的区域相对其他区域明显偏小,区域越小,局地影响越大,预报难度也就越大。

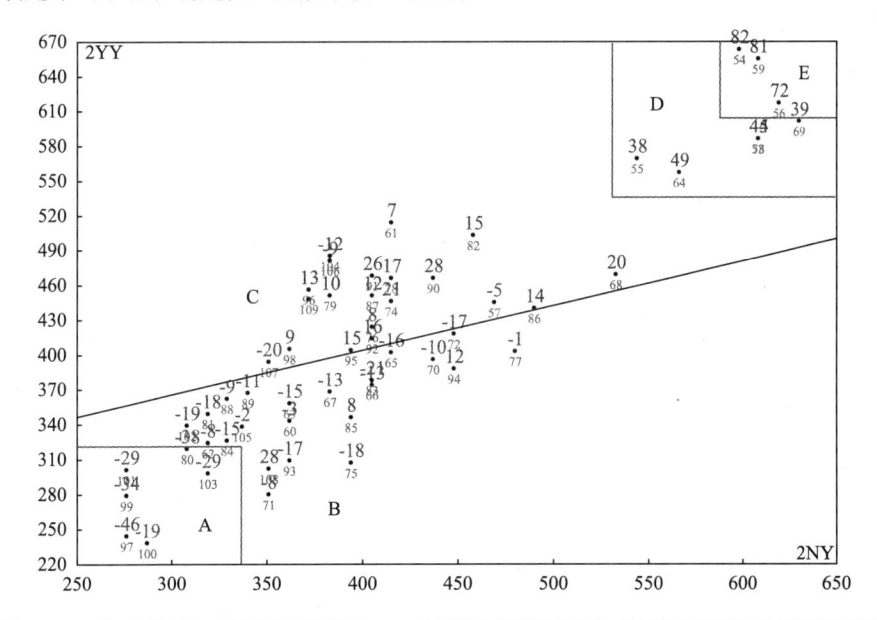

图 7.20 密云库区(4 站平均)汛期(6—9 月)降水量距平百分率等级预报物理模型示意图

Fig. 7.20 The physical model diagram of the flood season (June-September) precipitation anomaly percentage graded prediction in the Miyun Reservoir (mean of the 4 stations)

由上述所举的几个预报物理模型可见,区域性汛期降水量的高分辨可操作预报物理模型是每年做汛期降水和旱涝趋势预报的基础。由于气候在不断地变化,预报物理模型需要根据每年的使用效果不断地提炼和改进。同时还要对每年汛前出现的各种新异常前兆进行分析研究后与原有预报物理模型的预报意见进行合理的综合,才能对汛期旱涝趋势和极端降水事件做出准确的预测预报。

7.5.8 台湾地区汛期(5—9月)降水预报物理模型解析

台湾地区(4站平均)汛期(5—9月)降水量的近59年(1951—2009年)平均为1370 mm,其年际变化也是很大的,2005年最大(2194 mm),1980年(783 mm)和1993年(786 mm)最小,台湾汛期(5—9月)降水量的最大年是最小年的2.8倍。汛期降水量的年际变幅很大,最大年比最小年偏多1.8倍。最大年比常年同期偏多6.0成,最小年比常年同期偏少4.3成。

为了研制台湾地区(4站平均)汛期(5—9月)降水量的预报物理模型,我们首先对近45年(1961—2005年)台湾地区(4站平均)汛期(5—9月)降水量(TWR$_{5-9}$)序列资料与低纬度副热带高压和印度低压、中最高纬度阻塞高压、极地冷涡等78项大气环流特征指数、西太平洋编号和登陆中国的热带风暴和台风个数、太阳活动(黑子)相对数、太平洋海表格点温度、北半球100 hPa格点高度场、500 hPa格点高度场、地区格点气压和全国18个分区(原分区)降水量的23项和分区气温的23项气象要素序列资料等对台湾(4站平均)汛期(5—9月)降水可能有影响的因子源序列数据库中的资料,进行普查和挑选高相关预报物理因子。对太平洋海表温度、北半球100 hPa高度场、500 hPa高度场、地区气压场的高相关敏感区(45年相关系数在0.40以上、相邻格点在4个以上的区域)分别进行合成和提取。再对挑选出来的达标物理因子逐个进行分析,并进行去伪存真的精选,最后得到了23个入围预报物理因子。这23个与台湾汛期降水量具有高相关前兆指示意义的入围预报物理因子是:

(1) 5个500 hPa敏感区平均高度因子:上一年4月(5个格点:50°N—55°N,175°E—165°W,最高格点相关系数$r=-0.48$)、4月(4个格点,90°W—75°W,25°N—30°N,最高格点$r=-0.45$)、4月(4个格点:35°N—40°N,25°W—15°W,最高格点$r=-0.46$)、11月(6个格点:40°N—45°N,75°W—50°W,最高格点$r=-0.53$)和同年1月(40个格点,40°E—130°E,75°N—85°N,最高格点$r=0.58$)的各区域分别合成的相对位势高度。

(2) 8个地面区域平均气压敏感因子:上一年的4月(4个格点平均:20°N—30°N,165°E—175°E,最高格点$r=0.50$)、4月(6个格点平均:50°N—55°N,180°E—155°W,最高格点$r=-0.48$)、4月(4个格点平均,15°W—0°,35°N—40°N最高格点$r=-0.49$)、5月(5个格点平均:40°N—45°N,90°W—70°W,最高格点$r=-0.50$)、11月(4个格点平均:40°N—45°N,65°W—55°W,最高格点$r=-0.48$)、12月(16个格点平均,140°E—150°W,75°N—80°N最高格点$r=0.49$)、12月(4个格点平均:15°N—20°N,125°E—140°E,最高格点$r=-0.46$)和同年1月(17个格点平均:65°N—75°N,60°E—110°E,最高格点$r=0.57$)的各区域平均地面气压。

(3) 2个区域平均太平洋海表温度因子:上一年2月(4个格点平均:20°N—25°N,170°E—175°E,最高格点$r=0.49$)和5月(4个格点平均:15°N,135°E—150°E,最高格点$r=0.47$)。

(4) 5个大气环流特征指数因子:上一年1月北半球副高强度指数($r=-0.44$)、上一年5月西太平洋编号的热带风暴和台风的年总数($r=0.40$)、上一年11月东亚大槽位置($r=0.42$)、同年1月欧亚纬向环流指数($r=-0.44$)和亚洲纬向环流指数($r=-0.47$)。

(5) 3气象要素因子:上一年1月6区降水量($r=0.50$)、上一年3月14区($r=0.47$)、同年2月18区气温($r=0.43$)。

100 hPa高度只有1个达标因子,在70°N—80°N,40°E—90°E,因为序列资料长度与其他序列因子的长度不同,所以没有入围。

在上面揭示的23个预报因子基础上,分别求取台湾地区汛期(5—9月)降水量(TWR$_{5-9}$)

每组预报物理因子的多元线性回归方程而得到公式(7.43)至公式(7.47)：

$$Y_1 = 6927.042 - 2.400X_1 - 7.745X_2 - 4.424X_3 - 4.285X_4 + 0.24X_5 \quad (7.43)$$

$$Y_2 = 2909.173 - 2.943X_1 - 4.017X_2 - 11.752X_3 + 1.204X_4 - 6.069X_5 \\ + 0.549X_6 - 6.979X_7 + 0.811X_8 \quad (7.44)$$

$$Y_3 = -3466.592 + 20.499X_1 - 1.616X_2 \quad (7.45)$$

$$Y_4 = -221.7 - 37.849X_1 + 67.428X_2 + 19.252X_3 - 1.622X_4 - 2.813X_5 \quad (7.46)$$

$$Y_5 = 1153.92 + 4.644X_1 - 1.525X_2 + 4.365X_3 \quad (7.47)$$

$$YY = -432.089 + 0.228X_1 + 0.629X_2 + 0.173X_3 + 0.216X_4 + 0.078X_5 \quad (7.48)$$

公式(7.43)中的 Y_1 是 5 个 500 hPa 高度因子对 TWR_{5-9} 的多元线性回归预报量,公式(7.44)中的 Y_2 是 8 个地面气压因子对 TWR_{5-9} 的多元线性回归预报量,公式(7.45)中的 Y_3 是 2 个区域平均太平洋海表温度因子对 TWR_{5-9} 的多元线性回归预报量,公式(7.46)中的 Y_5 是 5 个大气环流特征指数因子对 TWR_{5-9} 的多元线性回归预报量,公式(7.47)中的 Y_5 是 3 个气象要素因子对 TWR_{5-9} 的多元线性回归预报量。5 个方程的回归预报量(Y_1、Y_2、Y_3、Y_4、Y_5)与 TWR_{5-9} 的 50 年(1956—2005 年)复相关系数分别为 0.79、0.85、0.44、0.74、0.48,置信水平在 0.01 至 0.001 以上。为了将各种物理因子综合考虑,再设 $X_1=Y_1$、$X_2=Y_2$、$X_3=Y_3$、$X_4=Y_4$、$X_5=Y_5$,求得回归预报方程(7.48),公式(7.48)中的 YY 是将这 5 个回归预报量作为自变量计算得到的 TWR_{5-9} 的二次回归预报量,YY 与 TWR_{5-9} 的 50 年(1956—2005 年)相关系数是 0.88。

考虑到二次多元回归预报量(YY)可能会受到个别预报因子的个别年份的异常大或异常小的影响,我们又考虑了这 23 个预报因子的定性影响。即不考虑预报因子量值的大小,只考虑预报因子与预报对象相对它们的最佳相关界值(预报因子和预报对象相对这个界值的相关概率达到最大)的正贡献集成指数(I_N)。首先将每个预报因子与预报对象的最佳相关界值确定,并定义每个预报因子相对于最佳相关界值而言,对汛期降水为正贡献的年份为 1,反之为 0,再求取这 23 个预报因子的正贡献集成指数(I_N),$I_N = N_1 + N_2 + \cdots\cdots + N_{23}$。在 1956—2009 年期间的 54 年中:1961—2005 年是参加预报因子普查的年份,1956—1960 年是回归方程向前延伸的 5 年,2006—2009 年是预报年份。I_N 与 TWR_{5-9} 的相关关系是:

(1)若 $I_N \geq 11$,则 $TWR_{5-9} \geq 1374$ mm(较常年同期偏多)的概率是 88%(22/25);若 $I_N \leq 10$,则 $TWR_{5-9} \leq 1364$ mm(较常年同期偏少)的概率是 90%(26/29)。

(2)若 $I_N \geq 17$,则 $TWR_{5-9} \geq 1791$ mm(较常年同期偏多 31% 以上)的概率是 100%(6/6);若 $I_N \leq 6$,则 $TWR_{5-9} \leq 1364$ mm(较常年同期偏少)的概率是 100%(14/14),其中 $TWR_{5-9} \leq 1167$ mm(较常年同期偏少 15% 以上)的概率是 79%(11/14)。

(3)在 $I_N \geq 19$ 的 4 年(1977、2001、2005、2008 年),则 $TWR_{5-9} \geq 2011$ mm(较常年同期偏多 47% 以上)的概率是 100%(4/4);在 $I_N \leq 4$ 的 4 年(1971、1978、1993、2003 年),则 $TWR_{5-9} \leq 936$ mm(较常年同期偏少 32% 至 43%)的概率是 100%(4/4)。

若令 $I_N = X$,求 TWR_{5-9} 的一元回归方程得:

$$NY = 775.250 + 56.148X \quad (7.49)$$

则 NY 与 TWR_{5-9} 的 50 年(1956—2005 年)相关系数是 0.87。由此可见,YY 和 NY 与 TWR_{5-9} 的复相关关系的密切水平基本接近。

为了直观起见,我们可以分别将这 23 个前兆预报物理因子的定性正贡献综合指数(I_N)的一元回归预报量(NY)和23个前兆预报物理因子的定量综合回归预报量(YY)分别做横坐标和纵坐标,制作台湾地区汛期(5—9月)降水量距平百分率($TWRP_{5-9}$)的预报物理模型(由图7.21可见),该预报物理模型将 $TWRP_{5-9}$ 分成了 A、B、C、D、E 共 5 级,每个分区的集中概率如下:

(1)分偏多和偏少两级的分辨率是 91%(49/54):落在预报模型图的 A、B 区的年份为负异常($TWRP_{5-9}\leqslant-1\%$)的概率是 85%(29/34);落在预报模型图的 C、D、E 年份为正异常($TWRP_{5-9}\geqslant 0\%$)的概率是 100%(20/20),$TWRP_{5-9}\geqslant 2\%$ 的概率是 95%(19/20)。

(2)异常少雨大旱区(A区):落在A区的6年(1971、1978、1983、1993、2002、2003年),台湾汛期明显少雨有干旱($-43\%\leqslant TWRP_{5-9}\leqslant-27\%$)的概率是 100%(6/6),其中异常少雨有大旱($-43\%\leqslant TWRP_{5-9}\leqslant-32\%$)的概率是 83%(5/6)。

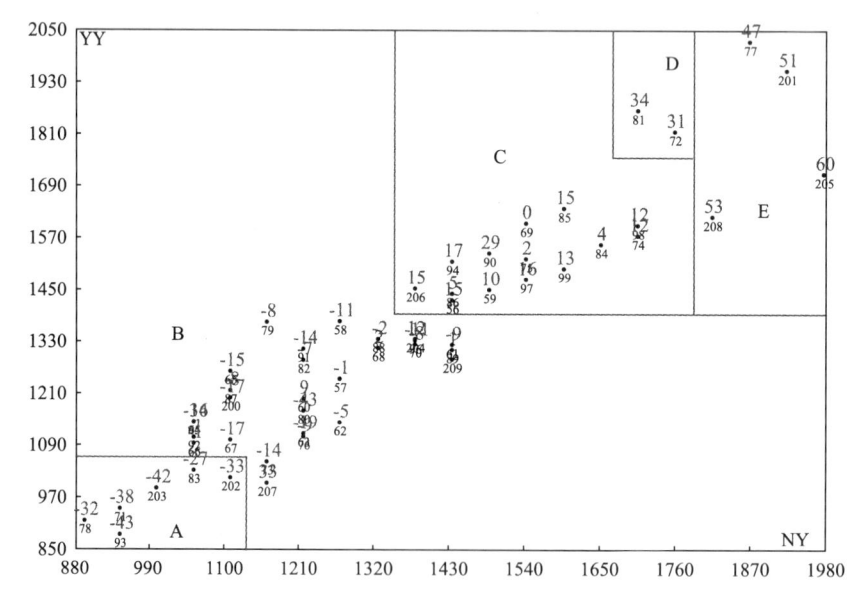

图 7.21 台湾地区(4站平均)汛期(5—9月)降水量距平百分率($TWRP_{5-9}$)的分级预报物理模型示意图
Fig. 7.21 The physical model diagram of the flood season (May-September) precipitation anomaly percentage ($TWRP_{5-9}$) graded prediction in the Taiwan area (mean of the 4 stations, the 25th sub-region)

(3)偏少区(B区):落在B区的有28年,则台湾汛期(5—9月)降水较常年同期偏少($TWRP_{5-9}\leqslant-1\%$)的概率是 82%(23/28)、偏少和正常略多($TWRP_{5-9}\leqslant 2\%$)的概率 89%(25/28)。

(4)正常偏多和偏多区(C区):落在C区的有14年,则台湾(5—9月)汛期降水正常偏多和偏多($0\%\leqslant TWRP_{5-9}\leqslant 29\%$)的概率是 100%(14/14),其中偏多($10\%\leqslant TWRP_{5-9}\leqslant 17\%$)的概率是 71%(10/14))。

(5)洪涝区(D区):落在D区的2年是1972年和1981年,则台湾(5—9月)汛期降水明显偏多($31\%\leqslant TWRP_{5-9}\leqslant 32\%$)有洪涝的概率是 100%(2/2)。

(6)异常多雨大涝区(E区):落在E区的4年是1977、2001、2005、2008年,则台湾(5—9月)汛期异常多雨(均超过2000mm)有大洪水和严重洪涝($47\%\leqslant TWRP_{5-9}\leqslant 60\%$)的概率是 100%(4/4)。

由(2)到(6)可知,该预报物理模型将台湾汛期(5—9月)降水客观地分成了5级,距平趋势的分辨率达到91%(49/54),大旱和大涝的分辨率达到了90%(9/10)。

还要说明的是,在以上23个预报物理因子中没有包括太阳活动和月亮运动的影响因子,在预报中还应该在预报物理模型基础上,再考虑每年太阳活动和月亮运动的大背景异常特征。我们在研究中发现:在太阳活动异常偏弱年,台湾地区汛期(5—9月)降水量对月亮运动的位相有明显的响应关系。例如,在年平均太阳黑子相对数小于30的19年中有10年夏季最北月赤纬偏南($<25.30°N$),在这10年中台湾地区(4站平均)汛期降水量距平百分率($TWRP_{5-9}$)为负异常($-36\% \leqslant TWRP_{5-9} \leqslant -9\%$)的概率是70%(7/10);19年中有9年夏季最北月赤纬偏北($>26.45°N$),$TWRP_{5-9}$为正异常($5\% \leqslant TWRP_{5-9} \leqslant 60\%$)概率是78%(7/9)。即在太阳活动异常偏弱年,台湾地区汛期降水量与夏季最北月赤纬的大小呈正相关关系,正相关概率为74%(14/19)。这种正相关关系在太阳活动特弱年(年平均太阳黑子相对数小于11)尤其明显,1951年以来年平均太阳黑子相对数小于11的特弱年有1954(4.4)、1964(10.2)、1996(8.9)年和2007(7.6)、2008(2.8)、2009(3.1)年共6年。其中,夏季最北月赤纬偏南($<25.30°N$)的3年(1954、1964、1996年),则$-36\% \leqslant TWRP_{5-9} \leqslant -11\%$(3/3),均较常年同期偏少1.1—3.6成;夏季最北月赤纬偏北($>26.45°N$)的3年(2007、2008、2009年)中有2年(2007、2008年)的$TWRP_{5-9} \geqslant 33\%$(2/3),分别较常年同期偏多3.3成和5.3成,2009年虽然台湾4站平均汛期降水量较常年同期偏少6%,但是部分地区的短时洪水特别大,造成的洪涝灾害特别严重。这是由莫拉克强台风对台湾东南部地区造成了严重的暴雨洪涝。高雄8月降水量达到935 mm,为近60年来同期第3位,台中8月降水量达到811 mm,为近60年来同期次极大年,台南部分地区8月降水量超过了近百年的历史极值。

最近几年台湾地区汛期持续异常多雨并非偶然,最近几年太阳活动持续异常偏弱和月亮运动的最北赤纬持续明显偏北这两个强大的外源强迫因子对台湾地区汛期持续异常多雨关系密切。而且在23个入围预报物理因子中,2001年有91%(21/23)、2005年有96%(22/23)、2008年也有83%(19/23)的入围预报物理因子要预报台湾(5—9月)汛期异常多雨,这3年台湾地区(5—9月)汛期降水量较常年同期分别偏多5.1成、6.0成和5.3成,也是近60年来台湾(5—9月)汛期降水量最大的3年。在实际业务预报中,除了预报模型的入围预报因子和天文背景要考虑外,每年汛期前还可能有新的异常前兆因子出现,这些新的异常前兆因子在历史上可能没有达标和入围,但是在当年的汛期预报前出现了,这就要认真地分析和考虑,对预报模型的预报意见(即对YY和NY的预报意见)进行补充和修正,在做修正预报时还要重点对当年天文大背景的异常特征深入分析。在业务预报中,预报员的准确分析和判断也是取得预报成功的关键所在,预报员的作用在YY和NY的预报意见发生矛盾的年份尤其重要。

7.5.9 云南玉溪雨季开始早晚和5月旱涝预报物理模型解析

玉溪位于云南省中部地区,是伟大音乐家聂耳的故乡。玉溪市区相对平坦,其周围是起伏不平的丘陵山地,玉溪地区有山有水,风景秀丽。玉溪地区还有个漂亮的抚仙湖,据说考古学家还在抚仙湖中发现有古城建筑,传说康熙皇帝曾经到过抚仙湖,还在抚仙湖抓过'抗浪鱼',因为抚仙湖中的鱼总是逆浪而行,故称其为'抗浪鱼'。现代的玉溪盛产烟草,雨季开始早晚和5月降水的多少对玉溪地区的农作物生长和烟草的晾晒有着重要影响。所以玉溪地区气象局领导对玉溪地区的雨季开始日期的预报特别关心,在2004—2005年,玉溪地区气象局李文祥局长派气象台长解福燕到中国气象科学研究院来与作者协作研究有关玉溪地区雨季开始早晚和5月降水量的预报方法。在我们共同协作研究中,研制了玉溪雨季开始日期和5月降水量的预报物理模型。

玉溪雨季开始最早的年份(1999年)在4月26日,最晚开始的年份(1967年)在7月1日,最早和最晚相差两个月以上(67天)。玉溪雨季早晚的具体划分标准是:在5月23日及其以前开始的年份为早,在5月24日及其以后开始的年份为晚。玉溪市雨季开始早晚的排序指数与玉溪(全区平均)5月降水量的44年(1960—2003年)相关系数为0.54。即玉溪市雨季开始早,玉溪地区5月雨量就偏多,玉溪市雨季开始晚,玉溪地区5月雨量就偏少。就玉溪市的代表性而言,玉溪市区5月降水量与整个玉溪地区的5月降水量的44年(1960—2033年)相关系数达到0.93,与昆明市5月降水量的44年(1960—2033年)相关系数为0.72。这说明玉溪地区5月雨量的多少和雨季开始早晚对云南大部地区都有一定的代表性。在最近55年(1951—2005年)期间,玉溪市雨季早晚与昆明市雨季早晚的一致率有71%(39/55);玉溪市5月降水量距平趋势与昆明市5月降水量距平趋势的一致率达到91%(50/55),所以玉溪地区雨季开始早晚和5月旱涝对昆明、丽江等地区也有一定的代表性。

由于玉溪在云南的东南部,玉溪雨季开始早晚与印度季风爆发时间早晚的关系比较密切,所以玉溪雨季开始早晚对长江中下游地区梅雨开始早晚也有一定的前兆指示意义。

我们对近45年(1960—2004年)的玉溪雨季开始日期和5月雨量序列资料与北半球500 hPa、100 hPa高度场、地面气压场、太平洋海温场以及81项环流特征指数和全国各个分区气象要素的普查相关系数中,发现前期太平洋海表温度的很多敏感区对玉溪雨季早晚和5月雨量多少的指示性都比其他物理因子显著。例如,玉溪雨季开始日期(采用由早到晚编排序号的办法,将雨季日期变成序列数据),一共普查和挑选出了24个达标预报因子:

(1)上一年9月和10月的北半球和太平洋的副热带高压脊线位置,相关系数分别为 -0.40 和 -0.41 。

(2)在500 hPa高度场上有4个敏感区:分别分布在上一年4月(6个格点、5个格点、7个格点)、上一年9月(5个格点),这4个敏感区中最大格点的相关系数分别为 0.44、-0.46、0.49、-0.44。

(3)在上一年太平洋上有12个显著敏感区域,分布月份分别是:3月(6个格点)、5月(5个格点和6个格点两个敏感区)、6月(4个格点)、7月(4个格点)、8月(6个格点)、9月(6个格点和4个格点两个敏感区)、10月(8个格点和5个格点两个敏感区)、11月(4个格点和8个格点两个敏感区),这12个敏感区中最大格点的相关系数分别有 0.54、-0.41、0.49、-0.50、0.44、0.42、0.43、0.43、-0.48、0.43、-0.47、-0.52。

(4)在地面气压场上有3个敏感区,分别是上一年2月(5个格点)、上一年5月(5个格点)、上一年9月(6个格点)。

(5)华南地区上一年1月和5—9月的平均气温、山东地区上一年5月降水量,相关系数分别为 0.42、-0.40、0.43。

应用这5组前兆预报因子分别求出玉溪雨季早晚日期的定量回归预报量(Y_1、Y_2、Y_3、Y_4、Y_5),再分别令 $Y_1=X_1$、$Y_2=X_2$、$Y_3=X_3$、$Y_4=X_4$、$Y_5=X_5$,求算出24个预报因子的二次定量综合回归方程(7.55)和一元线性定性回归预报方程(7.56)

$$Y_1=115.386-2.199X_1-1.769X_2 \tag{7.50}$$

$$Y_2=220.264+0.089X_1-0.073X_2+0.137X_3-0.609X_4 \tag{7.51}$$

$$Y_3=-165.677+0.546X_1-0.09X_2+0.211X_3-0.604X_4-0.292X_5+1.627X_6-0.028X_7$$
$$-0.747X_8+0.507X_9+0.241X_{10}-0.116X_{11}-0.818X_{12} \quad (7.52)$$
$$Y_4=110.027-0.43X_1-0.662X_2+0.203X_3 \quad (7.53)$$
$$Y_5=264.853+0.332X_1-0.147X_2-1.017X_3 \quad (7.54)$$
$$YY=-16.409+0.006X_1+0.483X_2+0.7X_3+0.039X_4+0.466X_5 \quad (7.55)$$
$$NY=5.402+1.772X \quad (7.56)$$

公式(7.56)中的X是上述24个预报因子对预报对象的正贡献指数,其计算方法与上面介绍的其他预报物理模型中的正贡献指数的计算方法相同。

再分别将YY和NY作纵坐标和横坐标,研制成了玉溪雨季开始日期的早晚预报物理模型(如图7.22所示),预报物理模型图将玉溪雨季开始日期分为A、B、C、D、E五个级区:

(1)落在A区的27年中有26年玉溪雨季在5月20日以前开始,即在A区的年份玉溪雨季开始偏早的概率是96%(26/27),其中有63%(17/27)的年份玉溪雨季开始异常偏早(在5月10日以前开始)。

(2)落在B区的16年中有14年玉溪雨季在5月11日至6月2日开始(不是异常偏早和异常偏晚)的概率是88%(14/16)。

(3)落在C区的7年中有5年玉溪雨季在5月31日以前开始,即在C区的年份,玉溪雨季开始不是特别偏晚的概率是71%(6/7)。

(4)落在D区的5年(1969、1987、1982、1995、1998年)玉溪雨季在5月28日至6月6日开始,即在D区的年份玉溪雨季开始明显偏晚而不是特别偏晚的概率是100%(5/5)。

(5)落在E区的3年(1967、1988、1997年)玉溪雨季在6月10日以后开始,即在E区的年份玉溪雨季开始特别偏晚的概率是100%(3/3)。

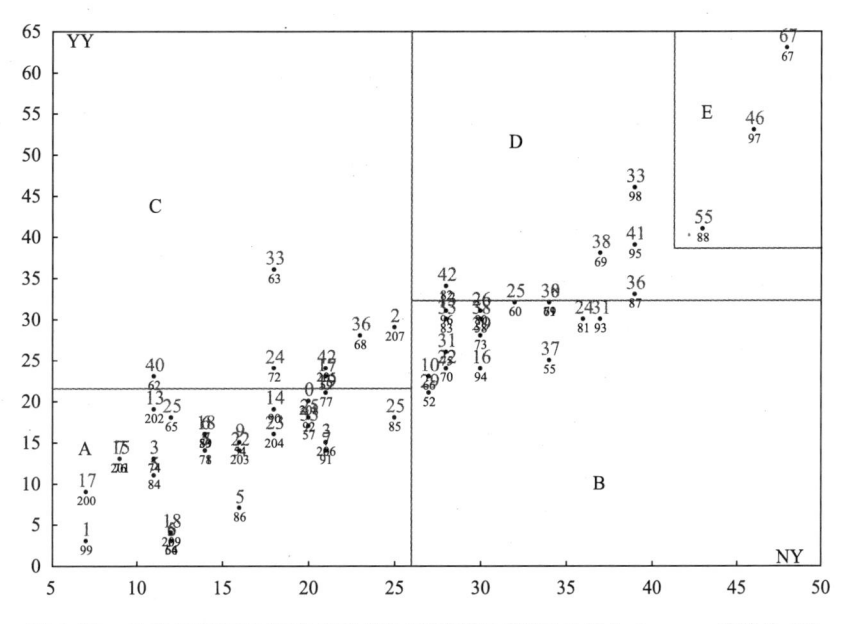

图7.22 云南玉溪雨季早晚的预报物理模型示意图(最早为1,……,最晚为67)

Fig. 7.22 The physical model diagram of the raining season beginning date prediction in Yuxi, Yunnan Province (1 stands for the earliest date, and 67 the lastest date)

在玉溪雨季开始日期的预报物理模型中,2006、2008、2009 年落在 A 区,预报雨季开始偏早,实际也都是偏早,实际应用效果比较好。2007 年落在 C 区,预报不是特别偏晚,实际是特别偏早。

据统计分析结果可知,玉溪雨季开始偏早(在 5 月 21 日以前开始)的年份 5 月雨量偏多的概率是 68%(25/37)和雨季开始偏晚(在 5 月 24 日以后开始)的年份 5 月雨量偏少的概率是 91%(20/22),总概率达到 76%(45/59)。

值得重视的是前期太平洋海温对云南玉溪 5 月降水的影响关系,尤其是 Nino3 区的海表温度的异常现象对云南玉溪 5 月雨量有明显的影响关系:在 El Nino 年 5 月雨量偏少的概率是 76%(16/21),在 La Nina 年 5 月雨量偏多的概率是 70%(14/20)。

7.6 区域性降水异常和旱涝的国内外预报水平

国外预报水平:20 世纪 80 年代以来,世界上已经有 100 多个国家开展了气候业务预报,但是对降水的预报能力,一般只预报降水量的正负距平趋势。而且对降水正负距平趋势的预报准确率还没有超过自然气候概率,国际上大多数国家对区域性降水异常事件的预报能力是比较弱的。

国内预报水平:中国开展长期天气预报业务比较早,新中国成立后,在 20 世纪 50 年代初就在涂长望先生的引领下,在中央气象台开展了长期天气预报业务。20 世纪 60 年代就开始了全国汛期旱涝趋势的一年一度预报会商会,全国各个省气象局和地区气象局都开展了长期天气预报业务,至今在全国各个省区已经积累了 40—50 多年的长期天气(短期气候)预报技术经验。在 20 世纪 90 年代,国家科技部强调有关重大天气气候基础研究项目要与预测实践相结合,所以有关科研院校也积极地参与到气候预测实践中来了,更加壮大了长期天气(短期气候)的预测研究队伍。1993 年在中国气象局科教司和国家科委社会发展司的支持下,建立了"短期气候预测理论和预测方法研究"局重点项目,该项目共设立了四个课题,分别从'近百年中国气候变化事实和规律及成因'、'各种气候模式及气候诊断'、'气候变化对农业和水资源影响'、'短期气候预测方法'四个方面展开预研究,作者在其中负责'短期气候预测方法'研究课题,经过三年的研究完成了该项目。1994 年 11 月在中国气象局成立了国家气候中心,并由国家气候中心牵头承担了《国家九五重中之重项目—我国短期气候预测系统的研究》,国家气候中心规定研究全国汛期旱涝趋势预测方法的八大单位对每年全国汛期旱涝趋势的预报意见(包括 160 站点预报读数和预测文字意见)要在全国汛期预报会商会召开(4 月初)之前报送国家气候中心,之后才参加全国汛期预报会商会并在会上发言和讨论,最后由国家气候中心代表国家气象局正式发布汛期气候预报。并在每年汛期结束后,由国家气候中心对提供全国汛期旱涝趋势预报意见的单位进行统一评分。从事气候预测研究和预测业务服务的专家都知道,评分方法本身就是一个科学问题,各种评分方法都存在一定的不合理性,不同评分方法评出来的结果也有差异。而且每年汛期旱涝趋势预报的难度也是不一样,一般来说,正常年份预报难度小,得分机会就多;异常年份预报难度大,得分机会就少。所以单独一年预报的评分并不能说明预报方法的优差,但用同一种评分方法、对同一个时段的若干年的各个单位预报(方法)意见进行评定的得分可能有一定可比性。国家气候中心所采用的具体评分公式和办法基本上沿用了原中央气象台长期预报组的长期天气预报评分公式和办法,如《中国旱涝的分析和长期预报》专著第九章的首页所介绍。在1995—2000年期间(是国家九五重中之重项目执行期),不少单位都参加了由国家气候中心牵头的国家《九五重中之重项目》的课题、专题和子专题。作者参加了该项目的子专题,在1995—1998年和2000年中国气象科学研究院(简称气科院)对全国汛期旱涝的预测意见是由作者负责综合的,并代表气科院参加了全国汛期预报会商会,并在会上作了口头发言,在全国汛期预报会商会之前向国家气候中心提供了全国汛期旱涝意见和全国汛期降水量距平百分率预报图读数(由作者负责综合的5年汛期旱涝预测意见基本上是以作者预报意见为主,也适当采纳了其他专家的部分意见)。

表7.1 国家气候中心对八个大单位在"九五"期间(1995—2000年)的全国主汛期
(6—8月)旱涝趋势预测评分(%)结果(详见1995—2001年气候预测评论)
Table 7.1 The National Climate Center-evaluated scores(%) for drought-flood trend predictions in China's major flood season(JJA) during 1995—2000 made by the 8 major institutions(A—H)

单位＼年份	1995	1996	1997	1998	1999	2000	平均
A	77	66	68	66	66	65	68.0
B	81	64	68	66	54	76	68.2
C	70	71	70	65	57	69	67.0
D	72	63	41	67	63	53	59.8
E	72	62	76	77	46	71	67.3
F	76	70	74	62	54	72	68.0
G	76	73	65	61	42	77	65.7
H	71	81	67	79	49	75	70.3
8个单位平均	74.4	68.8	66.1	67.9	53.9	69.8	66.8
最高分	81	81	76	79	66	77	76.7
最高分单位	B	H	E	H	A	G	
正式发布	84	67	68	69	44	76	68.0

由表7.1可见,8大单位对全国主汛期旱涝趋势预测得分的6年平均得分是66.8分,最高得分是70.3分,最低得分是59.8分,相差10.5分。中国气象科学研究院在这6年的平均得分是70.3分,比8个单位平均的6年平均得分偏高3.5分。中国气象科学研究院对这6年全国主汛期雨型预测结果是:有4年(1995、1996、1998、2000年)预测结果与实况比较接近,预测比较成功;有1年(1999年)主要雨带的预测失败;还有1年(1997年)成功和失败参半。其中,1996年和1998年是全国旱涝趋势预测的最高得分单位,这两年对主要多雨带位置和强度的预测都是与实况比较接近。特别是预测1998年主汛期长江中游地区降水量较常年同期偏多5~8成和预测长江流域有接近1954年的特大洪水意见与实况相当接近。

从表7.1也可以看出,八个大单位每年平均得分也是不稳定的,1995年八个单位平均得分最高(74.4分),而1999年八个单位平均得分最低(53.9分),八个大单位平均得分的最高年与最低年相差20.5分,其他4年的八个单位平均得分为66.1~69.8,比较接近。从这个统计结果可以说明,1995年全国主汛期旱涝趋势预报的难度相对较小,而1999年全国主汛期旱涝趋势预报的难度就比较大。

由表7.1还可看出,每年最高得分单位也不稳定,6年的最高得分单位分布在五个大单位

(1995年是B所、1996年和1998年是H院、1997年是E中心、1999年是A所、2000年是G中心),这个统计结果可以说明,由于每年造成旱涝的主要影响因子在变化,各个单位的预测方法和预测技术思路又有差异,所以各个单位对每年不同旱涝分布特征的预测能力和预测优势也不同。

由表7.1可知,通过全国汛期旱涝趋势预测的会商会讨论以后正式发布的预报6年平均得分(68.0)略高于八大单位的6年平均得分(66.8)。从每年的预报得分对比可见,除了1995年的正式发布预报得分比八个单位中的最高得分还偏高3分外,其他5年的正式发布预报得分均比八大单位中的最高得分偏低,1995—2000年的正式发布预报6年平均得分(68.0)比八大单位中的最高得分的6年平均分(76.7)偏低8.7分。这个统计结果说明中国长期天气预测的每年最高研究预测水平比正式发布的业务预报水平要高出一个量级。在多数情况下,单位之间和专家之间的预测意见都会存在一定的矛盾,作为综合各个专家预测意见的负责人和综合各个单位预测意见的全国汛期预报主班,如何合理综合和采纳其中较好的预测意见?一直是一个十分困难和非常棘手的高难度科学问题。因为在实况出来之前,一般都对自己的预测意见比较自信和抱有成功希望。而且在大多数情况下,预报主班有权决定最终的预报意见。但是最为困难的问题是在主汛期实际旱涝分布特征还没有出来之前,每年汛期旱涝趋势的决策者不知道哪几个预报意见最接近实况?所以要充分发挥每年汛期会商会的作用,对各种预测方法的预测结果要深入讨论评析,会商会要充分体现科学发展观,真正发扬"百花齐放,百家争鸣"的学术风气,会商会要把每年最主要的预报依据找出来,逐个进行解剖分析和合理综合。

在这里要指出的是,预报评分方法仍然是一个值得好好研究的科学问题。在此评分公式中还存在一些不合理性,所以如果得分相差不多并不一定就能说明预报技巧不存在高低。例如,(1)在评分公式的得分项中,预报正常偏多(偏少)而实况也是正常偏多(偏少)的地区(预报与实况距平趋势一致)与实况为正常偏少(偏多)的地区(预报与实况距平趋势相反)一样得分,因此在实况为正常区域的得分不一定都是预报技巧得分;(2)对准确预报一级异常地区和二级异常地区的加分,本来是对异常地区能够预报准确的鼓励得分,但是在评分公式的分支上加多少分,在分母上也加多少分,这就使得对两级异常地区的准确预报的鼓励加分效果甚微,使得加分鼓励几乎是流于形式;(3)各个大单位的预测重点是主汛期主要雨带的位置、范围和强度,而评分是对分布在全国各地160个单点(最早是对100个单点)进行的,对主汛期主要雨带的准确预报没有加分鼓励。所以在有的年份就会出现对主要多雨洪涝区域预报准确的得分反而没有预报不准确的得分高。由于评分公式对异常区域的准确预测加分甚微,这就影响到对区域性灾害性降水事件预测方法研究力量的投入。国家政策是调动人民积极性的重要方针,预报评分公式是调动预报员和从事气候预测实践研究的科技工作者积极性的杠杆,评分公式犹如政策,评分公式中对准确预报极端气候事件的鼓励得分孰轻孰重是提高极端气候事件预报准确率的一项重要策略。

7.6.1 作者在1978—2000期间的预报预测综合水平检验

1965—1988年期间作者在中央气象台长期天气预报组工作,由于中央气象台是业务单位,一年四季要轮流值班。长期预报内容包括全国降水、全国气温和东亚地区的高度环流场。预报时效有月预报、汛期预报和年度预报。所以,轮到值全国汛期预报主班的机会比较少,作者在1965—1988年期间在全组十几个预报员轮流值班中轮到两次值全国汛期旱涝趋势预报主班(1978年和1982年);在1989—2009年作者在中国气象科学研究院从事区域性旱涝和强暴雨的气候变化特征和预测方法研究,一直坚持理论研究和预测技术方法研究的密切结合,并且积极参加国内国际学术交流会,给多个单位和培训班做有关中国气候变化特征和区域性降水异常事件的预报方法和技术方面的讲座。

表 7.2 作者对 1978 年、1982 年和 1991—2000 年对全国主汛期雨型和旱涝预测的得分和评价
Table 7.2 Scores(%) and evaluations for drought-flood trend predictions in China's major flood season(JJA) during 1978,1982,and 1991—2000 made by the author

年份	1978	1982	1989	1990	1991	1992	1993	1994	7年平均
全国降水得分	81	71	82	73	78	(89)	72	69	75.1
主汛期雨型预测	√	√	√	∽	√	√	√	√	
年份	1995	1996	1997	1998	1999	2000		6年平均	
全国降水得分	73	80	64	78	52	68		69.2	
主汛期雨型预测	√	√	∽	√	×	√			

(注:1990 年以前的评分是按照原中央气象台长期组指定的 100 个观测点评的;1991 年以后是按照大家熟悉的 160 个指定观测点评的。∽表示对错参半。)

在 1978—2000 年期间,作者除了 1978 年和 1982 年在中央气象台亲自值全国汛期旱涝趋势预报主班的两年有评分外,对其他年份的预测意见和评分记录是参加会商会之前提供的预测意见。在 1989—2000 年期间,作者每年都向全国汛期旱涝趋势会商会提供了全国汛期旱涝趋势预报文字意见和全国主汛期降水量距平百分率预报图。对有预测评分记录的 14 年主汛期主要雨带位置和与雨型预报及对全国主汛期降水量距平百分率预测结果的评定和得分如表 7.2 所示。其中,1992 年的主汛期预测得分是在前一年 9 月做的 1992 年汛期旱涝的年度预测意见评定的(该预测意见在 1991 年 9 月 12 日由中国气象局天气司召开的'1992 年度天气会商会'上作了发言,又在 1991 年 10 月上旬由国家科委、国家计委、国务院生产办联合召开的'1992 年度自然灾害综合会商会'上作了发言)。因作者在 1992 年到澳大利亚气象局访问工作,1992 年 3 月在澳大利亚给全国汛期会商会邮寄了与年度预测意见一致的汛期预测文字意见,没有参加全国汛期旱涝趋势预报会商会,所以不参加汛期预测平均得分的统计。

由表 7.2 可见,作者在《国家 9.5 项目》执行期间(1995—2000 年)6 年平均得分是 69.2 分,比中国气象科学研究院(1995—1998 年和 2000 年由作者负责综合)的这 6 年平均得分(70.3 分)略偏低,比其他七大单位中得分最高的两个单位得分(68.0—68.5 分)略偏高。

总的来说,降水的预报难度比气温和高度的预报难度大,而对降水预报效果的好坏,会直接影响到社会上的防洪减灾事业。为了积累预报经验,作者在值班之余,对中国及其主要区域汛期及月降水量的预测方法进行多方面的分析研究,始终注重旱涝的预测实践和机理研究的紧密结合,并且有机会就积极地参加各种汛期旱涝预报会商会。在 1989—2009 年作者在中国气象科学研究院从事区域性旱涝和强暴雨过程的气候变化特征和预测方法研究,一直坚持理论研究和预测技术方法研究的密切结合,并且积极参加国内国际学术交流会和给多个单位的培训班做有关中国气候变化特征和区域性降水异常事件的预报方法和技术方面的讲座。在 1978 年以来,作者曾不断地研制、提炼和改进预报物理模型,并用具有中国特色的创新方法和科研成果对我国 1978 年主汛期江淮流域和新疆南部的大范围少雨干旱、1981 年 7 月四川盆地大洪水、1982 年和 1984 年主汛期淮河流域多雨洪涝、1985—1986 年主汛期东北地区多雨洪涝和中东部大范围少雨干旱趋势、1987 年和 1989 年主汛期江淮地区明显多雨、1988 年主汛期海河黄河流域明显多雨、1991 年主汛期江淮地区和长江中下游异常多雨严重洪涝及东北明显

多雨洪涝趋势、1992年夏季江淮流域及西南和华南大部少雨和西北地区多雨、1993年主汛期长江及江南大部地区明显多雨洪涝、1994年主汛期江南华南大部与北方大部两支雨带及中部大部地区的少雨趋势、1995年主汛期长江流域多雨洪涝、1996年主汛期长江流域和海河流域均多雨有较大洪涝、1998年长江流域的特大洪水和东北地区的洪涝趋势、1999年长江流域和太湖流域的多雨洪涝趋势、2000年和2007年主汛期主要多雨带在长江干流到黄河中下游之间的中部地区和淮河流域的大水、2009年汛期长江下游和太湖流域的异常多雨趋势等降水异常事件的预测预报取得了成功。但是对1999、1990、2006年等主汛期的主要雨带预测是失败的。在预测预报成功的20多个大旱大涝事件中,对1991、1996、1998年主汛期主要洪涝区域的大洪水预测是最成功的,特别是预测1998年汛期长江流域有与1954年接近的特大暴雨洪水发生取得了成功;在长期预测和中期预报的结合中,预测1998年7月下旬长江中下游地区(19站平均)降水量有200 mm左右,与1954年同期接近,较常年同期偏多1倍以上;实测结果是234 mm。对1998年7月下旬极端异常多的旬降水量的成功预测是在旱涝长期预测物理模型的大背景下和中长期预报相互结合的基础上取得的。对长中短期天气气候不断跟踪监测和及时分析研究,是对1998年主汛期长江流域特大暴雨洪水事件和7月下旬极端强暴雨过程成功预测的重要技术经验。对2010年汛期南涝北旱趋势的预测也较成功。

1998年特大暴雨洪水事件的成功预测也在一定程度上证明了区域性极端降水事件的可预报性。作者从分析研究北京地区8月逐日降水的气候分布特征入手,采用自己研制的北京汛期降水总量、8月降水量、8月最大日降水量的长期预报物理模型与历年最大日降水量的分布时段、逐日降水量的前后期相似相关关系等长中期预报物理模型和短期逐日降水的相似相关关系对2008年8月奥运会开幕日(8月8日)和闭幕日(8月24日)的北京天气预测也取得了成功,这在一定程度上说明了特定地区重大节日天气的长中短期相结合的物理统计预报方法是可取的。作者对中国汛期旱涝趋势的有关预测预报效果在下面进行较具体的回顾检验。

7.6.2　1978年主汛期大范围干旱的成功预报

1978年是作者第一次轮到值全国汛期预报主班。这年是党的十一届三中全会召开之年,当时感到责任重大,决心尽最大努力争取把全国汛期旱涝趋势预报做好。从1月到3月加班加点地对当年北半球500 hPa高度图上大气环流系统的前兆异常特征与同期历史特征进行了仔细地分析对比,同时对全国160个站点的历年月季降水量的前兆异常变化特点、周期规律、当年和历年天文背景都做了仔细的分析。整整做了3个月才做出了一张全国旱涝趋势预报图,预报1978年主汛期江淮流域和新疆南部大范围明显少雨有干旱与实际观测到的雨情旱情趋势比较一致,预报主汛期主要雨带位置偏北,在海河流域和黄河中游,该年全国主汛期预报得分是20世纪70—80年代的最高分(81分)。但是该年主汛期实测雨带中心位置比预报的要偏西。这年主汛期旱涝的成功预报的主要依据在第一部专著P297—P298进行了介绍。1978年夏季(6—8月)全国(160点)旱涝趋势预测示意图和实测的同期降水量距平百分率分布如图7.23所示。

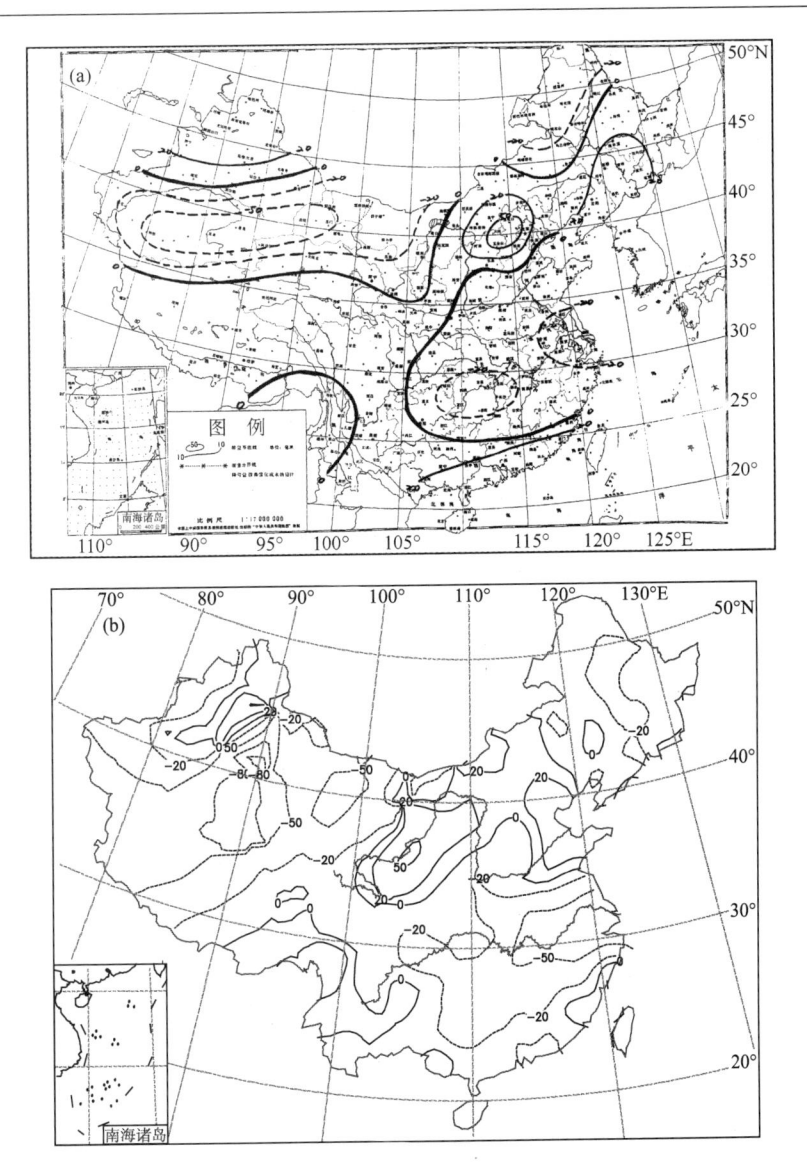

图 7.23　1978 年夏季(6—8 月)全国(160 点)旱涝趋势预测示意图(a)和同期实测降水量距平百分率分布图(b)

Fig. 7.23　Diagrams for (a) the summer (JJA) drought-flood trend prediction in 1978 in China (160 stations) and (b) the concurrent observed precipitation anomaly percentage distribution

7.6.3　1981 年和 1984 年 7 月四川盆地异常多雨洪水的成功预报

作者根据历年 5 月西太平洋脊线的纬向长度、中纬度西风指数和立秋节气的朔望月相三个预报物理因子组合成了四川盆地 7 月大洪水的月预报模型,并在 1981 年 6 月 22 日的中央气象台长期科对 7 月全国旱涝趋势预报会商会上,根据预报模型提出 1981 年 7 月四川盆地将会发生大洪涝的预测意见,而且在会商争论中强调和坚持了这一预报意见,其预测结果与实况比较一致。这是月预报不是汛期预报,也不是本人值班。这个月预报物理模型在 1981 年以来,一直被四川省气象局长期天气(气候)预报科在业务预报中参考应用。这个预报物理模型对 1984 年主汛期四川盆地异常多雨洪涝趋势也预测得比较准确。作者将 1981 年 7 月四川盆地大洪水预报成功的科学依据写成了论文《TENDENCY PREDICTION OF PRECIPITATION AND INUNDATION IN JULY IN THE SICHUAN BASIN, CHINA》,1984 年在英国皇家气象学会主办的《Journal of Climatology》杂志上发表。作者在 1984 年的轮流值班中值了 7 月和 8 月月降水预报班,对黄淮和江淮地区至四川东部的异常多雨趋势预报比较成功,1984 年的月降水预报的成功,也得益于与 1981 年相似的前兆物理因子和环流因子与天文因子相结合的预报模型。

7.6.4 1982 年主汛期淮河流域异常多雨洪涝的成功预报

1982 年是作者在中央气象台长期预报组轮到的值第二次全国汛期预报主班和 8 月降水趋势的预报班,对 1982 年的主汛期雨型预报和主要雨带位置在淮河流域的预报比较成功;在 1982 年 8 月降水的月预报中对具体的洪涝区域预报也比较准确(8 月得分为 74 分)。

7.6.5 1985 年和 1986 年主汛期东北异常多雨洪涝及 1987 年汛期主雨带的成功预测

1985—1986 年的全国主汛期预测意见是在 1985 年 3 月于西安市召开的全国汛期预报会商会上以技术报告形式提供的,作者根据全国主汛期旱涝分布趋势对中国能够观测到的日全食和月全食的天文背景响应关系研究成果写成了技术报告(详见第一部专著 P186—P197 和 P298—P299)。另外,在中央气象台长期科的"1987 年全国旱涝趋势会商会"上预测 1987 主汛期主要雨带在长江中下游至江淮地区,没有预测有大旱大涝发生。该年预测意见也与实况比较接近。

7.6.6 1988 年主汛期海河黄河流域明显多雨的成功预测

对 1988 年主汛期主要雨带在海河黄河流域取得了成功。特别是在海河流域前 3 年汛期持续少雨的背景下,预报"1988 年海河流域主汛期降水量较常年同期明显偏多,但降水不是很集中"的预报取得了成功。当年的海河水利委员会冯焱总工和张挺主任针对该预报意见对当年海河流域的白洋淀等进行了合理调度,使得白洋淀等湖库在汛期蓄满了水,创造了显著的经济效益和巨大的社会效益。同时这个准确预报也为海河水利委员会和中国气象科学研究院在其后 20 多年中一直保持的友好合作关系奠定了基础,共同完成了三个有关海河流域及其分区的汛期和非汛期降水的长期预报方法研究项目,其科研成果在海河流域的旱涝业务预报中取得了预报准确率稳定高于常规预报方法的好成绩,在防汛减灾中发挥了重要作用。在 1988—2008 年期间,除个别年份特殊情况外,作者每年都被邀参加了海河黄河流域汛期旱涝趋势联合预测会商会和会议技术组,并对海河黄河流域当年汛期旱涝趋势做了预测发言,对当年汛前各种异常前兆和预测依据做了分析和揭示。

7.6.7 1989 年汛期全国旱涝总趋势的成功预测

作者到了中国气象科学研究院,主要从事区域性旱涝和强暴雨气候特征、成因和机理研究与异常降水事件的各种预测物理模型研制。对 1989 年全国主汛期旱涝趋势也做了预测,并参加了全国汛期预报会商会、长江和淮河流域联合召开的江淮流域汛期预报会商会、黄河和海河流域联合召开的汛期预报会商会。对 1989 年汛期旱涝趋势的预测意见是:"预计今年汛期我国无大范围长时间严重洪涝(例如 1954 年)发生,也无大范围长时间严重干旱现象(例如

1972、1978年)发生。但因雨水分布不均,部分地区仍会有中等或常见的旱涝现象发生。预测夏季主要雨带只有一支并位于长江下游至江淮地区、渭河和黄河上游,北方大部和南方大部地区以少雨偏旱为主(并附有预报图)"。该年主汛期预测结果与实况相当接近。

7.6.8　1990年对北方汛期旱涝预测成功对南方的预测有对有错

1990年初,在社会上就有人预测黄河流域汛期有700年一遇的特大洪水发生。当时气象中心领导对此预测意见十分重视,所以在全国汛期会商会之前就专门召开了一个长期预报专家和科技人员研讨会商会,讨论的主题是:"1990年黄河会不会发生特大洪水?",作者也应邀参加了这个讨论会。作者从天文、海洋、大气环流及气象要素等多种物理因子的综合分析得到的预测结果是:"1990年黄河出现特大洪水的可能性极小。"在汛期快来临时,又有人向中央和政协提出"黄河有可能出现几百年一遇的特大洪水"预测,作者一直坚持"1990年黄河不会发生特大洪水"的预测意见与实际观测结果是一致的。并在当年3月底召开的全国汛期预报会商会上对黄河流域发表了具体预测意见:"汛期(6—9月)黄河上游和黄河下游、松花江流域主汛期(6—8月)降水量较常年同期偏多,而黄河中游、华南大部夏季降水量可能较常年同期偏少。但山东和海河流域大部地区夏季降水量较去年同期偏多。"这个预测意见与实际观测结果对比可知,对1990年淮河及其以北大部地区的夏季降水量距平百分率和旱涝趋势的预测是成功的,预测意见与实测结果基本一致;华南大部地区的少雨趋势与湖南西北部和东南沿海地区的多雨趋势的预测也是成功的。但预测长江下游、江南中部、西南大部地区的明显多雨趋势是失败的。总的来说,对长江以北地区的预测效果较好,对长江以南地区的预测有对有错。

7.6.9　1991年江淮地区和太湖流域大洪水趋势的成功预测

1991年7月在江淮地区和太湖流域发生了特大洪水,引起了社会的极大关注。在汛后期中国减灾报记者钱钢对1991年洪水发生的前前后后和当年各家的汛期预测文字意见和旱涝预测示意图及预测依据都作了详细的调查访问,中国减灾报、光明日报、中国政协报、中国青年报、中国气象报的记者在本局有关领导带领下也分别找到了作者对当年主汛期洪涝区域的成功预测及其预测依据方法进行了采访报道。作者对1991年主汛期全国旱涝趋势预测文字意见和旱涝预测示意图是在当年3月30日提供给了全国汛期预报会商会的。具体的预测意见是:"预计1991年汛期主要多雨带在江南北部到长江中下游至江淮地区,长江中下游地区的梅雨可能明显偏多。其中,江苏南部、安徽南部、湖北东部、湖南北部和浙江大部等省夏季降水量较常年同期偏多2—4成,部分地区有洪涝发生。"实测结果表明在太湖流域和江淮地区发生了特大洪水和严重洪涝,太湖流域水位超过1954年的历史最高水位,皖、苏及鄂、豫、湘、沪、浙的部分地区出现了严重洪涝灾害。其中安徽和江苏两省的洪涝范围之大,灾情之重是近百年来罕见的。作者对该年主要雨带位置的预测与实况比较一致,预测洪涝的区域也与实况比较一致。但是实际出现的洪涝要比预测的洪涝量级大得多。另外,"预测东北大部、华北南部、新疆中西部及青海东部夏季雨水偏多。其中,黑龙江大部、内蒙古北部、辽宁东部及河北东部等省区夏季降水量较常年同期偏多2—3成,部分地区有洪涝发生",预测意见与实测结果也比较一致。"预测华南大部至江南南部、长江上游至黄淮地区到河套至内蒙古中部等大部地区夏季降水量较常年同期偏少2—3成,部分地区有夏旱发生"的预测结果与实测也基本一致。1991年夏季(6—8月)全国(160点)旱涝趋势预测示意图和实测的同期降水量距平百分率分布如图7.24所示。

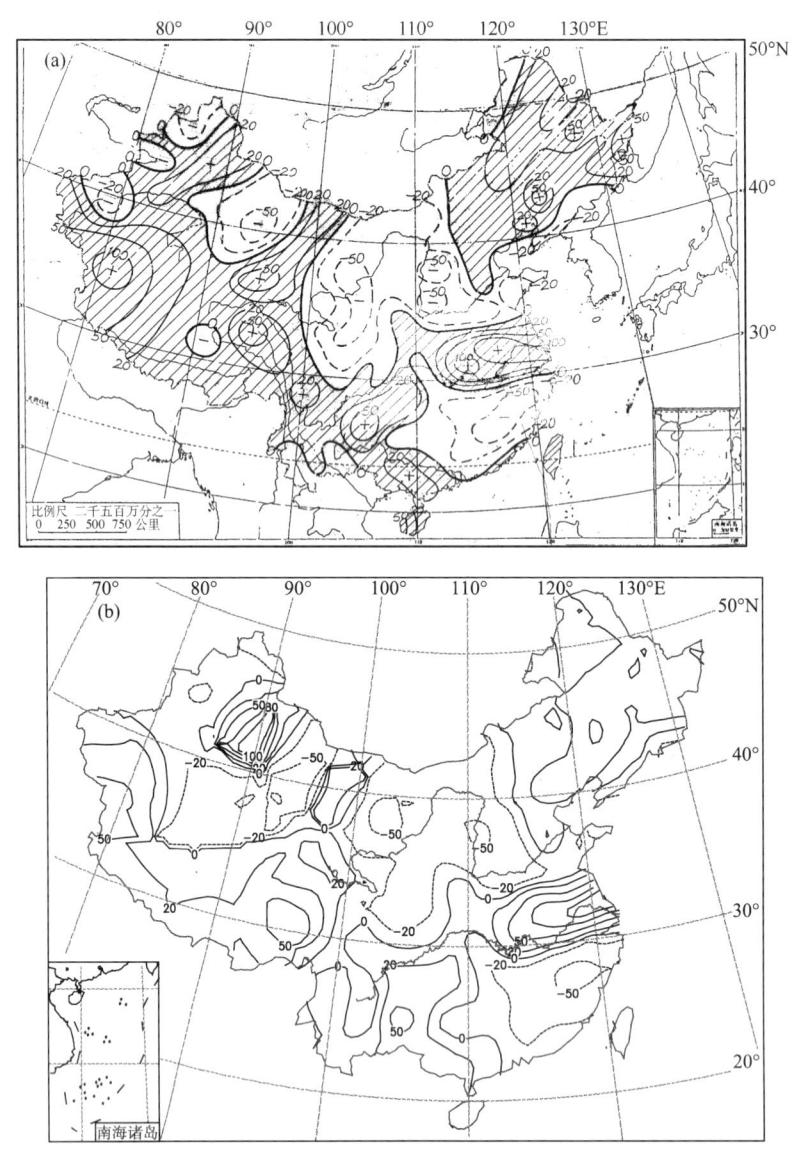

图 7.24　1991年夏季(6—8月)全国(160点)旱涝趋势预测示意图(a)和同期实测降水量距平百分率分布图(b)
Fig. 7.24　As in Fig. 7.23, but for year 1991

7.6.10　1992年大部地区夏季少雨干旱趋势的成功预测

因国家科委、国家计委、国务院生产办联合召开的"1992年度自然灾害综合会商会"的需要，在1991年9月12日之前就做了"1992年汛期旱涝趋势的年度预测意见。"并在9月12日参加了由国家气象局天气司召开的气象局内部的"1992年度天气会商会"，作者在会上作了"1992年汛期旱涝趋势的年度预测意见"的口头和书面发言。在10月上旬又参加了国家科委、国家计委、国务院生产办联合在京召开的"1992年度自然灾害综合会商会"，作者在会上也作了"1992年汛期旱涝趋势的年度预测意见"的口头和书面发言。作者对"1992年汛期旱涝趋势"的年度预测意见是："预计1992年夏季主要多雨带有两支：一支在河套、内蒙古至渭河；另一支在江南地区。从东北到西南大部地区以少雨为主，江淮地区和黄河下游明显少雨，有夏旱。"作者对1992年汛期旱涝趋势的汛期预测意见是3月在澳大利亚气象局做好了邮寄到中央气象台长期预报科的。具体预测意见是："预计1992年汛期(6—8月)有南北两支多雨带,北支比南支偏强。长江中下游梅雨偏弱,黄淮和江淮大部地区夏季降水明显偏少,可能有中等或偏重的干旱发生。"1992年夏季实际雨情是有两支多雨带,北支在内蒙古中部至渭河流域,南支在江南东部,北支比南支偏强。多雨中心分别在内蒙中部和浙江至闽北;江淮和黄淮至华北南部、西南大部至华南中部大部地区降水较常年同期偏少1—2成多。可见,对1992年汛期全国大部地区旱涝趋势的年度预测和汛期预测是成功的。

7.6.11 1993年主汛期主要旱涝趋势的成功预测

1993年3月预测"预计夏季(6—8月)主要雨带在长江中下游地区,从江南北部至渭河流域及东北东部地区夏季以多雨为主要趋势;西北、华北中部、江南西部降水偏少。"主汛期实际出现的多雨带在长江干流至江南大部地区及东北的中北部地区;华北中北部和西北东部地区、黄淮地区、西南南部至华南西部等地区夏季降水偏少。对1993年全国大部地区主汛期旱涝趋势的预测还是比较准确的,只是实测的主汛期主要雨带比预测的范围还要偏南些。在1993年全国汛期降水预测中,大多数单位预测汛期有南北两支多雨带并以北支为主,预测主要雨带在长江流域及其以南的单位极少。

7.6.12 1994年全国大部地区汛期旱涝的成功预测

1994年3月对汛期(4—9月)主要旱涝趋势的预测意见是："预计夏季(6—8月)有南北两支多雨带,南支在长江干流至江南大部地区;北支在黄河流域和海河流域至东北北部地区。在长江至黄河之间大部地区以少雨为主。"从汛期实测雨情来看:主要多雨带有南北两支,南支在长江以南的江南和华南地区;北支在黄河中上游至内蒙古大部和海河北部及东部至山东到东北中南部地区。长江至黄河之间的大部地区夏季以少雨为主。由此可见,对1994年汛期全国汛期主要雨型的预测是成功的。而且对1994年汛期的预测得比较细,具体预测意见是："①黄海流域、江南大部、东北北部、内蒙古大部及新疆等地夏季降水偏多。其中,浙江(包括新安江流域)、江西、江苏南部及两湖(洞庭湖、鄱阳湖)等地区在初夏(4—6月)降水明显偏多,部分地区(特别是5—6月)可能有洪涝,山西、河北西部、宁夏、陕北、东北北部盛夏(7—8月)雨水明显偏多,局部地区可能有洪涝;另外,5—6月华南地区将有一段多雨连阴天气,局部地区有洪涝。②黄河与长江之间的大部地区、东北南部及西南大部夏季降水偏少。其中,黄淮地区(包括山东)和江淮地区夏季雨水明显偏少(特别是7月),伏旱较重。"1994年汛期的实测结果是:在4—5月,江南出现了暴雨大暴雨天气,有些地区遭遇了洪涝灾害。在6月上旬后期至下旬前期,华南、江南出现了连续性大到暴雨,致使粤、湘、浙、赣、闽等省区的河流出现了大洪水和严重洪涝。新安江流域在大发、满发电的基础上还不得不泄洪弃水。由此可见,对江南大部地区初夏(4—6月)的洪涝预测是相当成功的,较好的预测效果取得了较大的社会效益和经济效益。7月江南地区再次发生暴雨洪涝,夏季降水量也较常年同期明显偏多。对江南地区的初夏(4—6月)和夏季(6—8月)的多雨洪涝趋势预测都是比较准确的。对华南地区初夏(5—6月)多雨洪涝趋势预测效果比较好,但对盛夏(7—8月)继续多雨洪涝预测不对;北方大部地区在6月下旬中期进入雨季,到8月下旬才明显减弱。由于降雨时间长、范围广、短期雨强大,致使北方各省发生了不同程度的洪涝现象。但由于北方汛前少雨干旱和汛期持续性大暴雨不多，所以北方灾情没有南方严重。总的来说，对北方大部地区汛期旱涝的预测也是比较成功的；预测黄淮地区和江淮地区夏季降水明显偏少，伏旱严重也是比较准确。1994年夏季（6—8月）全国（160点）旱涝趋势预测示意图和实测的同期降水量距平百分率分布图7.25所示。

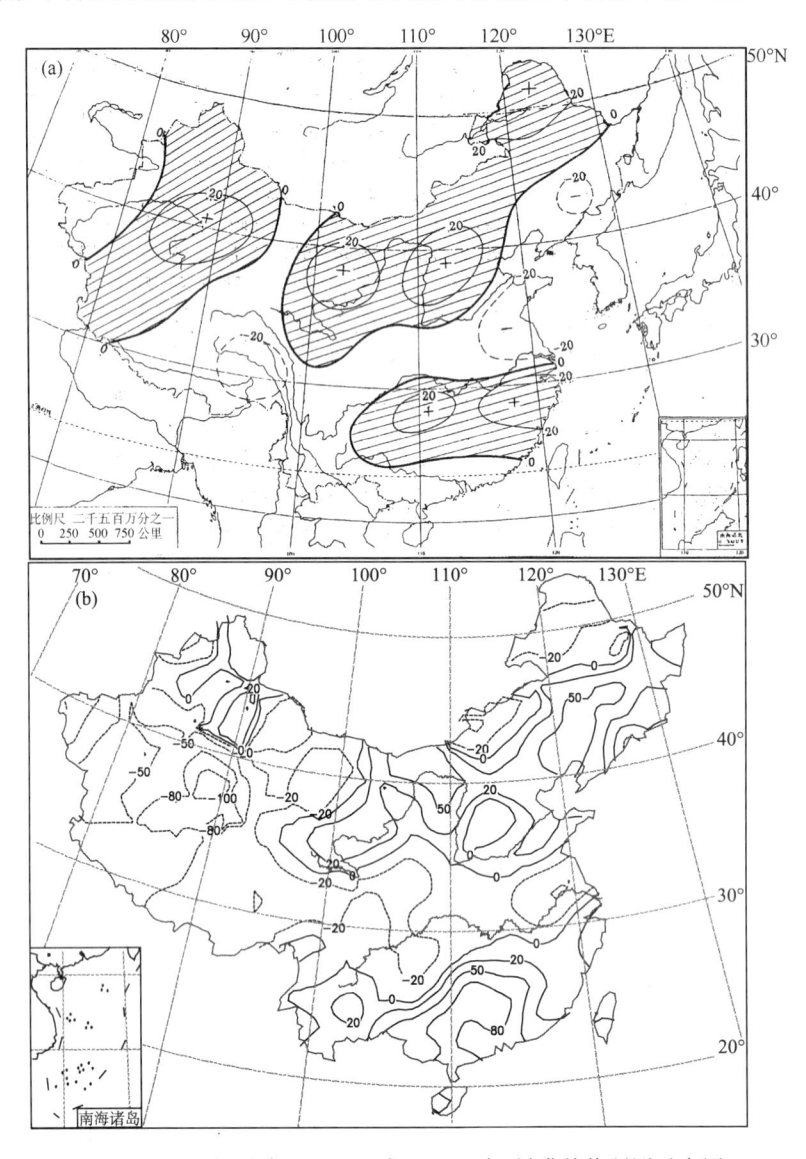

图 7.25　1994年夏季（6—8月）全国（160点）旱涝趋势预测示意图
(a)和同期实测降水量距平百分率分布图(b)
Fig. 7.25　As in Fig. 7.23, but for year 1994

7.6.13　1995年汛期江淮流域至海河流域南部大范围多雨洪涝趋势的成功预测

1995年3月对夏季（6—8月）主要旱涝趋势的预测意见是："预计夏季（6—8月）主要多雨带在长江和淮河流域，江南北部至海河南部大范围多雨，江西北部、浙江、安徽、河南、川东等省区可能有洪涝发生，要注意防灾。另外，华南地区汛期（5—9月）最大5旬降水总量可能有

600 mm左右,有一段暴雨集中期,两广部分地区可能会有洪涝,要注意防洪。黄河中上游至新疆大部地区夏季也多雨。"1995年汛期是全国性多雨年,作者预测的多雨地区大都与实际雨情比较一致;同时对东北中南部大部地区和西藏西部地区夏季少雨趋势的预测也比较成功。但是对福建和西南地区及东北北部的预测是不准确的。作者对1995年汛期江淮流域多雨洪涝和专业服务的准确预测在水利部门和水电部门收到了较好的社会效益和经济效益,也为中国气象科学研究院赢得了荣誉。

(1) 原华东电管局(现为华东电网公司)对我们的评价是:"您院率先向我局提供新安江流域1995年1—9月以及汛期分月定量专业预报。此后,同时在汛期各个关键月份中,一再告诫我局:'今年降水很多,要注意防汛,尽可能多发电。'实践证明,预报质量较高,定性定量预报与实际接近,预报过程很具体,有实用价值。在电业生产中起到了很好的指导作用。";新安江水力发电厂的评价是:"你院根据双方协议为我厂气象预报专业服务多年,……,尤其在今年汛期预报服务中,特别是6月份预报及时,预报精度优良,为我厂4月份后半月加大电力,5月份开始大发电,6月份电站满出力运行及安全渡汛和泄洪提供了决策依据";

(2) 浙江省电力局对我们的评价是:"贵院对我局所做的乌溪江、紧水滩两流域的1995年1—9月逐月降水量趋势专业预报及5—9月汛期降水量预测精度较高,特别是5、6两月预报是10个台中精度最高的一个台,据贵院预报,汛期中安排水电全发,火电检修。雨季结束两水库蓄满,7月中旬—8月农灌高峰中为系统调峰,事故备用,起到较大作用,具有很大实用价值,经济效益和社会效益显著";

(3) 长江水利委员会气象处对我们的评价是:"1995年长江中下游梅雨期(6月下旬至7月上旬)出现了特大暴雨洪水,从总体上看,今年的暴雨洪水相当于10—20年一遇的水平。其中,长江下游地区的洪峰水位居建国以来第二位,仅次于1954年洪水,中游地区的洪峰水位居第三至第四位。陈菊英在4月初全国汛期预报讨论会上,提出长江流域汛期将出现特大暴雨洪水的预报意见,……,这对于战胜长江流域的洪涝灾害和中下游的防汛工作,起到了有益的参谋和耳目作用"。

1995年八个大单位的全国主汛期主要雨带和旱涝预测意见都比较接近实况,八个单位中有七个单位的评分在70分以上,其中得分最高的单位是B所。

7.6.14 1996年汛期长江流域异常多雨大洪水与海河流域8月异常多雨洪涝的成功预测

1996年是《国家9.5重中之重项目》的正式开始年,大家都很重视1996年汛期旱涝趋势的预测,1996年3月25日气科院召开了"1996年汛期天气预测会商会",院领导和有关专家都参加了这个"会商会"并作了发言,大多数专家都有文字预测意见和预测图作为根据。但专家们的预测意见并不一致,主要矛盾是:作者预测1996年汛期长江流域至海河流域到东北大部地区多雨,长江流域是主要雨带中心区域可能有洪涝发生;另外一种意见是预测1996年汛期主要雨带在长江到黄河之间的中部地区。专家们对如何作出气科院的综合预测意见进行了讨论,由多数专家的推荐和领导批准让作者当1996年汛期预报主班,并规定由汛期主班负责拿出代表气科院的预测意见材料(包括文字预报意见、预报示意图和主要预测依据)。主班经过3天的分析,制作出了一张既能够反映作者自己预测意见又代表气科院的1996年汛期旱涝趋势预测示意图和文字预测意见,按照国家气候中心的规定复印了80份材料带到了3月底至4

月初召开的全国汛期旱涝趋势预报会商会上,并在会上作了发言和讨论;后来又参加了5月13—17日由黄河水利委员会和海河水利委员会联合召开的"海河黄河流域汛期旱涝预报会商会"等预报讨论会。在1996年全国汛期预报会商会上,大多数单位预报汛期(6—8月)主要雨带在长江至黄河之间的黄淮地区和江淮地区,由作者负责综合的气科院对1996年全国汛期旱涝趋势预测意见(也是作者的预测意见)是:

(1)预计华南地区初夏(4—6月)雨季降水量明显偏少,大部地区有旱象,7月台风雨较多,旱情将得到缓和。实况是:华南地区4月、5月、6月降水持续偏少,7月降水正常偏多,8月异常多雨;

(2)预计长江流域大部地区6—8月降水总量较常年同期偏多,其中长江中下游地区(包括江淮地区)和江南北部地区(及贵州、广西地区)夏季降水明显偏多或特多,湖北东部、湖南北部、江西北部、安徽南部、浙江、江苏等省部分地区可能有较大洪涝发生,请注意准备防汛防灾设施;

(3)华北大部地区盛夏(7—8月)雨水偏多,部分地区有洪涝;辽河流域大部地区盛夏(7—8月)明显多雨,部分地区有洪涝现象;在5月对海河黄河流域的补充预测意见中还进一步指出:海河流域汛期(6—9月)降水总趋势可能偏多,主要降水集中期为7月中旬至8月中旬,8月降水量可能要较常年同期偏多2—5成,部分地区有短时洪涝发生,要加强防洪设施;

(4)西北东部(陕、青、甘、宁)夏季雨水偏少,有夏旱发生。因底墒较旱,要做好抗旱准备。

为了使大家对长江流域和海河流域可能发生较大洪涝引起重视,作者在预测依据中进一步明确指出:

(1)专著《中国旱涝的分析和长期预报研究》有关雨带类型预报综合(降水、大气环流、天文条件等)指数预报1996年(6—8月)主要多雨带中心区域在长江中下游地区(包括江淮地区)和江南北部地区,鄂、湘、赣、皖、浙、苏的部分地区可能有较大洪涝发生;从长江中游(9站平均)和长江下游(10站平均)的汛期旱涝综合预报物理模型(专著的表8.5和表8.12)反映出1996年汛期有洪涝。在这些洪涝相似年中,再考虑到1996年属于"单春"年,则1996年长江中游地区相似于1954、1969、1980年,长江下游相似于1954、1957、1969、1973、1980年,均为多雨和大水年;

(2)1996年1月太阳黑子相对数小于40,且上一年6月东北气温偏高,预报辽河流域盛夏可能多雨有洪涝(与1995年相似);1996年2月、3月东南亚地区高度偏高且'端午'来得晚,海河流域盛夏雨水偏多,无夏旱,局地有洪涝;在海河黄河流域的5月补充预报依据中进一步指出1996年3月、4月东亚大槽的位置稳定少动,有利于海河流域汛期多雨,预报海河流域中南部8月偏多5成以上,有较大洪涝发生;

(3)多种天体运动超长期周期叠加结果的1996年全国降水指数为2.80(偏湿)、华北地区2.71(偏涝)、黄淮地区2.60(偏涝)、江淮地区2.60(偏涝)、华南地区3.11(偏干)。

1996年汛期实际雨情是:6—7月长江流域特别是中下游地区发生了多次暴雨和大暴雨过程,武汉最高水位仅次于1954特大洪水年,长江中下游地区发生了严重洪涝,湖南还发生了大型水库决堤事件,造成了人民生命和财产的严重损失;海河流域异常多雨也发生了较大洪水;四川东部至河套南部地区夏季少雨有干旱。从1996年全国汛期预测效果来看,对全国大部地区的洪涝区域和干旱区域的预测都是比较准确和成功的。但是对黄河上游和新疆南部的预测是不准确的。1996年夏季(6—8月)全国(160点)旱涝趋势预测示意图和同期实测降水量距平百分率分布图7.26所示。

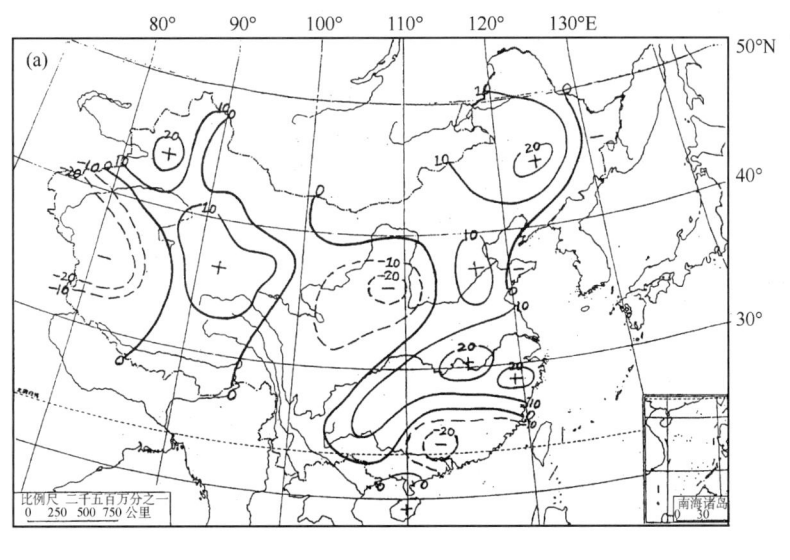

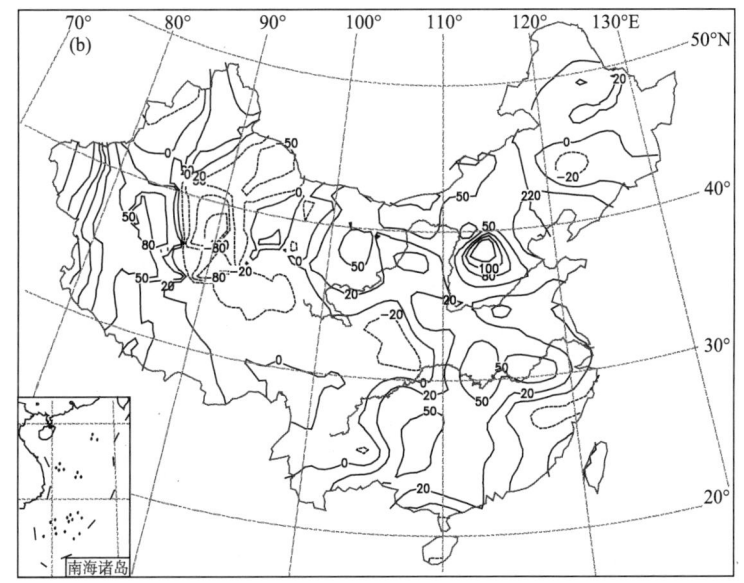

图 7.26　1996 年夏季(6—8 月)全国(160 点)旱涝趋势预测示意图(a)和同期实测降水量距平百分率分布图(b)

Fig. 7.26　As in Fig. 7.23, but for year 1996

7.6.15　1997 年汛期旱涝趋势的预测成败参半

1997 年主汛期(6—8 月)的实测雨情表明,有两支多雨带:一支在华南至江南和西南地区;另一支在内蒙中部至河套北部地区。东北东部和新疆西部的中部地区也多雨。全国其余大部地区以少雨干旱为主要趋势。气科院(由作者负责综合)对 1997 年主汛期旱涝的预测意见是有对有错。对江南地区的多雨带预测对了,对华南地区的多雨中心的预测失败;对内蒙中部至河套北部地区的多雨带预测比较准确;对东北东部和新疆西部的中部地区多雨趋势的预测也较准;对黄淮大部、北疆地区及华北西部和北部的少雨趋势也预测对了。但是对中西部的大范围少雨干旱趋势的预测是失败的。在作者自己预测意见中,对江南地区的多雨带预测对了,对华南地区的多雨中心没有预测出来;对黄淮大部地区(包括河南和山东大部、苏皖北部地区)、华北北部至内蒙东部地区、西藏至南疆大部地区的少雨趋势也预测得比较准确;但对北疆、内蒙西部、中原大部和华北中南部至东北南部地区的大范围少雨趋势没有预测出来。对1997年主汛期旱涝趋势预测效果来说,气科院有两位专家对北方大范围少雨和江南地区的多雨趋势预测得比较准确,在3月提供的全国旱涝趋势预测意见中没有得到重视和参考。但在'全国汛期预报会商会'以后的'主汛期旱涝趋势补充预报会商会'上我们坚持了北方地区少雨干旱的预测意见,所以1997年气科院的主汛期补充预测意见比3月预测的效果要好。

八大单位对1997年全国主汛期雨型和主要区域旱涝趋势的预测结果也具有较大矛盾。其中以E中心的得分最高,预测意见比较接近实况,该中心不但对南北两支多雨带预测得比较准确,而且对中部和东部大范围的少雨趋势也预测得比较准。但由于主要单位的预报意见与之相差甚远,这个比较准确的预测意见也没有得到应有的重视。

每年在实际雨情出来以前,多数从事预测方法的研究人员和业务预报员往往都是比较自信,这也是优点;但由于自信就不太容易接受与己相异的预测意见,这也是缺点。在综合多种不同预报意见时,怎样才能客观地取长补短使得综合预报结果达到最佳,确实是一门值得深入研究的十分困难的科学问题。

7.6.16 1998年对长江流域汛期特大洪水和7月下旬持续性强暴雨过程的成功预测

1998年是20世纪长江流域仅次于1954年的第二个特大洪水年,汛期长江流域的特大暴雨洪水和险情牵动了全国人民的心,百万军民舍身忘己地在长江两岸严防死守了50多天。1998年长江中下游流域大多数水文测站的高洪水位超过了历史最高水位,1998年高洪水位持续时间之长也是历史上罕见的。由水利部水情处提供的7个水文站观测到的历史最高水位和1998年的最高水位资料可见(表7.3),1998年以前的历史上最高水位出现年份并不相同,荆江、武汉、大通3个水文站观测到的历史最高水位都是出现在1954年8月上中旬,监利、城陵矶、莲花塘3个水文站观测到的历史最高水位都是出现在1996年7下旬前期,九江水文站观测到的历史最高水位是出现在1995年7月9日。而1998年只有武汉和大通两个水文站观测到的最高水位比1954年(历史最高水位)的最高水位偏低0.13～0.30 m,荆江、监利、城陵矶、莲花塘、九江等5个水文站观测到的1998年最高水位均比历史最高水位偏高0.55～1.25 m。

表7.3 1998年长江流域各个水文站在8月20日前的最高水位与历史最高水位相比

Table 7.3 The observed and ever-recorded highest water levels at various hydrological stations along the Yangtze River before 20 August 1998

站名	荆江	监利	城陵矶	莲花塘	武汉	九江	大通
1998年最高水位	45.22 m	38.31 m	35.86 m	35.73 m	29.43 m	23.03 m	16.31 m
出现日期(1998年)	8月17日	8月17日	8月20日	8月20日	8月19日	8月2日	8月2日
历史最高水位	44.67 m	37.06 m	35.31 m	35.01 m	29.73 m	22.20 m	16.44 m
出现年和日期	1954年8月7日	1996年7月25日	1996年7月22日	1996年7月22日	1954年8月18日	1995年7月9日	1954年8月1日
1998年超过历史最高	0.55 m	1.25 m	0.55 m	0.72 m	−0.30 m	0.83 m	−0.33 m

在中高纬阻塞高压对长江中下游地区大水年的持续性暴雨影响中已经揭示,1998年的特大洪水主要由5次强暴雨过程造成的。1998年6月、7月降水量和7月最大旬降水量与1954年同期降水量相比(如表7.4所示),长江上游、长江中游、长江下游、江南和贵州5个区域的1954年和1998年的6月降水量和7月降水量都比常年同期偏多。6月降水量的分布特点是:长江上游和贵州两区域均比常年同期偏多0.4～3.2成,江南和长江中下游3个区域均异常多雨,均比常年同期偏多5成至1倍。江南地区在1998年偏多7.6成,1954年偏多8.0成;长江中游地区和长江下游地区1998年分别偏多5.2成和5.6成、1954年均偏多1.0倍;7月降水量的分布特点是:5个区域均较常年同期偏多,贵州地区1998年略偏多,1954年偏多1.1倍;江南地区1998年偏多2.3成,1954年偏多8.2成;长江上游1998年偏多1.3成,1954年偏多3.6成;长江中游1998年偏多1.3倍,1954年偏多2.2倍;长江下游1998年偏多9.1成,1954年偏多1.5成。总的来说,1998年的6—7月降水量没有1954年同期降水量大。但是,为什么长江干流大部地区的最高洪水位却比1954年的最高洪水位偏高呢?主要是因为1998年长江中下游地区的7月最大旬降水量比1954年同期最大旬降水量集中,由表7.4可见,1954年7月长江上游地区和下游地区的最大旬降水量出现在中旬,而中游地区的最大降水量出现在下旬,使得长江流域的最大降水集中期从时间上错开了。而1998年长江上游的7月最大降水量出现在上旬,其他地区的最大旬降水量均出现在下旬,1998年全国7月下旬降水量分布特征如图7.27所示。

表7.4 长江流域和江南地区在1998年6—7月降水量和1954年同期相比

Table 7.4 Comparisons of the June and July precipitation of 1954 and 1998 between the Yangtze River Basin and the southern area of the Yangtze River

时间	地区	长江上游 (9站平均)	长江中游 (9站平均)	长江下游 (10站平均)	江南地区 (16站平均)	贵州 (6站平均)
6月降水量	1954	163 mm	388 mm	448 mm	431 mm	267 mm
	1998	179 mm	289 mm	346 mm	423 mm	214 mm
	均值	(156)mm	(190)mm	(222)mm	(240)mm	(203)mm
7月降水量	1954	299 mm	509 mm	388 mm	217 mm	362 mm
	1998	249 mm	356 mm	296 mm	146 mm	174 mm
	均值	(220)mm	(157)mm	(155)mm	(119)mm	(171)mm
7月最大旬降水量	1954	144 mm	262 mm	187 mm	118 mm	185 mm
	旬次	7月中旬	7月下旬	7月中旬	7月下旬	7月下旬
	均值	(69)mm	(47)mm	(58)mm	(35)mm	(57)mm
	1998	104 mm	243 mm	224 mm	88 mm	105 mm
	旬次	7月上旬	7月下旬	7月下旬	7月下旬	7月下旬
	均值	(79)mm	(47)mm	(39)mm	(35)mm	(57)mm

长江中下游地区1998年7月下旬降水量比1954年同期更集中,1998年长江流域大部地区7月下旬降水量都在100 mm以上,比常年同期偏多1倍以上,从洞庭湖到鄱阳湖的广大地区都被200～300 mm以上的异常强降水包围,强降水中心在江西修水到湖北武汉一带,旬降水量有448～567 mm;8月上中旬在长江中上游地区的降水量也有200～300 mm。当上游的洪水要向中下游下泄时,中下游的洪水也猛涨,中下游的洪水对上游的下泄洪水起到了顶托作

用,致使长江流域的大部地区高洪水位难以下泄,致使洪峰一次比一次高,长时间居高不下。另外,人们从 1954 年到 1998 年对长江经过了 44 年的合理和不合理的开发利用,使得长江流域的经济越来越发达、人口越来越密集,同时也使得长江流域天然美丽的环境也遭遇到了越来越重的污染和破坏,长江两岸的违章建筑和违规活动也越来越多,所以人类活动产生的副作用也在一定程度上减慢了洪水下泄的速度,使得高位洪水不能畅通下泄。总的来说,由于长江流域 1998 年 6—7 月异常多雨和强暴雨过程特别集中及其人类对长江两岸不断开发的副作用共同造成了 1998 年特大洪水及其下泄的阻力和困难,高洪水位持续了近两个月才逐步降低。1954 年和 1998 年长江流域的两次特大洪水,都是数十万至上百万解放军、武警和人民群众一起筑成的长城通过数十天舍身忘己地奋力抗洪才将人民群众生命财产的损失减到了最小程度。

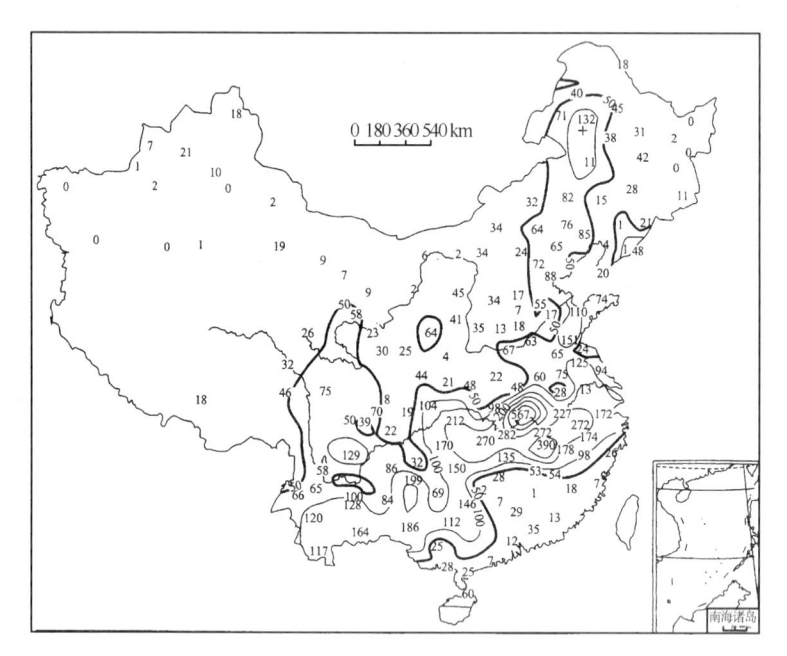

图 7.27 1998 年全国(160 站)7 月下旬降水量分布特征(单位:mm)

Fig. 7.27 Precipitation distribution (unit: mm) in China (160 stations) in the last dekad of July, 1998

对于长江流域 1998 年的特大洪水的预测,作者早在 1998 年 1 月 25 日召开的"中国气象局重大天气气候联合服务专家组"预报讨论会上就做出了文字和口头预测:"(根据 1 月中旬及其以前的多种前兆因子的综合判据)预计长江中下游流域包括江南北部各省及江淮地区(浙江、上海、苏南、皖南、江西北中部、湖南北中部、湖北中东部、贵州等)1998 年 5—7 月降水总量可能明显偏多,与建国以来的几个大水年(1954、1969、1980、1983、1991、1993、1995、1996 年)相似,部分地区可能会出现严重洪涝灾情。建议及早发布'重大天气'预报,通知有关省市早作防汛防洪防灾准备。"2 月 6 日作者第二次对有关'气候预测'负责人强调了 1998 年汛期可能特别异常,希望提前将预测意见向上报告。但由于每年都在 4 月初'全国汛期旱涝趋势预报会商会'召开以后才正式发布汛期旱涝趋势预报,所以作者的这个预测意见未能引起有关领导的重视。直到在 2 月 19 日,作者被邀参加《国际十年减灾委》办公室召开的'1998 年减轻自然灾害'小型研讨会,这个预测意见受到了《国际十年减灾委》的重视,将作者和地震局的一位专家的预测意见综合在一起,及时报告了国务院,并得到了国务院副总理(现总理)温家宝等中央有关领导的重视和批示。《国际十年减灾委》在汛期来到以前就组织有关人员到江西、湖南等省区进行防洪演习,为后来的防大洪减大灾做好了必要准备。3月20日《国际十年减灾委》召开了第二次'测灾减灾'小型学术研讨会,作者在会上进一步坚持和强调了长江流域可能有接近1954年的特大洪水,要警惕和尽早做好防大洪水的准备。作者在3月底提供给国家气候中心和'全国汛期旱涝趋势预报会商会'的全国旱涝趋势预报示意图(如图7.28所示)和预测意见是:

(1)1998年夏季(6—8月)主要多雨带可能在长江流域(包括江南北部地区)和江淮地区,位于该地区的上海、苏南、浙江、皖南、赣中北、湘中北、鄂大部、贵州中北部等地区6—8月降水量,大部地区可能比常年同期偏多2—5成,长江中下游地区可能比常年同期偏多4—8成。……,江南北部地区和长江流域可能发生洪涝和大洪水。1998年的多种前兆和综合预报物理模型(这些预报物理模型曾成功地报准了1991年江淮大水、1996年长江流域大水等多次水旱灾害)相似于1954、1969、1980、1983、1991、1993、1995、1996年,特别要警惕出现类似于1954年大水的可能性,为了防灾减灾保障国家和人民生命财产安全,诚望及早作好防大汛的各种准备工作,使损失尽可能减到最小;

(2)山东、苏北、豫北、冀南、关中和河套等地区夏季6—8月降水量可能较常年同期偏少2—3成,部分地区夏旱较明显;

(3)北疆夏季明显多雨,局部地区可能有洪涝发生;东北大部夏季降水量接近常年,部分地区较常年同期偏多2—3成,盛夏(7—8月)局部地区可能有洪涝发生。"

同时给出了三点主要预报依据:

(1)江南北部和长江中下游地区的前期多种汛期洪涝预报物理模型,较为一致地表明1998年可能有洪涝和大水发生;

(2)黄淮地区的汛期旱涝预报物理模型反映1998年可能少雨;

(3)海河流域有的汛期旱涝预报物理模型反映汛期可能有洪涝,但目前ENSO现象仍很强,强ENSO是华北地区的主要致旱因素,故1998年海河流域中南部汛期前期仍可能少雨有干旱。

在1998年3月28日气科院的预测会商会上,有5个专家代表5个课题组提供了1998年全国汛期旱涝趋势预测意见和旱涝示意图,除作者外,4个课题组中有2个预测长江流域汛期降水偏多可能有洪涝;另外2个则预测长江流域汛期降水偏少。作者在综合1998年气科院会商会的预测意见时感到比较困难和棘手,最后还是以作者的预测意见和旱涝趋势示意图代表气科院的预测意见,同时也将5个课题组的旱涝趋势预测示意图和主要依据一并放到预测依据内,提供给了'全国汛期旱涝趋势预报会商会'。作者代表气科院写的汛期综合预测意见有统计预报(包括物理统计和数理统计)和模式预报两大部分,作者在自己预测意见的基础上适当参考了预测长江流域多雨的其他专家意见,作为气科院的第一种预测意见:

(1)1998年夏季(6—8月)降水量距平百分率分布趋势预报如图所示(如图7.28所示),夏季主要多雨带可能在长江流域(包括江南北部及江淮地区),位于长江流域的湖北大部、贵州北部、湖南中北部、江西中北部、安徽南部、浙江全省、上海、江苏南部及四川东部等9个省市的大部分地区6—8月降水总量可能比常年同期偏多2—5成,部分地区偏多5—8成,局部地区可能会出现历史的极值,上述地区可能有洪涝和大水发生。建议有关各省及早做好防大水的各种准备工作,力争把洪涝灾害带来的损失减到最小程度;

(2)新疆北部、东部大部、内蒙西部6—8月降水量较常年同期偏多,北疆部分地区夏季可能明显多雨有洪涝;

(3)黄淮地区、山东、华北大部、西北东部,华南东部及新疆东南部6—8月降水量较常年同期偏少,山东、山西、河南中北部、河北南部和河套的部分地区夏季可能少雨有干旱。

上述预测意见在"全国汛期旱涝趋势预报会商会"召开之前就提供给了国家气候中心,作者在4月初召开的"全国汛期旱涝趋势预报会商会"上作了发言,预测文字和旱涝示意图详见《1998年气候预测评论》P25-27和P40-41。

在1998年的"全国汛期旱涝趋势预报会商会",有9个大单位提供了1998年全国旱涝趋势预报意见和旱涝示意图,其中有5个单位预报长江流域主汛期(6—8月)降水偏多,有3个单位预报长江流域主汛期(6—8月)降水偏少,有1个单位预报主汛期(6—8月)江南北部偏多而长江干流偏少。预测1998年长江流域主汛期降水偏多的6个单位,都在长江干流画了一个多雨中心,其中有3个单位预测多雨中心偏多2成(20%),有1个单位预测多雨中心偏多2.5成(25%),有1个单位预测多雨中心偏多3成(30%),气科院预测多雨中心偏多5~8成(50%~80%)。由此可见,大多数单位都是预测长江流域主汛期降水偏多,但是预测偏多的强度有差异。

大会针对1998年长江流域到底是一般性多雨年?还是明显多雨年?还是异常多雨年?展开了讨论,而且讨论得非常激烈。作者在会上多次发言,坚持和强调了1998年长江流域可能有接近1954年的特大洪水发生,并讲述了有关预报依据和图表,希望在长江干流画一个偏多5成(50%)以上的多雨中心。但是毕竟这个预报意见属于极少数,要被大会接受是比较困难的,直到大会宣布全国汛期旱涝趋势预报结论(长江干流只画了一个偏多20%的中心小区)后,作者再次强烈要求"把偏多20%的多雨中心改成偏多50%,把偏多20%的区域再扩大"。这个预报意见终于被水利部信息中心和国家气候中心的汛期主班和大会技术组接受,在1998年"全国汛期旱涝趋势预报会商会总结意见"和正式向外发布的旱涝预报意见及其示意图中,在江西北部画了一个偏多5成(≥50%)的多雨中心,偏多20%的区域也比原来有了扩大。有了偏多5成的多雨中心,就起到了促使提醒长江流域各级防汛部门下定了防特大洪水的决心,也为1998年汛期防洪减灾起到了重大作用。

作者对1998年汛期全国旱涝趋势预测意见如图7.28所示,预测长江流域主汛期(6—8月)有7个地区达到二级异常多雨(由表7.5可见)的标准,即达到主汛期(6—8月)降水总量较常年同期偏多5成以上(≥50%)的标准,其中有5个地区主汛期(6—8月)的实测降水总量也达到异常多雨的标准,即在预测异常多雨(≥50%)的区域中实况也异常多雨的一致率达到了71%(5/7),预测与实况都是偏多2.5成以上(≥25%)的准确率达到100%(10/10);反之,如表7.5可见,1998年长江流域有10个地区主汛期(6—8月)降水总量达到异常多雨(≥50%)的标准,其中有8个地区(80%)在预测明显多雨(≥25%)到异常多雨(≥50%)的严重洪涝中心区域内。对这个严重洪涝中心区域的预测成功不但对1998年长江流域特大洪水和严重洪涝的防御和减灾方面起到了重大作用,而且也以强有力的事实证明了区域性极端降水事件的长期预报的可预报性。

表 7.5 作者对 1998 年长江流域主汛期(6—8 月)异常多雨(距平百分率≥50%)区的预测(3 月提供)效果检验

Table 7.5 Effect test of the anomalous rich precipitation(anomaly percentage ≥50%) prediction (March 1998 presented) in the major flood season(JJA) of 1998 in the Yangtze River Basin made by author

地区	安庆	屯溪	九江	武汉	钟祥	岳阳	常德
预测(%)	67	59	56	80	54	62	61
实况(%)	27	60	88	75	47	78	99
地区	南昌	长沙	恩施	重庆	南充		
预测(%)	42	44	38	19	−5		
实况(%)	107	89	63	81	76		

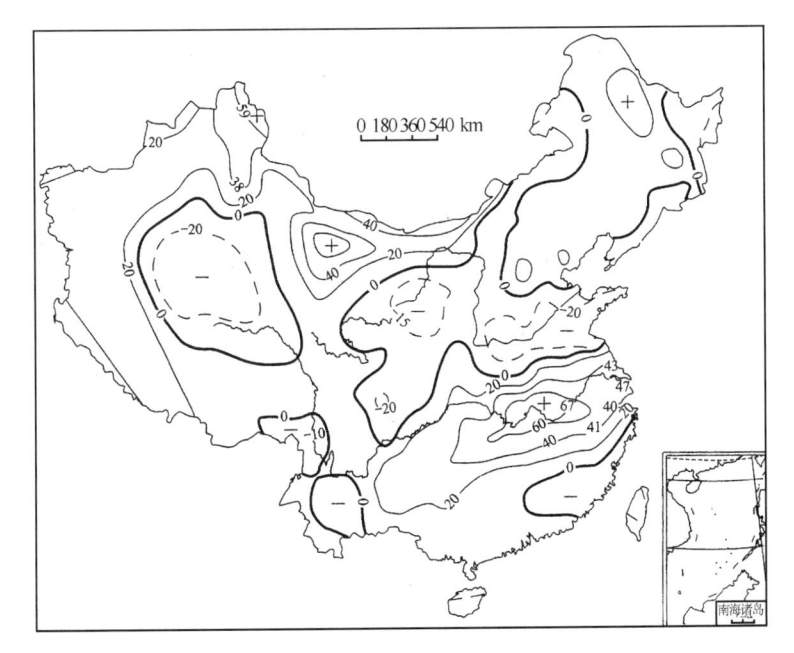

图 7.28 1998 年夏季(6—8 月)全国(160 点)旱涝趋势预测示意图

Fig. 7.28 Diagram for the 1998 summer (JJA) drought-flood trend prediction in China (160 stations)

追踪预测:自从作者做出了"长江流域可能有接近 1954 年特大洪水发生,7 月最大旬降水量也异常偏大"的预测意见后,就对全国汛期天气的异常情况特别关注,每天进行追踪监测和及时地进行预测分析。1998 年长江中下游入梅比较晚,6 月 23—25 日长江中下游地区才开始入梅。6 月上旬长江流域降水特少,中旬虽然不少地区出现了暴雨到大暴雨过程,但大部地区暴雨持续时间短,没有洪水迹象。6 月 18 日作者主动参加了中央气象台的大会商会并作了发言,再次坚持长江流域可能有特大洪水发生的预报意见。在 6 月 23 日至 7 月初,长江流域大部地区出现了持续时间较长的暴雨到大暴雨过程,部分地区发生了洪涝现象。但是在 7 月上中旬,长江流域持续高温少雨天气,长江流域的梅雨是否结束?未来长江流域是否要进入少雨伏旱期?长江流域还有没有暴雨到大暴雨过程?作者带着这些大家关注的问题对汛前和汛期期间出现的异常前兆因子进一步做了综合分析和研究,认为长江流域特别是中下游地区(19站平均)7 月最大平均旬降水量可能有 200 mm 左右,7 月上中旬降水很少,在 7 月下旬出现最大旬降水量的可能性比较大。综合分析的结果,认为长江中下游地区在 7 月下旬发生持续性暴雨和大暴雨过程的可能性很大,7 月 21—22 日因武汉发生了大暴雨而告急,中国气象局局长们和有关单位的专家都参加了7月22日召开的中央气象台"紧急大会商会",这是一次长中短期天气预报紧密结合的大会商会,在会上作者再次发言和坚持"7月下旬长江流域还可能有超过6月下旬的持续性暴雨和大暴雨过程发生,7月下旬长江中下游地区(19站平均)可能有200 mm的旬雨量,7月下旬降水量与1954年同期接近。"当时大会主持人追问是不是面雨量?作者肯定地回答:"是19站平均面雨量"。由图7.29可见,1998年7月下旬长江中下游地区(19站平均)实际降了234 mm,超过了1954年的同期降水量。对1998年7月下旬长江中下游地区的持续性特大暴雨过程的中短期跟踪预测也取得了成功。在7月25日和30日的会商会上,作者除了关注长江流域的特大暴雨外,还指出了8月主雨带在东北而不是在华北,在东北地区也有可能发生暴雨洪水。总的来说,对1998年长江流域的特大洪水预报是准确的和成功的,1998年在汛期暴雨洪水的预测和监测上花的时间和精力也是最多的。

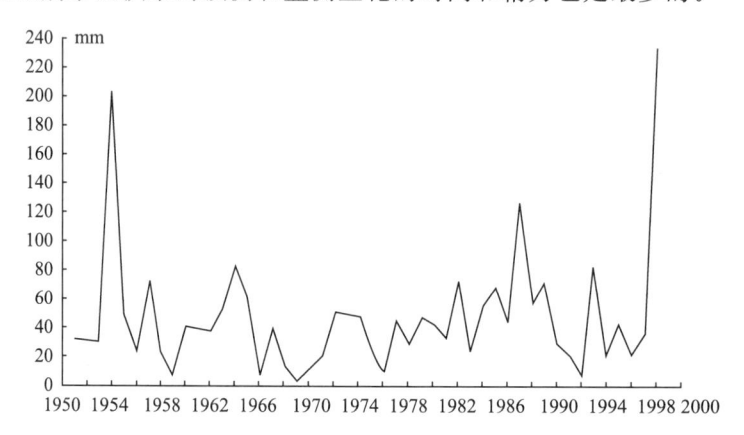

图 7.29　1951—1998年长江中下游地区(19站平均)7月下旬降水量的年际变化曲线

Fig. 7.29　The interannual variation of precipitation in the last dekad of July in the Middle and Lower Reaches of the Yangtze River (mean of the 19 stations) during 1951—1998

作者在1995、1996、1997、1998年的四年中负责综合气科院的汛期旱涝趋势预测意见,对1995、1996年和1998年这三个长江流域的较大洪水年(1995年)、大洪水年(1996年)和特大洪水年(1998年)的预测准确,取得了较大的社会效益。同时也为气科院在全国八大单位中赢得了两个第一(1996年和1998年)。但是对1997年的中西部和北方大范围少雨干旱趋势没有预测准确而感自责。

7.6.17　1999年主汛期旱涝趋势的预测成败参半

1999年全国主汛期旱涝趋势的实际分布特征是:主汛期(6—8月)主要雨带在长江流域及其以南地区,多雨中心区域在长江中下游和江南北部地区,长江中下游流域发生了仅次于1998年的大洪水,太湖流域也发生了大洪水。另外在新疆西部和西藏大部及兰州以上的黄河上游地区的汛期降水也是以偏多为主;淮河以北大范围地区则以少雨干旱为主要趋势。1999年6月在长江中下游和太湖流域出现了3次强降水过程,特别是6月23日至7月1日出现了持续性特大暴雨过程,部分地区出现了历史极值降水量,长江下游和太湖流域的6月降水量较常年同期平均偏多1.5倍左右,长江中下游和太湖流域发生了大洪水。7月2日到月底,长江流域一直没有发生强降水过程,但8月长江中下游地区的降水仍较常年同期明显偏多。

作者不是1999年气科院的汛期主班。当年内蒙古巴盟气象局的李金田预报员来作者处访问学习预报方法,作者就让他根据我们1998年的汛期预报工具做1999年的汛期预报,他做好后对作者说:"怎么1999年与1998年相似",当时作者也有些疑惑。我们又参考了其他预测方法,最后做出了1999年的汛期预测意见。

我们对1999年南方地区的汛期预测意见是:(1)1999年长江流域发生类似于1954年和1998年全流域性特大洪水的可能性较小。1999年长江下游包括赣江流域和太湖流域大部地区可能6月多雨,局部地区有洪涝发生,盛夏长江下游和江南大部地区可能有30天左右的明显少雨伏旱天气,8月下半月还会有降水过程,旱情可望得到缓和;1999年长江中上游的洞庭湖流域夏季(6—8月)仍可能多雨有洪涝发生,洪涝强度比1998年明显偏小。但仍要警惕可能有中等偏大的洪涝发生,要尽量避免发生类似于1996年的洪涝灾害事件;1999年长江上游的嘉陵江和汉水流域夏季(6—8月)可能显著多雨,要警惕部分地区可能有特大暴雨引起的山洪爆发而造成严重洪涝;三峡地区汛期以多雨为主要趋势,在汛期降水集中期,可能有洪涝发生。(2)1999年珠江流域前汛期(4—6月)雨水可能偏少,后汛期(7—9月)雨水可能偏多。华南地区(15站平均)汛期(4—9月)最大5旬滑动降水总量可能有500—590 mm,为明显偏多,部分地区可能在降水集中期间有洪涝发生。

由1999年的预测意见与实际雨情的对比分析可见,我们对长江中下游地区和太湖流域及江南北部地区6月多雨局部地区有洪涝的预测是准确的;对长江中上游洞庭湖、山峡地区汛期多雨有类似1996年中等偏大洪涝发生的预测也是准确的;对华南地区前汛期(4—6月)降水偏少、后汛期降水偏多、(4—9月)最大5旬滑动降水总量可能有500—590 mm,为明显偏多等都是准确的。作者对1999年的最大失败是预测黄河中游和内蒙东部至东北中北部的汛期降水异常偏多和明显偏多并有大洪水发生。

气科院对1999年汛期的综合意见不是作者负责的,作者的预测意见被当作另外的个别意见在综合预测意见中提了一句:'另外,有个别意见预测江南地区降水异常偏多有洪涝'。1999年气科院对汛期旱涝的主要预测意见是南少北多,北方部分地区可能发生较严重洪涝。

1999年汛期长江流域多雨洪涝而北方大部地区少雨干旱的分布特征的预测来说,是非常困难的:8个单位中有4个单位预测1999年汛期主要多雨带在中部地区(即黄淮地区和江淮地区),有3个单位预测汛期有两支多雨带,分别位于北方和江南到华南地区,有1个单位预测长江及其以北地区多雨,江南和青藏高原地区少雨。8大单位中有7个单位预测江南大部地区汛期少雨,有6个单位预测长江流域汛期少雨。由G中心给8个大单位预测意见的评分结果可知,1999年得分最高的单位是A所(66.4分),该所预测南方有一支多雨带,南方的多雨趋势比较准确;预测北方也有一支多雨带的多雨趋势不准确。在8个大单位中,有6个单位的预测得分不及格。

为什么大多数单位的大多数专家对1999年汛期的预测没有成功呢？其原因是多方面的,1999年汛前的几个重要前兆因子出现了反常现象,对汛期预测起到了迷惑和误导作用。很多专家对1999年汛前的几个重要前兆因子与长江流域发生特大洪水的1998年同期相比,发现有较大不同:

(1)1998年1—5月赤道中东太平洋海温一直是正距平暖位相,中国受到厄尔尼诺事件的影响,而1999年从上年10月以来赤道中东太平洋海温一直是负距平冷位相,中国受到的是拉尼娜事件的影响,而且这种影响可能会持续到汛期。1999年的汛前海洋背景与1998年汛前海洋背景是相反的。多数厄尔尼诺年北方容易少雨,长江流域汛期容易多雨;拉尼娜年则相反。所以,根据1999年汛前赤道中东太平洋海温背景,要预报1999年汛期长江流域少雨而北方多雨;

(2)1998年前冬青藏高原的积雪异常偏多,而1999年前冬青藏高原的积雪明显偏少。多数年份前冬高原积雪偏多,有利于长江流域汛期多雨和华北地区汛期少雨;前冬高原积雪偏少则有利于华北地区多雨而长江流域少雨。所以,青藏高原的积雪背景也要预报1999年汛期北方地区多雨而长江流域少雨;

(3)在多数年份,南海季风爆发晚,夏季风弱,长江流域汛期就容易多雨而华北地区汛期就容易少雨;反之则反。1998年南海季风爆发晚,夏季风弱,长江流域汛期发生了异常多雨洪涝事件。根据冬季环流特征预示1999年南海季风爆发时间将偏早,夏季风可能偏强,中国夏季主要多雨带要偏北;

(4)在多数年份,冬季西藏高原的500 hPa高度偏低,有利于长江流域汛期多雨;反之则反。1998年冬季西藏高原的500 hPa高度偏低,有利于长江流域汛期多雨;而1999年冬季西藏高原的500 hPa高度偏高,不利于长江流域汛期多雨;

(5)1998年冬季西太平洋副热带高压异常偏强,而1999年前冬西太平洋副热带高压异常偏弱,位置异常偏北,预计夏季也将持续偏北,有利于1999年汛期主要多雨带偏北;

(6)作者在20世纪70年代对"天气谚语的考核"中,受到在长江中下游地区流传的天气谚语"腊月里多雪水黄梅"和"三九雪少晒伏盐"的启发,从大量降水资料的统计分析中发现,用公历1月降水量代替"腊月"降水量,用1月上旬降水量和中旬降水量分别代替"二九"和"三九"的雪量,则1月降水量和1月上旬与中旬降水量的多少对汛期洪涝和干旱有较好的前兆指示性。而且在其后的20多年预报中取得了较好的应用效果。1998年长江中下游地区1月降水量特别多,"三九"和"二九"的雪量也大;而1999年长江中下游地区1月降水量特别少,"三九"和"二九"的雪量也很小。

由于以上6个主要前兆因子在1999年与1998年汛前出现了很大的反差,导致了绝大多数专家(也包括作者本人)对1999年主汛期主要雨带位置的预测失败。另外,还有的专家基于因子(1)和(2)的基础上再派生出来的预报因子就更加迷惑了准确方向。

尽管那么多重要前兆因子在1999年出现了与1998年相反的特征,但是1999年主汛期在长江流域又一次发生了大洪水,北方大范围发生了少雨干旱,难道是老天爷故意制造的汛前假象吗?当然不能把1999年预测失败的主要原因简单地推到老天爷身上了之,只有客观地去寻找失败的真正原因和汲取失败的教训,才能变失败为成功之母。作者在分析寻找1999年主汛期主要雨带预测失败的主要原因和研究包括1999年汛期长江中下游地区大洪水事件在内的预测物理模型时,得到了如下几点新认知:

(1)虽然1998年是厄尔尼诺年,1999年是拉尼娜年,1999年与1998年的同期太平洋海温距平趋势的位相是相反的,对中国汛期降水有不同的影响。但是,1997年5月发生的强厄尔尼诺现象一直持续到1998年5月,1997年和1998年都是厄尔尼诺年,1999年和1998年都是厄尔尼诺年的次年。由于海温对降水的影响要通过对大气感热和潜热释放,首先影响大气环流背景,再能影响到降水,海温对降水的影响是一个缓慢的过程,所以海温对同期降水的影响没有对滞后降水的影响大。从海温的滞后影响作用考虑,1998年和1999年都是受到1997—1998年发生的厄尔尼诺事件的滞后影响,有利于长江流域的多雨洪涝;

(2)1999年前冬积雪量少是结果和现象,造成冬季积雪量少与1998年中国年平均气温出现了极端异常偏高有关,1998年中国的年平均气温比1997年年平均气温偏高0.5℃,1998年是历史的极端高温年,特别偏高的气温有利于积雪的融化而不利于积雪的积累。1999年也是

高温年,中国年平均气温仅比1998年下降了0.3℃,所以1999年和1998年中国陆地气温大背景相似,都是高温年;

(3)1998年秋季(10—11月)平均西太平洋副热带高压持续异常西伸(≤92.5°E),是1999年汛期长江流域异常多雨有大洪水的超前半年出现的强信号。在1951—1999年期间,西太平洋副热带高压上一年秋季(10—11月)平均西伸位置在92.5°E以西的年份只有1954(92.5°E)、1980(92.5°E)、1995(90°E)、1996(90°E)、1998(90°E)、1999(92.5°E)年,在前5年主汛期长江流域都发生了特大洪水年和大洪水。1998年秋季(9—11月)3个月的西太平洋位置持续异常偏西,9月和10月在90°E,11月在95°E,这个强信号在半年以前就预示着1999年长江流域将会发生大洪水或特大洪水,预报可信概率为100%(5/5);

(4)在1951—1999年期间,夏季月赤纬异常偏南(≤20.3°N),而且上一年中国(160站平均)年平均气温明显偏高(≥19.0℃)的年份只有4个(1995、1996、1998、1999年),前3个都是长江流域大洪水年和特大洪水年,所以1999年的天文背景和气温背景都是有利于1999年主汛期长江流域发生大洪水年和特大洪水年的;

(5)在1999年以后,我们在研究'海河流域汛期旱涝分级预报物理模型'的过程中,从北半球500 hPa、100 hPa高度场、太平洋SST、81项物理量等因子源中,发现了较多的与'海河流域汛期旱涝'存在着高相关关系的前兆因子,其中大多数都预示1999年海河流域汛期要少雨干旱。例如,西北地区前冬气温明显升高对海河流域和黄河流域汛期降水是十分不利的;上年秋季西半球副高偏弱也是北方汛期少雨的一个信号等等。但这是'事后诸葛亮',在1999年做汛期预报时还没有发现它们。自从发现了海河流域汛期旱涝的众多优相关前兆因子以后,对其后的海河流域汛期旱涝的成功预测就有了较好的基础。

总的来说,1999年全国汛期旱涝预报是相当复杂和十分困难的,作者感到1999年北方的少雨干旱比南方的多雨洪涝更难预报准确。由此可见,汛期旱涝的长期预测难就难在各种影响因子和影响关系每年有变化。所以,对前面的旱涝预报成功了,不一定对未来的旱涝都能预报准确。因此,必须要对已经发生的旱涝事件的共同发展规律和每年的特殊前兆因子的综合关系分析研究得比较深透,要与时俱进和不断深入地分析研究,才有可能取得新的成功。

7.6.18 2000年主汛期主要雨带和北方大部少雨有伏旱取得成功

2000年全国汛期(6—8月)降水量距平百分率分布特征是:主要雨带在长江至黄河之间的中部地区,多雨中心在淮河中上游。另外,贵州、福建、新疆中东部和西藏中东部也明显多雨;西北东部、华北大部、东北大部及广西大部少雨有干旱。

作者在2000年3月提供给国家气候中心的汛期旱涝预测意见和示意图(由2000年气候预测评论43页可见),对2000年全国汛期旱涝的主要预测意见有3个:(1)2000年汛期(6—8月)主要多雨带可能在长江流域至黄淮地区(如预报图所示),其中,长江流域和淮河中上游地区可能有强暴雨产生,部分地区可能会因强暴雨引发大洪水;(2)汛期我国西部的南疆和西藏大部地区和东北西部地区可能明显多雨,其中局部地区可能有大水发生;(3)西北东部、华北大部可能少雨(可能比去年同期偏多),部分地区可能有伏旱。

由2000年汛期旱涝的实况和预测意见的对比分析可知,作者对2000年主汛期的主要雨带位置和主汛期雨型的预测与实况比较一致,特别是对淮河流域的多雨洪涝趋势预测比较准确。对贵州、四川东部至渭河流域、新疆和西藏中东部的明显多雨趋势也预测成功;对西北东部和华北大部的少雨干旱趋势的预测也与实况比较接近。但是,对东北西部、广西大部及长江中游的少雨干旱趋势和福建的多雨趋势没有预测出来。

气科院对 2000 年的汛期预测意见是作者负责综合的,2000 年气科院有 8 位专家提供了全国汛期旱涝趋势预测意见和示意图,8 位专家对汛期旱涝趋势的预测有较大分歧,所以作者在综合气科院的预测意见时,将 8 位专家分成两种预测意见,与作者预测意见比较接近的作为第一种预测意见,将预测主要多雨带位置在长江以南的作为第二种预测意见。第一种预报意见预报主汛期(6—8 月)主要多雨带位置在江淮流域。其中,部分地区可能有洪涝发生,局部地区在汛期高峰期可能有大洪水发生。另外,在东北的西部地区和南疆大部地区降水量也较常年同期明显偏多,部分地区可能有较大洪涝发生。在华北大部和西北的东部地区,夏季(6—8月)降水量较常年同期偏少,但比 1999 年同期偏多,由于前期底墒较旱,部分地区可能夏旱仍较明显。第二种预报意见预报主汛期(6—8 月)主要多雨带位置在江南至华南地区,其中,局部地区降水明显偏多,可能有洪涝发生;北方大范围夏季可能少雨有干旱。将这两种预测意见与实况对比检验可知,第一种预测意见对汛期主要多雨带位置及其他多雨区域的预测是成功的;对华北大部和西北东部及两广地区夏季少雨干旱趋势的预测也是成功的。预测内蒙中部地区多雨是失败的。第二种预测意见对汛期主要多雨带位置和雨型的预测不准确,预测长江至黄河之间的中部大部地区汛期少雨与实况相反。对北方大部地区的少雨干旱趋势预测比较准确。

八大单位对 2000 年汛期主要多雨带位置的预测比较一致,八个单位中有七个单位预测主要多雨带在黄淮和江淮地区,只有 1 个单位预测汛期有两支多雨带,分别位于长江以南和黄河以北。2000 年 G 中心和 B 所的预报最好,预报正式发布的预报意见也与实况比较接近。

7.7 2008 年北京奥运会天气的长中短期预测成功及其依据的剖析
   —— 验证了物理统计方法对特定地区特定日期天气的可预报性

由中国主办的 2008 北京奥林匹克运动会,取得了举世瞩目的胜利和圆满成功!我们每一个中国人都为之自豪!这胜利属于中国领导人和奥运组委会、奥运志愿者们,也属于 13 亿中国人民!在选定 2008 北京奥运会在 8 月 8 日开幕时,就令不少气象界领导和气象科技工作者们担心,因为从北京的气候特征来看,8 月正是北京的雨季,7 月下旬至 8 月上旬是北京雨季高峰期,如果在北京奥运会期间,特别是在开幕式和闭幕式时降大雨到暴雨怎么办?我院领导和院士十分关切地对作者提问过:"奥运开幕日会不会像'63.8'那样下持续性大暴雨?如果下大暴雨,危害性太大了。"在 1963 年 8 月北京发生了大洪水,8 月 3—9 日北京连续下了 476 mm 的暴雨,其中 8 日下了 125 mm,9 日又下了 212 mm,8—9 日两天下的雨量比常年 8 月总雨量还偏多一倍多。海河流域发生了特大洪水,海河流域 8 月面平均雨量比常年同期偏多 2 倍多。

7.7.1 前期北京一百多年降水资料收集整理和年际变化特征分析

在得知 2008 年奥运会由北京申办成功时,作者出于对奥运天气的极大关注和浓厚兴趣,同时也从自己的职责爱好出发,就对北京的水资源特别关注。开始只是担心在 1999 年以来北京降水量长期持续偏少的情况下,北京召开奥运会需要增加大量的生活用水,2008 年北京地区降水量是否会增加?还是继续减少?就开始对 2008 年北京奥运的空中水资源进行了探讨。首先收集了 1841—2006 年期间北京地区的降水量,并且统计分析了汛期(6—9月)和年(1—12月)降水量的年际和年代际变化特征,如图7.30(a)和图7.30(b)所示。

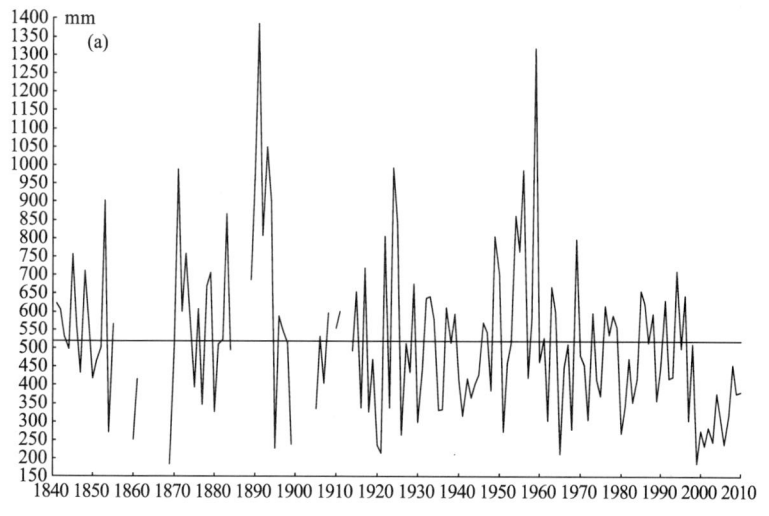

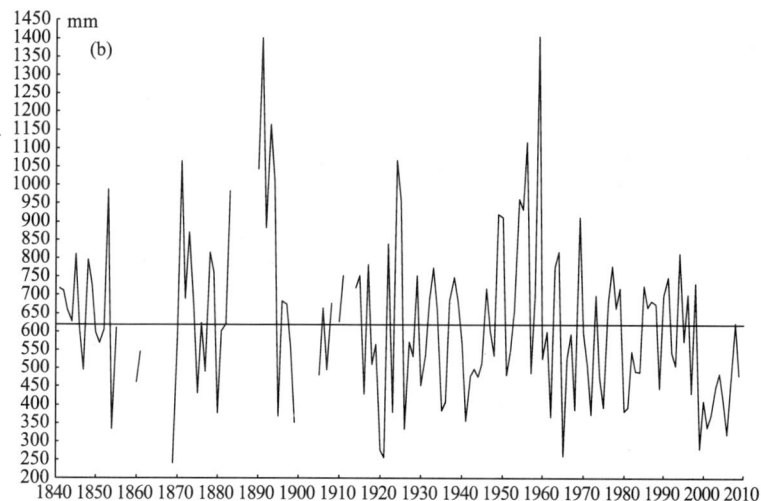

图 7.30 1841—2006年北京地区汛期(6—9月)降水量(a)和年降水量(b)的年际变化特征

Fig. 7.30 The interannual variations of (a) flood season (June-September) precipitation and (b) annual precipitation in Beijing area during 1841—2006

同时分析研究了北京地区汛期降水量和年降水量对太阳活动特征年的响应关系,综合分析和展望的结果是:预计2008年北京地区的汛期(6—9月)降水量可能会比1999—2005年同期有所增加,但是否会比常年同期偏多?还是要到2008年的汛期预报结果出来以后才能判断。作者从2008年3月至8月一直对北京奥运前期天气特征进行了监测和分析,特征是对1951年以来北京8月逐日降水量的分布规律和特点进行了细致的分析,并用长、中、短期天气预报方法紧密结合的技术路线,对2008年8月北京奥运期间的天气过程特别是对8月8日开幕日和开幕时及24日闭幕日的天气做了长、中、短期预测都获得了成功。在2008年3月预报:"北京汛期(6—8月)降水总量比常年同期偏少,不会有大暴雨过程发生"(长期预报);在7月中旬预报:"北京8月7—9日出现大到暴雨过程的可能性很小"(中长期预报);在7月下旬至8月7日一直预报:"北京

8月8日基本无雨,即使有雨也很小,对北京奥运开幕式不会有什么影响"(中短期预报);在8月3日预报:"北京8日晚上奥运开幕时无雨,即使有雨也很小,不会对奥运开幕式造成什么影响"(短期预报);接着在8月14日至23日预报:"24日北京奥运闭幕日无雨"(中短期预报)。由北京2008年8月天气实况验证,我们对北京奥运天气的预报是很成功的。本节对2008北京奥运天气预报取得成功的自主创新方法进行了总结和论述,对2008北京奥运天气的中长期预报取得了成功,证明在特定地区的重大节日天气的中长期预报的可预报性,提供给对北京奥运天气和特定地区重大节日天气的中长期预报有兴趣者借鉴和参考。

2007年9月,在天津召开的"海河流域及其9分区非汛期降水预报物理模型研制"的结题验收会上,作者代表课题组提交了未来有关海河流域及其9个分区的非汛期(2007年10月—2008年5月)降水量的书面预报意见:"预报海河流域9个分区的非汛期(2007年10月至2008年5月)的降水总量都不同程度地较常年同期明显偏多"。所以在2008年春季海河流域出现异常多雨现象时,我们并不感到意外,因为这是在我们预料之中的多雨现象。我们在2008年3月对海河流域及其9个分区汛期降水的预报结果表明,2008年海河流域(包括北京)汛期降水可能比前几年偏多些,但比常年同期仍偏少,排除海河流域(包括北京)发生持续性大暴雨和特大暴雨的可靠率非常高(56/56)。所以我们从3月开始就不担心北京奥运期间会有大暴雨和特大暴雨发生。2008年北京不但春季异常多雨,而且6月也异常多雨,这就使我们开始为奥运天气担心"2008年8月会不会真的出现异常多雨天气?"带着这个问题,我们在"海河流域汛期预报物理模型"的预测意见基础上,又用多种方法相结合的手段,对1951—2007年8月北京逐日降水的分布规律和特点进行了统计分析和研究,我们用长—中—短期天气预报相结合的方法对北京8月逐日降水量展开全面的统计分析,并在7月中旬至8月初对北京8月8日奥运开幕日和开幕时、在8月14日至23日对24日闭幕日及其他时段的主要降水过程做出了长—中—短期预测意见。并在8月2日参加了国家气象中心的奥运天气专家会商会和多次参加了中国气象科学研究院灾害天气国家重点实验室有关北京奥运天气研讨会,并向中国气象局领导和有关院士、专家提供了奥运天气的书面预测意见和依据。由8月的逐日降水实况证明,我们对北京奥运开幕日、开幕时和闭幕日的预测是很成功的,其长—中—短期相结合的预报方法是可以借鉴和参考的。下面就对北京降水的历史变化特征、奥运天气的预测意见及其科学依据进行分析和论述。

由表7.6可见,北京地区降水量资料观测数据记录是从1841年开始的,距今已有169年,但令我们痛心的是由于19世纪后50年和20世纪前40年受到外国列强的侵略和肆意破坏,在近169年(1841—2009年)中,只有147年有汛期降水量资料和144年有年降水量资料,汛期降水量和年降水量观测记录都缺的年份是:1856—1859年、1862—1868年、1885—1888年、1900—1902年、1904年、1909年、1912—1913年,另外,有汛期降水量而缺年降水量的有3年:1884年、1889年、1903年。还有几年(1924、1928、1937—1939年)记录不精确只能供参考。

汛期降水量和年降水量的年代际变化特征如表7.6所示,19世纪40年代、50年代、70年代和90年代及20世纪20年代和50年代汛期降水量均较常年同期偏多,20世纪30年代和40年代持续较常年同期偏少,19世纪90年代异常多雨,是有降水记录以来的汛期降水量最多的年代,20世纪60年代至21世纪元年代持续较常年同期偏少。年降水量的年代际变化特征基本上与汛期降水量的年代际变化特征相似,19世纪40年代、70年代、90年代和20世纪10年代年降水量均较常年偏多,20世纪20年代至40年代持续较常年偏少,19世纪90年代和

20世纪50年代异常多雨,是有降水记录以来的年降水量最多的年代,20世纪60年代至21世纪元年代持续较常年偏少。除了21世纪元年代和20世纪70年代的最大汛期降水量(455~617 mm)较常年同期偏少外,其余12个年代的最大汛期降水量(643~1385 mm)均较常年汛期降水量(520 mm)偏多,每个年代的最大年降水量(623~1406 mm)均较常年的年降水量(619 mm)偏多,每个年代的最小年降水量(256~497 mm)均较常年降水量偏少。

表 7.6 1841—2009 年北京地区汛期(6—9 月)降水量和年(1—12 月)降水量的年代际变化特征

(降水量单位:mm)

Table 7.6 Interdecadal change characteristics of the flood season(June—September) precipitation and the annual(January—December) precipitation in Beijing area during 1841—2009

年代	汛期资料年数	年代平均汛期降水量	汛期降水量偏多年概率(%)	最大汛期降水量	最小汛期降水量	全年资料年数	年代平均年降水量	年降水量偏多年概率(%)	最大年降水量	最小年降水量
1841—1849	9	588	78	756	434	9	684	78	811	497
1850—1859	6	521	33	902	271	6	618	17	987	334
1870—1879	10	615	70	989	346	10	700	70	1064	432
1890—1899	10	723	70	1385	228	10	814	70	1401	351
1910—1919	8	520	50	719	328	8	643	63	782	430
1920—1929	(10)	533	40	994	215	(10)	596	40	1067	256
1930—1939	(10)	499	43	643	299	(10)	602	(60)	773	385
1940—1949	10	466	30	807	317	10	567	20	921	355
1950—1959	10	689	70	1319	274	10	819	70	1406	482
1960—1969	10	482	40	797	214	10	577	30	913	262
1970—1979	10	493	50	617	306	10	589	50	779	374
1980—1989	10	460	40	658	269	10	549	40	724	381
1990—1999	10	478	30	712	187	10	603	50	813	280
2000—2009	10	318	00	455	234	10	437	10	623	319

北京地区汛期(6—9月)降水量在169年(1841—2009年)期间有降水记录的年份只有147年,其中有5年(1924、1928、1937—1939年)只能供参考。147年的平均值是520 mm(即常年值),比常年同期偏多的汛期多雨年气候概率是44%(65/147),前15个(10%)汛期大水年是:1891(1385 mm)、1959(1319 mm)、1893(1049 mm)、1924(994 mm)、1871(989 mm)、1956(988 mm)、1890(977 mm)、1853(902 mm)、1894(902 mm)、1883(867 mm)、1954(862 mm)、1892(808 mm)、1949(807 mm)、1922(806 mm)年。汛期降水量较常年同期偏多5.5成至1.66倍。汛期降水量持续较常年同期偏多的持续性多雨期有:1841—1843年(3年)、1845—1846年(2年)、1848—1849年(2年)、1871—1874年(4年)、1878—1879年(2年)、1882—1883年(2年)、1889—1894年(6年)、1896—1897年(2年)、1910—1911年(2年)、1924—1925年(2年)、1932—1934年(3年)、1946—1947年(2年)、1949—1950年(2年)、1954—1956年(3年)、1958—1959年(2年)、1963—1964年(2年)、1976—1979年(4年)、1985—1986年(2年)。在65个汛期多雨年中有72%(47/65)是持续性多雨年,其中,有35%(23/66)是持续3—6年多雨年。

比均值偏少的汛期少雨年的气候概率是56%(82/147),前15个(10%)汛期少水年是:1869年(185 mm)、1999年(187 mm)、1965年(214 mm)、1921年(215 mm)、1895年(228 mm)、2001年(234 mm)、1920年(238 mm)、1899年(239 mm)、2006年(239 mm)、2003年(246 mm)、1860年(253 mm)、1980年(269 mm)、1854年(271 mm)、1951年(274 mm)、2000年(275 mm),汛期降水量较常年同期偏少4.7成至6.4成。汛期降水量持续较常年同期偏少的持续性少雨期有:1850—1852年(3年)、1860—1861年(2年)、1869—1870年(2年)、1980—1981年(2年)、1898—1899年(2年)、1918—1921年(4年)、1926—1928年(3年)、1930—1931年(2年)、1935—1936年(2年)、1940—1945年(6年)、1951—1953年(3年)、1965—1968年(4年)、1970—1972年(3年)、1974—1975年(2年)、1980—1984年(5年)、1989—1990年(2年)、1992—1993年(2年)、1997—2009年(13年)。在82个汛期少雨年中有78%(64/82)是持续性少雨年,其中,1997年以来的持续13个少雨年是有历史记录以来的最长少雨期,在1996年以前的历史上最长少雨期是1940—1945年(6年)。

北京地区有全年降水记录的只有144年,其中还有6年的个别月份记录不全,只能供参考。144年平均年降水量是619mm(常年值),年降水量较常年偏多年的气候概率是47%(68/144),前15个(10%)年降水量异常偏多年是:1959年(1406 mm)、1891年(1401 mm)、1893年(1163 mm)、1956年(1116 mm)、1924年(1067 mm)、1871年(1064 mm)、1890年(1043 mm)、1894年(1009 mm)、1853年(987 mm)、1883年(984 mm)、1954年(961 mm)、1925年(957 mm)、1955年(933 mm)、1949年(921 mm)、1969年(913 mm)年,较常年偏多4.8成至1.27倍。年降水量持续较常年偏多的持续多雨期有:1841—1845年(5年)、1848—1849年(2年)、1871—1874年(4年)、1878—1879年(2年)、1882—1883年(2年)、1890—1894年(5年)、1896—1897年(2年)、1910—1911年(2年)、1914—1915年(2年)、1924—1925年(2年)、1932—1934年(3年)、1937—1939年(3年)、1949—1950年(2年)、1953—1956年(4年)、1958—1959年(2年)、1963—1964年(2年)、1976—1979年(4年)、1985—1988年(4年)、1990—1991年(2年)。在68个年降水量较常年偏多年中有79%(54/68)是持续性多雨年,其中,有38%(26/68)是持续4—5年多雨年。

年降水量较常年偏少年的气候概率是53%(76/144),前15个(10%)年降水量异常偏少年是:1869年(242 mm)、1921年(256 mm)、1965年(262 mm)、1920年(277 mm)、1999年(280 mm)、2006年(319 mm)、1854年(334 mm)、1926年(334 mm)、2001年(339 mm)、1899年(351 mm)、1941年(355 mm)、1962年(367 mm)、1895年(370 mm)、2002年(372 mm)、1972年(374 mm),年降水量较常年偏少4.0成至6.1成。年降水量持续偏少年有:1846—1847年(2年)、1850—1852年(3年)、1854—1855年(2年)、1860—1861年(2年)、1869—1870年(2年)、1880—1881年(2年)、1898—1899年(2年)、1918—1921年(4年)、1926—1928年(3年)、1930—1931年(2年)、1935—1936年(2年)、1940—1945年(6年)、1947—1948年(2年)、1951—1952年(2年)、1960—1962年(3年)、1965—1968年(4年)、1970—1972年(3年)、1974—1975年(2年)、1980—1984年(5年)、1992—1993年(2年)、1999—2007年(9年)。在76个年降水量偏少年中有86%(65/76)是持续性少雨年,其中,1999—2007年是有记录以来的最长少雨期,在1998年以前的历史上最长少雨期是1940—1945年(6年)。

由上述统计结果可见,北京地区的汛期(6—9月)降水量占全年降水量的84%(520 mm/619 mm),北京汛期降水量的距平趋势与年降水量的距平趋势的一致性概率达到93%,只有

7%的年份汛期降水量的距平趋势与年降水量的距平趋势相反。所以，在北京地区汛期降水量的变化趋势对年降水量的变化趋势有很好的代表性。

7.7.2 北京地区汛期和年降水量对太阳活动低谷年的响应特征研究

太阳黑子相对数是反映太阳活动强弱的最好和最长的序列资料，本节所用1841—1950年的太阳黑子相对数是采用的格林威治天文台的数据资料，1951—2009年的太阳黑子相对数是采用的中国紫金山天文台的数据资料。在1841—2009年期间，有16个太阳活动低谷年：1843—1856—1867—1878—1889—1901—1913—1923—1933—1944—1954—1964—1976—1986—1996—2008年，相邻两个太阳活动低谷年相差年数是：13—11—11—11—12—12—10—10—11—10—10—12—10—10—12年。由相邻两个太阳活动低谷年的变化规律可知，在相邻两个太阳活动低谷年相差年数为10年的短周期连续出现两个后，第三个周期与前一个周期就会相差11年或12年了，即没有出现连续3个短周期。作者在2006年的统计分析中认为，1976—1986—1996年已经是连续两个短周期了，后一个周期出现11年或12年的长周期的可能性特别大，也就是说下一个低谷年出现在2007年或2008年的可能性很大，由此就可以把2008年作为太阳活动低谷年或低谷年次年来分析其汛期降水量和年降水量的变化趋势。现在已经有观测数据证明，2008年是低谷年，2009年是低谷年次年，2007年至2009年的太阳黑子相对数都很小。由表7.7可知，在太阳活动低谷年的北京汛期（6—9月）降水量较常年同期偏多的几率是75%（9/12），比汛期（6—9月）降水量较常年同期偏多的气候几率（46%）偏高29%；在太阳活动低谷年的北京年降水量较常年偏多的几率是82%（9/11），比年降水量较常年偏多的气候几率（45%）偏高37%。

表7.7 1841—2008年北京地区汛期（6—9月）降水量和年降水量对太阳活动谷年的响应关系
（143年汛期降水量均值为512mm，139年年降水量均值为611mm，降水量单位：mm）

Table 7.7 The response relationship of the flood season (June—September) precipitation (unit: mm) and annual precipitation in Beijing to the solar activity minimum year during 1941—2008 (mean flood season precipitation is 512mm for 143 years, mean annual precipitation is 611mm for 139 years)

太阳活动谷年	年平均太阳黑子相对数(%)	汛期降水量	年降水量	太阳活动谷年的次年	年平均太阳黑子相对数(%)	汛期降水量	年降水量
1843	12.9	533	659	1844	18.0	497	627
1856	5.2			1857	27.3		
1867	8.7			1868	45.1		
1878	4.1	670	814	1879	7.2	706	761
1889	7.5	686		1890	8.5	979	1043
1901	3.3			1902	6.1		
1913	1.7			1914	11.5	492	721
1923	6.9	339	380	1924	20.1	987	1059
1933	6.8	632	762	1934	10.5	579	661
1944	11.5	402	476	1945	39.7	430	513
1954	4.4	862	962	1955	38.0	765	933
1964	10.2	601	820	1965	15.1	215	267
1976	12.6	618	686	1977	27.9	536	764
1986	11.7	623	666	1987	27.7	515	684
1996	8.8	645	701	1997	22.3	303	432
2008	2.8	455	623	2009	3.1	377	481

2008年北京的汛期降水量较常年同期偏少11%,年降水量较常年偏多2%。在太阳活动低谷年次年,北京汛期(6—9月)降水量较常年同期偏多的几率是54%(7/13),比汛期(6—9月)降水量较常年同期偏多的气候几率(46%)偏高8%;在太阳活动低谷年的北京年降水量较常年偏多的几率是69%(9/13),比年降水量较常年偏多的气候几率(45%)偏高24%。2009年北京的汛期降水量较常年同期偏少26%,年降水量较常年偏少21%。

7.7.3 1951—2007年期间北京8月降水的气候分辨特征

作者在2008年7月做的统计分析结果,如图7.31所示,北京8月降水量(采用的南郊观象台54511观测站的观测资料,下同)的30年(1971—2000年)平均值是160 mm,1959年8月降水量最大,有575 mm;1962年和2003年8月降水量最小,只有34 mm,最大年比最小年偏多近16倍。在1951—2007年期间,8月降水量较常年同期偏多的气候概率是42%(24/57),较常年同期偏少的气候概率是58%(33/57)。在近19年(1989—2007年)中,只有3年(1994、1996、2000年)较常年同期偏多,其余16年均较常年同期偏少,尤其是在1997—2007年的11年期间,只有2000年正常偏多,其余10年均较常年同期偏少。

如图7.32所示,北京8月最大日降水量的30年(1971—2000年)平均值是60 mm,在1951年以来,最大日降水量的极大值出现在1963年8月9日,日雨量有212.2 mm,最大日降水量的极小值出现在2003年8月28日,只有19.4 mm。8月最大日降水量≥50mm(暴雨)的气候概率为60%(34/57),8月最大日降水量≥100 mm(大暴雨)的气候概率为18%(10/57)。

8月最大日降水量≥120 mm的强暴雨日数的气候概率为9%(5/57),即只有5个:1954年8月9日(139.9 mm)、1959年8月13日(152.2 mm)、1963年8月8日(125.2 mm)和9日(212.2 mm)、1984年8月9日(156.2 mm),这5个强暴雨日都是出现在8月8日至13日期间;8月最大日降水量在暴雨以下(日降水量≤49.9 mm)的气候概率为40%(23/57);8月最大日降水量在大雨以下(日降水量≤24.9 mm)的气候概率为5%(3/57),即只有3个年:1968年(19.7 mm)、1972年(21.2 mm)、2003年(19.4 mm)。

图7.31 1951—2007年北京8月降水量年际变化特征

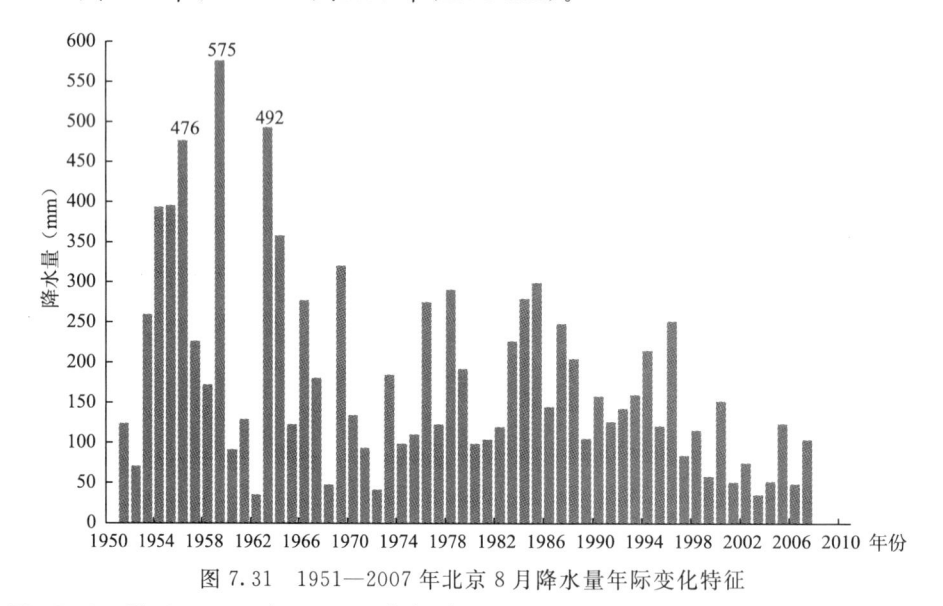

Fig.7.31 The interannual variation of the August precipitation in Beijing during 1951—2007

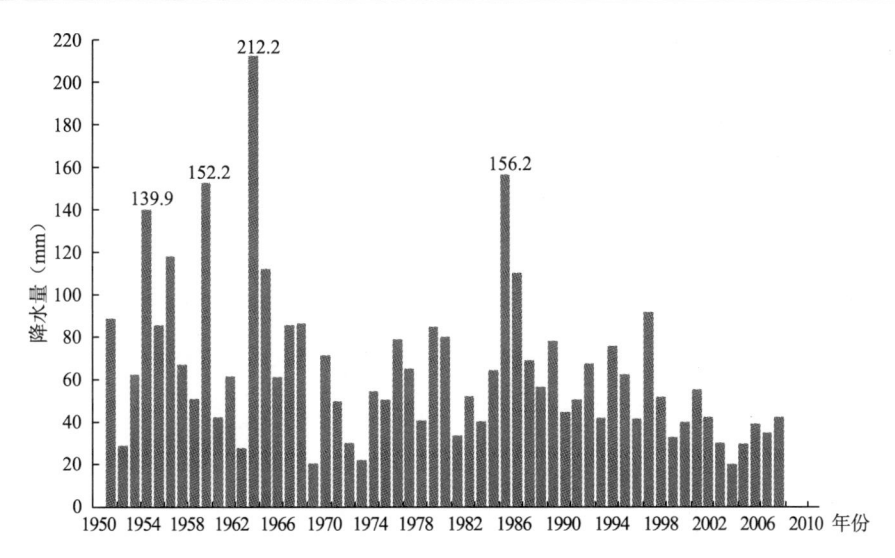

图 7.32　1951—2007 年北京 8 月最大日降水量年际变化特征

Fig. 7.32　The interannual variation of the maximum daily precipitation in August in Beijing during 1951—2007

北京 8 月暴雨日数气候分布特征的统计分析：北京 8 月暴雨（日降水量≥50 mm）日数的多年（1971—2000 年）平均值只有 0.9 天，8 月无暴雨日的气候概率为 40.4%（23/57）、出现 1 天暴雨的气候概率为 36.8%（21/57）、出现 2 天暴雨的气候概率为 17.5%（10/57）、出现 3 天暴雨的气候概率为 5.3%（3/57）、出现 4 天暴雨的气候概率为 1.8%（1/57）。8 月有 3~4 个暴雨至大暴雨日的年有 4 个：1955（3 个）、1956（3 个）、1959（4 个）、1963 年（3 个），北京 8 月有 2 个以上暴雨日的年份全部在 1985 年以前，在 1986 年以后北京 8 月没有出现过 2 个暴雨日。北京 8 月没有出现过暴雨日的年份有：1952、1960、1962、1968、1970—1972、1974、1977、1980、1982、1989、1992、1995、1998—1999、2001—2007 年共 23 年（其气候概率为 40.4%）。

北京 8 月上旬及 8 日和 7—9 日降水量气候分布特征的统计分析：北京多年（1971—2000 年）平均 8 月上旬、中旬、下旬降水量分别为 71 mm、56 mm、32 mm，8 月上旬降水量偏多年份的气候概率为 40.4%（23/57），偏少年份的气候概率为 59.6%（34/57），显然北京 8 月上旬降水量呈偏态分布，而且有 80.7% 的 8 月上旬降水量距平趋势有持续特征。8 月上旬持续多雨年有 1953—1956（4 年）、1958—1959（2 年）、1963—1965（3 年）、1974—1977（4 年）、1983—1984（2 年）、1992—1994（3 年）；8 月上旬持续少雨年有 1951—1952（2 年）、1960—1962（3 年）、1966—1968（3 年）、1970—1973（4 年）、1978—1980（3 年）、1985—1987（3 年）、1997—2004（8 年）、2006—2007（2 年）。1963 年 8 月上旬最大，有 476.4 mm，2001 年最小，只有 3.3 mm，其变化幅度异常剧烈，所以定量预报难度也特别大。

由图 7.33 可见，在 1951—2007 年期间，北京 8 月 8 日无雨的气候概率为 47.4%（27/57），8 日雨量≤0.9 mm 的气候概率分为 57.9%（33/57）；8 日雨量≥5.0 mm 的气候概率是 33.3%（19/57），≥10.0 mm（中雨以上）的气候概率是 22.8%（13/57）、≥25.0 mm（大雨以上）的气候概率是 8.8%（5/57），≥50.0 mm（暴雨以上）的气候概率是 1.8%（1/57），这年就是 1963 年（125 mm）。

7 日、8 日、9 日 3 天均无雨的气候概率只有 17.5%（10/57）、3 天总雨量≤5 mm 的气候概率为 38.6%（22/57），3 天总雨量≥20 mm 的气候概率是 36.8%（21/57）。北京 8 月 7 日无雨的气候概率为52.6%(30/57),7日雨量≤0.9 mm的气候概率为66.7%(38/57),7日雨量≥5.0 mm的气候概率是19.3%(11/57)、≥10.0 mm(中雨以上)的气候概率是10.5%(6/57)、≥25.0 mm(大雨以上)的气候概率是5.3%(3/57)、≥50.0 mm(暴雨以上)的气候概率是3.5%(2/57);9日无雨的气候概率为50.9%(29/57),9日雨量≤0.9 mm的气候概率为57.9%(33/57);9日雨量≥5.0 mm的气候概率是28.1%(16/57)、≥10.0 mm(中雨以上)的气候概率是21.1%(12/57)、≥25.0 mm(大雨以上)的气候概率是10.5%(6/57)、≥50.0 mm(暴雨以上)的气候概率是7.0%(4/57)。

图7.33 1951—2007年北京8月8日雨量年际变化特征

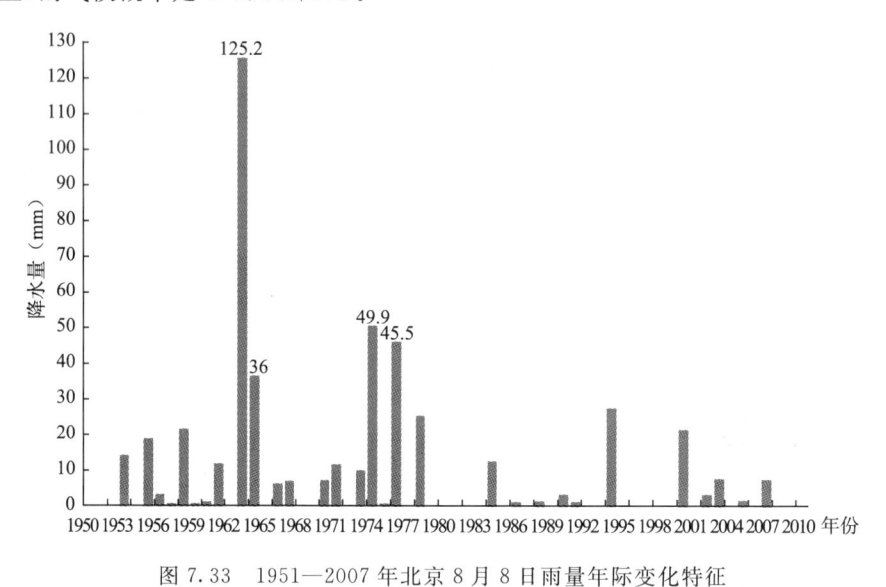

Fig. 7.33 The interannual variation of the daily precipitation on 8 August during 1951—2007

7.7.4 对北京南郊观测站的降水量代表性检验

以上统计分析结果揭示了北京8月降水量的各种气候特征和规律,北京观象台(54511站)观测的降水资料对北京各个区的代表性有多大,由于没有北京其他区的观测降水量资料而无法进一步分析。我们就计算了北京观象台的降水量与海河流域10个分区降水量的54年(1954—2007年)样本的相关系数,计算结果表明:北京8月降水量与海河流域10个分区汛期(6—9月)降水量中有8个区的相关系数在0.532～0.758,置信水平在0.001以上。其中,北京8月降水量与海河流域全区(82个气象站和水文站平均)汛期(6—9月)的相关系数有0.715,与密云水库区(4站平均)的相关系数是0.628,与白洋淀区(9站平均)的相关系数是0.758,与京津唐区(8站平均)的相关系数是0.631。由此可见,54511站点的8月观测降水量对海河流域大范围汛期旱涝都有较好的代表性的,对北京其他大部地区的代表性应该还是不会差的。据此密切关系,就可以借鉴我们的海河流域汛期旱涝的研究成果(预报物理模型系统)来对2008年北京8月奥运天气做预分析。

7.7.5 对2008年8月北京奥运开幕式和闭幕式天气的展望和成功预测及其依据

我们经过仔细的统计分析后,在7月18日首次对2008年北京奥运天气做出了中长期预测和展望(书面预测意见):"现距北京奥运会的开始只有20天了,大家越来越关心北京的奥运天气。由于出于对北京奥运天气的极大兴趣和职责爱好,近三个星期来,对 1951—2007 年期间北京 8 月降水量、8 月最大日降水量、8 月暴雨日数和 8 月 7 日、8 日、9 日的日降水量的历史气候分布特征及其预报模型进行了统计分析和研制。并根据预报模型:北京 8 月降水量预报物理模型(如模型(1)图 7.34 和模型(2)图 7.35 所示)、北京 8 月最大日降水量预报物理模型(如图 7.36 所示)、北京 8 月暴雨日数预报物理模型(如模型(1)图 7.37 和模型(2)图 7.38 所示)对 2008 年北京 8 月降水量、最大日降水量、暴雨日数和 8 月 8—9 日的天气趋势作了展望。仅供感兴趣的有关领导和专家参考,……。具体预测意见是:"由海河流域汛期(6—9 月)降水量的预报物理模型可见,2008 年海河流域汛期可以排除大涝大旱,海河流域(82 站平均)汛期降水总量可能有 330~450 mm(正常值为 407 mm);密云水库汛期降水总量可能为正常偏少(由预报模型可见),排除北京 8 月降水量≥350 mm(特多)的可靠率为 100%(45/45),预测 2008 年北京 8 月雨量在 159 mm 以下(偏少)的概率为 100%(16/16)。

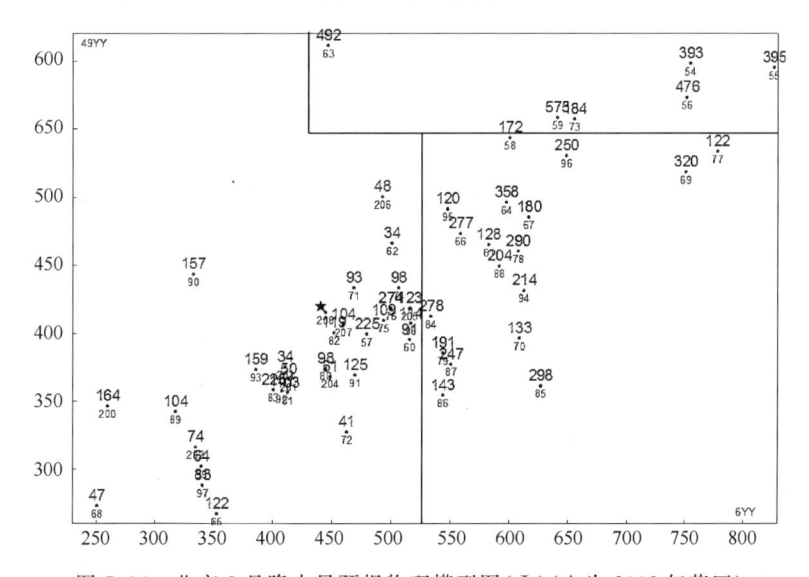

图 7.34　北京 8 月降水量预报物理模型图(Ⅰ)(★为 2008 年落区)

Fig. 7.34　The physical model diagram (Ⅰ) of the August precipitation prediction in Beijing(★ is the location of 2008 precipitation)

由 2008 年的落区表明,预测 2008 年北京 8 月降水量较常年同期偏少的可靠性比较大,预测 2008 年北京 8 月最大日雨量≤55 mm 的概率为 100%(13/13)、北京 8 月最大日雨量≤45 mm 的概率为 92%(12/13);预测 2008 年北京 8 月暴雨日数为 0 个的概率是 92%(12/13)。预测 2008 年北京 8 月 8 日和 9 日无大雨(日雨量≤24.9 mm)的概率是 100%(22/22)、无中雨(日雨量≤9.9 mm)的概率为 95.5%(21/22)。由于 2008 年的特殊前兆(1 月南方地区发生了严重冰冻雨雪天气、6 月华南和长江下游出现了异常多雨现象、上半年太阳活动异常偏弱等异常现象)都是有利北京 8 月多雨,北京 8 月 8 日至 9 日有小至中雨(两天总雨量在 0.5~22 mm)的可能性比较大"。

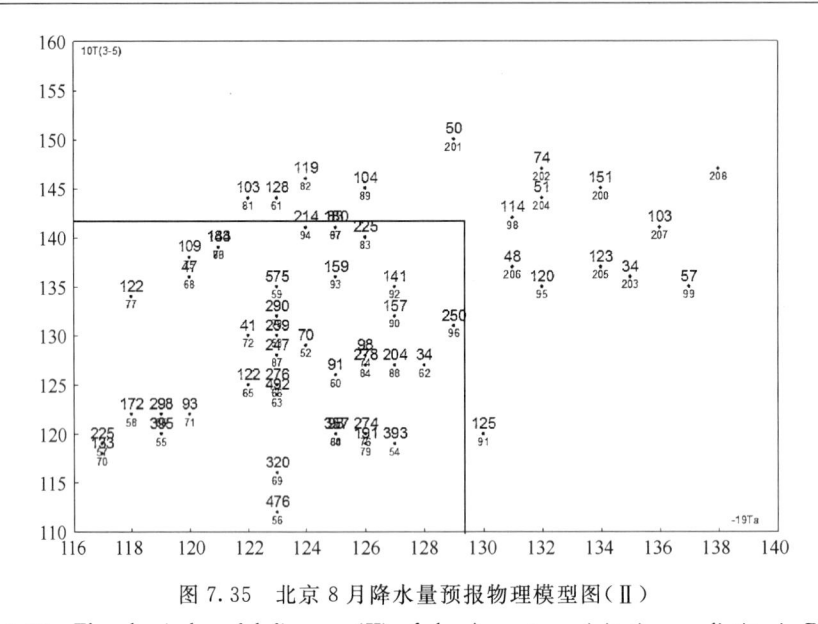

图 7.35 北京 8 月降水量预报物理模型图（Ⅱ）

Fig. 7.35 The physical model diagram (Ⅱ) of the August precipitation prediction in Beijing

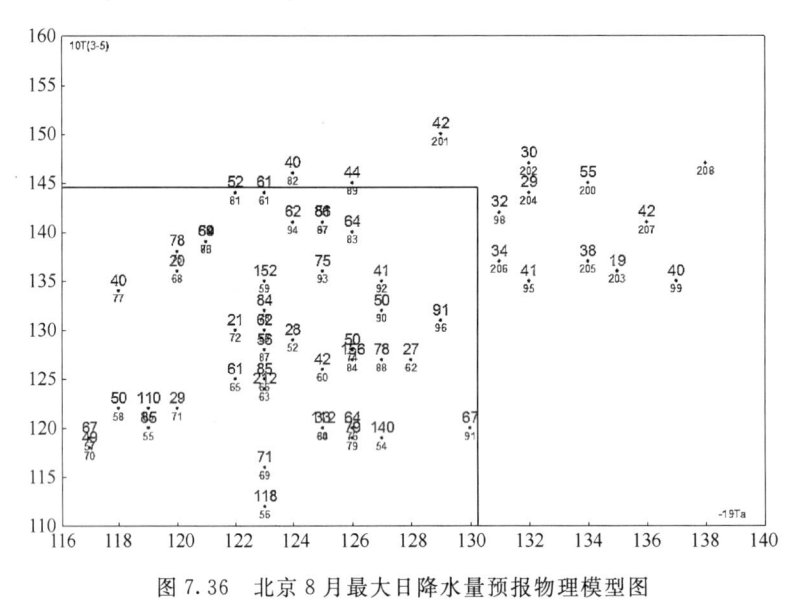

图 7.36 北京 8 月最大日降水量预报物理模型图

Fig. 7.36 The physical model diagram of the maximum daily precipitation prediction in Beijing in August

为了进一步做出 8 月 8 日奥运天气的预测意见，我们在 7 月 18 日以前的工作基础上又做了一个星期的工作，重点统计分析了七月初八（是 2008 年 8 月 8 日对应的朔望月日期）降水量的气候统计特征，并统计分析了华北（8 站平均）4 月气温偏高和降水偏多及其上半年太阳活动特弱这些前兆特征对北京 8 月 8 日天气的影响关系。

由表 7.8 可见，2008 年 8 月 8 日与七月初八正好重合，这个特殊天文背景所对应 8 月 8 日的天气条件非常有利于 2008 年 8 月 8 日北京奥运会的举行。正是无巧不成书，公历日期只与太阳有关，反映了日—地两者的相对位置，是按照地球在黄道上的位置确定的；而农历日期与日—月都有关，是反映了日—月—地三者的相对位置，是按照地球与日—月相对位置

(即朔望月)来确定的。一般来说,某个确定的公历日期所对应的农历日期要有一个月的变化幅度。在 1951—2007 年期间,公历 8 月 8 日所对应的农历日期最早是农历六月十四(例如 1987 年)最晚是七月十五(例如 2006 年),有 30 天变化幅度。在过去的 57 年中,8 月 8 日从来没有与农历七月初八正好重合的年份,而 2008 年 8 月 8 日正好是农历七月初八。由表 7.8 可见,在 1951—2007 年期间,北京农历七月初八无雨的气候概率有 59.6%(34/57),七月初八雨量在 1 mm 以下(≤0.9 mm)的气候概率分有 64.9%(37/57),七月初八无中雨(≤9.9 mm)的气候概率高达 94.7%,七月初八没有出现过暴雨(≥50 mm)。又由表 7.7

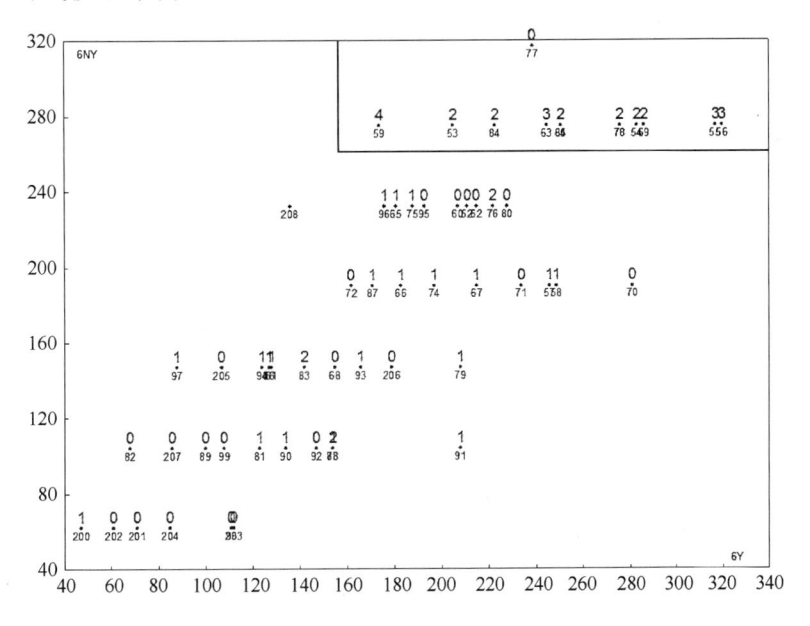

图 7.37 北京 8 月暴雨日数预报物理模型图(Ⅰ)

Fig. 7.37 The physical model diagram (I) of the heavy rain day number prediction in Beijing in August

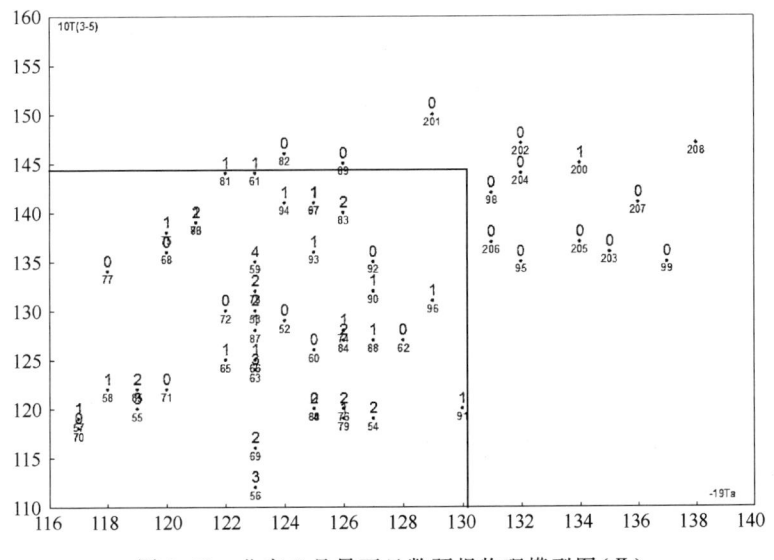

图 7.38 北京 8 月暴雨日数预报物理模型图(Ⅱ)

Fig. 7.38 The physical model diagram (II) of the heavy rain day number prediction in Beijing in August

可见，在1951—2007年期间，七月初八与公历8月8日相比，七月初八出现各个级别雨量的气候概率都比8月8日出现相同级别雨量的气候概率明显偏小。例如，公历8月8日无雨的气候概率是47.4%，而七月初八无雨的气候概率是59.6%，后者比前者要偏大12.2%；七月初八无中雨以上天气的气候概率（94.7%）比公历8月8日无中雨以上天气的气候概率（77.2%）偏大17.5%。由此可见，2008年8月8日与七月初八正好重合这个特殊天文背景所对应的天气条件，非常有利于2008年北京奥运会的举行，这正是'天助北京奥运'。

表7.8 北京1951—2007年期间8月8日和农历七月初八降水气候概率统计

Table 7.8 Climatological statistical probability of precipitation on 8 August(solar calendar) and 8 July(lunar calendar) in Beijing during 1951—2007

8月8日各级雨量界值(mm)	≥0.1	≥1.0	≥5.0	≥10.0	≥20.0	≥25.0	≥50.0	≥100.0
8月8日各级雨量的气候概率	52.6%	42.1%	33.3%	22.8%	14.0%	8.8%	1.8%	1.8%
8月8日各级雨量的年数/总年数	(30/57)	(24/57)	(19/57)	(13/57)	(8/57)	(5/57)	(1/57)	(1/57)
七月初八各级雨量的气候概率	40.4%	35.1%	12.3%	5.3%	3.5%	3.5%	0.0%	0.0%
七月初八各级雨量的年数/总年数	(23/57)	(20/57)	(7/57)	(3/57)	(2/57)	(2/57)	(0/57)	(0/57)
8月8日各级雨量界值(mm)	≤0.0	≤0.9	≤4.9	≤9.9	≤19.9	≤24.9	≤49.9	≤99.9
8月8日各级雨量的气候概率	47.4%	57.9%	66.7%	77.2%	86.0%	91.2%	98.2%	98.2%
8月8日各级雨量的年数/总年数	(27/57)	(33/57)	(38/57)	(44/57)	(49/57)	(52/57)	(56/57)	(56/57)
七月初八各级雨量的气候概率	59.6%	64.9%	87.7%	94.7%	96.5%	96.5%	100%	100%
七月初八各级雨量的年数/总年数	(34/57)	(37/57)	(50/57)	(54/57)	(55/57)	(55/57)	(57/57)	(57/57)

*（2008年8月8日就是农历七月初八）

表7.9 1976—2006年期间华北地区(8站平均)4月气温明显偏高(10T4≥14.4℃)且4月降水明显偏多(10R4≥20 mm)的7—8年的北京海淀公园8月8日各时段降水量相关统计 （单位：mm）

Table 7.9 Correlative statistics between the precipitation at various time intervals in the evening of 8 August in Beijing Haidian Garden with 7—8 years having obvious higher of April mean temperature (10T4≥14.4℃) and much more of April mean precipitation for 8 stations (10R4≥20mm) in North China during 1976—2006

年	1977	1983	1989	1994	1998	1999	2004	2008	概率
10T4≥14.4(℃)	14.7	14.8	15.6	16.5	15.5	14.8	15.8	15.1	≥14.4℃(8/8)
10R4≥20 mm	24	52	21	22	48	21	27	45	≥21 mm(8/8)
8月8日雨量	0.0	0.0	0.0	102.4	0.0	0.0	0.0		无雨(6/7)
8月8日20—21点(1小时)雨量	0.0	0.0	0.0	2.7	0.0	0.0	0.0		无雨(6/7)
8月8日18—21点(3小时)雨量	0.0	0.0	0.0	13.2	0.0	0.0	0.0		无雨(6/7)
8月8日18—22点(4小时)雨量	0.0	0.0	0.0	20.4	0.0	0.0	0.0		无雨(6/7)

另外，由表7.9可见，针对2008年华北地区4月高温多雨的前期特征，并统计分析了8月8日奥运天气对前期特征的响应关系，从统计分析结果中发现，华北地区(8站平均)4月高温(≥14.7℃)且多雨(≥21 mm)的8年(1977、1983、1989、1994、1998、1999、2004、2008年)，在已经出来实况的7年中，有6年的8月8日无雨，2008年4月气温明显偏高(15.1℃)且4月雨量异常偏多(45 mm)，按照相似相关原理则预示8月8日无雨的可靠率为85.7%(6/7)。

在1951—2008年期间，上半年太阳活动异常偏弱之年有14个，北京8月最大日雨量达到56～140 mm(暴雨到大暴雨)的气候概率有71.4%(10/14)，比北京8月最大日雨量达到同样量级的气候概率(49.1%)偏高22.3%,即在太阳活动异常偏弱年北京8月最大日雨量容易偏大。但在上半年太阳活动异常偏弱的14年中有6个华北春季气温偏高年的8月最大日雨量只有34~79 mm(6/6)。由此可见,在春季气温偏高年,即使是太阳活动特弱年,北京8月最大日雨量也达不到80 mm。在这14年中,8月8日北京无雨或小雨(≤7 mm)的概率是78.6(11/14)、无雨或有毛毛雨(≤1 mm)的概率是71.4(10/14)。而且我们发现14个太阳活动特弱年的8月,北京最大日雨量都没有出现在初二至初八期间(14/14),2008年8月8日又是初八,8月最大日雨量不会出现在8日的把握性就更大了,在这14年北京8月8日(初八)无雨或只有3.8 mm以下小雨的概率达到100%(14/14)。并根据上述的多种物理统计关系和综合结果,我们在7月26日做出了2008年8月8日奥运天气预测意见:"预计2008年8月最大日雨量不会出现在8日、8月8日北京奥运开幕日无暴雨和大暴雨的可靠率很大(相似概率为100%),出现中到大雨(10~49 mm)的可能性也很小,8月8日北京无雨或有7 mm以下小雨的可靠率有85%~100%",并提供给了有关领导和专家,而且我们将这个预测意见及其依据(都做成了可视化图片)在8月2日国家气象中心组织的由中国气象局领导和院士专家参加的会商会上做了口头发言,并展示了书面预测意见和预测依据。

在8月2日中央气象台专家会商会上有领导和专家问作者:"8月8日晚上开幕时天气怎样?所用降水资料的代表性如何?",由于我手中没有北京逐时降水资料,我们不能做到逐时天气的预报,当时回答不了这个问题。会后为了回答领导和专家的提问,从8月2日晚上开始,一方面向北京气象局求助,希望他们能够给我们提供北京海淀公园气象站的降水观测资料,我们的要求很快得到了北京气象局领导和同行的支持,发来了北京海淀公园1976年有观测记录以来的8月8日逐个时次降水资料。同时我们又加紧对历年8月8日逐个时次降水资料进行了仔细的统计分析。分析结果由表7.10和表7.11可知,北京南郊和西郊8月8日有雨和无雨的一致性达到80.6%(25/31)。而且在1976—2006年期间,8月8日无雨的气候概率就达到61.3%(19/31),8月8日雨量在1 mm以下的概率达到67.7%(21/31),在10 mm以下(无中雨以上的天气)的概率就达到87.1%(27/31),无大雨和暴雨的概率达到93.5%(29/31);在8月8日晚上8—9点(1小时)、6—9点(3小时)、6—10点(4小时)无降雨的气候概率分别达到77.4%(24/31)、77.4%(24/31)、74.2%(23/31);8月8日晚上8—9点(1小时)、6—9点(3小时)、6—10点(4小时)无3 mm以上雨的气候概率分别达到96.8%(30/31)、90.3%(28/31)、87.1%(27/31)。而且在过去31年里,8月8日晚上8—9点(1小时)没有出现过5 mm、6—9点(3小时)没有出现过15 mm、6—10点(4小时)没有出现过25 mm的雨。北京海淀公园8月8日和晚上各时段在太阳活动极弱年的降水量如表7.9所示。经过分析就对奥运天气更加放心了。

同时我们又根据2008年华北地区4月高温多雨、6月明显多雨、7月异常少雨和8月1—3日北京基本无雨及其1—6月太阳活动特弱等天气气候特征和天文特征的综合分析结果,在8月4日对2008年8月8日奥运开幕日开幕时北京西郊和南郊天气做出了具体补充预测意见:"预计2008年8月8日北京西郊和南郊都无大到暴雨天气的可能性特别大,无雨的可能性也较大,不能完全排除出现小雨的可能。但即使出现小雨,其雨量的量级也不会对奥运开幕式造成什么大影响。预计在8月8日晚上8—9点、6—9点、6—10点无降雨的可能性在87%以上,无大雨到暴雨天气的可靠性在95%到100%",并在预报依据中指出:"2008年6月异常多雨而7月异常少雨;种种前期信号表明,北京8月8日在西郊和南郊都是无雨的可能性很大,无3 mm以上降水的可能性更大。"和预报"8月北京总雨量可能较常年同期偏少"。该预报意见和所有预报依据都在 8 月 4 日中国气象科学研究院灾害天气国家重点实验室的第三次奥运天气讨论会上做了可视化展示和口头及书面发言。

8 月 1—6 日我们一直监视着北京的天气变化,根据 8 月 1—6 日北京没有降雨的特殊天气特征,与历年做了相似分析。发现在 8 月 2—3 日和 4—6 日北京均少雨(2—3 日和 4—6 日的降雨量均在 5.5 mm 以下)的相似年有 15 个,如表 7.11 所示。其中 8 月 8 日基本无雨(小于 1 mm)的概率很高。我们在 8 月 7 日进一步做了补充预报发言:"北京 15 个 2—3 日和 4—6 日均少雨(小于 5.5 mm)的年份 8 月 8 日基本无雨(小于 1 mm)的概率为 93.3%(14/15),其中 1 年可以由其他前兆相似因子给排除。预报 8 月 8 日基本无雨(小于 1 mm)的概率为 93.3%(14/15)~100%(14/14);同时预报 8 月 9—13 日有一次中到大雨天气过程"。

表 7.10 在太阳活动极弱年(1—6 月平均太阳黑子相对数≤19.0) 北京海淀公园 8 月 8 日和各时段雨量 (单位:mm)

Table 7.10 The precipitation (unit: mm) at various time intervals of 8 August in Beijing Haidian Garden when the minimum solar activity years (defined as the relative number of sunspots averaged over January to June≤19.0)

年份	1976	1977	1985	1986	1987	1996	1997	2006	2008
1—6 月平均太阳黑子相对数(%)	13.0	19.0	16.5	11.4	17.0	8.3	12.9	16.2	4.0
8 月 8 日雨量	0.0	0.0	0.0	3.2	0.0	0.0	0.0	9.2	无雨(6/8) 无中雨(8/8)
8 日 20—21 点(1 小时)雨量	0.0	0.0	0.0	1.5	0.0	0.0	0.0	3.4	无雨(6/8) 无 3.5mm 以上的雨(8/8)
8 日 18—21 点(3 小时)雨量	0.0	0.0	0.0	2.0	0.0	0.0	0.0	3.4	无雨(6/8) 无 3.5mm 以上的雨(8/8)
8 日 18—22 点(4 小时)雨量	0.0	0.0	0.0	2.0	0.0	0.0	0.0	8.1	无雨(6/8) 无 8.5mm 以上的雨(8/8)

表 7.11 北京海淀公园在 1976—2006 年期间 8 月 8 日和重要时段降水量(观测资料)的气候概率统计

Table 7.11 Climatological probability statistics of precipitation at various time intervals of 8 August during 1976—2006 in Beijing Haidian Garden

8 月 8 日各级雨量界值(mm)	≥0.1	≥1.0	≥3.0	≥5.0	≥10.0	≥25.0	≥50.0
8 月 8 日各级雨量的气候概率	35.50%(11/31)	29.00%(9/31)	25.80%(8/31)	19.40%(6/31)	12.90%(4/31)	6.50%(2/31)	6.50%(2/31)
8 月 8 日 20—21 点(1 小时)各级雨量的气候概率	22.60%(7/31)	16.10%(5/31)	3.20%(1/31)	0.00%(0/31)			
8 月 8 日 18—21 点(3 小时)各级雨量的气候概率	22.60%(7/31)	19.40%(6/31)	9.70%(3/31)	3.20%(1/31)	3.20%(1/31)		
8 月 8 日 18—22 点(4 小时)各级雨量的气候概率	25.80%(8/31)	22.60%(7/31)	12.90%(4/31)	6.50%(2/31)	3.20%(1/31)	0.00%(0/31)	
8 月 8 日各级雨量界值(mm)	≤0.0	≤0.9	≤2.9	≤4.9	≤9.9	≤24.9	≤49.9
8 月 8 日各级雨量的气候概率	61.30%(19/31)	67.7%(21/31)	74.20%(23/31)	80.60%(25/31)	87.10%(27/31)	93.50%(29/31)	93.50%(29/31)

续表

8月8日各级雨量界值(mm)	≥0.1	≥1.0	≥3.0	≥5.0	≥10.0	≥25.0	≥50.0
8月8日20—21点(1小时)各级雨量的气候概率	77.40% (24/31)	83.90% (26/31)	96.80% (30/31)	100% (31/31)			
8月8日18—21点(3小时)各级雨量的气候概率	77.40% (24/31)	80.60% (25/31)	90.30% (28/31)	96.80% (30/31)	96.80% (30/31)		
8月8日18—22点(4小时)各级雨量的气候概率	74.20% (23/31)	77.40% (24/31)	87.10% (27/31)	93.50% (29/31)	96.80% (30/31)	100% (31/31)	

如表7.13所示,对历年8月1—9日异常少雨(≤30 mm)的19年中,对应8月24日奥运闭幕日无雨的概率是79%(15/19)、无雨或有7 mm以下小雨的概率是100%(19/19)。再结合其他前兆因子和天文特征的分析,在8月14日参加气科院灾害天气国家重点实验室的第四次奥运天气讨论会时,对8月24日北京奥运闭幕日天气等做了初步预测:"预测8月14—15日可能有小雨天气过程、18—20日有中到大雨过程,8月24日无雨的可能性较大,即使有雨也是小雨"。

表7.12 2008年8月2—6日北京少雨(8月2—3日和4—6日的北京降水总量均≤5.5 mm)在1951—2007年期间的相似年中8月8日和8月9—13日降水总量(单位:mm)对应关系

Table 7.12 Corresponding relation of the less precipitation in Beijing during 2—6 August 2008 (total precipitation during 2—3 and 4—6 August 2008 ≤5.5mm) to the total precipitation on 8 August and 9—13 August of the similar years during 1951—2007

	2—3日	4—6日	8日	9—13日
1951	0	0	0	4.3
1952	0	0	0	39.4
1965	0	0.1	0	62.3
1969	2.9	0	0	72.0
1971	0	0	11.2	29.4
1975	0	0.2	0.1	24.2
1980	1.3	0.2	0	13.8
1986	0	3.7	0.7	18.4
1989	0	2.3	0	23.3
1991	0	0	0.6	49.1
1997	0	0.1	0	3.8
1999	0.2	2.8	0	10.1
2001	2.7	0.6	0	0
2004	5.1	0	0	30.4
2006	0.9	0.7	0	39.2

表 7.13 8月1—9日北京异常少雨(≤30 mm)年与8月24日降水量对应关系(雨量单位:mm)
Table 7.13 Corresponding relation of the years with anomalously sparse precipitation during 1—9 August of 1951—2008 (≤30mm) in Beijing to the precipitation on 24 August same years

年份	1—9日雨量	24日雨量	年份	1—9日雨量	24日雨量
1951	6.0	0	1985	20.7	6.6
1952	28.2	0.9	1986	24.9	0
1960	27.6	0	1989	2.3	0
1961	22.7	0	1991	4.2	0
1962	28.4	0	1999	12.0	0
1967	26.8	0	2001	3.3	2.6
1968	16.8	0	2003	14.4	0
1972	29.2	4.4	2004	5.1	0
1979	10.2	0	2006	4.5	0
1980	1.5	0	2008	0	0

在8月15—18日期间,我们又统计分析了前兆主要物理因子与8月下旬降水量和8月24日的天气情况,发现前期中国南方地区(59站平均)上一年12月与当年1月的气温差明显偏小(在0.6℃以下)且华北当年春季气温偏低(在13.0℃以下)的7年,北京8月下旬降水量偏多(有51.9~152.7 mm)(6/7);相反,若南方地区上一年12月与当年1月的气温差异明显偏大(在3.0℃以上)且华北当年春季气温偏高(在13.4℃以上),则北京8月下旬降水量偏少,只有0~17.1 mm,相似相关的总概率达到92.9%(13/14)。

如表7.14所示,由北京8月2—3日和4—6日雨量均偏小(均≤5.5 mm)且8月9—13日有明显降雨过程(过程雨量在3.5~82.4 mm以上),则8月24日只有0~1 mm雨量的概率达到100%(14/14),无雨的概率达到92.9%(13/14)。再根据北京6月异常多雨而7月异常少雨的前期特征,我们在8月18日对8月24日北京奥运闭幕日天气进一步做了具体的预测:"预计北京奥运闭幕日(24日)无雨的可能性特别大(概率为93%~100%),并预报北京8月18—21日可能有一次降雨过程"。

表 7.14 在 1951—2007 年期间北京 2008 年 8 月 2—3 日和 4—6 日的雨量均≤5.5 mm 且 8月9—13日的降水量≥3.5 mm 的14个相似年对应8月24日雨情实况(单位:mm)
Table 7.14 Corresponding relation in Beijing of the years with the total precipitation within 2—3, 4—6 August 2008 ≤5.5mm and the 9—13 August precipitation≥3.5mm to the precipitation on 24 August of similar years during 1951—2007

	2—3日	4—6日	9—13日	24日		2—3日	4—6日	9—13日	24日
1951	0	0	4.3	0	1989	0	2.3	23.3	0
1952	0	0	39.4	0.9	1991	0	0	49.1	0
1965	0	0.1	62.3	0	1997	0	0.1	3.8	0
1969	2.9	0	72.0	0	1999	0.2	2.8	10.1	0
1971	0	0	29.4	0	2004	5.1	0	30.4	0
1975	0	0.2	24.2	0	2006	0.9	0.7	39.2	0
1980	1.3	0.2	13.8	0	2008	0	0	82.4	0—1
1986	0	3.7	18.4	0					(14/14)

表 7.15 北京地区 2008 年 8 月 1—9 日和 16—19 日明显少雨(≤75 mm)且 8 月 10—15 日和 20—21 日有明显降水过程≥35 mm 的 12 个相似年对应 8 月 23—24 日降水量基本无雨

Table 7.15 Corresponding relation in Beijing of the years with the obviously less precipitation within 1—9 and 16—19 August 2008(≤75 mm) and the obvious precipitation within 10—15 and 20—21 August (≥35 mm) to the basically no precipitation within 23—24 August of the 12 similar years during 1951—2007

	(1—9 日)+(16—19 日)	(10—15 日)+(20—21 日)	23 日	24 日
1951	19.6 mm	100.9 mm	0 mm	0 mm
1961	22.9 mm	39.0 mm	0 mm	0 mm
1965	73.8 mm	39.4 mm	0 mm	0 mm
1970	56.4 mm	57.3 mm	0 mm	0 mm
1979	16.7 mm	173.9 mm	0 mm	0.2 mm
1989	53.2 mm	52.8 mm	0 mm	0 mm
1991	9.8 mm	112.3 mm	0 mm	0 mm
1999	16.2 mm	40.8 mm	0 mm	0 mm
2000	56.4 mm	61.6 mm	0 mm	0 mm
2004	5.1 mm	35.9 mm	0 mm	0 mm
2006	4.5 mm	37.9 mm	0 mm	0 mm
2007	52.6 mm	40.9 mm	0 mm	0 mm
2008	0.1 mm	115.5 mm	预报 0 mm	预报 0 mm

我们根据北京地区 2008 年 8 月 1—9 日和 16—19 日降雨明显偏少(13 天总雨量在 75 mm 以下)与 10—15 日和 20—21 日有明显降雨过程(8 天雨量在 35 mm 以上)的前期天气特征,在 1951—2007 年期间找到了 12 个相似年。如表 7.15 所示,在这 12 个相似中,北京 8 月 23 日和 24 日基本无雨(在 0.2 mm 以下)的概率达到 100%(12/12)。所以我们在 8 月 22 日参加气科院灾害天气国家重点实验室的第五次奥运天气讨论会时,进一步大胆地预报了"预报 8 月 23—24 日基本无雨(0—0.2 mm)的概率为 100%(12/12)"。

7.7.6 对奥运会天气的预报效果检验

(1)对奥运会天气的长期预报效果检验:

1)在 2008 年 3 月预测北京汛期(6—9 月)降水量比前几年明显偏多,但仍比常年同期偏少。实况是 455 mm,比前 9 年都多,但比常年同期还偏少 1.1 成,预测与实况一致。

2)在 2008 年 7 月中旬预测北京 8 月降水量较常年同期偏少(在 159 mm 以下),实况是 132 mm,预测与实况一致。

3)在 2008 年 7 月中旬预测北京 8 月只有 0—1 个暴雨日,没有大暴雨日和特大暴雨日。实况是有 1 个暴雨日,预测与实况一致。

4)在 2008 年 7 月中旬预测 8 月最大日降水量不会出现在 8 月 8 日。实际最大日降水量出现在 8 月 10 日 08 点至 11 日 08 点,预测与实况一致。

5)在 2008 年 7 月中旬预测北京 8 月 7 日、8 日、9 日无大雨和暴雨。预测与实况一致。

(2)对 2008 北京奥运天气的中期预报效果检验:

1)在 7 月 26 日预报北京 8 月 8 日无中到大雨,8 月 8 日北京无雨或只有 7 mm 以下小雨。预测与实况一致。

2）在8月14日预报8月24日北京奥运闭幕日基本无雨或有很小的雨,对奥运闭幕式没有什么影响。预测与实况一致。

3）在8月18日预报24日北京奥运闭幕日无雨。预报与实况一致。

(3) 对北京奥运天气的短期预报效果检验：

1）在8月2日预报8月8日北京基本无雨,即使有雨也很小,对奥运闭幕式不会有什么影响。预报与实况一致。

2）在8日3日和7日预报8月8日北京无雨,即使有雨也在3.5 mm以下；并预报8月8日晚上8—9点、6—9点、6—10点北京南郊和西郊无降雨的可靠性都很大,无大雨到暴雨天气的可靠性更大,不会对奥运开幕式造成影响。预报与实况一致。

3）在8月7日预报8月9—13日有一次明显的降雨过程（中到大雨）,实况是下了大到暴雨。

4）在8月22日预报8月23—24日基本无降雨,只有0—0.2 mm,对奥运闭幕式没有影响。预报与实况一致。

5）在8月14日和18日两次预报8月18—21日北京有一次明显的降雨过程（实况是5.9 mm）。预报与实况基本一致。

我们对2008年北京奥运开幕日及其开幕时段和闭幕日天气预报获得成功的主要预测方法是采用了《统计物理预报模型》、《相似相关统计法》、《韵律统计分析法》、《阴阳历叠加法》和〈敏感性天文因子分析法〉等物理统计方法。由此证明了物理统计方法不仅在气候变化预测中有重要应用价值,而且在特定地区的重大节日的中长期天气预报中也大有用处。也就是说在特定地区的逐日天气过程的中长期预报中,物理统计方法有较重要的作用,在特定地区的逐日天气过程的短期预报中则与动力模式预报方法同样有应用价值。

参 考 文 献

一、专著和著作

编辑委员会编.1999.么枕生教授科学论文选集—气候学与统计气候学[A].北京:气象出版社.
长江流域规划办公室主编.1979.中长期水文气象预报文集(第一集)[A].北京:中国水利电力出版社.
陈菊英,徐群,张素琴.1996.短期气候变化特征成因和预测物理方法研究[A].北京:气象出版社.
陈菊英等.1991.海滦河流域汛期旱涝变化规律成因和预测研究[M].北京:气象出版社.
陈菊英.1991.中国旱涝的分析和长期预报研究[M].北京:中国农业出版社.
陈绍光.2003.谁引爆了宇宙[M].成都:四川科学技术出版社.
陈兴芳.2000.汛期旱涝预测方法研究[A].北京:气象出版社.
陈正改.1995.天气与气候学[M].台湾明文书局.
丁一汇等.1993.1991年江淮流域持续性特大暴雨的研究[A].北京:气象出版社.
高国栋,陆渝蓉,陆菊中,邹进上,林春育,盛场禹.1990.气候学基础[A].南京:南京大学出版社.
黄嘉佑.2004.气象统计分析与预报方法(第三版)[A].北京:气象出版社.
陆渝蓉.1999.地球水环境学[A].南京:南京大学出版社.
水利部长江水利委员会.2002.长江流域水旱灾害[A].北京:中国水利水电出版社.
苏炳凯.1988.大气科学中的诊断与预测[A].南京:南京大学出版社.
陶诗言,倪允琪,赵思雄,陈受钧,王建捷.2001.1998夏季中国暴雨的形成机理与预报研究[M].北京:气象出版社.
陶诗言.1980.中国之暴雨[M].北京:科学出版社.
天文气象学术讨论会文集编委会编.1986.天文气象学术讨论会文集[A].北京:气象出版社.
王绍武,赵宗慈.1987.长期天气预报基础[A].上海:上海科学技术出版社.
杨鉴初.1964.日地关系[M].北京:科学普及出版社.
叶笃正,高由禧等.1979.青藏高原气象学[M].北京:科学出版社.
叶笃正,黄荣辉.1996.长江黄河流域旱涝规律和成因研究[A].济南:山东科学出版社.
张家诚等.1976.气候变迁及其原因[M].北京:科学出版社.
张家诚.1988.气候与人类[M].郑州:河南科学技术出版社.
张淑莉.2002.宇宙知识图库 太阳和月亮[A].气象出版社.
章基嘉,黄荣辉.1992.长期天气预报和日地关系研究(纪念杨鉴初先生论文集)[A].北京:海洋出版社.

二、论文

陈菊英,1998,论中国旱涝的预测及其效果,见:中国减轻自然灾害研究[A],北京:中国科学技术出版社.
陈菊英,程华琼,王威.2007.中国异常增暖来年江淮流域易发生大洪水[J].地球物理学进展,**22**(4).(Series No.84),1380-1385.
陈菊英,韩延本,王威,乔琪源.2006.1982—2005年江南旱涝对月赤纬年变化的显著响应关系[J].地球物理学报,**49**(6):1623-1628.
陈菊英,冷春香,程华琼.2006.江淮流域强暴雨过程对阻高和副高逐日变化[J].地球物理学进展,**21**(3):1012-1022.
陈菊英,齐晶,杨鹏,程华琼,王威.2004.海河流域分区汛期降水量的多级预报物理模型的应用前景[A].见:

中国水文科学与技术研究进展—全国水文学术讨论会论文集.南京:河海大学出版社,**12**:246-251.

陈菊英,沈愈,姚展予.1996.近500多年华北和长江中下游两区旱涝分布规律及其特征对比[A].北京:气象出版社,56-67.

陈菊英,沈愈.1996.未来50年中国区域旱涝预测物理方法和结果[A].北京:气象出版社,68-75.

陈菊英,王玉红,王文.2001.1998及1999年乌山阻高突变对长江中下游大暴雨过程的影响[J].高原气象,**20**(4):386-394.

陈菊英,王玉红,杨振斌,薛桁.2000.1954—1996年黄淮海河长江各月降水分型和旱涝分布特征研究.[J].水科学进展,**11**:Supp.Dec.,10-21.

陈菊英,王玉红.2000.1951—2000年长江黄淮海河流域旱涝的时空变化规律研究[J].水科学进展,**11** Supp. Dec.:87-97.

陈菊英,许晨海,刘海波.2000.1998年长江特大洪水及其形成原因研究.中央民族大学学报(自然科学版)**9**(2):134-143.

陈菊英,张若军,王文.1998.厄尔尼诺对太阳活动的响应关系研究.第三届全国日地关系与灾害学术研讨会论文专辑,福建天文,**4**(3-4):61-66.

陈菊英,章基嘉,彭淑岚.1991.乌拉尔500 hPa月平均阻塞对中国气温同期和滞后影响的研究[J].南京气象学院学报,**14**(3):489-496.

陈菊英.1980.江南地区旱涝与日月关系的分析及预报[J],气象,**11**:7-9.

陈菊英.1996.厄尔尼诺事件的历史气候特征及其对天体物理周期的响应[A].见:国家科委85-913项目02课题成果:气候变化规律及其数值模拟研究论文(第三集),北京:气象出版社,46-55.

陈菊英.1998.1998年汛期(5—8月)水旱灾害趋势预测意见.国家气候中心编印,气候预测评论,国家气候中心编印发行,40-41.

陈菊英.1998.春季南方涛动和初夏南海高压对长江中下游地区夏涝的影响[J].应用气象学报,**9**:119-136.

陈菊英.1999.1998年长江中下游地区特大水情雨情成因和预测[A].见:中国天灾综合预测研究—1998年全国重大自然灾害综合预测专家论坛.北京:地震出版社,6-13.

陈菊英.1999.ENSO和长江大水对天文因子的响应研究[J].地球物理学报.**42**(增刊):30-42.

陈菊英.2001.长江中、下游特大暴雨洪水的成功预报和科学依据[J].地学前缘,**8**(1):113-121.

陈菊英.2008.中国西部地区降水对全球增暖的响应关系[A].见:《和谐西部论坛》—理论.科技篇,北京:中国文联出版社,**12**,557-561.

陈菊英.2009.我国气候异常变化和汛期雨型对外强迫因子的响应关系[J].军事气象水文,(3)(专家特稿),11-22.

陈菊英.W. Drosdowsky, N. Nicholls,1995.中国汛期区域旱涝与ENSO事件的遥相关研究.中央民族大学学报(自然科学版)**4**(1):39-50.

陈烈庭.1992.北方涛动与赤道太平洋海温相互作用过程的研究[A].见:长期天气预报和日地关系研究,北京:海洋出版社,140-147.

陈隆勋,周秀骥,李维亮.2004.中国近80年来气候变化特征及其形成机制.气象学报,**62**(5):634-635.

陈隆勋.1999.南海及其邻近地区热带夏季风爆发的特征及其机制的初步研究[A].见:亚洲季风机制研究新进展,北京:气象出版社,219-233.

程华琼,陈菊英.2004.2003年淮河流域致洪暴雨过程的环流背景及其前兆信号[J].地球物理学进展,**19**(2):465-473.

何金海,谭言科,祝从文.1999.亚洲季风和ENSO准四年周期震荡的诊断研究[A].见:亚洲季风机制研究新进展.北京:气象出版社,149-159.

冷春香,陈菊英.2003.西太平洋副高在1998年和2001年梅汛期长江大涝大旱中的作用[J].气象,**6**:7-11.

冷春香,陈菊英.2005.近50年来中国汛期暴雨旱涝的分布特征及其成因[J].自然灾害学报,**14**(2):1-9.

林学椿.1992.北太平洋海温遥相关型.热带海洋,**11**:90-96.

魏香,陈菊英.2002.新疆北部降水的气候分布特征及其对 ENSO 的响应[J].地球物理学进展,**17**(4):753-759.

解福燕,李文祥,陈菊英.2006.长江中下入梅与玉溪雨季开始相关分析[J].云南气象,(30):16-19.

谢安,毛江玉,宋焱云,叶谦.1999.海温及其变化对南海夏季风爆发的影响[A].见:亚洲季风机制研究新进展,北京:气象出版社,205-218.

熊敏诠,陈菊英.2001.中国7月降水分型及其成因[J].气象,**6**:43-46.

杨修群,谢倩,郭燕娟.2003.华北降水年代际变化特征及其与全球海气系统变化的联系.见:黄荣辉,李崇银,王绍武等编著:我国旱涝重大气候灾害及其形成机理研究.北京:气象出版社,365-375.

赵平,周秀骥,2006,近40年我国东部降水持续时间和雨带移动的年代际变化[J],应用气象学报,**17**(5):548-555.

赵平,周自江.2005.东亚副热带夏季风指数及其与降水的关系[J].气象学报,**63**(6):934-941.

Chen J Y. 1984. Tendency prediction of precipitation and inundation in July in the Sichuan Basin of China [J]. *Journal of Climatology*,**4**:521-529.

Chen Juying,1999. Review of successful long-range forecasting of 1998 severe floods in the Yangtze River Basin,Proceedings of International Symposium on Floods and Droughts. Nanjing Hohai University Press,649-651.